高职高专教育"十二五"规划特色教材
国家骨干高职院校建设项目成果

食品安全与质量控制

汤高奇　石明生　主编

中国农业大学出版社
·北京·

内容简介

食品安全与质量控制是高职食品类专业的核心课程之一，通过本课程的学习使学生具备从事食品品控员和体系审核员岗位的能力。本教材根据食品安全与质量管理工作岗位及岗位能力的需求进行编写，按照“项目任务”体系编写，内容涵盖食品安全基础知识、ISO 9000 质量管理体系的建立与实施、ISO 22000 食品安全管理体系的建立与实施、管理体系的审核和食品质量安全制度的建立与实施 5 个学习项目，食品安全概述等 21 个学习任务，同时编写了 13 个实训项目，以强化学生应用能力的培养。

本教材编写过程中突出理论与食品生产相结合，具有职业性与实用性强的特点。适合作为高等职业院校食品类各专业教材，也可作为食品企业生产、管理人员的参考书及相关人员的培训教材。

图书在版编目(CIP)数据

食品安全与质量控制/汤高奇，石明生主编. —北京：中国农业大学出版社，2013.7（2020.8 重印）

ISBN 978-7-5655-0776-2

Ⅰ.①食…　Ⅱ.①汤…②石…　Ⅲ.①食品安全 ②食品-质量控制　Ⅳ.①TS201.6 ②TS207.7

中国版本图书馆 CIP 数据核字(2013)第 158903 号

书　　名　食品安全与质量控制

作　　者　汤高奇　石明生　主编

策划编辑　康昊婷　张　玉　　**责任编辑**　田树君

封面设计　郑　川　　**责任校对**　陈　莹　王晓凤

出版发行　中国农业大学出版社

社　　址　北京市海淀区圆明园西路 2 号　　**邮政编码**　100193

电　　话　发行部 010-62818525，8625　　读者服务部 010-62732336

编辑部 010-62732617，2618　　出　版　部 010-62733440

网　　址　http://www.cau.edu.cn/caup　　**e-mail** cbsszs@cau.edu.cn

经　　销　新华书店

印　　刷　北京溢漾印刷有限公司

版　　次　2013 年 7 月第 1 版　　2020 年 8 月第 6 次印刷

规　　格　787×1 092　　16 开本　　19.25 印张　　474 千字

定　　价　45.00 元

河南农业职业学院教材编审委员会

编写人员

主　编　汤高奇（河南农业职业学院）
　　　　　石明生（河南农业职业学院）

副主编　王彦平（河南农业职业学院）
　　　　　蒋萌蒙（河南农业职业学院）

参　编　李俊华（河南农业职业学院）
　　　　　李　潇（国通认证培训中心）
　　　　　任　爽（众品集团）
　　　　　韩二芳（河南农业职业学院）
　　　　　邹兰兰（河南农业职业学院）
　　　　　王　贺（河南农业职业学院）
　　　　　张冠群（河南农业职业学院）

前　言

食品安全是国计民生之本，社会稳定之基。食品安全与质量控制是食品科技中的新兴技术领域，内容复杂，涉及面广，发展迅速。食品加工企业的所有生产活动都必须在食品安全相关的法律法规的框架内进行，因此掌握食品安全与质量控制技术是食品行业发展对食品从业人员最重要的职业素质要求。为满足食品行业工程技术人员和高等职业教育学生的学习要求，我们组织编写了这本书。

本书在编写前，编写组深入食品生产企业进行调研，确定了食品企业品控员和体系审核员岗位能力，因此本书在编写体例上以满足食品品控员和体系审核员岗位能力需求。全书共分为5个学习项目，21个学习任务，13个实训项目，通过任务驱动激发学生的学习积极性。

本书编写组成员既包括学院具有丰富教学经验的双师教师，也包括了在企业从事食品品控和体系审核等企业工程技术人员。河南农业职业学院汤高奇和石明生担任主编。其中项目1由石明生编写，项目2(任务1～5)由王彦平编写，项目2(任务6)由韩二芳编写，项目3(任务1～3)由蒋萌蒙编写，项目3(任务4)由邹兰兰编写，项目4由汤高奇编写，项目5(任务1～2)由李俊华编写，项目5(任务3)由张冠群、王贺编写，全书由汤高奇统稿。

本教材是国家骨干高等职业院校——河南农业职业学院重点建设专业食品加工技术专业食品安全与质量控制核心课程建设的主要成果，适用于高等职业院校食品类各专业，也可作为从事食品品控、体系审核等岗位技术人员的参考书。

本教材在编写过程中得到河南农业职业学院各级领导和同行的大力支持和帮助，在此深表谢意。同时也特别感谢国通认证培训中心高级审核员李潇，众品集团品管中心品质保证部部长任爽在本书的编写中提出的宝贵意见和建议。

食品安全问题涉及面广，内容和要求变化快，加之编写者水平有限，文中不妥之处在所难免，恳请广大师生和读者提出宝贵意见，以便进一步修改、完善和提高。

编　者

2013年1月

前　言

目录

同义语。

1996年世界卫生组织将食品安全定义为：食品按其原定用途进行制作和食用时不会使消费者受害的一种保证。这种危害包括摄入者本身及其后代不会受到急性或慢性的危害。而对食品卫生的定义为：为了确保食品安全性和食用性，在食物链的所有阶段必须采取的一切条件和措施。它的主要意图是创造和维持一个清洁并且有利于健康的食品生产和消费环境。食品安全性是以食品卫生为基础，食品卫生是食品安全的最基本的保障。

但在现阶段，单靠清洁卫生的食品生产环境和过程是不能完全保障食品安全的。因此，我国在2009年6月1日起以《食品安全法》代替原《食品卫生法》。新的《食品安全法》对食品安全的法律定义是“食品无毒、无害，符合应当有的营养要求，对人体健康不造成任何急性、亚急性或者慢性危害”。

食品安全主要包括供给安全与质量安全两个方面内容。食品供给安全是指确保所有的人在任何时候既能买得到又能买得起所需要的基本食品。食品供给安全实际上是解决温饱的粮食安全问题。

食品质量安全是指食品安全状况对食用者健康的保证程度。用于消费者食用或饮用的食品，不得因食品原料、包装等问题或生产加工、运输、贮藏过程中存在的质量问题而对人体健康、人身安全造成或者可能造成任何不利的影响。食品的质量安全必须符合国家法律、行政法规和强制性标准的要求，不得存在危及人体健康和人身财产安全的危险。

食品供给安全（解决温饱）是食品质量安全（健康卫生）的前提，而食品质量安全又对供给安全发挥着重要影响。当今世界，随着人们生活质量的不断提高，现在提起食品安全，主要是指食品质量安全。

3. 安全食品

安全食品是指符合食品质量与安全的食品统称。安全食品分为3个层次：无公害食品是第一层次，绿色食品是针对最终产品而言的，有机食品则注重对整个生产过程的严格控制。

（1）无公害食品（non-environmental pollution food）

无公害食品产自良好生态环境，按照无公害农产品生产标准和操作规程生产或加工，农药、重金属、硝酸盐及激素等有毒物质含量（或残留量）控制在安全允许的范围内，符合国家、行业和地方有关强制性标准的安全、营养的食品。

（2）绿色食品（green food）

绿色食品遵循可持续发展原则，按照特定生产方式生产，经专门机构认定，许可使用绿色食品标志的无污染的安全、优质、营养类食品。绿色食品分A级和AA级。

（3）有机食品（organic food）

有机食品根据有机农业和有机食品生产、加工标准而生产出来的经过有机食品颁证组织发给证书的食品。它必须符合下列要求：原产地无任何污染；生产过程中不使用任何化学合成的农药、化肥、饲料、除草剂和生长素等；加工过程中不使用任何化学合成的食品防腐剂、添加剂、人工色素和用有机溶剂提取等；贮藏、运输过程中未受有害化学物质的污染；必须符合国家食品卫生的要求和食品行业质量标准。有机食品执行国际有机农业运动联合会制定的标准，颁证部门对作物生产地全年农作物进行环境检测和质量认证，证书有效期最长不超过一年。

项目 1 食品安全基础知识

"民以食为天，食以安为先"，自古以来食品卫生与安全被视为民生的基础、国泰民安的根本。然而，人们在追求富有营养和美味的食品的同时，也面临着来自自然界各类有毒有害物质的危害，尤其随着工业化和城市化的迅速发展，工业"三废"和农药兽药残留的问题，引起了各类食品中有毒有害物质的积累，最终对消费者的健康造成了危害。正如世界卫生组织(WHO)食品安全部部长 Jorgen Schlundt 博士所说："食品安全问题涉及每一个国家，乃至每一位食品消费者。采取更严格的措施来填补食品从农场到餐桌这一有时很漫长旅途中的安全缺口，这可以使所有国家受益。"

本项目系统地介绍了食品安全的定义、影响因素和国内外食品安全现状，并从食品来源的角度分别讲述了植物源性食品、动物源性食品和加工食品的安全性。通过对食品安全相关知识的学习，能够正确地分析食品在生产、加工和流通方面危害食品安全的各种因素，对食品生产经营企业的安全情况进行全面评估，并指导企业内部员工规范操作，准确地进行食品安全检查、监督和管理。

任务 1-1 食品安全概述

◈学习目标

1. 掌握食品安全的概念和影响因素；
2. 了解国内外食品安全的现状。

一、食品安全的相关概念

1. 食品

食品不同于食物，食物是指"可以充饥的东西"，而食品是指"商店出售的经过一定加工制作的食物"。两者的区别主要在于：食物作为一种泛称，强调的是物质外在、表面的属性，包括食物的色、香、味等特征；而食品强调的是食物的内在规律性以及商品属性，包括食物诸多特征的决定要素、生化性质、变化规律等，以及食品的投入产出、消费需求的变化、对社会福利的影响等社会经济特征。

我国《食品安全法》对食品的法律定义是各种供人食用或者饮用的成品和原料以及按照传统既是食品又是药品的物品，但是不包括以治疗为目的的物品。从《食品安全法》的客体范围来看，又大大超过这个定义的范畴。这些客体包括"一切食品、食品添加剂、食品容器、食品包装材料和食品用工具、设备"和"食品的经营场所、设施和有关环境"。

2. 食品安全

在相当长的一段时间内，世界上许多国家，也包括我国，将"食品安全"与"食品卫生"作为

二、国内外食品安全现状

(一)食品质量与安全:当今世界公共卫生的焦点问题

食源性疾病已成为世界范围内公共卫生问题,食源性疾病是通过摄入食物而进入人体内有害物质所造成的疾病。近几年,据世界卫生组织(WHO)统计:

——1994年,美国由于冰淇淋受污染而引发沙门氏菌病的暴发,估计患病人数高达22.4万人。

——1996年5月下旬,日本几十所中学和幼儿园相继发生6起集体大肠杆菌中毒事件,中毒超过万人,死亡11人,波及44个都府县。

——1997年,秘鲁再次出现霍乱流行,影响鱼和鱼类制品出口,而使该国损失5亿美元。

——1998年,全球由于污染的食品和水有220万人死于腹泻。

——1999年5月,比利时"二噁英污染食品"事件,造成的直接经济损失达3.55亿欧元,如果加上与此关联的食品工业,损失已超过上百亿欧元。

——1999年底,美国李斯特菌食物中毒事件。美国密歇根州14人死亡,在另外22个州也有97人因此患病,6名妇女流产。

——2000年6月,日本因食用雪印牌牛奶使14 500多人患有腹泻、呕吐疾病,180人住院治疗,占牛奶市场总量14%的雪印牌牛奶进行产品回收,全国21家分厂停业整顿。

——2000年底至2001年初,法国发生李斯特菌污染食品事件,有6人死亡。

——2001—2003年,美国食源性疾患每年平均暴发300起以上,每年有5 000人因食源性疾病死亡。

——2004年,全球有210万人死于腹泻性疾病。

据估计,全球人口中大约有1/3的人每年有患食源性疾病的经历。全球每年5岁以下儿童腹泻病例达15亿次,造成几百万儿童死亡。过去几年,各大洲均有食源性疾病暴发,病例达数十亿。

食源性疾病对社会和卫生系统既是社会负担,也是经济负担,给各国都带来了极大的经济损失,每年全球食品安全问题带来数十亿美元的损失。随着经济社会的发展,因食源性疾病引起的食品质量与安全问题越来越突出,成为目前重大的公共卫生问题,其主要原因有:

①农业和食品加工业的一体化与国际贸易进一步发展,全球食品流通加快,为已知和未知的食源性疾病的流行提供了环境。感染疯牛病的牛肉制品和骨粉对全世界的影响是近年来一个典型例子。

②旅游、难民和移民可导致食源性疾病在全球传播加快,例如瑞典90%的沙门菌感染病人是由其他国家的移民、旅游人员等传播输入的。

③日趋加速的城市化导致食品的运输、贮存及制作的需求增加;财富的积累、生活方式的城市化以及某些设施的缺乏,使人们在家就餐的机会越来越少。在发达国家,用于家庭外制作食品的花费超过食品预算的50%。在饭店、快餐店和街头小饮食店消费食品,有些饮食店卫生状况差,无法提供卫生食品,也是食源性疾病发病增加的因素之一。

④致病微生物的变异,常常产生新的致病菌和耐药性,对治疗带来不利,引起新的暴发和流行。

⑤人群结构的变化,营养不良、HIV感染者和其他抗病能力低的人群增加,尤其是人口结

构的老年化，使食源性疾病容易发生，且死亡率较高。

（二）食品安全新事故不断出现

1.“二噁英”事件

1999年，比利时、荷兰、法国等国相继发生因二噁英污染导致畜禽类产品及乳制品含高浓度二噁英事件。二噁英事件使当年比利时蒙受了巨大的经济损失，上半年的统计表明，这一事件造成的直接损失达3.55亿欧元，如果加上与此关联的食品工业，损失超过10亿欧元。

二噁英（dioxins，DXN），是一类多氯代三环芳烃类化合物的统称，有209种异构体。美国环保局确认的二噁英物质有30种，以氯原子取代基在2，3，7，8上的四氯双苯并二噁英（TC-DD）毒性最强，致癌作用最大。其毒性相当于氰化钾（KCN）的1 000倍以上，是目前发现的无意识合成的副产品中毒性最强的化合物，被称为“地球上最强的毒物”。据报道，只要有1 oz（28.35 g）二噁英，就能将100万人置于死地。二噁英易溶于脂肪，会在身体内积累，并难以排除。在一般环境温度下，不挥发、耐高温、难以氧化、分解或水解。具有较长的物理、化学或生物降解期（需几十年甚至更长时间），人和其他动植物都没有分解或氧化二噁英机能或条件。因而其毒性很难在环境中消除，一旦产生或受污染，则只能转移和积累，难以转化，且常随食物链逐级传递和富集，给人类和各种动物带来灾难性影响。

2.“O-157”事件

自1996年6月，从日本多所小学发生集体食物中毒事件而发现元凶“O-157”大肠杆菌以来，日本全国至当年8月患者已达9 000多人，数百人住院治疗。2002年日本再次暴发“O-157”事件，根据当年8月19日美联社报道，日本一家医院当天宣布，又有一名女性因O-157病菌感染而死亡，从而使2002年感染这种能够致命病菌而死亡的人数上升至8名。

“O-157”是一种长约千分之二毫米，宽约千分之一毫米的杆菌。“O”是德语对这种细菌称谓的第一个字母，大肠杆菌因其抗原抗体反应不同，截至目前被分为173种。“O-157”于1982年被美国科学家定为第157种而得名。感染大肠杆菌“O-157”的患者往往都伴有剧烈的腹痛、高烧和血痢。病情严重者并发血性尿毒症症候群（HUS）和脑炎，危及生命。

“O-157”引起的食物中毒事件不仅在日本，而且在美国以及欧洲、澳洲、非洲等地也发生过。据美国疾病控制和预防中心估计，“O-157”在美国每年可造成2万人生病，250～500人死亡。

3.“疯牛病”事件

疯牛病全称为“牛海绵状脑病”，是一种进行性中枢神经系统病变，发生在牛身上的症状与羊瘙症类似，俗称疯牛病。疯牛病在人类中的表现为新型克雅氏症，患者脑部会出现海绵状空洞导致记忆丧失，身体功能失调，最终神经错乱甚至死亡。

20世纪80年代中期至90年代中期是疯牛病暴发流行期，主要的发病国家如英国及其他欧洲国家有大量的牛患病并被宰杀，发生疯牛病的国家的牛肉及牛肉制品受到了严格的限制。1997年，英国科学家曾经预计，在最糟糕的情况下，可能会有1 000万人最终死于新型克雅氏症。2002年这一预计数字可降为5万人。到2000年7月，在英国有超过34 000个牧场的17万多头牛感染了此病，最高发病时间是在1993年1月，每月至少有1 000头牛发病。

疯牛病的传播被认为是通过给牛喂养动物肉骨粉传播的，这种通过喂养肉骨粉的制作过程发生了一些变化，有一种假设认为，是这种炼制过程的变化导致了羊瘙病因子的存活，并通过用肉骨粉饲养牛而将羊瘙病因子传播给牛。联合国粮农组织和世界卫生组织都对尚未发生疯牛病的国家提出了警告，要求根据本国情况制定并实施相应的保护和预防措施。

分析和改进。其中每个模块中又分有许多分条款。

(3)食品安全管理体系

食品安全管理体系采用了ISO 9000标准体系结构，将HACCP原理作为方法应用于整个体系；明确了危害分析作为安全食品实现策划的核心，并将国际食品法典委员会(CAC)所制定的预备步骤中的产品特性、预期用途、流程图、加工步骤和控制措施和沟通作为危害分析及其更新的输入；同时将HACCP计划及其前提条件-前提方案动态、均衡地结合。依据该标准建立食品安全管理体系将帮助企业提高安全食品的能力。

3. 开展安全农产品的认证

安全农产品根据生产过程、环境以及产品标准的不同要求，可以分为无公害农产品、绿色食品和有机食品。其中无公害农产品是绿色食品和有机食品发展的基础，绿色食品和有机食品是在无公害农产品基础上的进一步提高。这三类食品的本质都是安全食品，特别强调来自无污染的产品环境，生产中禁止或限制使用有毒有害化学合成物质。

食品(农产品)企业开展安全农产品认证可以从“农田到餐桌”全过程控制产品质量和安全，给消费者提供有效的安全保障。

三、影响食品安全的因素

食品安全的问题发展到今天，已经远远超出传统的食品卫生或食品污染的范围，它涉及从种植、养殖阶段的食品源头到食品销售和消费、“从农田到餐桌”的整个食品链的所有相关环节，面临诸多食品安全的影响因素。影响食品安全的因素按性质可分为三类：生物性因素、化学性因素和物理性因素。

(一)生物性因素

生物性因素包括微生物污染、寄生虫污染和昆虫污染。

其中，微生物污染是影响食品安全的最主要因素，可分为细菌与细菌毒素、霉菌与霉菌毒素和病毒的污染。2000—2002年中国疾病预防控制中心营养与食品安全所对全国部分省市的生肉、熟肉、乳和乳制品、蔬菜中的致病菌污染状况进行了连续的主动监测，结果表明，微生物性食物中毒仍居首位，占39.62%；化学性食物中毒；动物性和原因不明的食物中毒均在10%左右。统计表明，无论是发生次数和中毒人数，微生物污染均居食物中毒总数之首。

1. 细菌性污染

(1)细菌污染的来源及对人体的危害

①细菌污染的来源。食品中污染的细菌主要来源于土壤、水、空气、动物体、从业人员等。

在微生物污染中，细菌性污染是涉及面最大、影响最大、问题最多的一种污染。在自然界中，土壤是细菌存在的天然场所，食品在生产加工、运输贮藏、销售、烹调制作的某个环节，接触了土壤，即可造成食品污染。水是各种细菌存在的天然环境，又是食品加工过程中必须使用和食品本身的配料成分，如果在食品的加工过程中使用了不清洁的水，必然会使食品受到污染。空气污染是比较重要和常见的污染来源之一，空气中的细菌通过风沙尘土飞扬或沉降而附着在食品上。动物生长在一定的环境中，很容易受到环境中细菌的侵染，屠宰之后就会残留在食品中，从而污染食品。从业人员的健康状况和卫生习惯对食品卫生也至关重要。如果在操作时，手清洁不净，消毒不严，则会对食品造成污染。

②细菌污染的危害。细菌广泛分布于自然界，食品及其原料很容易被细菌污染，有的细菌

检不合格原因可能就发生在销售和贮存环节。

同时由于经营主体管理不善以及一些食品流通领域缺乏有效的安全检测手段和质量控制措施，使造假者有机可乘，甚至成为假冒伪劣食品集散地。一些经营企业贪图私利，蓄意出售过期或变质食品现象屡禁不止。不法食品生产经营者时常伪造标识、滥用标识、仿冒名牌，欺骗和误导消费者。

部分经营者在监管的薄弱环节如农村市场、城乡结合部兜售"三无"食品、变质食品、假冒伪劣食品。农民购买食品时容易蒙受损失。在阜阳奶粉事件中，农民的权益受到了最直接、最严重的伤害。

(四)食品质量与安全控制的理想措施

食品质量与安全是以生命科学和食品科学为基础，研究食品的质量和安全与健康的关系，食品质量的保障和食品安全卫生的管理等，基本任务是通过对食品生产、加工、流通等过程的管理和控制，保证食品的品质和质量安全，促进人体的健康。目前，食品企业实施较多且较为理想的食品质量安全控制模式有：

1."从农田到餐桌"的整体管理

由于食品质量与安全控制涉及从种植(养殖)到消费等众多环节。这种"农业种植者(养殖者)—加工者—运输者—销售者—消费者"的链条叫做"从农田到餐桌"，这个链条中的每一个环节在食品质量安全控制中都是非常关键的，任何一个环节出现问题，都会最终影响到食品的整体安全。因为，为了确保食品的每一个环节都是安全的，就要确保食品生产的每一个环节的质量安全都在控制之内。

对食品链上一些潜在的危害可以通过应用良好操作规范加以控制，如良好农业规范(GAP)、良好卫生规范(GHP)、良好操作规范(GMP)、良好分销规范(GDP)等。危害分析及关键控制点(HACCP)广泛应用于食品生产、加工和处理的各个阶段，可以有效地保证食品的质量安全，HACCP已成为提高食品安全性的一个基本工具。

通过积极有效的改善农产品从种植、养殖过程开始，加大对各种可能的有毒有害物质污染的控制，在食品加工、运输、销售等各个环节，都要开展食品卫生的安全控制，将各种危险因素消除或降低到安全水平，保证消费者在餐桌上食用的食品是安全的。

2.运用先进的食品质量安全管理体系进行管理

食品质量安全控制的手段已经逐步由抽样检验控制向体系管理转变，食品企业为了能向消费者提供安全卫生、质量过关的食品，为了在激烈的市场竞争中占有一席之地，纷纷采用各种先进的管理体系来规范企业的管理。

目前食品企业正在运行的管理体系有食品生产许可证制度(QS认证)、食品质量管理体系(ISO 9000:2008)和食品安全管理体系(ISO 22000:2005)。

(1)食品生产许可证制度

食品生产许可证制度要求食品生产加工企业必须具备以下10个方面的条件，即环境条件、生产设备条件、加工工艺及过程、原材料要求、产品标准要求、人员要求、储运要求、检验设备要求、质量管理要求、包装标识要求等。以满足食品质量安全的基本要求。

(2)食品质量管理体系

食品质量管理体系主要通过ISO 9001:2008标准提出的各项要求来规范企业的质量管理行为。主要分为五大模块的要求，分别是质量管理体系、管理职责、资源管理、产品实现、测量品生产经营秩序显著好转。”但是，在近期公布的《中国食品安全战略研究》中也清楚地指出：“必须看到，长期以来，中国的食品供应体系主要是围绕增加食品供给数量问题而建立起来的，作为一个发展中国家，目前我国在农业投入品供给、产地环境、动物防疫体系等环节依然存在安全隐患，食品安全体系、检测体系、认证体系等方面还存在明显的不适应性。”归纳起来，我国的食品质量与安全问题主要表现在以下几个方面。

1. 食品源头污染严重

由于我国工农业生产迅速发展和城市人口的加剧，工业三废、城市废弃物的大量排放，农业化肥、农药用量剧增，许多有毒、有害物质，渗入土壤中，使土壤中农药及药物残留严重，饮用水中含菌量高、重金属含量高等屡见不鲜。影响了我国粮食、饲料作物、经济作物、畜产品和水产品的质量，从源头上给食品安全带来极大隐患。

另外，由于初级农产品标准化生产率低，在种植过程中滥用或不当使用农药、化肥等农业投入品，致使农产品中药物及有毒有害物质残留。在养殖过程中为了预防和治疗家畜、家禽及水产品患病或促进生长而大量使用抗生素、促生长剂及激素等，造成药物残留于动物组织中。

2. 食品生产加工领域质量安全控制不足

我国大多数食品生产单位是不足 10 人的家庭小作坊，均存在“小、散、乱”的特点，大多不具备生产合格食品的必备条件，并且从事生产的人员素质不高，生产过程的管理还不够严格，产品质量合格率较低。存在的食品质量安全问题集中表现在以下 4 个方面。

(1)食品加工企业未能按照工艺要求操作

部分食品加工企业为了降低生产成本，采用质次价低的原料进行生产，严重影响了产品的质量。如 2004 年发生的阜阳劣质奶粉案，主要是部分生产厂家以各种廉价的食品原料如淀粉、蔗糖等全部或部分替代乳粉，再用奶香精等添加剂进行调香、调味制成的，没有按照国家标准添加婴儿生长发育所必需的维生素和矿物质。

(2)滥用食品添加剂、非法添加物而引起食品安全问题

根据国家 2006 年对食品的抽查结果，滥用食品添加剂已经成为导致产品质量不合格的重要因素。如面包加工企业超标使用增筋及面包改良剂，水产品加工企业使用双氧水、敌百虫和大量胭脂红物质等浸泡虾米等。

(3)应用新技术、新工艺、新原料带来的问题

随着科技的进步，食品工业中应用新工艺、新原料给食品安全带来许多新问题，如转基因技术、辐照技术、现代生物技术、益生菌和酶制剂等技术在食品中的应用等，这既是国际上共同关注的食品安全问题，也是我国亟待研究和重视的问题。

(4)违法生产经营存在的问题

由于生产经营者的法律意识淡薄，更有良知缺乏的问题，违法生产经营造成的危害相当严重。如用有毒甲醛发泡海产品，用化学品处理水果保鲜，银耳用有毒的硫黄增白，猪肉在注水的同时加入化学药品，以达到增重和鲜艳的目的使消费者不易识别等。

3. 食品流通领域经营秩序不规范

目前在食品安全的保障体系中，流通领域是个薄弱的环节，仓储、储运、货柜达不到标准，致使许多出厂合格的产品，在流通环节变成不合格的，甚至成为腐烂变质的食品。如 2004 年，在卫生部进行的植物油抽检中，某某品牌的纯正大豆色拉油因酸价指标不符合国家标准，被责令收回，但该大豆色拉油生产工厂对同样的留样产品进行了自检，结果合格，说明了卫生部抽

4."丙烯酰胺"事件

2002年4月瑞典、英国，WHO/国际癌症研究中心(IARC)证实：含淀粉食物(面包、薯条、饼干、油条)经煎炸、烧烤，会产生基因致癌物丙烯酰胺(油炸土豆片中980 μg/kg)，并可导致神经损害，目前正在进行安全评估和流行病学研究，2002年9月中国开始测定方法研究。2003年6月国外发现丙烯酰胺确能造成基因损伤，USA/FAD已介入研究。2004年3月美国检验显示：炸薯条、炸鸡中均有丙烯酰胺，肯德基连锁店为此专门研究改变炸鸡工艺。

5.禽流感(AI)暴发

理论上禽流感病毒(AIV)可以通过基因重组突变获得感染人细胞的能力，一旦发生，其威胁大于SARS。实际上已发现AIV可直接通过禽感染人，2004年东南亚已死亡50余人。

6."瘦肉精"事件

"瘦肉精"学名盐酸克仑特罗，俗称β-兴奋剂，英文名CLENBUTEROL，是一种强效激动剂，可用于治疗哮喘。20世纪80年代初，美国一个公司意外发现，将一定量的盐酸克仑特罗添加到饲料中，可以使猪等畜禽的生长速度、饲料转化率、胴体瘦肉率提高产量10%以上。虽然没有得到国家主管部门的认可，但是我国部分地区的饲料加工企业养猪户都一直在秘密推销和使用。在使用过程中可能因为剂量掌握不好或搅拌不均匀，饲喂后在猪内脏造成蓄积残留。长期食用含有这种饲料添加剂的猪肉和内脏会引起人体心血管系统和神经系统的头晕、乏力、恶心、呕吐等中毒症状。

2001年11月7日，河源市区发生罕见的群体性食物中毒事件，几百人食用猪肉后出现不同程度的浑身无力、四肢冰凉、头晕恶心、呕吐腹泻、心率加快等症状，到医院救治的中毒患者多达484人。检验结果显示，导致近500人中毒的祸首，是国家禁止在饲料中添加使用的盐酸克仑特罗，即俗称的"瘦肉精"。经查，此次事件是由于"瘦肉精"生产经营厂家非法出售这种药品，广东台山市中洋饲料有限公司非法生产含"瘦肉精"的饲料，河源市两名个体户非法使用含"瘦肉精"的饲料喂育肥猪而引起的中毒事件。

7."苏丹红"事件

2005年2月18日，一种叫做"苏丹红"的食品添加剂引起了全球关注。这一天，英国食品标准局披露，该局已紧急责令各大超市和商店下架召回359个品牌的食品。上述食品因被怀疑含有致癌色素"苏丹红一号"而遭此厄运。苏丹红是一种人工合成的红色染料，常作为一种工业染料，被广泛用于如溶剂、油、蜡、汽油的增色以及鞋、地板等增光方面。中国国家质检总局4月5日宣布，在对全国18个省、市、区可能含有苏丹红的食品展开专项检查后发现，30家生产企业的88种食品及添加剂含有苏丹红。

8."三聚氰胺"事件

2008年9月11日，石家庄三鹿牌婴幼儿奶粉含三聚氰胺事件被媒体曝光，引起了社会的关注。随即国家质检总局对我国109家产品生产企业491批次婴幼儿奶粉进行检测，其中22家企业的69批次产品检查出含量不同的三聚氰胺，占整个奶业的20%多，其中包括伊利、蒙牛、光明、圣元、雅士利、施恩等老字号品牌、国家免检产品。截止到9月20日，临床确诊的泌尿系统结石患儿达6 244人，死亡人数7人。

(三)我国食品存在的主要质量安全问题

2007年8月中华人民共和国国务院新闻办公室发表了《中国的食品质量安全状况》白皮书。该白皮书强调："经过努力，中国食品质量总体水平稳步提高，食品安全状况不断改善，食污染食品以后还能在食品中迅速生长繁殖，从而导致食品的卫生质量下降。细菌特别是病原菌随着食品进入人体后，会导致人的食物中毒或消化道传染病的发生。

(2)食品细菌污染的指标与食品卫生学意义

反映食品卫生质量的细菌污染指标，可分为两个方面：一是细菌数量，二是大肠菌群。

①食品中的细菌数量及卫生学意义。食品中的细菌数量一般是指单位(g、mL、cm^2)食品中细菌的个数，不考虑细菌的种类，因所用检测计数方法不同而有两种表示方法。

a.细菌总数。是将样品适当处理后，经涂片染色或放入托玛氏血细胞计数室，在镜下对菌细胞计数，包括活菌，也包括未消失的死菌，结果称为该食品的细菌总数。细菌总数是反映食品的新鲜程度、食品是否变质和食品生产的卫生状况等的重要指标。

b.菌落总数。在严格规定的条件下(样品处理、培养基及其 pH、培养温度与时间、计数方法等)经处理的样品直接用平皿培养或经微孔滤器过滤后再行培养，使适应培养条件的每一个活菌细胞必须而且只能生成一个肉眼可见的菌落，结果称为该食品的菌落总数。食品中的细菌数量卫生意义：一是食品清洁状态的标志，利用它起到监督食品的清洁状态。二是预测食品的耐保藏期。

②大肠菌群。大肠菌群是一群能发酵乳糖，并产酸产气，需氧和兼性厌氧的革兰氏阴性无芽孢杆菌。它包括埃希氏菌属、柠檬酸杆菌属、肠杆菌属和克雷伯菌属。食品中大肠菌群数以100 mL(g)检样内大肠菌群最可能数(MPN)表示。

食品是不应该含有病原微生物的，若遭受病原微生物污染，则会通过消化道感染引起食物中毒或消化道传染病的发生。大肠菌群一般都是直接或间接来自人与温血动物粪便。食品中如检出大肠菌群，其卫生学意义有两个方面：一是表示食品曾受到人与温血动物粪便的污染；二是作为肠道致病菌污染食品的指示菌。因为大肠菌群与肠道致病菌来源相同，且在一般条件下大肠菌群在外界生存时间与主要肠道致病菌是一致的。

③致病菌。在我国的国家标准中，致病菌一般指“肠道致病菌和致病性球菌”，主要包括沙门氏菌、志贺氏菌、金黄色葡萄球菌、致病性链球菌 4 种。

(3)预防细菌污染的措施

①搞好废弃物的无害化处理。人类生活的废弃物如粪便、污水和垃圾中，不仅含有大量的细菌和寄生虫卵，甚至可能含有病原菌和对人体有害的物质，这些废弃物一旦污染环境后，就会以水、土壤等为媒介污染食品。对这些废弃物进行有效的无害化处理，从而切断食品的细菌污染源。

②加强生产环境的管理。食品生产车间的空气、水、加工用器具，是引起食品细菌污染的重要污染源和污染途径，所以食品生产只有在良好的卫生环境中进行，才能有效地防止食品的细菌污染。厂区及周围空地，要做好绿化和清洁工作，以达到隔离污染源的目的。生产车间要有专门的清洁工负责清洁卫生工作。从业人员进入车间要用专用消毒液洗手洗脚，并穿上已消毒的工作服装；运输车辆进入车间要通过专用清洗消毒设备处理；生产设备要定期消毒。

③严格生产过程管理。食品生产过程的管理直接关系到食品的细菌污染控制。首先从业人员一定要注意个人卫生，凡患有消化道传染病、传染性肝炎、化脓性疾病等的人不能直接从事食品生产工作；其次食品生产用的原料和水要符合要求，原料使用前要经过挑选、检验，并彻底清洗，盛装容器应洗净消毒，食品生产用水必须符合国家饮用水的卫生标准；食品生产应明确加工先后顺序，尽力缩短生产时间，杀菌时应控制好杀菌温度和时间，以保证杀菌效果；最后

产毒量差异很大。黄曲霉毒素产生菌的生长繁殖最适宜条件为:温度30～38℃、相对湿度80%以上。实验证明,当温度在28～32℃,相对湿度在80%以上,氧气在1%时,产生黄曲霉毒素量最高。

c.黄曲霉毒素对食品的污染。黄曲霉菌是空气和土壤中存在的非常普遍的微生物,世界范围内的绝大多数食品原料和制成品均有不同程度的污染。在适宜的条件下生长繁殖产生黄曲霉毒素。黄曲霉菌最容易在玉米、花生中产毒,所以在花生、花生油、玉米中污染严重,大米、小麦、面粉污染较轻,豆类很少受到污染。黄曲霉毒素的污染还有地区的差别,长江沿岸以及长江以南地区黄曲霉毒素污染严重,北方各省污染很轻。

d.毒性。黄曲霉毒素的主要作用器官是动物的肝脏,它既可引起肝脏组织的损伤也可导致肝癌的发生。

Ⅰ.急性毒性:黄曲霉毒素是一种毒性很强的化合物,其中以$AFTB_1$毒性最强,其毒性是氰化钾的10倍,敌敌畏的100倍,砒霜的68倍,是目前已知霉菌毒素中毒性最强的一种。黄曲霉毒素急性中毒症状主要表现为呕吐、厌食、发热、黄疸和腹水等肝炎症状。

Ⅱ.慢性中毒:黄曲霉毒素持续摄入所造成的慢性毒性,其主要表现是动物生长障碍,肝脏出现慢性损害等。

Ⅲ.致癌性:黄曲霉毒素是目前已知的致癌性最强的化学物质,动物长期摄入低剂量或短期摄入大剂量时,都可诱发肝癌的发生。黄曲霉毒素除可诱导肝癌外,还可诱导胃癌、垂体腺癌等多种癌症。AFT对人的致癌性虽然缺乏直接的证据,但大量的流行病学调查均证实,某些地区人群膳食中AFT水平和原发性肝癌的发病率呈正相关。这些地区包括中国、肯尼亚、泰国、菲律宾、莫桑比克等。

e.预防措施。

Ⅰ.防霉:这是最根本措施,在田间时就要防虫、防倒伏;在收获季节,要及时排除霉玉米棒;脱粒后玉米应及时晾晒。在保藏过程中应采用低温,并使基质含水量在安全水分以下,即籽粒含水量在13%以下,如玉米在12.5%以下,花生在8%以下。注意通风,除氧充氮或用CO_2进行保藏,效果均可。

Ⅱ.去毒:包括去除毒粒;碾碎加工——适合于污染大米的加工;加水搓洗——适合于家庭大米去毒;植物油加碱去毒等。

Ⅲ.限制各种食品中黄曲霉毒素含量:玉米、花生仁、花生油不得超过20 μg/kg;玉米、花生仁制品不得超过20 μg/kg;大米、其他食用油不得超过10 μg/kg;其他粮食、豆类、发酵食品不得超过5 μg/kg;婴儿代乳食品不得检出;婴儿奶粉不得检出$AFTB_1$;牛乳中$AFTB_1$含量不得超过0.5 μg/kg。

②杂色曲霉毒素。杂色曲霉毒素(ST)是日本学者初田勇一从杂色曲霉菌丝体中首先分离出来的,当时并没有引起重视。直到1960年发现英国暴发的"火鸡X病"是黄曲霉毒素引起的,人们才对结构与其相似的杂色曲霉毒素加以注意。

a.杂色曲霉毒素的特性与化学结构。杂色曲霉毒素是淡黄色针状结晶,不溶于水和碱性溶液,易溶于氯仿、苯、吡啶等,微溶于甲醇、乙醇。在紫外光的照射下具有砖红色荧光。杂色曲霉毒素是一类结构近似的化合物,目前有十多种已确定结构。其化学结构除异杂色曲霉毒素外,都有两个呋喃环,与黄曲霉毒素结构相似。

b.主要产毒菌株及其分布。能产生杂色曲霉毒素的有杂色曲霉、构巢曲霉、焦曲霉及索拉金离蠕孢霉等。杂色曲霉和构巢曲霉广泛分布于自然界，在大米、花生、面粉和玉米上都可分离出杂色曲霉和构巢曲霉。它们虽然不是我国储粮中的主要污染菌，但是在少数地区和粮食品种中也占有相当大的比重。例如，我国某省大米霉菌分离中，杂色曲霉占霉菌总检出率的52.4%，是所有菌群中最高的，在污染小麦的霉菌当中构巢曲霉占28%。

c. 杂色曲霉毒素的毒性。因ST的结构与$AFTB_1$相似，而且可以转化为$AFTB_1$，所以其毒性与黄曲霉毒素相近，主要损害肝脏，具有致癌性，ST致癌力约为$AFTB_1$的1/250，但由于其污染面广量大，其危害性比黄曲霉毒素还严重。

③镰刀菌毒素。镰刀菌(*Fusaritun*)属霉菌的一个种属，它和青霉、曲霉一样分布极广，种类繁多，比较常见的有禾谷镰刀菌、三线镰刀菌、木贼镰刀菌、雪腐镰刀菌、粉红镰刀菌、燕麦镰刀菌、串珠镰刀菌、尖孢镰刀菌、拟枝镰刀菌、茄病镰刀菌等。

a. 镰刀菌毒素的产毒菌株。镰刀菌属的产毒菌主要有4种，第一种为禾谷镰刀菌，此种菌一般侵染大米、麦类、玉米，产生的毒素为玉米赤霉烯酮等，第二种为三线镰刀菌，本菌主要寄生于玉米和小麦上，可产生T-2毒素、玉米赤霉烯酮等；第三种为梨孢镰刀菌，主要寄生于麦类和玉米上，产生T-2毒素，梨孢镰刀菌素等；第四种为串珠镰刀菌，产生串珠镰刀菌素、赤霉菌素等。由于镰刀菌侵染谷物的广泛性及严重性，以及该菌产生的毒素对人、畜健康的危害性。因此，镰刀菌及其毒素在国内外越来越引起人们的普遍重视。

b. 镰刀菌毒素的毒性。对人畜有强的毒害作用。如呕吐毒素，人中毒后会产生胃部不适，恶心、呕吐、头痛、头晕、腹痛、腹泻，还可有全身无力、口干、流涎，少数患者有发烧、颜面潮红等症状；玉米赤霉烯酮，随食品摄入机体后靶位点主要是生殖器官，还能通过胎盘屏障作用于胎儿，有雌性激素的作用，主要可使畜、禽及啮齿类发生雌性激素亢进症。例如，它可引起猪的发情综合征，对于妊娠牛和猪，可出现流产、死胎及畸胎。T-2毒素随食品摄入机体后，其主要靶器官是消化道、造血系统、心脏、脾脏、子宫、淋巴结等。它能引起人体食物中毒性白细胞缺乏症，内脏器官出血和骨髓造血组织坏死，表现为恶心、腹痛、呕吐和全身无力等。

3. 寄生虫性污染

污染食品的寄生虫主要有绦虫、旋毛虫、华支睾吸虫和蛔虫等。污染源主要是病人、病畜和水生物。污染物一般是通过病人或病畜的粪便污染水源或土壤，然后再使家畜、鱼类和蔬菜受到感染或污染。粮食和各种食品的贮存条件不良，容易滋生各种仓储害虫。例如，粮食中的甲虫类、蛾类和螨类；鱼、肉、酱或咸菜中的蝇蛆以及咸鱼中的干酪蝇幼虫等。枣、栗、饼干、点心等含糖较多的食品特别容易受到侵害。昆虫污染可使大量食品遭到破坏，但尚未发现受昆虫污染的食品对人体健康造成显著的危害。

4. 病毒性污染

如肝炎病毒、脊髓灰质炎病毒和口蹄疫病毒。

(二)化学性因素

食品化学性污染涉及范围较广，情况也较复杂，化学性污染的来源主要有：

①来自生产、生活、环境的污染物：农药、兽药、重金属、多环芳烃和N-亚硝基化合物；

②食品容器、包装材料、运输工具等接触食品时溶入食品中的有害物质；

③滥用食品添加剂；

④在食品加工、储存过程中产生的物质；

⑤掺假、制假中加入的有害物质。

化学性因素的危害与控制详见各类食品的安全性。

(三)物理性因素

物理性污染主要来源于复杂的多种非化学性的物质,虽然有的污染物可能并不威胁消费者的健康,但是严重影响了食品应有的感官性状或营养价值,食品质量得不到保证。物理性污染的来源主要有:

①来自食品产、储、运、销的污染物;

②食品掺假、制假中加入的物质;

③食品的放射性污染。

任务 1-2 植物源性食品的安全性

◆学习目标

1. 了解植物源性食品中天然有毒物质的种类和预防措施;
2. 掌握环境污染物对植物源性食品安全性的影响;
3. 掌握N-亚硝基化合物的危害和控制措施;
4. 掌握农药残留的危害和控制措施。

一、天然有毒物质对植物源性食品安全性的影响

天然食品常指那些生长在自然界中,未经加工或仅经过少量加工的食品,由于这些食物仅靠有机肥料,不施化学肥,也不含加工过程中人为添加的各种防腐剂、乳化剂、人工色素等化学添加剂,因此有人认为天然食品是富有营养、利于健康的食品。其实天然食品并不完全意味着是健康食品,有些天然食品中含有一些对人体健康有害的非营养性天然物质成分;有些天然食品中本来不含有危害人体健康的物质,但是因为储存方法不当,在一定的条件下产生了某种有毒成分。无论这些有毒成分是食品中原来就有的,还是在储存过程中产生的,人体一旦摄入可以不同程度地危害人体健康。此外,因含有毒物质的动、植物外形、色泽与无毒的品种相似,很容易被人们混淆误食而引起食物中毒。因此,天然食品中存在的某些天然有毒物质和有潜在危险性的物质,就成为了天然食品的不安全因素,在食品加工和日常生活中应引起人们的高度重视,以防止食物中毒的发生。

【案例 1-1 植物性食物(四季豆)中毒事件】

2005年1月至2月,贵州各地已发生近20起菜豆中毒事件,不少事件发生在学校、企业、工地食堂,引起群体性中毒。据介绍,1月6日至16日,仅安顺市就发生3起四季豆中毒事件,1月6日,当地一企业职工食堂90多名民工就餐,随后37人出现上腹不适、疼痛、恶心、呕吐、头晕等症状。1月16日,安顺某洗浴中心食堂70名职工就餐,10名中毒。仅贵阳地区就发生了11起菜豆中毒事件。其中1月10日,贵阳金华中学46名学生和2名老师在一饮食店就餐,餐后11人出现中毒症状,初步确定为食用未烧熟的菜豆引起食物中毒。每年秋冬季节正是各种菜豆大量上市的时候,特别需要防止因烹调不当食用未煮熟的菜豆引起食物中毒。

植物是人类最重要的食物资源。天然有毒物质是引起植物源性食品食物中毒的重要因素之一。

植物源性食品中常见的天然有毒物质

食物中的天然有毒物质种类很多，成分复杂。与食品安全关系密切，而且比较常见的植物源性天然有毒物质主要有毒蛋白、苷类、生物碱、蘑菇毒素等。

1. 有毒蛋白类

目前所发现的有毒蛋白质主要来自植物性食品，包括红细胞凝集素和酶抑制剂。

(1)红细胞凝集素

红细胞凝集素主要存在于豆类及一些豆状种子中，如大豆、菜豆、扁豆、蚕豆、蓖麻等。这类毒素现在已发现10多种，包括蓖麻毒素、巴豆毒素、相思子毒素、大豆凝集素、菜豆毒素等。一般对食品进行有效的热处理能破坏凝集素，但加热到80℃时，显示毒性更大，是生食物的5倍，许多暴发性凝集素食物中毒都是食物加工不当所引起的。

预防措施是食用新鲜豆类食物时，应首先用清水浸泡去毒，烹饪时充分加热熟透，破坏其中的凝集素，以防中毒。

(2)酶抑制剂

酶抑制剂主要是胰蛋白酶抑制剂和淀粉酶抑制剂，能引起水化不良和过敏反应，有人称其为过敏原。人们食用的黄豆中已发现至少有16种蛋白质能引起过敏反应，其中主要的过敏原是胰蛋白酶抑制剂，主要存在于大豆和谷类中，尤其在一种转基因大豆中，这些过敏原含量高达26.7%。胰蛋白酶抑制剂采用100℃处理20 min或120℃处理3 min即可使胰蛋白酶抑制剂丧失90%以上的活性，所以食用豆制品前进行彻底热处理是非常重要的。

预防措施是高温加热钝化，如采用常压蒸汽加热30 min或1 MPa压力加热15～20 min，或者大豆用水泡至含水量60%时，水蒸5 min即可，但干热效果较差。

2. 苷类

在植物中，糖分子(如葡萄糖、鼠李糖、葡萄糖醛酸等)中的半缩醛羟基和非糖类化合物分子(如醇类、酚类、甾醇类等)中羧基脱水缩合而形成具有环状缩醛结构的化合物，称为苷类或甙类。苷类广泛分布于植物的根、茎、叶、花和果实中，其中皂苷和氰苷常引起人的食物中毒。

(1)皂苷

皂苷是类固醇或三萜系化合物的低聚配糖体的总称。因其水溶液能形成持久大量泡沫，酷似肥皂，故名皂苷，又称皂素或皂甙。

含有皂苷的植物有豆科、五加科、蔷薇科、菊科、葫芦科和苋科。含有皂苷的植物源性食物主要是菜豆(四季豆)和大豆，易引发食物中毒。未煮熟透的菜豆、大豆及其豆乳中含有的皂苷对消化道黏膜有强烈刺激作用，可产生一系列肠胃刺激症状而引起食物中毒。其中毒症状主要是肠胃炎，潜伏期一般为2～4 h，呕吐、腹泻、头痛、胸闷、四肢发麻，病程为数小时或1～2 d，恢复快，预后良好。

预防措施有：①菜豆等豆类充分炒熟、煮透，最好是炖食，炒时应充分加热至青绿色消失，无豆腥味，无生硬感；②不宜水焯后做凉拌菜，如做凉菜必须煮10 min以上；③应注意煮生豆浆时防止“假沸”现象。由于80℃左右时，皂苷受热膨胀，形成泡沫上浮，造成“假沸”现象，此时豆浆中的毒素并未有效破坏；继续加热至100℃泡沫消失，然后再小火煮10 min以彻底破坏豆浆中的有害成分，达到安全食用的目的。或者在93℃加热30～75 min或者121℃加热

5～10 min,也可有效去除毒素。

(2)氰苷

植物中含有的氰苷可在酶和酸的作用下释放出氢氰酸引起中毒,即生氰作用。主要存在于苦桃仁、枇杷仁、李子仁、木薯等中,在植物氰苷中与食物中毒有关的化合物主要是苦杏仁苷和亚麻仁苷。

在苦杏、苦扁桃、枇杷、李子、苹果等果仁和叶子中主要为苦杏仁苷。在苦杏仁中苦杏仁苷的含量比甜杏仁中高20～30倍。在木薯、亚麻籽及其幼苗中含有的主要是亚麻仁苷。

各种果仁中,以苦杏仁和苦桃仁中的苦杏仁苷含量最高,约3%,相当于含氢氰酸0.17%。苦杏仁苷的致死量是1 g,小儿食6粒、成人食10粒苦杏仁就能引起中毒。

预防措施有不生吃各种果仁,经炒熟后可去除毒素,如果用苦杏仁等治病,应遵照医嘱。另外,因氰苷有较好的水溶性,水浸亦可去除产氰食物中的大部分毒性。

(3)芥子苷

芥子苷又称芥子甙、硫苷,主要存在于十字花科植物,如油菜、甘蓝类蔬菜、芥菜、萝卜等种子中,是引起菜籽饼中毒的主要有毒成分。

菜子饼本身含有无毒的芥子苷,但在潮湿情况下,经种子本身所含有的芥子酶的作用,将其水解生成芥子油,主要有效成分是烯丙基异硫氰酸盐和噁唑烷硫酮。食用有毒的菜籽饼后,可引起甲状腺肿大,导致生物代谢紊乱,抑制机体生长发育等慢性危害,或者各种急性中毒症状,如精神委靡、食欲减退、呼吸先快后慢,并伴有肠胃炎、粪恶臭、血尿等症状,严重者死亡。

预防措施有:①采用高温(140～150℃)或70℃加热1 h破坏菜籽饼中芥子酶的活性;②采用微生物发酵中和法将已产生的有毒物质去除。

3.生物碱类

生物碱类是存在于毛茛科、芸香科、豆科等许多植物根、果中的有毒生物碱,成分极其复杂。有毒的生物碱主要有茄碱、秋水仙碱、烟碱等。它们对人体的生理作用有很大差异,引起的中毒症状也不相同。

(1)龙葵碱

龙葵碱又称茄碱、龙葵素,广泛存在于马铃薯、番茄及茄子等茄科植物中。

马铃薯中的龙葵碱含量随着品种及季节不同而不同,一般1 kg新鲜组织含20～100 mg,在贮藏过程中龙葵碱含量逐渐增加,主要集中在其芽眼、表皮和绿色部分,发芽后的幼芽和芽眼部分龙葵碱含量可高达0.3%～0.5%。龙葵碱对中枢神经有麻痹作用,尤其是呼吸中枢和运动中枢,对红细胞有溶血作用,对胃肠道有较强的刺激性,可引起急性脑水肿和胃肠炎等,严重可导致死亡。

预防措施是在低温、无阳光直射的地方贮藏马铃薯,防止发芽,不吃生芽过多、表皮变绿的马铃薯,轻度发绿、发芽的马铃薯在食用时应彻底削去绿色部分或芽眼及芽眼周围的表皮,以免中毒。

(2)秋水仙碱

秋水仙碱本身并无毒性,但是一旦进入人体并在组织间被氧化后,迅速生成毒性较大的二秋水仙碱,才可引起中毒。成年人如果一次食入0.1～0.2 mg秋水仙碱(相当于50～100 g鲜黄花菜)即可引起中毒。

预防措施是:①烹调前浸泡处理,先将黄花菜焯水,然后清水浸泡2～3 h并换水;②高温处理:煮沸 10～15 min;③晒干后再食用。

4.蕈毒素

蕈又称蘑菇,属于真菌植物。蘑菇在我国资源很丰富,自古以来是一种很珍贵的食品。但是一些野生蘑菇含有毒素,可引起人的中毒甚至死亡。由于蕈毒素不能通过热处理、罐装、冷冻等食品加工工艺破坏,许多毒素化学结构还没有确定而无法检测,再加上有毒和无毒蘑菇不易辨别,所以目前唯一的预防措施是避免食用尚不熟悉的野生蘑菇。

二、环境污染物对植物源性食品安全性的影响

(一)环境污染物的分类

科学技术的进步和物质文明的发展给社会、经济和人类的生活带来了巨大的影响。在人们的生活水平逐步提高的同时,也出现了日趋严重和广泛的环境危害。环境污染、生物多样性减少、资源耗竭、臭氧层破坏、酸雨泛滥等全球性环境问题,已日益引起人们的关注,与人类健康直接相关的由环境污染物导致的食品安全问题,也已引起了高度的重视。环境污染物是指污染环境的物质。环境污染物有时是一个相对的概念,许多物质在浓度低时并不造成环境污染,只有达到一定的浓度才会对环境造成危害,造成污染。

根据污染物在环境中存在的位置和进入环境的途径,可将环境污染物分为大气污染物、水体污染物和土壤污染物。

1.大气污染物

大气污染物主要分为有害气体(二氧化硫、氮氧化物、一氧化碳、碳氢化物、光化学烟雾和卤族元素等)及颗粒物(粉尘和酸雾、气溶胶等)。它们的主要来源是燃料的燃烧和工业生产过程。这些污染大气的有害物质可以直接被人和动物所吸收,也可以由于植物茎、叶、花、果等组织长期暴露在污染的大气中,吸收、积累进而影响人和动物,还可以通过沉降和降水而污染水体和土壤,造成立体污染态势。

2.水体污染物

造成水体水质、水中生物群落以及水体底泥质量恶化的各种有害物质(或能量)都可叫做水体污染物。水体污染物从化学角度四大类:①无机无毒物:酸、碱、一般无机盐、氮、磷等植物营养物质;②无机有毒物:重金属、砷、氰化物、氟化物等;③有机无毒物:碳水化合物、脂肪、蛋白质等;④有机有毒物:苯酚、多环芳烃、PCB、有机氯农药等。水体污染物的来源主要有:

(1)工业污染源

由于不同企业、不同产品、不同工艺、不同原料、不同管理方式,排放的废水水质、水量差异很大。工业废水是水体最重要的污染源。它具有量大、面广、成分复杂、毒性大,不易净化、难处理等特点。

(2)生活污染源

主要是生活中各种洗涤水,一般固体物质小于 1%,并多为无毒的无机盐类、需氧有机物类、病原微生物类及洗涤剂。生活污水的最大特点是含氮、磷、硫多,细菌多,用水量具有季节变化规律。

(3)农业污染源

包括牲畜粪便、农药、化肥等。农村污水具有两个显著特点:一是有机质、植物营养素及病原微生物含量高;二是农药、化肥含量高。

水体污染可以直接引起受污染水体中水生生物中有害物质的积累，而对陆生作物的影响主要通过污水灌溉的方式进入。

3. 土壤污染物

土壤污染物的主要来源是工业三废污染、化学农药和生物病原体等。土壤污染相比大气污染和水体污染而言，具有很强的隐蔽性。人们平时可以很直观地看见工厂的大烟囱冒出的黑烟是环境污染，江河湖泊水里长出绿藻发出恶臭是环境污染，却很少能注意到，自己脚下的土地也在受到严重的污染。除隐蔽性之外，土壤污染还具有局域性、不可逆性，同时由于工作量的巨大和治理成本的高昂，也决定了土壤污染治理的艰难性。

从土壤污染类型的角度来划分，土壤污染主要有重金属污染和有机物污染等类型。有机物污染主要是农林业中喷洒农药和工业中有机物和石油泄漏等造成的。而重金属污染则多集中在矿区、工业区和城市。土壤污染严重影响到蔬菜、粮食等农产品的质量。

(二)食品中环境污染物的控制

1. 食品中大气污染物残留控制

大气污染物对食品安全构成了主要的威胁，因此，控制大气污染物的危害，对于保证食品安全十分重要。

(1)健全法律法规，预防大气污染

人类的生活、生产必然会产生大气污染物，但是必须严格控制排放数量，使其对人体和食品安全的影响降低到最低限度。燃料燃烧和机动车尾气是大气污染物的主要来源。要控制污染，必须注意燃料和锅炉、窑炉质量，确保机动车达标排放等。

(2)采用新技术，控制大气污染

采用新型的烟尘治理技术、排烟脱硫工艺和排烟脱氮技术，可以减少二氧化硫、氮氧化合物和烟尘的排放量，从而减少酸雨、煤烟粉尘和金属飘尘的形成，控制大气污染。

(3)搞好绿化，防治大气污染

搞好绿化工作，提高林木、植被的覆盖率，美化环境，能提高大气的自净能力，以减少大气污染物对食品安全的影响。

2. 食品中水污染物残留控制

(1)加强管理

为防治水体污染，保证水资源的有效利用，保护和改善环境，我国虽然已经制订出台了《中华人民共和国水污染防治法》和《中华人民共和国水法》，但是在制定经济发展规划时还要时刻考虑到水体环境问题，提早采取预防措施。

(2)控制污染

要依靠科学技术减少水体污染。当前我国水资源十分短缺，而同时又存在着严重的浪费。因此，要努力开发新技术，采用少用水或不用水的生产工艺。此外，尽量采用水的重复利用和循环使用的方法。

(3)宣传教育

通过各种宣传活动，使每个人认识到保护水体环境的重要性。在日常生活中不将生活污水、垃圾等倒入江河、湖泊。工厂不随意排放未经处理的废水。

在治理水环境的基础上，加强农业灌溉用水和养殖用水的管理和监控，将其中的污染物控制在限量范围之内，从而减少或杜绝水体污染物进入食物链的各个环节。此外，在食品加工与生产过程中同样需要加强对水源的管理与监控，确保食品的安全。

3.食品中土壤污染物残留控制

土壤是人类最基本的生产资料，也是生产人类食物的场所。因此，土壤污染物对食品的安全影响极大。必须根据土壤污染的类型，采取适当的措施，控制土壤污染物造成的危害。

①对于水体污染造成的土壤污染，必须整治水体环境，加强管理，污水要达标排放。灌溉污水要控制水质，从而减少污染。

②对于大气污染造成的土壤污染，要从治理大气环境入手，加强金属粉尘和烟尘的排放管理，防止酸雨的形成，改善大气环境，可以减少污染。

③对于农业污染造成的土壤污染，要合理使用化肥和农药，减少残留和污染；对污泥、城市垃圾造成的污染，必须从源头上加以治理，控制其中有害物质的含量。

④对于固体废弃物的堆积和填埋，要注意加强垃圾渗漏水的处理，控制其中的有害物质对土壤的污染。

三、重金属污染对植物源性食品安全性的影响

(一)有害金属污染食品的途径、毒作用特点和控制措施

环境中80多种金属元素可以通过食物和饮水摄入、呼吸道吸入和皮肤接触等途径进入人体，其中一些金属元素在较低摄入量的情况下就会对人体产生明显的毒性作用。如铅、汞、镉等，常称之为有毒金属。还有许多金属元素，甚至包括某些人体必需的微量元素，如钴、铜、锰等，如摄入过量也会对人体产生比较大的毒性作用或潜在危害。

1.有害金属污染食品的途径

食品中的有害金属主要来源于：

①自然环境中的高本底含量：生物体内的元素含量与其所生存的大气、土壤和水环境中这些元素的含量呈明显正相关关系。一些特殊地区如矿区、海底火山活动的地区，环境中的有害元素的含量较高，导致这些地区生产的食用动植物中有害金属元素含量较高。

②农用化学物质的使用、工业三废的排放，造成环境污染而污染食品：有害金属及其化合物在工业、农业以及医药方面的广泛使用，使得对环境的污染极其普遍，对食品可造成直接或间接的污染。

③食品加工、贮存、运输和销售过程中使用或接触的机械、管道、容器以及添加剂中含有的有毒有害金属元素导致食品的污染。

2.食品中有害金属污染的毒作用特点

摄入被有害金属元素污染的食品对人体可产生多方面的危害，其危害通常有以下共同特点：

①强蓄积性：进入人体后排出缓慢，生物半衰期多较长。

②可以通过食物链的生物浓缩作用在生物体及人体内达到浓度很高的水平：藻类可将汞浓缩2 000～17 000倍，鱼类可将镉浓缩10^3～10^5倍，贝类可将镉浓缩10^5～10^6倍。

③有毒有害金属污染食品对人体的危害常以慢性中毒和“三致”作用为主：由于食品中有毒有害金属的污染量通常较少，人们长期食用含微量有害金属残留的食品后，在身体里蓄积，

导致慢性中毒或对健康的潜在危害，如致癌、致畸、致突变。

3.预防金属毒物污染食品及其对人体危害的一般措施

①消除污染源：是降低有毒有害金属对食品污染的主要措施。如严格控制工业三废的排放标准；严禁使用含汞、砷、铅的农药和劣质的食品添加剂；不要用一些颜色鲜艳的容器盛装食品；对食品加工、包装、贮运用的金属、陶瓷管道、容器表面做必要的处理。

②制定、完善食品中铅、汞、镉、砷等有毒有害金属的卫生标准，并加强对食品的监督和检测工作。

③严格有毒有害金属及其化合物的保管制度：防止误食误用或意外而导致中毒。

④对已污染的食品应根据污染物种类、来源、毒性大小、污染方式、程度和范围、受污染食品的种类和数量等不同情况作不同处理。处理原则是在确保使用安全性的基础上尽可能减少损失。

(二)几种主要有害金属对食品的污染及毒性

1.汞(Hg)

汞是一种对人体有害的元素，汞及其化合物均有一定的毒性，汞中毒已被列为世界上最严重的公害之一。

(1)食品中汞污染的来源

环境中污染的汞是食品中汞的主要来源。汞及其化合物在化工、医药、冶金、仪表、造纸等工业上广泛使用，导致在这些工业的“三废”中含有大量的汞化物，如果不加治理直接排放，则会污染环境。汞矿的自然风化使得每年因风化进入到环境中的汞大约有 5 000 t。含汞的废水排入江河湖海后，水产品不但可以将汞浓缩到相当高的浓度，而且还可将无机汞转化成毒性较大的甲基汞。除水产品外，汞也可通过含汞农药的使用和废水浇灌农田等途径污染农作物和饲料，造成谷类、蔬菜水果和动物性食品的汞污染。

(2)食品汞污染对人体的危害

各种汞化合物都有毒，一般来说有机汞的毒性大于无机汞，更大于金属汞。在有机汞化合物中，甲基汞是毒性最强的，它不但毒性强，而且在人体内吸收率可达 90%以上，吸收的汞迅速分布到全身组织和器官，但以肝、肾、脑等器官含量最多。甲基汞还可通过血脑屏障，进入脑内。甲基汞的生物半衰期较长，在脑中半衰期为 240 d，排出较慢，对人体危害较大。甲基汞还可透过胎盘侵入胎儿体内使胎儿发生中毒。

摄入人体的微量的汞可经粪、汗、尿等途径排出体外，但如果长期食用含汞较高量的食品，则可引起慢性中毒。动物性食品中尤其是水产品中含汞量较高，汞中毒多因食用水产品引起的，在水产品中的汞主要是以甲基汞的形式存在的，因此汞中毒主要是甲基汞中毒。甲基汞中毒的主要表现是神经系统损害的症状。如运动失调、语言障碍、视野缩小、听力障碍、感觉障碍及精神症状等，严重者可导致瘫痪、肢体变形、吞咽困难甚至死亡。

(3)食品中汞的允许含量

各种食品中均含有微量的汞，其中以水产品最多。FAO/WHO 提出的成人每周暂定汞的允许摄入量为 0.3 mg，其中甲基汞不得超过 0.2 mg。我国食品中污染物限量标准(GB 2762—2012)中规定食品中汞允许限量为(≤mg/kg)：鱼(不包括食肉鱼类)和其他水产品 0.5(以甲基汞计)，食肉鱼类(如鲨鱼、金枪鱼及其他)1.0(以甲基汞计)，肉、蛋(去壳)0.05，粮食

(成品粮)0.02,薯类(土豆、白薯)、蔬菜、水果0.01,鲜奶0.01。

2.镉(Cd)

镉不是人体的必需元素,而且在人体内有蓄积作用,对人体危害较大。

(1)镉对食品的污染

镉在工业上的应用十分广泛,各种含镉工业"三废"的排放可直接污染土壤,农作物通过根部吸收镉,并在植物体内富集。含镉的废水排入水体可以使水生生物受到污染。被镉污染的食物主要是鱼类、贝类等水生生物,这些水生生物还能将镉浓缩到浓度很高的水平。农业生产中使用含镉的化肥也是食品中镉污染的来源。食品中的镉还可能来自于容器的污染。因为镉耐高热又有鲜艳颜色,所以常被用作玻璃、陶瓷类容器的上色颜料和塑料的稳定剂;另外,大多数金属容器都含有镉,例如不锈钢即含有微量的镉,锌中含有1%的镉。当使用这类食品容器和包装材料也可对食品造成镉污染,尤其是用作存放酸性食品时,可导致其中的镉大量溶出,严重污染食品。

一般食品中均能检出镉,海产食品、动物性食品(尤其是肾脏)含镉量高于植物性食品,而植物性食品中以谷类和洋葱、豆类、萝卜等蔬菜含镉较多。

(2)食品镉污染对人体的危害

镉及其化合物均具有毒性,但毒性大小差异很大。镉的化合物一般具有低毒或中等毒性,其氧化物的毒性更大。镉进入人体的主要途径是通过食物摄入。据估计每人每日摄入镉一般在10~80 μg范围内,但镉污染区人群的镉摄入量可达数百微克。进入人体的镉有50%蓄积在肾脏和肝脏中,其他的分布在皮肤、甲状腺、骨骼、睾丸和肌肉组织中。镉中毒主要损害肾脏、骨骼和消化系统。尤其是损害肾近曲小管上皮细胞,使其重吸收功能障碍,临床上出现蛋白尿、氨基酸尿、糖尿和高钙尿,导致体内出现负钙平衡,并由于骨钙析出导致骨质变软、变薄、多孔;骨细胞减少,一般见不到成骨细胞;全身刺痛,易发生自然骨折。除急、慢性中毒外,国内外也有不少研究表明,镉及含镉化合物对动物和人体有一定的致畸、致癌和致突变作用。

(3)食品中镉的允许含量

一般情况下食品中含镉量很少,在土壤、水源中镉污染严重的地区,食品中含镉量会增加。由于镉的生物半衰期长,在人体内有较强的蓄积作用,危害较大,因此镉在食品中的含量限制非常严格。FAO/WHO提出的每周可耐受摄入量(PTWI)为6.7~8.3 μg/kg体重,我国暂定允许摄入量为每人每天150 μg。我国食品中污染物限量标准(GB 2762—2012)中规定食品中镉允许限量为(≤mg/kg):大米、大豆0.2,花生0.5,面粉0.1,杂粮(玉米、小米、高粱、薯类)0.1,畜禽肉类0.1,畜禽肝脏0.5,畜禽肾脏1.0,水果0.05,根茎类蔬菜(芹菜除外)0.1,叶菜、芹菜、食用菌类0.2,其他蔬菜0.05,鱼0.1,鲜蛋0.05。

3.铅(Pb)

铅在自然界中分布很广,铅及其化合物在工农业上的广泛应用,造成的污染是常见的主要环境和食品污染物之一。铅是有代表性的重金属元素,对人体有较大的毒性。

(1)食品中铅污染的来源

环境中的铅污染,是食品中铅的主要来源。铅及其化合物是现代社会重要的生产原料,广泛用于冶金、油漆、印刷、陶瓷、医药、农药、塑料等制造工业。这些工厂排放的废水、废气、废渣可造成环境中铅的污染,进而造成食品的铅污染。汽油中常加入四乙基铅或四甲基铅作为防

爆剂，所以汽车等交通工具排放的废气中含有大量的铅，可造成公路两旁农作物的严重铅污染。含铅农药的使用，可造成农作物的直接的铅污染。食品中的铅污染还可能来自于食品的容器和包装材料。陶制器皿中含有氧化铅，长时间存放酸性食物即可溶出而污染食品；罐头食品的马口铁焊锡中含有40%～60%的铅，由于焊锡的溶出也可导致食品污染；用铁桶或锡壶装酒，也可因其中铅大量溶出于酒中，使饮酒者发生铅中毒。印制食品包装的油墨和颜料等常含有铅，也可污染食品。某些含铅的食品添加剂或加工助剂也会造成食品的铅污染。如加工皮蛋时要加入黄丹粉（氧化铅），铅会透过蛋壳迁移到蛋内。

(2)食品中铅污染对人体的危害

铅及其化合物都有一定毒性，铅化合物的毒性大小决定于在体液内的溶解度和铅尘微粒的大小。一般有机铅比无机铅毒性大。

据估计人每天摄入铅约为200～400 μg，大多数来自食品中，而从污染的空气中摄取的铅仅为20～40 μg。进入消化道的铅约5%～10%被吸收，其吸收部位主要在十二指肠，吸收率受膳食中蛋白质、钙和植酸等因素的影响。吸收入血的铅最终以不溶性磷酸铅的形式沉积在骨骼中，少部分贮留于肝、肾、肌肉和中枢神经系统中。铅在体内有蓄积作用，其生物半衰期为1 460 d，随着蓄积量的增加，机体出现中毒症状。

铅对生物体内许多器官组织都具有不同程度的损害作用，尤其是对造血系统、神经系统和肾脏的损害更加明显。食品铅污染所导致的中毒主要是慢性损害作用，临床上表现为贫血、神经衰弱、神经炎和消化道症状，如面色苍白、疲倦、食欲不振、体重减轻、失眠、烦躁、肌肉震颤、运动失调和记忆力丧失、口臭强烈（口中有金属味）。铅中毒也可导致胃肠炎、便秘、腹泻等。如果继续摄入大量的铅，则导致肾衰竭、痉挛、昏迷以至死亡。儿童对铅特别敏感，儿童对食品中铅的主要形式——无机铅的吸收率要比成人高很多，过量摄入可影响其生长发育，导致智力低下。

(3)食品中铅的允许限量

WHO暂定成人对铅的耐受量为0.05 mg/(kg体重·周)（或3 mg/周），儿童为0.025 mg/(kg体重·周)。我国食品中污染物限量标准(GB 2762—2012)中规定食品中铅允许限量为(≤mg/kg)：豆类0.2，豆类0.2，薯类0.4，畜禽肉类0.2，可食用畜禽下水0.5，鱼类0.5，水果0.1，小水果、浆果、葡萄0.2，蔬菜（球茎、叶菜、食用菌类除外）0.1，球茎蔬菜0.3，叶菜类0.3，鲜乳0.05，婴儿配方粉（乳为原料，以冲调后乳汁计）0.02，鲜蛋0.2，果酒0.2，果汁0.05，茶叶5。

4.砷(As)

砷是一种自然界普遍存在的元素。微量的砷对人体是有益的，但摄入量超过一定数值时就会引起中毒。

(1)食品中砷污染的来源

砷及其化合物广泛存在于自然界，并大量用于工农业生产上，所以食品中通常含有微量的砷。食品中的砷污染主要来源于：

①工业三废的污染。砷及其化合物在农药、有色玻璃、合金金属、制革、染料、医药等工业部门广泛应用。这些工业排放的含砷废水、废气、废渣污染环境，进而直接或间接污染食品。特别是含砷废水对江河湖海的污染以及灌溉农田后对土壤的污染，都可造成对水生生物和农

作物的砷污染。

②使用含砷的药物和农药。从20世纪40年代中期开始，有机砷制剂开始被用作饲料添加剂，用来控制畜禽的疾病和增重。现在有机砷制剂在饲料中普遍使用，如果不坚持适当的停药期，则会造成动物性食品的砷污染。医药上使用的一些含砷药物也可造成砷在机体中的残留。有机砷类杀菌剂甲基砷酸锌（稻脚青）、甲基砷酸钙等对水稻纹枯病有较好的效果，但由于使用过量或使用时间距收获期太近等原因，可导致农作物中砷含量明显增加。

③食品加工过程中原料、添加剂、包装材料等的污染。由于食品加工过程中使用的原料、化学物和添加剂的砷污染和误用等原因可造成加工食品的砷污染。如日本曾发生过酱油中毒事件，就是在酱油的生产过程中使用了含砷量过高的工业盐酸的结果；英国因在啤酒发酵过程中使用了含砷量过高的葡萄糖，导致7 000人中毒，1 000人死亡。

（2）食品中砷污染对人体的危害

食品中砷的毒性与其存在的形式和价态有关。元素砷无毒；砷的化合物，如氧化砷、盐类及有机砷都有毒性，三价砷的毒性大于五价砷和有机砷，可溶性砷盐的毒性大于不溶性砷盐。

食物和饮水中的砷经消化道吸收入血后很快分布于全身组织，以肝、肾、脾、肺、皮肤、毛发、指甲和骨骼等器官和组织中。急性砷中毒主要是胃肠炎症状，严重者可导致中枢神经系统麻痹而死亡，并可出现七窍出血等现象。长期随食物摄入少量的砷可导致慢性中毒。除表现为一般性神经衰弱症状外，主要表现为皮肤黏膜病变和多发性神经炎，皮肤痛感和触觉减退，肌腱反射消失，四肢肌肉无力、麻木、表皮角化，颜面、四肢色素异常；知觉减退、运动障碍；心、肝、脾、肾等脏器发生退行性变性，以及并发溶血性贫血、黄疸等；严重时可导致中毒性肝炎、心肌麻痹而死亡。

（3）食品中砷的允许限量

各种食品中均含有微量的砷，其含量随地区和食品的种类而不同。一般来说，海产品中砷含量较高，海产品中的砷也是人体中砷的主要来源。WHO暂定砷的ADI为0.05 mg/kg体重，无机砷的每周可耐受摄入量（PTWI）为0.015 mg/kg体重。我国食品中污染物限量标准（GB 2762—2012）中规定食品中砷允许限量为（≤mg/kg）：以无机砷计的大米0.15，面粉0.1，杂粮0.2，蔬菜0.05，水果0.05，畜禽肉类0.05，蛋类0.05，乳粉0.25，鲜乳0.05，豆类0.1，酒类0.05，鱼0.1，藻类（干重计）1.5，贝类及虾蟹类（以鲜重计）0.5，贝类及虾蟹类（以干重计）1.0，其他水产食品（以鲜重计）0.5；以总砷计的食用油脂0.1，果汁及果浆0.2，可可脂及巧克力0.5，其他可可制品1.0，食糖0.5。

四、N-亚硝基化合物对植物源性食品安全性的影响

N-亚硝基化合物是对动物有强致癌作用的一类化合物，到1983年人们已经研究了300多种亚硝基化合物，其中有致癌性的占90%。亚硝基化合物在自然界中含量很少，但合成亚硝基化合物的前体物质（原料）亚硝酸盐和二级胺在自然界比较广泛存在，如果这些原料通过饮食进入体内，在适宜的条件下，在体内合成亚硝基化合物。

人们对亚硝基化合物的毒性研究，特别是致癌性研究开始于20世纪50年代。1954年Barnes和Magee详细描述了二甲基亚硝胺急性毒性的病理损害，主要表现为肝小叶中心坏死及继发性肝硬化。1956年他们又用大鼠证实了二甲基亚硝胺的致癌作用，引起了人们对N-亚

硝基化合物毒性的广泛研究。

(一)植物源性食品中N-亚硝基化合物的来源和危害

1. N-亚硝基化合物的前体物

(1)环境中的硝酸盐和亚硝酸盐

硝酸盐和亚硝酸盐广泛分布于自然界,是自然界最普遍的含氮化合物。近几十年来,氮肥使用量普遍增长,土壤中硝酸盐的含量增加,而植物需要通过根系从土壤中摄取硝酸盐和铵以满足植物体内细胞物质如蛋白质、DNA 等的合成,就造成植物体中硝酸盐的明显蓄积。硝酸盐在植物体内分配是不均衡的,蔬菜品种不同硝酸盐含量变化也很大。中国农业科学院蔬菜研究所分析了 34 种不同的蔬菜,发现硝酸盐含量的顺序为:根菜类>薯芋类>绿叶菜类>白菜类>葱蒜类>豆类>瓜类>茄果类>食用菌。同一蔬菜不同部位的硝酸盐和亚硝酸盐含量差异也很大,其含量排列顺序为根>茎>叶柄>叶片。蔬菜中硝酸盐和亚硝酸盐含量还和其保存和处理过程有关。蔬菜经过腌制,亚硝酸盐的含量会增高。土壤中的硝酸盐还会渗透到地下水,造成水体污染。个别地区的井水,含硝酸盐比较多,一般称为"苦井"水。某些细菌含有硝基还原酶,可以将硝酸盐转化为亚硝酸盐。

(2)胺类

胺类化合物有仲胺、酰胺、伯胺、叔胺、季胺等,是动植物蛋白分解的中间产物,常存在于不新鲜甚至腐败变质的食物中。蛋白质在保藏、加工和烹调过程中就可产生胺类物质。

制酒过程中,蛋白质在发酵时易降解为二甲胺,有的发酵食品、麦片、面粉、玉米、薯粉等含有不同量的仲胺。研究资料表明,食品中胺类含量会因新鲜程度、贮藏和加工条件而变化。一般经晒、腌、烤、熏等加工,均能促使蛋白质分解,从而造成仲胺增加。

2. 亚硝胺在人体内的合成

食品中含有胺类和亚硝酸盐时,能合成亚硝胺,所以许多食品中都含有亚硝胺。如鱼和肉类食物、一些乳制品、蔬菜、水果、啤酒等。人体内如含有胺类和亚硝酸盐,在条件适宜时,也会合成亚硝胺。其适宜 pH<3,正常人胃液 pH 一般为 1~4,因此,胃可能是合成亚硝胺的主要场所。由于某些疾病导致胃酸缺乏的时候,人体胃液的 pH 较高,当 pH>5 时,含有硝酸盐还原酶的细菌的代谢活性增强,有利于将硝酸盐还原为亚硝酸盐,所以更容易使亚硝胺在体内合成。除了胃之外,硝酸盐在人体的口腔和肠道、膀胱、阴道中也可由细菌还原成亚硝酸盐,进而合成一定量的亚硝胺。

3. N-亚硝基化合物的遗传毒性

(1)致癌作用

虽然目前还缺乏 N-亚硝基化合物对人类直接致癌的资料,但其对动物的致癌性是毫无疑义的。目前还未发现哪一种动物能耐受 N-亚硝基化合物而不致癌的,包括灵长类动物在内。N-亚硝基化合物致癌可通过呼吸道吸入,消化道摄入,皮下肌肉注射,甚至皮肤接触都可诱发肿瘤。尽管目前对 N-亚硝基化合物是否对人类有致癌性尚无定论,但对某些地区与国家的流行病学资料的研究,表明人类某些癌症可能与之有关。研究人员在癌症高发区的部分陈粮(储存了几年的粮食)、酸菜、发霉的食物、薯干、干萝卜条、干咸鱼等样品中,测出亚硝胺来。在某处癌症高发区的井水和其他饮水中亚硝酸盐的含量过高,部分居民的胃液中,也测出几种不同的亚硝胺。智利硝石世界闻名,食品中亚硝酸盐含量也高,其胃癌的发病率和死亡率也居世界

首位。日本人的胃癌发病率高，可能和日本人爱吃咸鱼和腌菜有关。

亚硝胺和亚硝酰胺的致癌机制并不完全相同。亚硝胺较稳定，不是终末致癌物，需要在体内代谢活化。因此，一些重要的亚硝胺，如二甲基亚硝胺和吡咯烷亚硝胺等，用于动物注射作诱癌实验，并不在注射部位引起肿瘤，而是经体内代谢活化引起肝脏等器官肿瘤。亚硝酰胺类化合物是终末致癌物，不稳定，不需体内活化就有致癌作用。因此，亚硝酰胺类的致癌靶器官就不一定是代谢活化的器官(如肝脏)。

(2)致畸作用

有人用亚硝酰胺做实验，结果使仔鼠产生脑、眼、肋骨和脊柱的畸形，并存在剂量效应关系。而亚硝胺致畸作用较弱。

(3)致突变作用

亚硝酰胺是一类直接致突变物，能引起细菌、真菌、果蝇和哺乳类动物细胞发生突变。亚硝胺需经哺乳动物的混合功能氧化酶系统代谢活化后才有致突变性。脂肪族亚硝胺中有的既有致癌性也显示致突变作用，但有的有致癌作用，却不显示致突变作用。致突变作用强弱与致癌性强弱无相关性。

(二)植物源性食品中硝酸盐的控制

根据食品中硝酸盐和亚硝酸盐的来源及亚硝胺在体内的合成条件，防止亚硝基化合物污染的措施主要有：

(1)防止食品霉变以及其他微生物污染

在食品加工时，应保证食品新鲜，防止微生物污染。因为某些细菌可将硝酸盐还原为亚硝酸盐，还可分解蛋白质，使之转化为胺类化合物，并且还有酶促亚硝基化作用。

(2)控制食品中硝酸盐和亚硝酸盐的使用量

在加工工艺许可的情况下，减少硝酸盐和亚硝酸盐的使用量，并尽量使用亚硝酸盐及硝酸盐的替代品，从而减少亚硝基化前体的量。

(3)减少氮肥使用量、施用钼肥

农业用肥与用水被认为与蔬菜中亚硝酸盐和硝酸盐含量有关。当大量施用化学氮肥或土壤中缺钼时，可增加蔬菜中硝酸盐的蓄积。而施用钼肥有利于降低硝酸盐含量。例如白萝卜和大白菜施肥后，亚硝酸盐平均下降26.5%。

(4)科学饮食

多食用新鲜的蔬菜和水果，因为维生素C有阻断亚硝基化的作用。大蒜和大蒜素可抑制胃内硝酸盐还原菌，使胃内亚硝酸盐含量明显降低。茶叶对亚硝胺的生成有阻断作用。少食用腌制品。

(5)采用正确合理的加工和烹调操作方法

正确合理的加工、烹调操作可明显降低蔬菜中可食部分硝酸盐含量。蔬菜食用前经过沸水浸泡3 min处理能有效降低硝酸盐含量，而且效果比清水浸泡10 min或锅炒3 min更好。将马铃薯放在浓度为1%的食盐水或维生素C溶液中浸泡一昼夜，马铃薯中硝酸盐的含量可减少90%。

(6)执行标准、监督检测

目前我国已制定出海产品和肉制品中N-二甲基亚硝胺、N-二乙基亚硝胺的限量标准(GB

2762—2012)。其中规定:海产品中 N-二甲基亚硝胺≤4 μg/kg,N-二乙基亚硝胺≤7 μg/kg;肉制品中 N-二甲基亚硝胺≤3 μg/kg,N-二乙基亚硝胺≤5 μg/kg。应按照标准,加强监督检测工作,确保食品安全。

五、农药残留对植物源性食品安全性的影响

(一)概述

1.农药的定义与分类

农药是指用于防治危害农作物及农副产品的病虫害、杂草及其他有害生物药剂的总称。农药残留是指在农业上使用农药后残留在生物体、食品(农副产品)和环境中的微量农药原体、有毒代谢产物、降解物和杂质的总称。

目前在世界各国注册的农药有 1 500 余种,其中常用的是 500 种。农药按用途可分为杀(昆)虫剂、杀(真)菌剂、除草剂、杀线虫剂、杀螨剂、杀鼠剂、粮食熏蒸剂和植物生长调节剂等类型,其中使用最多的是杀虫剂、杀菌剂和除草剂三大类。按化学组成及结构可将农药分为有机磷、有机氯、有机砷、有机汞、氨基甲酸酯、拟除虫菊酯等。

2.食品中农药残留的来源

进入环境中的农药,可通过多种途径污染食品。进入人体的农药估计约 90%是通过食物摄入的。食品中农药残留的主要来源有:

(1)施药后直接污染

在生产中,农药直接喷洒于农作物的茎、叶、花和果实等表面,造成农产品污染。部分农药被作物吸收进入植株内部经过生理作用运转到植物的根、茎、叶和果实,代谢后残留于农作物中。

在兽医临床上,使用广谱驱虫和杀螨药物杀灭动物体表寄生虫时,如果药物用量过大被动物吸收或舔食,在一定时间内可造成动物产品中农药的残留。

(2)农作物从污染的环境中吸收农药

由于施用农药和工业三废的污染,大量农药进入了空气、水和土壤,成为环境污染物。农作物可以从污染的环境中吸收农药,特别是从土壤和灌溉水中吸收农药。农作物从污染的环境中吸收的农药的量与植物的种类、根系情况和食用部分,所用农药的剂型、方式和使用量以及土壤的情况有关。

(3)通过食物链和生物富集而污染食品

农药污染环境后可通过食物链的传递而污染食品。如农药污染饲料后可导致肉、奶、蛋的污染;水体受到污染后可导致水产品的污染。有些农药在经食物链传递时还可发生生物富集,致使原本环境中农药的轻微污染在经过了食物链的传递之后造成食品中农药的高浓度残留。这种富集的系数藻类达 500 倍,鱼贝类可达 2 000~3 000 倍,而食鱼的水鸟在 10 万倍以上。

(4)其他途径的污染

其他的许多途径都有可能造成农药对食品的污染。如食品在加工、贮藏和运输过程中,使用被农药污染的运输工具,或者与农药混放、混装均可造成农药污染;拌过农药的种子常含大量农药,不能食用,但是常常造成误食;在食品厂、医院、公共场所等使用各种驱虫剂、灭蚊剂和杀蟑螂剂等使食品受农药污染的机会增多。

(二)食品中常见的农药残留及其毒性

1.有机氯

有机氯是早期使用的最主要的杀虫剂,自从1939年瑞典化学家Paul Meuller发现滴滴涕(DDT)的杀虫作用后,有机氯农药在植物保护和卫生防疫方面发挥了重要作用。

有机氯农药化学性质非常稳定,不溶或微溶于水,脂溶性强,所以在生物体内主要蓄积于脂肪组织。在环境中很稳定,不易降解,如DDT在土壤中消失95%的时间为3～30年(平均为10年)。土壤中的有机氯农药进入大气,通过气流到处扩散,现在世界上几乎任何地区的环境中均可检出有机氯。因此,目前在各类食品中大多可检出不同程度的有机氯残留。有机氯农药通过食物链传递时能发生生物富集。因为有机氯主要蓄积于动、植物的脂肪组织,所以动物性食品残留量高于植物性食品,含脂肪多的食品高于脂肪少的食品。植物性食品的六六六和滴滴涕残留量与施药量有直接的关系,而动物性食品其农药残留来源于饲料和环境。

有机氯农药为中等危害性农药,属于神经毒剂,对人的危害主要是由于其较强的蓄积性造成的慢性中毒。主要表现为肝脏病变、血液和神经系统损害。有机氯还可通过胎盘进入胎儿体内,部分品种及其代谢产物有一定致癌性。六六六的蓄积量与男性肝癌、肺癌、肠癌以及女性直肠癌的发病率有关。

由于有机氯农药易于在环境中长期蓄积,并可通过食物链逐级蓄积,从而对人体构成很大的威胁,在许多国家已停止使用。我国于1983年停止生产,1984年停止使用六六六和DDT等有机氯农药。

2.有机磷

有机磷农药是人类最早合成而且仍在广泛使用的一类杀虫剂,也是目前我国使用最主要的农药之一,被广泛用于各类食用作物。早期发展的多为高效高毒品种,如对硫磷、内吸磷、甲拌磷等,近期发展的多为高效低毒品种,如乐果、敌百虫、倍硫磷等,还有毒性非常低的马拉硫磷等。

有机磷农药多为油状,难溶于水,易溶于有机溶剂,在碱性溶液中易水解破坏。化学性质不稳定,分解快,在土壤中持续时间仅几天,个别达数月。生物半衰期短,不易在作物、动物和人体内蓄积。但是由于有机磷农药的使用量越来越大,而且对农作物往往要反复多次使用,因此,有机磷农药对食品的污染比有机氯严重。有机磷农药污染的食品主要是植物性食物,尤其是含有芳香物质的植物,如水果、蔬菜。

有机磷农药对人的毒性属于一种神经毒,急性中毒大多是使用不当或误食引起的。有机磷农药主要抑制生物体内胆碱酯酶活性,从而导致中枢神经中毒。慢性中毒主要是神经系统、血液系统和视觉损伤的表现。

3.氨基甲酸酯类

氨基甲酸酯农药是20世纪40年代美国加州大学科学家研究巴豆时发现其中含有有毒生物碱——毒扁豆碱后合成的类拟物,是针对有机磷农药的缺点而研制出的一类农药。此类农药可用作杀虫剂(常用品种有西维因、涕灭威、速灭威、克百威等)或除草剂(如灭草灵、灭草猛等),某些品种还兼有杀线虫活性。

氨基甲酸酯农药易溶于有机溶剂,在酸性条件下较稳定,遇碱易分解失效。氨基甲酸酯农药有许多优点,首先在环境和生物体内易分解,土壤中半衰期8～14 d,在作物上的残留时间一般为 4 d,在动物肌肉和脂肪中的明显蓄积时间约为 7 d;其次氨基甲酸酯农药的药效快,选择性较高,对温血动物、鱼类和人的毒性低。

尽管氨基甲酸酯农药的残留比有机磷农药轻,但随着其用量和使用范围的不断扩大,食品中的残留问题也逐渐突出,已引起多起食物中毒事件。其毒作用机制与有机磷类似,也是胆碱酯酶抑制剂,但其抑制作用有较大的可逆性,水解后酶的活性可不同程度恢复。急性中毒时出现精神沉郁、流泪、肌肉无力、震颤、痉挛、低血压、瞳孔缩小,甚至呼吸困难等胆碱酯酶抑制症状,严重者死亡。中毒轻的时候表现头痛、呕吐、腹泻、记忆力下降等。近年来有研究表明,氨基甲酸酯农药进入人体后,在胃中酸性条件下可与食物中的亚硝酸盐和硝酸盐反应生成亚硝基化合物,而亚硝基化合物具有致癌作用,因此可以认为氨基甲酸酯农药具有潜在的致癌作用。

4. 拟除虫菊酯类

拟除虫菊酯农药是一类模拟天然除虫菊酯的化学结构而合成的杀虫剂和杀螨剂,自 20 世纪 70 年代初合成第一个光稳定性拟除虫菊酯杀虫剂——氯菊酯以来,拟除虫菊酯农药得到了迅速的发展,目前大量使用的品种已达二十多个。

拟除虫菊酯农药不溶或微溶于水,易溶于有机溶剂,在酸性条件下稳定,遇碱易分解。拟除虫菊酯农药具有高效、广谱、低毒、低残留的特点,在自然界中降解快,不易在生物体内残留,在农作物中残留期通常为 7～30 d,广泛用于蔬菜、水果、粮食、棉花和烟草等农作物。农产品中的拟除虫菊酯农药主要来自喷施时直接污染,常残留于果皮。

拟除虫菊酯类农药多属中等毒性或低毒性,在生物体内不产生蓄积效应,因其用量低,一般对人的毒性不强。急性中毒多为误服或生产性接触引起,主要是神经系统症状。如流涎、多汗、意识障碍、言语不清、反应迟钝、运动障碍、视物模糊、肌肉震颤、呼吸困难等,严重时抽搐、昏迷、心动过速、瞳孔缩小、对光反射消失、大小便失禁,可因心衰和呼吸困难而死亡。拟除虫菊酯类农药对皮肤有刺激作用,可引起皮肤的麻木、瘙痒和迟发性变态反应。因此类农药的蓄积性及残留量很低,所以慢性中毒比较少见。动物实验表明,大剂量氰戊菊酯饲喂动物,有诱变性和胚胎毒性。

5. 杀菌剂

杀菌剂的种类很多。有机砷制剂(稻脚青、福美砷、田安等)进入人体后可转变成毒性很强的三价砷,引起人的砷中毒,并有致癌作用。有机汞类杀菌剂如西力生(氯化乙基汞)、赛力散(醋酸苯汞)、富民隆(磺胺汞)等,生物半衰期长达 10～30 年,毒性很强,主要损害神经系统和肝脏,引起人的汞中毒,我国于 1972 年起已停止使用。苯丙咪唑类杀菌剂的常用种类有多菌灵、托布津、甲基托布津、苯菌灵、噻菌灵等,对稻瘟病等多种农作物病害有较好的防治效果,对人和动物毒性较低。但有报道表明此类农药在高剂量下可导致大鼠生殖功能异常,引起雄鼠睾丸萎缩和精子减少,胎儿畸形,有致癌作用。有机硫制剂主要有代森胺、代森锌、代森锰锌等代森类和福美双、克菌丹等,属于中等或低毒类杀菌剂,对皮肤和黏膜有刺激作用。

6. 除草剂

除草剂用于消灭或控制杂草生长,又称为除莠剂,用量很大。大多数除草剂对动物和人的毒性较低,不易在生物体内蓄积,而且由于多在农作物生长早期使用,所以收获后农产品内的残留量通常很低，其危害性相对较小，很少引起急性中毒。但部分品种有不同程度的“三致”活性，应给予足够的重视。如除草醚对动物有“三致”作用，我国于2000年12月31日已停止生产，2001年12月31日前停止销售和使用。

7. 混配农药的毒性

两种或两种以上农药合理混配使用可提高其作用效果，并可延缓昆虫和杂草对其产生抗性，所以近年来混配农药的生产和使用品种越来越多。但是实践证明，多种农药混合或复配有时可加重其毒性。如有机磷农药可增加拟除虫菊酯类农药的毒性；氨基甲酸酯和有机磷农药混配使用会对胆碱酯酶的抑制作用明显增强，有机磷农药之间也有明显的协同作用。

(三)控制植物源性食品中农药残留的措施

食品中农药残留对人体健康的损害是不容忽视的，为了确保食品安全，必须采取正确对策和综合防治措施，防止食品中农药的残留。

①加强对农药生产和经营的管理。为了实施农药管理的法制化和规范化，加强农药生产和经营的管理，许多国家有严格的农药管理和登记制度。如美国由联邦政府环保局负责农药的审批和登记，日本是由农业部负责。我国1997年颁布的《农药管理条例》中规定农药的登记和监督管理工作主要由国务院农业行政主管部门负责。农药在投产之前或国外农药进口之前必须进行登记，申请农药登记需提供农药样品以及农药的产品化学、毒理学、药效、残留、环境影响、标签等方面的资料。申请资料经过综合评价，符合条件的由国务院农业行政主管部门发给农药登记证。《农药管理条例》中还规定我国实行农药生产许可制度，即生产已依法取得农药登记的农药还必须报国务院化学工业行政管理部门批准。没有取得农药登记和农药生产许可证的农药不得生产、销售和使用。

②合理安全使用农药。为了合理安全使用农药，我国自20世纪70年代后相继禁止或限制使用一些高毒、高残留、有“三致”作用的农药。在《农药安全使用标准(GB 4285—1989)》和《农药合理使用准则(GB/T 8321.1—2000，GB/T 8321.2—2000，GB/T 8321.3—2000，GB/T 8321.4—2006，GB/T 8321.5—2006，GB/T 8321.6—2000，GB/T 8321.7—2002，GB/T 8321.8—2007，GB/T 8321.9—2009)》中，规定了常用农药所适用的作物、防治对象、施药时间、最高用药量或最低稀释倍数、最多使用次数和安全间隔期，以保证食品中农药残留量不致超过最大允许限量标准。严禁在蔬菜、水果和茶叶等农产品的生产中使用高毒、高残留的农药。

③制定和严格执行食品中农药残留限量标准。FAO/WHO及世界各国对食品中农药的残留量都有相应规定，并进行了广泛监督。我国已颁布了食品中农药残留限量国家标准(GB 2763—2012《食品安全国家标准 食品中农药最大残留限量》)和多个相应的农药残留分析方法标准。为了与国际标准接轨，增加我国食品出口量，还有待于进一步完善和修订农产品中农药残留限量标准。

④制定适合我国的农药政策，开发高效低毒低残留的新品种，及时淘汰或停用高毒、高残留、长期污染环境的品种，推广先进的施用技术和喷洒器具，大力提倡作物病虫害的综合防治，整治农药生产和使用对环境造成的污染等。

任务1-3 动物源性食品的安全性

◆学习目标

1. 了解植物源性食品中天然有毒物质的种类和预防措施；
2. 掌握多环芳烃化合物和杂环胺的危害和控制措施；
3. 掌握兽药残留的危害和控制措施。

一、天然有毒物质对动物源性食品安全性的影响

动物源性食品是指由动物生产的肉、蛋、奶等可食性组织及其加工的产品。动物源性食品在补充人类营养素中蛋白质、维生素和矿物质的作用上非常重要，其安全性与人们的生活和健康有着非常密切的关系。天然有毒物质是引起动物源性食品食物中毒的重要因素之一。

【案例1-2 动物性食物(河豚)中毒事件】

2005年1月18日上午，陵水黎族自治县英州镇五合村民在市场购买海鱼招待来访的亲戚，一起用餐者20多人，进食2小时后相继发生中毒，中毒人数23人，其中2人于中毒后3小时死亡。经定性试验证实为河豚毒素引起的中毒死亡。

动物源性食品中常见的天然有毒物质

食物中的天然有毒物质种类很多，成分复杂。与食品安全关系密切，而且比较常见的动物源性天然有毒物质主要河豚毒素、胺类、贝类毒素、动物内脏中的毒素等。

1. 河豚毒素

河豚毒素(tetrodotoxin，TTX)又称蝾螈毒素、东方鲀毒素等，是河豚毒、河豚酸、河豚卵巢素和肝脏毒素的统称，主要存在于硬骨鱼纲辐鳍亚纲鲀形目所属的近百种河豚及其他生物体内，河豚是其中最常见的一种。河豚的不同部位和不同季节所含TTX的量不同，其中卵巢中含量最多，肝脏次之，血液、眼睛、腮、皮肤都含有少许，肌肉中一般没有。但鱼死后内脏毒素可渗入肌肉，鱼肉中也含有少量的毒素。

河豚毒素中毒的特点是发病急而剧烈。潜伏期10 min到3 h，一般先感觉手指、唇、舌等部位刺疼，然后出现呕吐腹泻等胃肠症状，并四肢无力、发冷，及口舌指尖麻痹，以后语言不清、血压体温下降，呼吸困难以致死亡。而且河豚毒素性质稳定，一般的加工方法很难将其破坏。

虽然从理论上讲，正确处理后河豚可以食用，且有的国家和地区也有吃河豚的习惯，但实际上，一般民众难以正确、准确地掌握处理方法。同时，河豚加工要求是十分严格的。一名合格的河豚厨师至少要接受两年的严格培训，才能安全处理，而且每条河豚的加工去毒需要经过30道工序，一个熟练厨师也要花20 min才能完成。

2005年7月，我国大连建立全国第一条经卫生部批准的河豚生产加工线，投资1.3亿，年加工能力8 000 t，加工非常严格，每一道工序都由经过严格训练的专门技工来操作，而且每一道工序后都要经过检验，一共经过二十多道工序。河豚加工主要是“三去”，“三去”要彻底去掉

原料的头、皮、内脏等可能含毒部位，剔除骨头，切除红色肉。腹腔内附有的黑膜，作为内脏与肌肉之间的屏障，与内脏直接接触，黑膜也含有一定的毒素，必须清洗干净。

2. 组胺

组胺是一种生物碱，水产品中的青皮红肉鱼、黄鳝、蟹类等，因含有较高的组氨酸，在脱羧酶和细菌作用后，脱羧而产生组胺。组胺致敏因子可引起过敏性食物中毒和组胺性哮喘等。

当鱼肉组胺含量达到 4 mg/g 或人体摄入组胺达到 1.5 mg/kg 体重以上时，易发生食物中毒。许多国家的卫生标准中建议用组胺含量作为鱼类和水产品中微生物腐败的指标。

3. 贝类毒素

贝类毒素成分很复杂，主要有石房蛤毒素及其衍生物、大田软海绵酸及其衍生物、软骨藻酸及其异构体、短螺甲藻毒素等。

人摄食贝类后因毒素成分不同中毒表现各异，腹泻型由软骨藻酸及其异构体所致；麻痹型由石房蛤毒素及其衍生物所致；神经型由短螺甲藻毒素所致；皮炎型则因部分螺内含有光敏感物质，大量摄入后，经日光暴晒，出现皮炎症状。贝类中毒发病急，潜伏期短，中毒者的病死率较高，国内外尚无特效疗法，因此关键在于预防，尤其是夏秋季贝类食物中毒多发季节禁食有毒贝类。

4. 动物肝脏中的毒素

动物肝脏是动物机体最大的解毒器官，进入体内的有毒有害物质多数在肝脏经过代谢、转化、解毒并排出体外。当肝脏功能下降或有毒有害物质摄入较多时，肝脏也会蓄积这些外来有毒有害物质。污染环境和饲料中的重金属如铅、砷、汞等和其他的一些污染物也主要存在于肝脏中。因此，动物肝脏中的毒素主要为外来有毒有害物质在肝脏中的残留、动物机体的代谢产物在肝脏中的蓄积和由于疾病原因造成的肝组织受损。

因此，人们在选购动物肝脏时应注意，凡是肝呈暗紫色，异常肿大，有白色小硬结，或一部分变硬变干等，不宜食用。另外，因动物肝脏中维生素 A 和维生素 D 吸收过量而发生毒性反应，因此食用动物肝脏时不可过量。

二、多环芳烃化合物对动物源性食品安全性的影响

多环芳烃化合物是食品化学污染物中一类具有诱癌作用的化合物，其中 5 环、6 环的多环芳烃为非常重要的环境污染物。目前已鉴定出数百种，其中苯并(a)芘研究的最早，污染最广、致癌作用强，因而常以苯并(a)芘作为多环芳烃化合物。

(一)苯并(a)芘

1. 结构及理化性质

苯并(a)芘是由 5 个苯环构成的多环芳烃。分子式为 $C_{20}H_{12}$，相对分子质量为 252。常温下为针状结晶，浅黄色，性质稳定。沸点 310～312℃。熔点为 178℃。溶于苯、甲苯、二甲苯及环己烷中。稍溶于甲醇和乙醇中。在水中溶解度仅为 0.5～6 μg/L。阳光和荧光都可使其发生光氧化作用，臭氧也可使之氧化。与 NO 或 NO_2 作用可发生硝基化。在苯溶液中呈蓝色或紫色荧光。

2. 苯并(a)芘对食品的污染途径

多环芳烃主要由各有机物如煤、柴油、汽油、原油及香烟燃烧不完全而来。食品中的多环

芳烃主要有以下几个来源：

①食品在烘烤或熏制时直接受到污染。烘烤和熏制时，食品与燃料产物直接接触，可受到苯并(a)芘的污染。

②食品成分在烹调加工时经高温裂解或热聚形成，是食品中多环芳烃的主要来源。烹调时如果温度较高，使有机物分解，经环化、聚合而成苯并(a)芘。

③植物性食物可吸收土壤、水中污染的多环芳烃，并可受大气飘尘直接污染。

④食物链的生物浓缩。苯并(a)芘可通过食物链进行浓缩。水生食物链有较强的浓缩能力，如海鱼含苯并(a)芘为 2～65 μg/kg，较海水高出许多倍。

⑤饲料对动物性食品的污染。当用含苯并(a)芘污染的饲料饲喂动物时，其生产的肉、蛋、乳中也会含有这类物质，并随着污染的程度而升高。

3. 苯并(a)芘对人体的危害

(1)致癌性

大量资料表明，苯并(a)芘对各种动物的致癌性是肯定的。另外，流行病学调查表明，食品中苯并(a)芘含量与人的癌症发病率有关，尤其与胃癌的发病关系密切。如日本胃癌发病高，认为与当地居民习惯在炭火上烤鱼吃有关。匈牙利西部一地区胃癌发病高，认为与此地区居民经常吃家庭自制含苯并(a)芘较高的熏肉有关。冰岛胃癌发病高，认为可能与经常食用熏制品有关。冰岛农民胃癌死亡率最高，农民吃自己熏制的食品最多，其中含多环芳烃或苯并(a)芘高于市售制品。用该地的熏羊肉喂大鼠，诱发出恶性肿瘤。

(2)致突变性

苯并(a)芘在 Ames 试验、细菌 DNA 修复、噬菌体诱发果蝇突变、姊妹染色体交换、染色体畸变、哺乳类细胞培养点突变及哺乳类动物精子畸变等实验中皆呈阳性反应。人组织培养中也发现苯并(a)芘有组织毒性作用，造成上皮分化不良、细胞破坏、柱状上皮细胞变形等。

4. 防止苯并(a)芘危害的措施

(1)防止污染

改进食品加工烹调方法，首先尽量减少环境污染，综合治理三废，减少苯并(a)芘对农作物和水生生物的污染；其次熏制、烘干粮食应改进燃烧过程，改良食品烟熏剂，最好用电热、红外线或微波加热，不使食品直接接触炭火熏制、烘烤；最后粮食、油料种子不在柏油路晾晒，以防沥青沾染。

(2)去毒

粮食通过碾磨加工除去麸皮、糠麸，可大大减少苯并(a)芘含量，油脂中的苯并(a)芘可通过活性炭吸附法去除。此外用日光紫外线照射食品时也能使苯并(a)芘含量降低。

(3)制定食品中允许含量

我国规定的食品中苯并(a)芘的限量标准为：熏烤肉 5 μg/kg，植物油 10 μg/kg，粮食 5 μg/kg。

(二)杂环胺类化合物(HCA)

20 世纪 70 年代末，人们发现从烤鱼或烤牛肉炭化表层中提取的化合物具有致突变性。对烤鱼中主要致突变物的研究表明，这类物质主要是复杂的杂环胺类化合物(heterocyclic amine，HCA)，例如，咪唑喹啉(imidazoquinoline，IQ)和甲基咪喹啉(methylimida zoquinoline，MeIQx)。进一步的研究发现，在温度非常高的情况下，食物蛋白质或某些氨基酸成分可合成

HCA;氨基酸(有时糖也可以)与肌肉中的供能物质——肌酸、肌酐在高温下反应也会生成HCA。第二个途径生成的HCA是膳食中的主要来源。

1. HCA的致癌性

IQ化合物主要可诱发小鼠肝脏肿瘤,也可诱发出肺、前胃和造血系统的肿瘤,大鼠可发生肝、肠道、乳腺等器官的肿瘤;PhIP主要诱发雄性大鼠肠道肿瘤,雌性乳腺肿瘤,小鼠的淋巴腺肿瘤。而其他氨基酸的热解产物主要诱发小鼠的肝脏和血管肿瘤,大鼠、小鼠的肝脏和小肠肿瘤。

2. 防止HCA危害的措施

①改进烹调方法,尽量不要采用油煎和油炸的烹调方法,避免过高温度,不要烧焦食物。

②增加蔬菜水果的摄入量。膳食纤维可以吸附HCA,而蔬菜和水果中的一些活性成分又可抑制HCA的致突变作用。

③建立完善的HCA的检测方法,开展食物HCA含量检测,研究其生成条件和抑制条件,以及在体内的代谢情况,毒害作用的阈剂量等方面的研究,尽早制定食品中的允许含量标准。

三、兽药残留对动物源性食品安全性的影响

兽药残留是指“动物产品任何可食部分所含兽药的母体化合物及(或)其代谢物,以及与兽药有关的杂质的残留”。这个概念表明,所谓兽药残留既包括原药,也包括药物在动物体内的代谢产物和兽药生产中所伴生的杂质。

兽药在动物体内残留量与兽药种类、给药方式及器官和组织的种类有很大关系。对兽药有代谢作用的器官,如肝脏、肾脏,其兽药浓度就高。一般来说,兽药进入动物机体后,随着时间的推移,其浓度下降,如鸡在用药后,其半衰期大多在12 h以下,鸡在用药后的休药期多数为7 d。通常在休药期后宰杀的畜、禽类动物以及用其为原料生产的动物性食品是安全的。

(一)兽药残留的来源

兽药残留主要来自动物性食品原料,特别是肉制品、奶食品和鱼食品。为了提高生产效率,满足人类对动物性食品的需求,畜禽、水产动物等的饲养多采用集约化生产。但是,在集约化饲养条件下,由于密度高,疾病很容易蔓延,必然要使用更多的药物来预防和治疗疾病;同时,为了改善营养,必然要在天然饲料中添加一些化学药物来改善饲喂效果。药物的大量使用就造成在动物组织中的残留,特别在饲养后期,宰杀前施用药物,这种残留更为严重,因此,兽药残留引起了普遍关注。

(二)影响动物源性食品安全的主要兽药

1. 抗生素类

按抗生素在畜牧业上应用的目标和方法,可将它们分为两类:治疗动物临床疾病的抗生素;用于预防和治疗亚临床疾病的抗生素,即作为饲料添加剂低水平连续饲喂的抗生素。

抗生素应用越来越广泛,除了可以防病、治病外,还具有促进动物生长、提高饲料转化率、提高动物产品的品质等功效。如可提高猪、鸡生产效率和饲料利用率10%～15%,降低死亡率5%。

治疗用抗生素主要种类有四环素类、庆大霉素、青霉素类、链霉素、红霉素、新霉素、杆菌肽等。常用的饲料药物添加剂有土霉素、黄霉素、金霉素、马杜霉素、庆大霉素、伊霉菌素和泰乐

菌素等。

抗生素的广泛应用，所带来的最直接后果就是在动物性食品中残留，不仅在畜禽肉食品中有残留，今年还发现蜂蜜中有抗生素残留，因为在冬季蜜蜂常发生细菌性疾病，用抗生素治疗，致使蜂蜜中残留抗生素，影响了蜂蜜产品的出口。人经常食用含有抗生素残留的食品，会引起许多不良后果，如产生过敏反应、引起耐药性菌株、造成肠道菌群失调、抑制免疫系统等。

为控制动物食品的药物残留，必须严格遵守休药期，严格规定抗生素饲料添加剂的使用条件，并注意用药方法与用药目的一致。世界各国都对抗生素在食品中残留量予以重视，严格规定了各种抗生素在食品中允许限量标准（CAC/MRL 2—2011 Maximum Residue Limits for Veterinary Drugs in Foods）。

2.磺胺类

磺胺类药物是从20世纪30年代后期开始用于治疗人的细菌性疾病，于1940年开始用于家畜，1950年起广泛应用于畜牧业生产，用来控制某些动物疾病的发生和促进动物生长。

磺胺类药物在动物体内的残留与剂型和给药途径有关。在注射和内服磺胺类药物之后，药物在其代谢和排泄器官（肝和肾）内存留最久，而在肌肉中相对消失较快。

磺胺类药物的毒性很小，特别是胃、肠道感染用药，内服后吸收很少，大部分以原形态自肌体排出，在自然环境中不易被生物降解，从而导致再污染，引起兽药残留超标。

3.激素类

激素是由机体某一部分分泌的特种有机物，可影响其机能活动并协调机体各个部分的作用，促进畜禽生长。20世纪人们发现激素后，激素类生长促进剂在畜牧业上得到广泛应用，主要用于促进动物的生长发育，此外还有增加体重和同步发情等作用。通过饲料添加剂或皮下埋植等方式而进入动物体内，造成动物体内的激素残留。

激素类药物残留主要是已烯雌酚、已烷雌酚、双烯雌酚和雌二酚。激素残留不利于人体健康，产生了许多负面影响，我国香港特区1995年以后要求不准使用这种激素，因为它们可使小孩肥胖。我国农业部规定，禁止所有激素类及有激素类作用的物质作为动物生长促进剂使用。但在实际生产中违禁使用者还很多，给动物性食品安全带来很大威胁。

（三）兽药残留的危害

1.毒性作用

人长期摄入含兽药残留的动物源性食品后，药物不断在体内蓄积，当浓度达到一定量后，就会对人体产生严重性作用，如磺胺类药物可引起肾损害，特别是乙酰磺胺在酸性尿中溶解度降低，析出结晶后可损害肾脏。

2.过敏反应

经常食用一些含低剂量抗菌药物的食品能使易感个体出现过敏反应，这些药物主要有青霉素、四环素、磺胺类药物及某些氨基糖苷类抗生素等，它们具有抗原性，能刺激机体内形成抗生素抗体，造成过敏反应，严重者可引起休克、喉头水肿、呼吸困难等严重症状。

3.“三致”作用

“三致”作用即致癌、致畸、致突变。当人们长期食用有“三致”作用药物残留的动物源性食品时，药物在人体内不断蓄积，最终可引起基因突变或染色体畸变而造成对人体的潜在危害，最典型的是雌激素、硝基呋喃类、砷制剂等违禁药物，都已被证明具有致癌作用。

4. 对胃肠道菌群的影响

在正常条件下，人体肠道内的菌群与人体能相互适应，各种正常细菌互相之间达成一定的比例，维持一种菌群的平衡状态，某些菌群能合成B族维生素和维生素K，以供机体使用。超量用药会使这些平衡发生紊乱，造成一些非致病菌死亡，使菌群的平衡失调，从而导致长期的腹泻或引起维生素缺乏等反应，危害人体的健康。

5. 细菌耐药性增加

动物经常反复接触某一种抗菌药物后，其体内的敏感菌株将受到选择性的抑制，细菌产生耐药性，耐药菌株大量繁殖，人体经常食用含有药物残留的食品，动物体内的耐药菌株可传播给人体，当人体发生疾病时，就给临床上感染性疾病的治疗带来了一定困难，延误正常的治疗。已经发现长期食用低剂量的抗生素能导致金黄色葡萄球菌耐药菌株的出现，也能引起大肠杆菌耐药菌株的产生。

6. 激素的副作用

长期使用低剂量激素动物源性食品，可影响人体正常激素水平和功能，使儿童肥胖、早熟、异常发育等。

(四)控制兽药残留的措施

含兽药残留的食品进入人体后，残留兽药可以在体内蓄积，当浓度达到一定量时，可能产生毒副作用，其表现为中毒现象，有的还可能引起致畸、致突变、致癌作用等，所以必须严格控制兽药的残留量。控制兽药残留可归纳为以下几个具体措施：

1. 建立健全畜产品质量标准体系和药物残留监控、监测体系

目前，我国的畜产品质量标准体系尚未完善，短期内达不到发达国家水平，但作为一个目标，逐步建立起与国际标准相一致的质量检验检疫标准体系，使畜牧业生产、加工、流通、管理、服务实现标准化、规范化、程序化已成为当务之急。根据我国国情，可以先从有影响的外贸出口，沿海地区或供给香港出口的重点地区做起，做到重点监控。同时，国家级兽药残留研究、监控系统建立起来后，逐步培养省一级的网络，各地设兽药监控所，建立一套快速监控和仲裁机构，制定具体残留数据标准和违规违法的相应处罚手段，以便有效地控制药残问题的发生。

2. 加强药物的合理使用规范

合理配制用药、使用兽用专用药，能用一种药的情况不用多种药，特殊情况下一般也不超过三种。对各种兽药制定具体而可行的使用规范。在国外，尤其是欧盟国家，禁止人畜共用同种抗生素。我国人畜共用的抗生素主要是四环素、金霉素、土霉素类。治疗药物一般都是短期使用，针对急性疫情，危害还不是很大。危害较大的是添加人畜共用的药类，这在欧盟国家是绝对禁止的。我国虽有标准，但是有些饲料厂和养殖户非法使用，允许用的加大剂量，不允许用的也非法使用。

3. 严厉查处违禁药物用作饲料添加剂

首先明确发布禁止用作添加剂的药物名单，对生产禁用药物产品的厂家进行有效的查封；对养殖场、饲料厂、添加剂厂进行关于食品和饲料安全的培训、宣传和教育；严厉查处在饲料和饲料添加剂产品中或者养殖过程中应用违禁药物的情况；对违法人员要按《条例》追究刑事责任。

4. 谨慎使用抗生素

提倡谨慎使用抗生素，减少抗生素使用的随意性。抗生素作为饲料添加剂，仅在动物的生

长早期有效。各国政府严格规定抗生素饲料添加剂的使用条件，如日本规定，仔猪从出生到4月龄、仔鸡从出生到8月龄可以使用；在同一种饲料中禁止使用两种以上作用相同的抗生素。

5.严格规定休药期和制定动物性食品药物的最高残留限量

为保证给予动物内服或注射药物后药物在动物组织中残留浓度能降至安全范围，必须严格规定药物休药期，并制定最高残留限量（MRL）。

四、“瘦肉精”（盐酸克伦特罗）对动物源性食品安全性的影响

2001年11月7日，广东省河源市发生了一起特大集体瘦肉精中毒事件，在整个事件中，河源市共有484人因服食有毒猪肉，住院观察、治疗。近几年，在全国很多地方相继发生瘦肉精中毒事件，引起了全国的广泛关注。

（一）盐酸克伦特罗的特性

盐酸克伦特罗的性质及特点盐酸克伦特罗（clenbuterol，CL），又名克喘素、氨哮素、双氯醇胺，化学名为α-[（叔丁氨基）甲基]4-氨基-3，5-二氯苯甲醇盐酸盐，分子式：$C_{12}H_{18}C_{12}N_2O \cdot HCl$，相对分子质量为313.65。它是一种β肾上腺素受体激动剂，是一种白色或类似白色的结晶体粉末，无臭、微苦，化学性质稳定，加热到172℃才能分解。因此，一般的烹调加热方法不能将猪肉和脏器中残留的瘦肉精毒性破坏。

（二）盐酸克伦特罗的危害

由于盐酸克伦特罗对支气管平滑肌β_2受体具有兴奋作用，所以临床上常作为支气管解痉药物，口服或肌肉注射后能选择性地松弛支气管平滑肌，用于治疗哮喘。在20世纪80年代初，美国一家公司意外发现，将高于治疗剂量5～10倍以上[>1 μg/(kg·g)]盐酸克伦特罗应用于动物，具有增加蛋白质沉积、减少脂肪的作用。这　新发现被一些国家应用于养殖业，将其添加到饲料中可使动物生长速率、饲料转化率和胴体的瘦肉率提高10%以上，并降低其脂肪含量，这就是盐酸克伦特罗被称为瘦肉精的由来。然而长期使用会使该药蓄积在动物的组织中，造成组织中残留药物的浓度很高，人食用这种组织后15 min至6 h就可出现中毒症状，通常表现为面色潮红、头痛、头晕、胸闷、心悸、心慌、骨骼肌震颤、四肢麻木等一系列不良反应。对心律失常、高血压、青光眼、糖尿病、甲状腺机能亢进、前列腺肥大等疾病的患者有较大的危害甚至危及生命。

（三）控制盐酸克伦特罗危害的措施

①政府禁令为有效彻底杜绝使用盐酸克伦特罗，欧美各国均禁止在畜牧业生产中使用。一些欧盟国家执行盐酸克伦特罗最大残留限制规定，如英国规定每千克食用组织中盐酸克伦特罗的最大残留量为0.5 μg，荷兰规定每千克肝中盐酸克伦特罗的最大残留量为1 μg等。欧共体国家已把盐酸克伦特罗残留作为肉品进口必检项目。美国食品药物管理局（FDA）和世界卫生组织（WHO）建议盐酸克伦特罗在动物组织中最高残留限量为：肉0.2 μg/kg，肝0.6 μg/kg，肾0.6 μg/kg，脂肪0.2 μg/kg，奶0.05 μg/kg。但至今没有任何国家批准盐酸克伦特罗作为兽用饲料添加剂（聂国荣，2001）。我国也早在1997年发布的《允许作饲料药物添加剂的兽药品种使用规定》中将瘦肉精排除在外。为保证香港市民吃上供港放心肉，1998年国家出入境检验检疫局在深圳召开紧急会议，规定生猪尿液中盐酸克伦特罗的最大残留浓度不能超过5 mg/mL。为了进一步贯彻国家规定，杜绝非法制售、使用瘦肉精，农业部会同有关

部门连续发文加大力度打击盐酸克伦特罗的非法使用。

②消费者识别。消费者虽然很难从外观上准确识别出畜产品中是否有盐酸克伦特罗残留,但在选购猪肉时多加留意还是可以识别的。因喂过大量瘦肉精的肉外观特别鲜红,且瘦肉纤维比较疏松,时有少量“汗水”渗出肉面;而一般健康的瘦猪肉是淡红色,肉质弹性好,肉不会有“出汗”现象。

③加速推广应用新型绿色安全的饲料添加剂。研究开发新型绿色安全的饲料添加剂,加植物提取物、酶制剂、酸化剂等。确保饲料安全和安全优质畜禽产品生产,保护人类健康和生态环境。

任务 1-4　加工食品的安全性

◆学习目标

1. 了解腌制食品和罐制食品安全性的影响因素和控制措施;
2. 掌握热加工食品安全性的影响因素和控制措施;
3. 掌握食品添加剂的种类、安全使用原则;
4. 了解食品包装材料、清洗剂、消毒剂的安全性。

一、腌制食品的安全性

腌制是将食盐或食糖渗入新鲜食物的组织内,提高其渗透压,降低其水分活度,选择性地抑制某些微生物的繁殖,从而防止腐败的食品保藏方法。腌渍保藏的传统概念是,加食盐的叫腌制(如腌菜、腌肉),盐的用量较少;使发酵产酸的叫酸渍(如酸渍菜);加食糖的叫糖渍;糖渍以后,又进行干燥,除去一部分水分的叫蜜饯(如蜜饯水果)。

腌制技术是世界最传统的食物保藏手段,我国的腌制食品在世界上享有声誉,世界三大名腌菜即榨菜、酱菜、泡酸菜起源于我国,我国各地都有驰名的腌制食品。常见的腌制食品有腌制蘑菇、腌制腊肉、腌制腊肠、腌制酸菜、腌制咸鱼、腌制草莓、腌制香菜心、腌制生姜等,脱水果蔬有脱水蘑菇干、脱水洋葱丝等。

(一)腌制食品常见的安全性问题

1. 亚硝酸盐中毒

因为蔬菜吸收了氮肥或土壤中的氮素,积累无毒的硝酸盐,在腌制过程中这些硝酸盐在微生物的作用下会被还原成亚硝酸盐,增加蔬菜中亚硝酸盐的含量。一般来说,腌菜中亚硝酸盐最多的时候出现在开始腌制以后的 2～15 d。温度高而盐浓度低(≤10％)的时候,“亚硝酸盐高峰(亚硝峰)”出现就比较早;反之,温度低而盐量大(≥15％)的时候,出现就比较晚。屡次发生因吃酸菜鱼导致亚硝酸盐中毒的案例,就是因为酸菜没有腌够时间的缘故。

我国北方地区腌咸菜、酸菜的时间通常在 1 个月以上,南方地区腌酸菜、泡菜也要 20 d 以上,这时候拿出来吃,总体上是安全的。传统酱菜的酱制时间都很长,甚至长达几个月,所以更不必担心亚硝酸盐中毒的问题。泡菜加工中严格隔绝氧气可以减少有害物质产生,腌制当中添加大蒜能降低亚硝酸盐的产生,良好的工艺和菌种也会降低风险。

在肉类腌制品中最常使用的发色剂是硝酸盐(钠、钾)及亚硝酸盐,既可以使肉制品具有特有的肉红色,改善产品的组织结构,也可以作为防腐剂,延长保质期。但硝酸盐和亚硝酸盐既可以使机体组织缺氧,还有可能转化为致癌性强的亚硝胺。

2. 细菌中毒

腌制食品原料和加工贮存环境中存在大量细菌、黄曲霉及毒素、酵母菌、寄生虫等。

3. 营养成分的破坏

蔬菜腌制后,所含维生素损失较多,尤其是维生素 C 几乎全部损失;腌制的酸菜中含有较多的草酸和钙,容易使机体形成泌尿系统结石。

肉制品腌制过程中油脂会在光、热、水、空气和微生物等物质的作用下发生水解、氧化和酸败反应,使含脂食品的品质劣变,甚至发生有毒有害物质。

(二)腌制食品安全性的控制措施

1. 对硝酸盐危害的控制措施

(1)控制原料中硝酸盐的含量

人体所摄入的硝酸盐约有 80%来自于蔬菜,尤其是叶菜类蔬菜。硝酸盐本身无毒,但在微生物的作用下可还原为亚硝酸盐。因此,控制蔬菜原料中硝酸盐的含量,是提高腌制食品安全性的重要措施。

蔬菜中的硝酸盐主要来源于土壤中的氮肥、污水和腐殖质,因此,蔬菜种植过程中,要科学合理地施用化肥,禁止使用污水灌溉,实行污水、垃圾和粪便无害化处理等环保措施以保护地表水和地下水源不遭受硝酸盐和亚硝酸盐污染。加工腌制蔬菜时,要选用硝酸盐含量较低的蔬菜原料,并保证蔬菜原料的新鲜和卫生。

(2)保证腌制蔬菜的成熟度

研究发现,"亚硝峰"的形成与发酵初期存在的微生物有很大关系,是由于发酵初期大量革兰阴性菌等,把蔬菜中部分硝酸盐还原为亚硝酸盐而导致的。蔬菜收获后表面所含微生物种类较多且数量较大,而革兰氏阳性的乳酸菌数量较少,因此发酵初期乳酸菌活动较弱,形成的抑菌物质较少,而能形成亚硝酸盐的细菌大量繁殖;进入发酵中期,乳酸菌的迅速繁殖,降低了发酵环境中的 pH,较低的 pH 环境抑制了革兰阴性菌的生长;发酵后期,亚硝酸盐含量急剧下降,十余天后含量小于 ADI 值,可以放心食用。

(3)降低硝酸盐和亚硝酸盐的用量,优先使用安全的替代剂

我国《食品添加剂使用标准》(GB 2760—2011)规定,腌腊肉制品类亚硝酸盐的用量为≤0.15 g/kg,硝酸盐的用量为≤0.5 g/kg。为了减少亚硝酸盐的危害,可以使用能部分或完全取代亚硝酸盐的添加剂,或者在常规亚硝酸盐浓度下,使用能阻断亚硝胺形成的添加剂(如维生素 C)。

(4)控制腌制食品的摄入量

降低腌制食品的摄入量是降低亚硝酸盐危害的最好措施。应尽量少吃腌制、熏制腊肉、香肠、火腿、腌制不久的蔬菜;禁食腐烂变质的蔬菜或变质的腌菜。同时,多食用抑制亚硝胺形成的食物,如维生素 C 可作为亚硝胺的阻断剂,还可抑制亚硝胺的致癌性;大蒜中的大蒜素可抑制胃中硝酸盐还原菌;茶叶中的茶多酚也可作为亚硝胺的阻断剂。

2. 对微生物危害的控制

控制腐败菌的污染是提高腌制食品安全性的关键。主要控制措施有加强对腌制蔬菜的生

产卫生控制，选用新鲜、干净的原料，减少腐败菌的带入；生产环境进行消毒处理，包括加工车间、盛装容器、贮藏库房等；腌制前期，可加入适量的防腐剂，如苯甲酸钠、山梨酸钾等，或者加入乳酸菌加快发酵前期过程；压制过程中，加强管理，如将容器内蔬菜装满、压实，隔绝氧气，防止霉菌活动，及时更换和补足坛沿水，防止氧气和微生物进入；根据腌制食品的特点，控制好食盐的浓度，防止盐分过低或分布不均造成腐败菌滋生。

二、罐制食品的安全性

罐制食品是指将符合要求的原料经预处理（分选、修整、切分、烹调等）后密封在容器或包装袋中，通过杀菌工艺杀灭全部致病菌和腐败菌，并在保持密闭和真空的条件下，得以在室温下长期保藏的食品。

罐制食品具有保存期长、食用方便、安全卫生等诸多优点，使其在食品加工中占有很大比例，是食品保藏的重要手段。

（一）罐制食品常见的安全性问题

罐制食品常见的安全性问题主要有罐藏容器的污染、微生物的污染和食品添加剂的污染等。

1. 罐藏容器的污染

罐藏容器的污染多为化学性污染，如锡污染、铅污染、铜污染、封口胶垫及内壁涂料中有毒有害物质的污染。尤其是酸性罐头食品中，酸性食品与金属罐内壁发生一系列的化学反应和电化学反应。如果酸性罐制食品贮藏时间过长，内容物中重金属很可能超标，还可能出现金属异味，最终产生氢气胀罐或穿孔漏罐，影响加工食品的安全性。

（1）锡的污染

镀锡薄板是金属罐头主要的包装材料，然而，此类罐头内壁的锡易被腐蚀，造成食品中锡的污染。

（2）铅的污染

罐头食品中的铅污染主要来源于镀锡和焊锡。

（3）封口胶中有害物质的污染

（4）硫化物的形成

硫的来源有以下几个方面：原料不新鲜引起的黑变最为多见，例如赤贝罐在80℃加热40 min后罐内就有硫化氢产生，所以仅有新鲜的原料才适宜于罐藏；使用焦亚硫酸钠保护食品的颜色时，其 SO_2 的残留是罐内硫的另一来源；铁、铜离子促使含硫氨基酸分解产生硫化氢，故加工设备应采用不锈钢而不用铁、铜制品。

2. 微生物的污染

一般而言，经过正常密封杀菌处理的罐制食品均能达到商业无菌的要求，基本安全。但是当罐制食品加热灭菌不彻底或容器密封不严，从外界侵染的微生物会在罐内生长繁殖，构成罐制食品安全隐患。罐制食品受微生物侵害后常会出现胀罐和酸败现象。

3. 食品添加剂的污染

肉类罐头在制作加工过程中需要添加硝酸盐或亚硝酸盐作为发色剂，以使肉品呈现鲜艳的粉红色，并有阻止肉类发生腐败变质及抑制肉毒梭菌产毒的作用，但过量添加硝酸盐或亚硝酸盐可引起食物中毒。此外，在适宜的条件下亚硝酸盐又能与胺类物质生成强致癌物亚硝胺或亚硝酰胺，因此必须严格控制在肉类罐头中硝酸盐或亚硝酸盐的使用量。

(二)罐制食品的安全性控制措施

为了保证罐制食品的卫生安全，国家已陆续颁布了一系列有关罐头制品的标准，包括产品标准、原辅料标准、检验规程、检验方法等。这些标准的制定与实施为罐制食品卫生与安全提供了重要的保证。罐制食品生产企业必须符合《罐头厂卫生规范》(GB 8950—1988)的要求。

罐头的生产工艺流程一般为原料加工及调配、装罐、排气、封口、灭菌、冷却、保温试验、外观检验、入库贮藏。

1.原料的安全控制

用于各类罐头的原料及辅料应新鲜、质优、清洁、无污染，禁止使用次质或变质原料。原料加工前需洗净、挑选等，应注意此时用水污染。

①原料自身因腐败变质而滋生的微生物。

②因加工机械及工作人员的手带入细菌。

③生产用水必须符合国家饮用水的标准。

2.罐头容器的安全控制

生产罐头容器的材质、助剂及罐内层用的涂料和罐头底盖用的胶圈，必须符合国家卫生要求，应有良好的密封性，无毒，耐腐蚀，热稳定性好，软罐头使用的复合塑料薄膜袋无分层现象。

3.装罐、排气和封口的安全控制

经加工处理后的原料或半成品应立即装罐。装罐时应严格执行工艺规程的要求，按规定控制装罐量和留有顶隙。软罐头应保持封口区的清洁，以避免在灭菌、冷却时发生凸起、爆裂和瘪罐。

三、热加工食品的安全性

(一)概述

热加工食品是指借助加热手段处理加工的食品。通过热加工，可以达到提高食品中营养成分的消化率和利用率、改善食品的口感和品质、杀死微生物等有害生物、破坏食品中不需要或有害的成分和钝化生物酶等作用。热处理手段包括：高温杀菌、蒸煮、烘烤、油炸和挤压膨化等。烘烤、油炸和膨化处理的主要目的是改善食品的品质，赋予食品特殊的风味、组织结构形态，提高食品的消化率等目的，是热加工食品的主要产品。高温杀菌是罐制食品加工的重要技术，通过热力杀死食品中的有害微生物，达到商业无菌的目的。常见的热加工过食品有：

1.膨化食品

在《膨化食品卫生标准》(GB 17401—2003)中按照食品是否经食用油脂煎炸或经植物油喷洒、浸渍，将膨化食品分为两大类：油炸型膨化食品和非油炸型膨化食品。如方便面、薯片、薯条、虾片等油炸型膨化食品，而爆米花、米果等非油炸型膨化食品。

2.油炸食品

油炸食品是我国传统食品之一，也是热加工的主要形式。它是利用油脂作为热交换介质，使食品的水分汽化、淀粉糊化和蛋白质变性，从而获得水分低、质地疏松的食品。按照压力，油炸可分为常压油炸、减压油炸和高压油炸三大类。

(1)常压油炸

常压油炸的油釜内的压力和环境大气压相同,通常为敞口,是最常用的油炸方式,适用面较广。但食品在常压油炸过程中营养素及天然色泽损失较大,因此常压油炸比较适用于粮食类食品的油炸,如油炸糕点、油炸方便面等。

(2)减压油炸

减压油炸也称真空油炸,将油釜内的油炸温度控制在100℃左右,真空度为92～98.7 kPa,该方法可使产品保持良好的颜色、香味、性状及稳定性,脱水快,而且因为氧气的浓度很低,油脂劣变程度降低,营养素损失较少,产品含水量低、酥脆。该法是生产果蔬脆片最适合的手段,具有广阔的市场前景。

(3)高压油炸

高压油炸可解决因需长时间油炸而影响食品品质的问题。该法温度高,水分和油挥发损失少,产品外酥里嫩,最适合肉制品的油炸,如炸鸡腿、炸鸡等。

3. 焙烤食品

焙烤食品的主要原料为谷类、米面制品,它是以谷物粉、酵母、膨松剂、食盐、砂糖和水为基本原料,添加适量油脂、乳品、鸡蛋、添加剂等,经一系列复杂的工艺手段高温烘焙而成的方便食品。主要包括面包、蛋糕、饼干、雪饼等。

(二)热加工食品的安全性

热加工食品在改善食品品质、杀死微生物等方面具有重要作用,但由于长时间高温处理食物,会导致一些营养成分破坏,并且会产生一些对人体健康有害的物质,如丙烯酰胺。而且油炸用的油脂在长时间的高温下会发生氧化、裂解、聚合,生成低分子的醛酮类化合物,危害人体健康。

1. 丙烯酰胺的危害

丙烯酰胺是一种结构简单的小分子化合物,纯品为透明结晶状固体。它属于中等毒类,对眼睛和皮肤有一定的刺激作用,可经皮肤、呼吸道和消化道吸收,并有部分在体内蓄积,主要影响神经系统。流行病学研究表明,长期小剂量摄入丙烯酰胺机体会出现嗜睡、情绪波动、记忆力减退、幻觉和震颤等症状,可出现或伴随末梢神经病(如出汗、肌肉无力等)。动物实验结果显示,丙烯酰胺也是一种致癌物质,可会导致动物患生殖系统癌症。人类摄入丙烯酰胺的主要途径是食物、饮酒和吸烟。

随着油炸食品中丙烯酰胺的发现,科学家们研究发现丙烯酰胺的形成主要有3个方面的因素:还原糖、游离氨基酸、加热温度。研究表明,食品中由于有葡萄糖等还原糖与天冬酰胺等游离氨基酸以及其他小分子的存在,在100℃以上时丙烯酰胺开始生成,在175℃左右丙烯酰胺的生成量最大,而在185℃时丙烯酰胺含量开始减少,这表明丙烯酰胺最适宜生成的温度范围为120～175℃。而且,在焙烤食品中,丙烯酰胺的含量与食品的颜色深度呈正比。因此,丙烯酰胺的形成与烹调方式、温度、时间、水分等有关。

2. 油脂劣变的危害

油炸食品中容易出现的安全性问题是油脂卫生指标超标,如酸价、过氧化值、羧基价超标。这些指标反映了食品所含油脂的酸败程度,与生产中加工用油的新鲜程度、产品包装质量以及产品存放的时间及温度都有关系。

食用油脂在煎炸的过程中经过长时间高温加热,会发生一系列化学变化,出现黏度增高、碘价下降、酸价增高、折射率改变、蛋白质变性等现象,同时产生各种气味,营养价值也随之减低。油炸中最常见的化学变化有水解与缩合、热聚合、热分解、蛋白质变性等反应。在化学变化不仅可以使食品营养物质破坏,产生有毒有害物质还可使机体血管老化,引起动脉粥样硬化和高血压,甚至可能与结肠癌、乳腺癌和前列腺癌等的发生有关。

3.杂环胺的危害

杂环胺是食品(尤其是动物源性食品)中蛋白质、肽、氨基酸热分解时产生的一类具有致癌、致畸、致突变的多环芳烃化合物。实验显示,食品在较高温度下火烤、煎炸、烘焙等过程中,产生较多杂环胺,而水煮则不产生或产生很少。因此,在食品加工过程中,加工方法、加热温度和时间对杂环胺形成影响很大。

4.反式脂肪酸的危害

天然的油脂中很少有反式脂肪酸的存在。然而,许多加工油脂产品,为了改善油脂的物理性质,如熔点、质地、加工性及稳定性,常将植物油或动物油脂及鱼油氢化处理,则会异构化产生反式脂肪酸,氢化油脂变为固态或半固态,熔点升高,以供制造人造奶油及起酥油和炸油。

在人们常吃的食物中,如奶茶、咖啡伴侣、奶油蛋糕、冰淇淋、炸薯条、蛋黄派,随处可见反式脂肪酸的影子。反式脂肪酸导致心血管疾病的概率是饱和脂肪的3～5倍,甚至还会损害人的认知功能。此外,反式脂肪酸还会诱发肿瘤、哮喘、糖尿病、过敏等疾病,对胎儿、青少年发育也有不利影响。

(三)热加工食品的安全性控制措施

1.减少丙烯酰胺的产生

(1)尽量避免过高温度和长时间的热加工

油炸食品时应严格控制油温,尽量控制在150℃左右;若油温超过200℃,煎炸时间不要超过20 min;对粮谷类食品加工时,尽量采用蒸煮的方式,或采用低温加工如真空油炸、超高温瞬时灭菌(UHT)等。

(2)控制高温加工原料中还原糖的数量、游离氨基酸的数量

在用于油炸薯片的马铃薯在加工前,应避免在低温中贮藏,通常最好在10℃左右,这样可以抑制还原糖的生成,从而降低薯片中丙烯酰胺的含量。另外,在油炸前先用70%的热水将薯片焯一遍,丙烯酰胺的生成量也会大大降低。

(3)添加抗氧化剂

加工时添加一些氧化剂,如维生素E、儿茶素等,能有效防止丙烯酰胺的生成。

(4)控制高丙烯酰胺食品的摄入:少吃煎炸和烘焙食品

建议人们少吃煎炸和烘焙食品,少吃薯条、薯片以及含糖量高的食品,多食新鲜蔬菜和水果。

2.防止高温加热油脂的劣变

(1)降低油炸温度,缩短油炸时间

油脂的劣变与油炸时间和温度呈正相关性,因此应避免高温长时间加热,有效手段是采用真空深层油炸。真空下炸油沸点会降低,因此不仅可以保持食物原有的色泽和香味、保持良好的营养价值,而且能有效防止油脂发生劣变。

(2)增加煎炸油的饱和脂肪酸含量,提高油脂的稳定性

由于饱和脂肪酸比较稳定,使用不饱和脂肪酸含量较低的专用煎炸油,煎炸食品时油温不

宜过高,应控制在150℃左右。

(3)采用封闭连续油炸设备,并及时补充新油

加热方式不同,油脂的劣变性程度亦不同。间歇性加热比一次连续性加热更容易变性。在加工过程中可以适当补充新油。

(4)降低食品水分,及时清除油渣

在油炸过程中,应尽量减少水分渗入油脂中。水分残留于油中,会加速油脂氧化水解,产生刺激性气体。油渣的来源主要是产品油炸过程中掉下来的渣子及油氧化水解形成的黑色颗粒。如果不及时分离,则会促进油脂的氧化。

(5)使用不锈钢炸锅

经实验,用铝锅、铁锅、铜锅分别加热油脂,结果铜锅中的油脂变质最快,其次为铝锅。因此,即使微量的金属铜离子、铝离子,也能催化油脂的氧化,使变质速度明显加快。因此最好使用铁锅或不锈钢锅。

(6)添加抗氧化剂

在炸油中添加抗氧化剂和增效剂,能降低油脂变质的速度。可选用耐热性较好且无毒的TBHQ(2-叔丁基氢醌或叔丁基对苯二酚),或添加天然抗氧化剂维生素E、谷维素等。最理想的是添加甲基硅油,可在油面形成一层单分子膜,抑制煎炸时泡沫的形成,减少油面与空气的接触面积。

四、食品添加剂的安全性

食品添加剂是食品加工与贮藏的常用原料,是现代食品工业不可缺少的一部分,对于改善食品生产工艺、提高产品质量、开发利用食品资源等起到至关重要的作用,可以说,现代食品工业的发展实质上是食品工艺与食品添加剂的发展。

由于食品添加剂在现代食品工业的发展中起着重要甚至是决定性的作用,因此近年来世界各国食品企业都在大力研究和不断推出新的食品添加剂。目前国际上使用的食品添加剂种类已达14 000余种,其中常用的有5 000余种,我国近十几年来发展很快,目前允许使用的有23个品类1 513种,其中香料占700余种。大多数食品添加剂不是天然物质,会对人体产生有害作用,特别是有些品种尚有一定的毒性。不合理使用食品添加剂,就可能污染食品而影响的食品质量及安全卫生,从而损害消费者的健康,因此,必须重视和规范、安全使用食品添加剂。

(一)食品添加剂的定义和分类

由于世界各国对食品添加剂的理解不同,因此其定义及分类也不尽相同,目前我国按《食品添加剂使用标准》(GB 2760—2011)对食品添加剂进行定义和分类。

1.食品添加剂的定义

根据《食品添加剂使用标准》(GB 2760—2011),食品添加剂是指为改善食品品质和色、香、味,以及为防腐、保鲜和加工工艺的需要而加入食品中的人工合成或者天然物质。营养强化剂、食品用香料、胶基糖果中基础剂物质、食品工业用加工助剂也包括在内。

2.食品添加剂的分类

食品添加剂有多种分类方法,可按其来源、功能、安全性评价的不同等来分类。

(1)按来源不同分类

可分为天然食品添加剂和化学合成食品添加剂两类。前者是利用动植物或微生物的代谢

等为原料，经提取所获得的天然物质，如甜菜红、β-胡萝卜素、姜黄素等；后者是指利用化学反应如氧化、还原、缩合、聚合、成盐等得到的物质，如苯甲酸钠、胭脂红、蛋白糖等。

(2)按功能不同分类

在使用功能分类上，各国分法又不尽相同。美国在《食品、药品与化妆品法》中，将食品添加剂分成32类；日本在《食品卫生法规》(1985年)中，又将食品添加剂分为30类；联合国粮农组织(FAO)和世界卫生组织(WHO)至今尚未正式对食品添加剂分类做出明确的规定，1994年，FAO/WHO将食品添加剂分为40类。我国在《食品添加剂使用标准》(GB 2760—2011)中，将食品添加剂分为以下23类：酸度调节剂、抗结剂、消泡剂、抗氧化剂、漂白剂、膨松剂、胶姆糖基础剂、着色剂、护色剂、乳化剂、酶制剂、增味剂、面粉处理剂、被膜剂、水分保持剂、营养强化剂、防腐剂、稳定和凝固剂、甜味剂、增稠剂、香料、加工助剂和其他添加剂。

(3)按安全性评价来划分

CCFA(FAO/WHO食品添加剂法规委员会)曾在JECFA(食品添加剂专家委员会)讨论的基础上将其分为A、B、C三类，每类再细分为两类。

A类—— JECFA已制定人体每日允许摄入量(ADI)值和暂定ADI者，其中：

A_1类：经JECFA评价认为毒理学资料清楚，已制定出ADI值或认为毒性有限无需规定ADI值者；

A_2类：JECFA已制定暂定ADI值，但毒理学资料不够完善暂时允许使用于食品者。

B类——JECFA曾进行过安全性评价，但未建立ADI值，或者未进行过安全性评价者，其中：

B_1类：JECFA曾进行过评价，因毒理学资料不足未制定ADI值；

B_2类：JECFA未进行过评价者。

C类——JECFA认为在食品中使用不安全或应该严格限制作为某些食品的特殊用途者，其中：

C_1类：JECFA根据毒理学资料认为在食品中使用不安全者；

C_2类：JECFA认为应该严格限制在某些食品中作为特殊应用者。

(二)食品添加剂的安全卫生管理

大多数食品添加剂不是天然物质，也不是食品的成分，有些添加剂具有一定的毒性，若滥用、超标使用食品添加剂势必造成对食品的污染及危害人体的健康，所以必须加强食品添加剂的安全卫生管理，在食品生产中规范使用各种食品添加剂。

1.食品添加剂的安全卫生问题

(1)不规范使用

目前国际上认为因食品危害人体健康最大的问题首先是微生物污染食物，其次是食物营养问题如营养缺乏、营养过剩所带来的问题，第三是环境污染，第四是食品中天然毒素的误食，最后才是食品添加剂。可见，在整个食品卫生安全方面，由食品添加剂引起的问题相对较少。而且，我国常见的一些与食品添加剂相关的卫生问题基本上都是由于食品添加剂的不规范使用而引起的，主要有：

①超量超范围使用添加剂。我国一些食品中小企业在食品生产中超标、超量使用食品添加剂现象较为严重。如面粉超标使用氧化苯甲酰；在粉丝等食品中超标使用明矾；在方便面等食品中超标使用山梨酸钾、苯甲酸钠、双乙酸钠等防腐剂；在泡菜等食品中超标使用食用级色素等。

在2004年第三季度，国家质检总局对葡萄酒产品质量进行了监督抽查，共抽查了北京、天津、河北等14个省、直辖市、自治区84家企业生产的96种产品，结果显示，由于超标使用苋菜红、胭脂红、糖精钠、甜蜜素等食品添加剂而不合格的产品占产品总数的87.1%。此外，超范围使用食品添加剂现象也较普遍，如在牛肉干食品中添加色素，在罐头中添加防腐剂等。

②滥用非食品添加剂。近年来，滥用非食品添加剂于食品生产，如豆制品中加滑石粉、辣椒酱里掺苏丹红、加工腐竹用吊白块等事件频频曝光，引出一系列新的食品安全问题，严重地影响人们的饮食健康和社会稳定。另外，由于某些厂家生产人员素质低，生产技术落后，缺乏食品生产的基本常识，在生产食品时采用工业级（非食用级）原料，如把工业级过氧化氢、工业级氢氧化钠、电池级二氧化硅、染料用色素等应用于食品的生产。这都是对“消费者的健康”相当不负责任的做法。

(2)食品添加剂的毒性

①急慢性中毒。食品中滥用有害添加剂可能造成急性或慢性中毒，如肉类制品中亚硝酸盐过量可导致人体血液中的低血红蛋白氧化成高血红蛋白，从而失去携带氧的功能，造成组织缺氧，产生一系列相应的中毒症状。

②过敏反应。一些食品添加剂可能引起某些人的过敏反应，如糖精可引起皮肤瘙痒症及日光性过敏皮炎；许多香料引起支气管哮喘、荨麻疹等。

③致癌、致畸与致突变。许多动物实验已证实大剂量的食品添加剂能诱使动物发生肿瘤，有的食品添加剂如糖精、亚硝酸钠、苯甲酸钠等本身即可致癌，摄入过量都可能引起人体产生肿瘤。

2.食品添加剂的使用原则

(1)食品添加剂使用时应符合以下基本要求

①不应对人体产生任何健康危害；

②不应掩盖食品腐败变质；

③不应掩盖食品本身或加工过程中的质量缺陷或以掺杂、掺假、伪造为目的而使用食品添加剂；

④不应降低食品本身的营养价值；

⑤在达到预期目的前提下尽可能降低在食品中的使用量。

(2)在下列情况下可使用食品添加剂

①保持或提高食品的营养价值；

②作为某些特殊膳食用食品的必要配料或成分；

③提高食品的质量和稳定性，改进其感官特性；

④便于食品的生产、加工、包装、运输或者贮藏。

五、食品包装材料的安全性

在现代商品社会，包装对商品的流通起着极其重要的作用。食品包装除了具有食品的保护手段，即保证食品作为商品在其流通贮运过程中的品质质量和卫生安全外，还兼有方便贮运、促进销售、提高商品价值的功能。此外，食品包装形象能直接反映品牌及企业形象，成为企业为了提高产品附加值和竞争力的营销策略的重要组成部分。

食品产品在贮藏、流通过程中，由于食品与包装材料直接接触，其中包装材料中的某些成分必然迁移到食品中而对食品造成污染,引起机体损伤。因此,要严格注意包装材料及容器的卫生质量,防止它们对食品的污染,保障人体的健康。

(一)食品包装材料的基本安全性问题

随着食品包装的快速发展,用于包装食品的材料也越来越多,有纸、玻璃、陶瓷、塑料、金属、竹、木材、布、麻、皮革、橡胶、化学纤维、涂料等,其中以纸、玻璃、塑料和金属应用最广、最普遍而成为现代食品工业中的四大食品包装材料。不同包装材料的卫生学特性和安全卫生问题也不相同,可分为三类。

1. 竹、木、纸、布、麻等传统包装材料

其主要特点是表面粗糙、质地疏松及渗透性强,容易被微生物污染。

2. 玻璃、陶瓷、金属等包装材料

质地坚硬、表面光滑且不渗水、不渗油,但有腐蚀现象,如产生有害金属溶出而污染食品。

3. 塑料、合成橡胶、化学纤维等包装材料

这些都是高分子化合物,本身难以转移到食品中去,但其未聚合的游离单体及裂解物(低分子物质),还有一些添加剂的残留却容易转移到食品中,从而造成污染,而且可能产生一定的毒害作用。

(二)塑料制品的安全性

塑料是一种以高分子聚合物(树脂)为基本原料,再加入一些用来改善其性能的各种添加剂制成的高分子材料,按性质可以把塑料分为热塑性塑料和热固性塑料两大类。常用于食品包装的热塑性塑料有聚乙烯(PE)、聚丙烯(PP)、聚苯乙烯(PS)、聚氯乙烯(PVC)、聚酯(PET)、聚碳酸酯(PC)等。热固性塑料有三聚氰胺甲醛、脲醛树脂与酚醛树脂等。但只有三聚氰胺甲醛用作食品包装,而脲醛树脂与酚醛树脂主要用做工程材料。

各种塑料是由相应的单体聚合而成的,而且为了提高树脂的可塑性、透明性和韧性,常添加增塑剂、稳定剂、抗氧化剂、着色剂等辅料,但有些塑料单体和添加剂存在着一定毒性,甚至有致畸、致癌作用。

1. 聚乙烯(polyethylene,PE)

聚乙烯无臭、无毒、卫生安全,广泛用于肉类、新鲜果蔬、冷冻食品、奶类等食品的包装。聚乙烯由 $CH_2=CH_2$ 为单体聚合而成,可分为低压高密度聚乙烯和高压低密度聚乙烯两种。聚乙烯的毒性较低,对大鼠 LD_{50} 大于最大可能灌胃量,在许多经口亚急性毒性试验、慢性毒性试验、致畸试验中均未见明显的毒性作用。但高压低密度聚乙烯中所含的低分子聚乙烯易溶于油脂中,若长期盛装食用油或高油脂食品,容器中的低分子聚乙烯溶出污染食品,使食品产生蜡味,影响食品的感官质量。为了安全,再生聚乙烯制品不得用来做食具和食品包装容器。

2. 聚丙烯(polypropylene,PP)

聚丙烯是以丙烯为主体的聚合物,无毒、无臭、卫生,具有防潮性及防透气性,耐热性好,质轻,可制成薄膜、编织袋和食品周转箱等。由于聚丙烯防油性好、透明度几乎达100%,在食品包装上可替代玻璃纸包装糖果、点心、面包、饼干等食品,是目前广泛使用的最理想的塑料包装材料。聚丙烯的毒性也较低,对大鼠 LD_{50} 大于最大可能灌胃量,属于低毒级物质。聚丙烯主要的食品卫生问题是添加剂的残留,如增塑剂、抗氧化剂等。

3. 聚苯乙烯(polystyrene,PS)

聚苯乙烯由塑料和苯乙烯聚合而成,可制成透明食品盒、水果盘、小餐具等,广泛用于糖

果、巧克力、果脯等食品的包装,色泽艳丽,透明美观。聚苯乙烯本身无毒、无臭、卫生安全,但其中含有苯乙烯、异丙苯、甲苯等挥发性物质,具有一定的毒性。我国食品卫生标准规定聚苯乙烯树脂中苯乙烯单体不应超过0.5%,乙苯不超过0.3%,挥发物不超过1%,苯乙烯及其他挥发性成分的毒性见表1-1。

表1-1　苯乙烯及其他挥发性成分的急毒性(大鼠经口)

物质名称	LD_{50}/(g/kg)	最大无作用/(mg/kg)	物质名称	LD_{50}/(g/kg)	最大无作用/(mg/kg)
苯	5.6	—	异丙苯	1.4	154
甲苯	7.0	118	苯乙烯	5.0	133
二甲苯	4.3	—	甲基苯乙烯	4.9	—
乙苯	3.5	136	乙烯苯	4.0	
二乙苯	1.2	—			

注:LD_{50}的最大无作用均以每千克体质量计。

4.聚氯乙烯(polyvinyl chloride,PVC)

聚氯乙烯由氯乙烯单体聚合而成,可分为软质聚氯乙烯和硬质聚氯乙烯两种。软质聚氯乙烯中增塑剂含量大,卫生安全差,一般不用于直接接触食品的包装;硬质聚氯乙烯因机械性能、化学稳定性好,透明度、光泽性比PE优良,不含增塑剂或含量极少,安全性好,广泛用于果汁、瓶装饮用水、糖果等食品包装。聚氯乙烯的主要卫生问题是氯乙烯单体,在体内氯乙烯可与脱氧核糖核酸(DNA)结合产生毒性,表现为神经系统、骨骼和肝脏的损伤,现又证明氯乙烯能引起实验动物发生肿瘤,具有致癌和致畸作用。鉴于聚氯乙烯的毒性,各国对聚氯乙烯制品中氯乙烯单体的残留量作了严格规定。日本、美国、英国、荷兰、意大利等国规定应小于1 mg/kg;法国、意大利和瑞士还规定聚氯乙烯制品中氯乙烯向食品迁移量应小于0.005 mg/kg。我国按《食品包装用聚氯乙烯成型品卫生标准》(GB 9681—1988)规定,成品聚氯乙烯包装材料中氯乙烯应小于1 mg/kg。聚氯乙烯单体溶入食品中的试验结果见表1-2。

表1-2　聚氯乙烯单体溶入食品中的试验结果　　mg/kg

容器	氯乙烯单体含量	室温保存8周食品中氯乙烯单体含量
食用油容器	2.8	超过0.05
威士忌酒容器	1.7	<0.05
酱油容器	5.0	<0.05
醋容器	2.6	<0.05

(三)橡胶材料的安全性

橡胶是一种高分子化合物,分为天然橡胶和合成橡胶两种。橡胶在食品工业中的应用范围非常广,如橡胶管、瓶盖、婴儿奶嘴、高压垫圈、传送带等。

1.橡胶材料安全性

橡胶在加工时添加多种助剂,如活性炭、硫化剂、防老剂、填充剂等,因此橡胶的主要卫生问题是橡胶本身所含单体和添加剂的毒性两个方面。

(1)合成橡胶

合成橡胶是由单体聚合成的高分子聚合物,当用橡胶制品盛装食品过程中,食品在水蒸气、油脂、酸性、高温等环境中,其单体有可能向食品中移行,造成污染。食品工业上常用的橡胶包装材料有丁腈橡胶、丁苯橡胶、乙苯橡胶、硅橡胶等。

(2)橡胶添加剂

橡胶合成中的添加剂在接触食品过程中可溶出，对人体造成危害。主要的添加剂有：

①促进剂。可提高橡胶的硬度、耐热性和耐浸泡性。有无机促进剂和有机促进剂2种，其中无机促进剂对人体安全；而有机促进剂具有毒性，对人体健康危害较大，如二硫化四甲基秋蓝姆、二硫化氨基甲酸盐等都有毒性。而六甲四胺能分解出甲醛，硫脲类、噻唑类等有致癌作用，现已被禁止用于食品工业。

②防老化剂。防老化剂可提高橡胶的耐热性、耐酸性及耐臭氧性等。其中酚类化合物较为安全，引起卫生问题的主要是萘胺类化合物，如β-萘胺可致膀胱癌。

③填充剂。常用的有炭黑与氧化锌两种，炭黑含有多环芳烃如苯并芘，有致癌、致畸作用，所以在橡胶使用中的炭黑应用高温处理将其除去。

2.橡胶制品的卫生标准

因橡胶制品可能对人体造成危害，所以我国也规定了《食品用橡胶制品卫生标准》(GB 4806.1—1994)。此外，橡胶制品中使用的添加剂，按《食品容器、包装材料用添加剂使用卫生标准》(GB 9685—2008)执行。

(四)纸和纸板包装材料的安全性

纸是一种古老而传统的包装材料，在现代包装工业体系中，纸和纸包装容器占有非常重要的地位。目前我国包装材料中纸质占40%左右，用于食品包装主要有玻璃纸、牛皮纸、食品包装纸等。从发展趋势来看，纸包装材料的用量会越来越大。

1.食品包装用纸质材料的安全性

纸在我国还是最普通的食品包装物，相对而言，纯净的纸包装材料的食品卫生安全性是较高的，但有的人用不符合食品包装用纸卫生标准的纸，如用废旧书、报纸包装食品，就会造成食品污染。这些纸由于原料不洁、霉变、污染，往往带有细菌、病毒、霉菌、寄生虫卵和油墨中的颜料铅以及纸中的荧光增白剂等化学污染物。玻璃纸曾因硫化钠引起食品污染，用工业级石蜡涂蜡还存在较多的多环芳烃物质。这些有毒有害物质和微生物就会通过包装纸污染食品，其中荧光增白剂、油墨的多氯联苯还具有致癌作用。

为防止纸质包装材料及容器对食品的污染，应选用符合要求的食品用包装用纸及其制品来包装食品，不得采用废旧纸和社会回收废纸作原料，严格杜绝纸质中的微生物、油墨、荧光增白剂、石蜡等污染物，保证包装食品的卫生。

2.食品包装纸卫生标准

我国相关的食品包装纸及纸餐盒卫生标准见表1-3和表1-4。

表1-3 食品包装纸理化卫生指标

项目	指标
铅(以 Pb 计)/(mg/kg)	≤5
砷(以 As 计)/(mg/kg)	≤1
荧光性物质(波长为254 nm及365 nm)	合格
脱色试验(水，正已烷)	阴性
每100 g 大肠杆菌/个	≤30
致病菌(系指肠道致病菌、致病性球菌)	不得检出

表 1-4 纸餐盒理化及卫生指标

指标名称				单位	规定	试验方法
理化指标	铅(以 Pb 计)		≤	mg/kg	5.0	GB 3561
	砷(以 As 计)		≤	mg/kg	1.0	GB 3561
	脱色试验(水,正己烷)				阴性	GB 3561
	荧光物质	254 nm 及 365 nm		%	合格	GB 3561
		亮度			$R_f \leqslant 2.0$	GB 7974
卫生指标	100 g 大肠杆菌≤			个	30	GB 3561
	致病菌				不得检出	GB 3561

注:仲裁时按 GB 7974 规定的方法,$R_f \leqslant 2.0$ 进行判断。

(五)金属、玻璃、陶瓷和搪瓷材料的安全性

金属、玻璃、陶瓷和搪瓷也是常用的食品包装材料,相对而言,金属和玻璃卫生安全性较高,搪瓷、陶瓷则与塑料、橡胶一起是最容易出现卫生问题的。

1. 金属制品的卫生

在食品包装中,常用的金属包装材料及容器有马口铁(镀锡薄钢板)、无锡钢板、白铁皮、铝及铝箔等,广泛应用于肉类罐头、水果蔬菜罐头、乳品、饮料等包装容器。其主要卫生问题是金属或涂料溶出、迁移到食品中造成污染及引起中毒。如最常用的罐头包装容器马口铁,在盛装肉类等酸性食品过程中,硝酸盐或亚硝酸盐可能使罐内壁的锡溶出,引起变色,还会促使食品汁液产生混浊、沉淀及异臭等,导致食品降低食用价值甚至变质,因此在使用及贮藏中应注意防止。

2. 玻璃的卫生

玻璃是一种古老的包装材料,主要成分是 SiO_2,再添加一些金属氧化物(如 CaO、Na_2O 等)、澄清剂、着色剂及脱色剂等,经高温熔融再冷却凝固而成。玻璃具有其他包装材料不可比拟的化学稳定性和高阻隔性,在常用的食品包装材料中,玻璃的卫生安全性是最高的,玻璃容器经过清洗消毒即可反复使用。

3. 陶瓷及搪瓷的卫生

陶瓷及搪瓷在食品包装上也应用较广,如腌制蔬菜、罐头、酒类、传统风味品等食品的包装。陶瓷是以高岭土、陶土或黏土为主要原料,加入长石、石英等矿物质的混合物,然后经成型、干燥及上釉等工序,再用高温烧结而成。搪瓷则是以铁皮作坯料,经搪釉、喷花后以 800~900℃烧结制成。陶瓷及搪瓷卫生问题主要由釉彩引起,釉质多数为金属氧化物,如氧化铅、氧化镉等,长期与食品接触后会溶出污染食品。特别是盛装酸性食品如醋、果汁及酒类等食品,其中铅和镉溶出量就更多,迁移到食品中引起中毒。陶瓷、搪瓷容器的卫生标准是以 4%乙酸浸泡后金属溶出量为标准,我国《陶瓷食具卫生标准》(GB 13121—1991)规定:铅的溶出量应小于 7 mg/L,镉的溶出量应小于 0.5 mg/L。关于《搪瓷食具的卫生标准》(GB 4804—1984)规定:铅的溶出量应小于 1.0 mg/L,镉的溶出量应小于 0.5 mg/L,锑的溶出量应小于 0.7 mg/L。

复习题

1.与食品关系密切,而且比较常见的食品中的天然毒素有哪些?

2.食品细菌污染的指标有哪些?分别有什么食品卫生学意义?

3.霉菌污染食品的指标是什么?有什么食品卫生学意义?

4.预防黄曲霉毒素侵染食品的措施有哪些?

5.食品中的有害金属主要来源于什么?预防金属毒物污染食品及其对人体危害的一般措施有哪些?

6.控制食品中农药残留的措施有哪些?

7.控制兽药残留的措施有哪些?

8.食品中的多环芳烃主要来源于什么?

9.亚硝胺的前体物是什么?在人体内的合成部位主要是哪儿?为什么?

10.预防亚硝基化合物危害的措施有哪些?

项目 2 ISO 9000 质量管理体系的建立与实施

食品质量管理体系是 ISO 9000 质量管理体系在食品行业的应用。食品是关系人体健康和人身安全的特殊产品，因此，食品的安全质量、营养质量和感官质量理所当然地受到人们、企业、社会和政府的普遍关注和高度重视。

人类生存和发展离不开食品的生产和消费，食品质量的高低直接影响着消费者的健康和生活质量。因此，做好食品质量管理，有助于保障消费者身体健康。食品作为工业产品能够占有市场、具有较强市场竞争力，也取决于食品的质量，做好食品质量管理，有助于提高食品工业产品市场竞争力。做好食品质量管理，还可有助于生产过程中的废品损失和浪费，减少人力、物力的消耗，降低产品成本，从而不断提高食品生产企业的经济效益。

ISO 9000 系列质量管理体系被世界上 110 多个发达国家和发展中国家所广泛采用，使市场竞争更加激烈，产品和服务质量得到日益提高。事实证明，有效的质量管理是在激烈的市场竞争中取胜的手段之一。今天 ISO 9000 系列管理标准已经为提供产品和服务的各行各业所接纳和认可，拥有一个由世界各国及社会广泛承认的质量管理体系具有巨大的市场优越性。未来几年内，当国内外市场经济进一步发展，贸易壁垒被排除以后，它将会变得更加重要。

本项目从我国食品质量管理的实际情况出发，系统地阐述了食品质量管理的基本概念、理论和方法，介绍了质量管理工具与方法，以及 ISO 9000 质量管理体系的建立与实施。通过深入细致的学习质量管理的理论和方法，能够胜任食品企业质量控制、品质管理、ISO 9000 质量管理体系内审员的工作，能够用科学的方法提高食品质量，降低管理成本，学会用数字说话，能够妥善处理产品生产过程中遇到的质量问题。

任务 2-1 PDCA 循环在食品质量管理中的应用

◈学习目标

1. 掌握食品质量及质量管理的概念；
2. 了解质量管理发展的三个阶段；
3. 掌握 PDCA 循环的相关内容，熟悉 PDCA 循环在全面质量管理中的应用。

在美国普杜大学质量管理学教授《质量管理教程》一书中提到：在美国很少产品不被用户埋怨和在使用初期不需调整，美国国防部每年用于购买食品、服装和机械产品的费用为 250 亿美元，退货率约为 5%，即 12.5 亿美元，另外每年用于产品维修的费用为 170 亿美元。由于退货或维修的费用如此多，正说明了产品质量的重要性。

而食品作为一种与人体健康息息相关的特殊产品，如果存在质量问题，给消费者带来的不仅是经济的损失，更有可能造成健康或生命的危险。从这个意义上而言，食品的质量管理就显得尤为重要了。

一、质量管理概述

(一)食品质量及其特性

食品(food)是指各种供人食用或者饮用的成品和原料以及按照传统既是食品又是药品的物品，但是不包括以治疗为目的的物品(《食品安全法》)。保证食品质量，使广大消费者吃上安全放心的食品将越来越受到普遍关注。

1. 质量

质量(quality)是指"一组固有特征满足要求的程度"(ISO 9000:2005)。质量观随着社会的进步和生产力的发展而演变，由狭义的符合性质量观发展为广义的适用性质量观。

符合性质量是以产品是否符合设计要求来衡量产品的质量，认为符合标准即为优质。它是流水线作业的产物，主要站在供方的立场考虑问题，较少顾及生产者和用户之间对产品质量在认识上的差异。这种"合格即质量"的认识对于质量管理的具体工作显然很实用，但局限性也显而易见。标准有先进和落后之分，过去认为是先进的，现在可能是落后的了。

适用性质量是以顾客需要的程度来衡量产品的质量，从使用角度定义产品质量。又称用户性质量，由美国质量管理专家朱兰(J. M. Juran)博士提出。产品的质量最终体现在他的使用价值上，因此不能单纯以符合标准为中心，而应该以顾客为中心，以顾客满意为最高原则，把"顾客第一"的思想贯穿于产品开发、生产制造和销售服务的全过程。它是市场经济发展较成熟和社会生产力高度发展阶段的产物，体现了在买方市场条件下，供方意识到唯有以用户为中心才能满足用户的质量要求，才能赢得市场。

2. 质量特性

质量特性(quality character)是"与要求有关的产品、过程或体系的固有特性"(ISO 9000:2005)。产品质量特性是指直接与食品产品相关的特性，如食品安全性、感官特性、方便性、货架期、营养件等。体系质量特性是指与产品质量、安全等管理体系有关的质量特性，如GMP、HACCP体系、ISO 9000质量管理体系等。过程质量特性是指与产品生产和加工过程有关的特性，包括有机食品生产与加工、转基因食品、环境保护、动物福利、工人福利、可持续发展农业等。食品质量特性见表2-1。

表2-1 食品质量特性

体系质量特性	过程质量特性	产品质量特性			
		内在指标		外在指标	
		食品安全	营养	感官	性能
ISO 9000:2008	工人福利	致病菌	碳水化合物	滋味	方便性
GAP	动物福利	药物残留	蛋白质	质地	货架期
GMP	生物技术	生长素	脂肪	香味	
HACCP	有机生产与加工	添加剂	维生素	黏度	
ISO 22000:2005	可追溯性	毒素	矿物质	色泽	
ISO 14000	环境保护	物理性污染	膳食纤维	大小	
	可持续发展农业				

3.食品质量

食品质量(food quality)是"食品满足规定或潜在要求的特征和特性总和,反映食品品质的优劣"(《食品工业基本术语》)。规定,即标准中明示的要求或者顾客明确提出的要求。潜在要求是指组织、顾客和其他相关方的惯例或一般做法,如食品的营养性、安全性或娱乐性等。食品质量的衡量一般通过感官检验和仪器检验、食品标识和质量认证等。

(二)质量管理

1.质量管理的基本概念

质量管理(quality management)是确定质量方针、目标和职责并在质量体系中通过诸如质量策划、质量控制、质量保证和质量改进使其实施的全部管理职能的所有活动。

(1)质量方针

质量方针(quality policy)是"一个组织的最高管理者正式发布的该组织总的质量宗旨和方向"。质量方针是本组织较长期的有关质量的指导原则和行动指南,是各部门全体人员质量活动的根本准则,具有严肃性和相对稳定性。

质量方针是一种精神,是企业文化的一个组成部分。企业的最高管理者应确定质量方针并形成文件。质量方针的基本要求应包括供方的组织目标和顾客的期望和需求,也是供方质量行为的准则。如某食品公司质量方针是"品质为先,安全为本"。

(2)质量目标

质量目标(quality aim)是"组织在质量方面所追求的目的,通常依据组织的质量方针制定"。组织可以在调查、分析自身管理现状和产品现状的基础上,与行业内的先进组织相比较,制定出先进的、经过努力在近期可以实现的质量目标。质量目标应当量化,尤其是产品目标要结合产品质量特性加以指标化,达到便于操作、比较、检查和不断改进的目的。如某公司的质量目标为"本季度产品的出厂合格率达到100%"。

(3)质量策划

质量策划(quality planning)是"质量管理的一部分,致力于制定质量目标并规定必要的运行过程和相关资源以实现质量目标"。

根据管理的范围和对象不同,组织内存在多方面的质量策划,例如质量管理体系策划、质量改进策划、产品实现策划及设计开发策划等。

通常情况下,组织将质量管理体系策划的结果形成质量管理体系文件,对于特定的产品,项目策划的结果所形成文件称之为质量计划。

(4)质量控制

质量控制(quality control)是"质量管理的一部分,致力于满足质量要求"。

质量控制是通过采取一系列作业技术和活动对各个过程实施控制的,包括对质量方针和目标控制、文件和记录控制,设计和开发控制、采购控制、生产和服务运作控制、监测设备控制、不合格品控制等。

质量控制一般采取以下程序:确定质量控制的计划和标准;实施质量控制计划和标准;监视过程和评价结果,发现质量问题及成因;排除不良或危害因素,恢复至正常状态。

(5)质量保证

质量保证(quality assurance)是"质量管理的一部分,致力于提供质量要求会得到满足的信任"。

组织应建立有效的质量保证体系，实施全部有计划有系统的活动，能够提供必要的证据，从而得到本组织管理层、顾客和其他相关方的足够信任。质量保证可分为内部质量保证和外部质量保证，内部质量保证取信于本组织管理层，外部质量保证取信于需方。

(6)质量改进

质量改进(quality improvement)是“质量管理的一部分，致力于增强满足质量要求的能力”。

质量改进的对象可能会涉及组织的质量管理体系、过程和产品，会涉及组织的方方面面。同时，由于各方面的要求不同，为确保有效性、效率或可追溯性，组织应注意识别需改进的项目和关键质量要求，考虑改进所需的过程，以增强组织体系或过程实现产品并使其满足要求的能力。

质量改进的程序是计划、组织、分析诊断、实施改进，即在组织内制订计划，发现潜在的或现存的质量问题，寻找改进机会，提出改进措施，提高活动的效益和效率。

质量管理涵盖了质量方针、质量目标、质量控制、质量保证和质量改进等内容。其中质量方针和质量目标是管理层对所有质量职能和活动进行管理的指南和准则，质量控制和质量保证是在质量体系的范围和控制下，在组织内采取的实施手段。

2.质量管理的发展

(1)质量检验阶段

质量检验阶段(quality testing)也称事后检验阶段。第二次世界大战以前，主要通过百分之百检验的方式来控制和保证产品的质量。这种做法只是从成品中挑出废、次品，实质上是一种“事后的把关”。此阶段经历了操作工人检验、工长检验和专职检验员检验3个小阶段。

质量检验是在成品中挑出废品，但无法防止废品的产生，因此无法起到预防、控制的作用。此质量管理方法只适用于生产力欠发达时期，而在大批量生产的情况下，全数检验增加了检验费用，其弊端就凸显出来。

(2)统计质量控制阶段

统计质量控制(statistical quality control，SQC)阶段从第二次世界大战以后至20世纪60年代，其特征是数理统计方法与质量管理的结合。

美国贝尔实验室的统计学家W·A·休哈特发明的工序质量控制图以及他的同事道奇(H. F. Dodge)和罗米格(H. G. Roming)提出的统计抽样检验理论，奠定了统计质量控制的基础。

统计质量控制阶段的特点是事先控制，预防为主，防检结合。把数理统计方法应用于质量管理，建立抽样检验法，改变全数检验为抽样检验。统计质量管理促进了工业的发展，尤其是军事工业的发展，保证了规模工业生产产品的质量。但只关注生产过程和产品的质量控制，没有考虑影响质量的全部因素。

(3)全面质量管理

20世纪60年代以后生产力迅速发展，科学技术迅猛发展，市场对产品的种类、质量、服务的要求越来越高，促使了全面质量管理理论的形成与发展。

全面质量管理(total quality management，TQM)是“一个组织以质量为中心，以全员参与为基础，目的在于通过让顾客满意和本组织所有成员及社会受益而达到长期成功的管理途径”(ISO 9000:2005)。

全面质量管理具有“三全一多样”的特点，即：

①全面的质量管理：全面质量管理中的“质量”概念，是一个广义的质量概念。它不仅包括产品质量，还包括过程质量和体系质量；它不仅包括一般的质量特性，而且包括成本质量和服务质量。

②全过程的质量管理：全过程的质量管理包括了从市场调研、产品的设计开发、生产（作业），到销售、服务等全部有关过程的质量管理。换句话说，要保证产品或服务的质量，不仅要搞好生产或作业过程的质量管理，还要搞好设计过程和使用过程的质量管理。

③全员的质量管理：产品和/或服务质量是企业各方面、各部门、各环节工作质量的综合反映。企业中任何一个环节，任何一个人的工作质量都会不同程度地直接或间接地影响着产品质量或服务质量。因此，产品质量人人有责，人人关心产品质量和服务质量，人人做好本职工作，全体参加质量管理，才能生产出顾客满意的产品。

④多方法的质量管理：目前，质量管理中广泛使用各种方法，统计方法是重要的组成部分。除此之外，还有很多非统计方法。常用的质量管理方法有所谓的老七种工具，具体包括因果图、排列图、直方图、控制图、散布图、分层图、调查表；还有新七种工具，具体包括关联图法、KJ法、系统图法、矩阵图法、矩阵数据分析法、PDPC法、矢线图法。

发达国家组织运用全面质量管理使产品或服务质量获得迅速提高，引起了世界各国的广泛关注。全面质量管理的观点逐渐在全球范围内获得广泛传播，目前举世瞩目的ISO 9000族质量管理标准就是以全面质量管理的理论和方法为基础的。

（三）食品质量管理的特殊性

食品质量管理是质量管理的理论、技术和方法在食品加工和贮藏过程中的应用。食品是一种对人类健康有着密切关系的特殊有形产品，它既符合一般有形产品质量特性和质量管理的特征，又具有其独有的特殊性和重要性。

1. 食品质量管理中安全性占首位

食品作为与人们身体健康息息相关的特殊产品，其质量特性中安全性应放在首位。食品安全（food safety）是指“食品无毒、无害，符合应当有的营养要求，对人体健康不造成任何急性、亚急性或者慢性危害”（《食品安全法》）。2000年日内瓦召开的第53届世界卫生大会首次通过了有关加强食品安全的决议，将食品安全列为世界卫生组织的工作重点和最优先解决的领域。

食品安全性的重要性决定了食品质量管理中安全质量管理的重要地位。因此，食品质量管理应以食品安全管理为核心，食品法规以安全卫生法规为核心，食品质量标准应以食品卫生标准为核心。

2. 食品质量管理在空间和时间上具有广泛性

食品质量管理在空间上包括农田、原料运输车辆、原料贮存间、生产车间、成品间、运输车、超市或商店、冰箱、再加工、餐桌等环节的各种环境。从农田到餐桌的任何环节疏忽都可使食品丧失食用价值。

食品质量管理在时间上包括3个重要的时间段：原料生产阶段、加工阶段和消费阶段。对于食品加工企业而言，对加工过程中原料、半成品和成品的质量管理和控制能力较强，而对原料的生产阶段和消费阶段控制力较弱。

3.食品质量管理的对象具有复杂性

食品原料多为有生命机能的生命体，必须控制适当的温度、湿度、气压、pH 等环境条件，才能保持其鲜活的状态和可利用状态。另外，食品的风味和质地还受到原料产地、品种、季节、生产条件等影响。因此，食品质量管理对象的复杂性增加了管理的难度，需要随原料的变化不断调整工艺参数。

4.食品质量管理在质量检验方面存在一定难度

食品质量检验一般包括感官检验、微生物检验和理化检验。一般而言，感官检验往往依据检验员的经验和特殊仪器；理化检验中的常理物质检测较为容易，微量物质则依靠较昂贵的仪器，而风味物质的检测更是不易；食品微生物的常规检验主要包括菌落总数、大肠菌群和致病菌，其中菌落总数的检测耗时长、大肠菌群的检测也存在一些不科学的地方。

5.食品质量管理对产品功能性和适用性有特殊要求

食品除了营养性、风味性、口感、色彩、造型等功能性外，还具有潜在的文化性能，如民族、宗教、历史、风俗等。如清真食品在加工时除了严格按照法律法规的要求外，其特殊程序和规定也应列入质量管理中来。

针对特殊人群（如婴幼儿、婴儿、老年、运动员等）的特殊膳食，我国也制定了相应的法规和政策，建立了审核、检查、管理、监督制度和标准。

二、全面质量管理的工作方法——PDCA 循环

（一）PDCA 循环的概念

PDCA 循环（图 2-1），是由策划（Plan）、实施（Do）、检查（Check）、处置（Action）4 个要素构成的一种循环的持续改进的工作方法。

PDCA 循环最早由统计质量控制的奠基人 W·A·休哈特提出，W·E·戴明将其介绍到日本并进一步充实，所以也把它称为戴明循环。

（二）PDCA 循环的内容

PDCA 循环是全面质量管理的基本工作方法，包括 4 个阶段和 7 个步骤（表 2-2）。

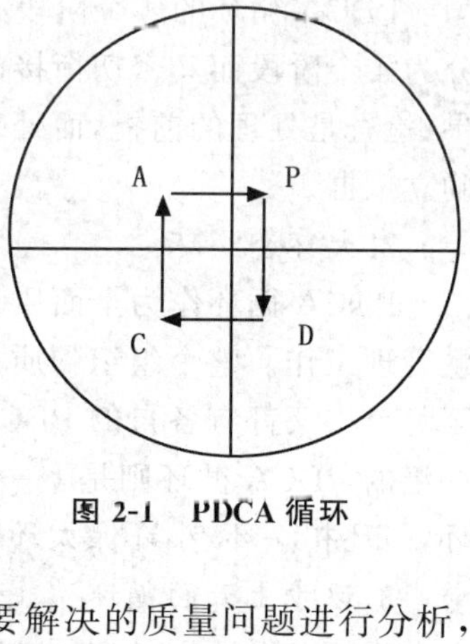

图 2-1 PDCA 循环

第一阶段是策划阶段，即 P 阶段。该阶段的任务是：在调查研究的基础上，确定目标；通过设计、试验、试制，最后选定方案、制定标准，并提出实施计划的具体方案、措施和步骤。这个阶段包括 3 个步骤：

第 1 步是调查质量现状，找出存在的质量问题，比如不合格品率、成本、交货期等。利用调查表、直方图、控制图等的工具，找出需要解决的质量问题。

第 2 步是利用分层法、因果图、排列图等工具，对第一步提出要解决的质量问题进行分析，确定首先需要解决的主要问题，找出问题的主要原因。

第 3 步是针对影响质量的主要原因，制定对策，拟定管理、技术等方面的措施和实施计划。计划应具体有效，包括计划的理由（Why）、预期达到的目标（What）、实施计划的地点（Where）、执行部门和人员（Who）、执行时间（When）、怎样实施（How）等，即 5W1H。

第二阶段是实施阶段,即 D 阶段。这一阶段的任务是:按照 P 阶段所制定的计划去执行。这是实施 PDCA 循环的第 4 步。

第三阶段是检查阶段,即 C 阶段。根据方针、目标和要求,对过程和产品进行监视和测量,并报告成果。这是实施 PDCA 循环的第 5 步。

第四阶段是处置阶段,即 A 阶段。在这一阶段,要把成功的经验加以肯定,形成标准;对于失败的教训也要认真地总结。对于这次循环中还没有解决的问题,要转到下一个 PDCA 循环中加以解决。它包括两个步骤:

第 6 步,即防止再发生和标准化。在这一步骤,需再次确认 5W1H,并将质量改进有效的措施进行标准化,制定工作标准,同时进行教育培训。

第 7 步,总结。对改进效果不显著的措施及改进过程中出现的问题进行总结,把没有解决的质量问题和新出现的质量问题转入下一个 PDCA 循环。

表 2-2　PDCA 循环的阶段、步骤与相应的质量管理工具对照表

阶段		步骤		工具
一	策划阶段	1	调查现状,明确要解决的问题	调查表、直方图、控制图等
		2	分析问题原因并找出主要原因	分层法、因果图、排列图等
		3	拟定对策	对策表
二	实施阶段	4	执行计划	控制图等
三	检查阶段	5	确认效果	调查表、直方图、控制图、排列图等
四	处置阶段	6	防止再发生和标准化	标准化程序
		7	总结	

(三)PDCA 循环的特点

1. 完整的循环

PDCA 循环的 4 个阶段必须是完整的,一个也不能少。这是因为,PDCA 循环是一个既划分为 4 个阶段而又密切衔接的连续过程。制订计划是为了实施,通过检查才能确认实施的效果;检查是处理的前提,而处理才是检查的目的,只有通过处理才能为制定下一个循环的计划确立依据。

2. 大环套小环

PDCA 循环作为全面质量管理的基本工作方法,可以用于组织的各个环节、各个方面的质量管理工作。整个组织的质量管理体系构成一个大的 PDCA 循环,而各个部门、各级单位直至每个人又都有各自的 PDCA 循环,上一级的 PDCA 循环是下一级 PDCA 循环的依据,而下一级的 PDCA 循环则是上一级 PDCA 循环的保证,从而形成一个如图 2-2 所示的"大环套小环,一环扣一环,小环保大环,推动大循环"的综合质量管理体系。

3. 逐步上升的循环

PDCA 循环不是在原地转动,而是像爬楼梯那样(图 2-3),每循环一次就前进、提高一步,由低到高,逐级攀登上去。如此循环往复,质量问题就不断得到解决,产品质量、过程质量和体系质量就不断得到改进和提高。

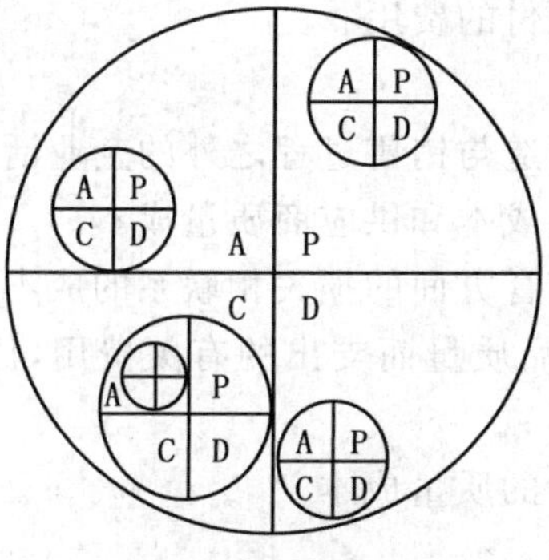

图 2-2　大环套小环

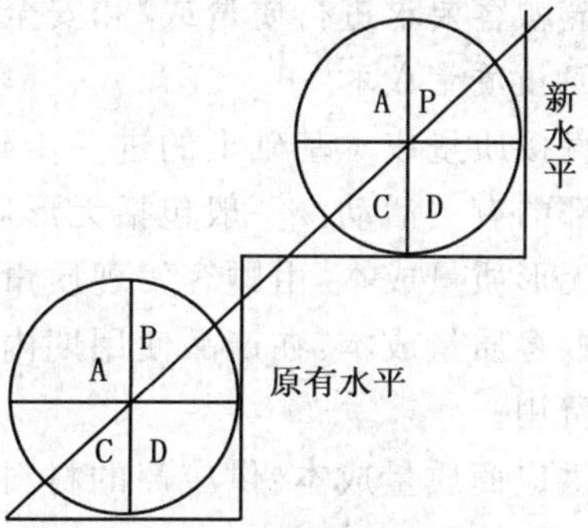

图 2-3　改进上升的循环

三、质量成本设计

(一)质量成本的构成

质量成本的概念最初是由 20 世纪 50 年代美国著名质量管理专家朱兰(Juran J M)博士和费根堡姆(Feigenbaum A V)等提出的。质量成本是指“组织为了保证满意的质量而支出的一切费用以及由于产品质量未达到满意而产生的一切损失”的总和(ISO 9000:2005)。质量成本可分为直接质量成本和间接质量成本两大类。

1. 直接质量成本

指在产品的制造和销售过程中所发生的质量成本,包括运行质量成本和外部质量保证成本。

(1)运行质量成本

一般由内部故障成本、外部故障成本、鉴定成本和预防成本构成。

①内部故障成本。是指企业内部由于生产的产品有质量缺陷而造成的损失和为处理质量缺陷而发生的费用的总和。包括废品损失、返工或返修费、复检和筛选费、停工损失、不合格品处理费等。

②外部故障成本。是指用户在使用中发现产品缺陷而产生的由企业支付的一切费用的总和。包括保修费、索赔费、诉讼费、退货费、降价费等。

③鉴定成本。是指为检验产品质量而发生的一切费用。通常包括进货检验费、工序检验费、成品检验费、在库物资复检费、检验试验设备的校准维护费、试验材料和劳务费、检验试验设备折旧费、检验人员工资和附加费等。

④预防成本。是指为了防止质量缺陷发生、保证和提高产品质量、使故障成本和鉴定成本最低而耗费的一切费用。通常包括质量工作费、质量管理培训教育费、质量奖励费、质量评审费、质量改进措施费、质量情报和信息费等。

(2)外部质量保证成本

在合同条件下,向顾客提供其所需的客观证据所支付的费用,称为外部质量保证成本,包括:

①为提供特殊和附加的质量保证措施、程序、数据等所支付的费用。

②产品的验证试验和评定的费用。

③应顾客要求进行质量或/和安全管理体系人证所支付的费用。

2. 间接质量成本

在直接质量成本基础上的进一步延伸和扩展,涉及制造与销售过程之外的企业活动,以及企业外部的有关活动。一般包括无形质量成本、顾客质量成本和供应商质量成本。

①无形质量成本:由顾客发现质量问题而引起的与信誉方面的损失相联系的成本。

②顾客质量成本:在产品使用期内,用户为了保持产品质量而支出的有关费用,比如食品冷藏的费用。

③供应商质量成本:供应商的材料出售价格中所包含的质量成本。

(二)质量成本的分析

质量成本分析是质量管理工作的重要环节。通过质量成本分析,可以及时掌握产品质量状况、质量改进情况和人员工作质量及其对经济效益的影响。

1. 质量成本优化

质量成本优化就是要确定质量成本各项主要费用的合理比例,以便使质量总成本达到最低值。

图 2-4 中横坐标表示产品质量的合格率,最左端表示 100%不合格。曲线 1 代表预防成本和鉴定成本之和,曲线 2 代表内部故障成本和外部故障成本之和。4 项质量成本之和就是运行质量成本总额,由曲线 3 表示。从图上可以看出:①当产品质量水平低时,预防成本和鉴定成本稍有增加,不合格品率就可大幅降低;②当产品合格率达到一定水平以后,如要再进一步提高合格率,则预防成本和鉴定成本将会急剧增加,而故障成本的降低却十分微小;③M 点的质量成本总额最低,是最适宜的质量水平。

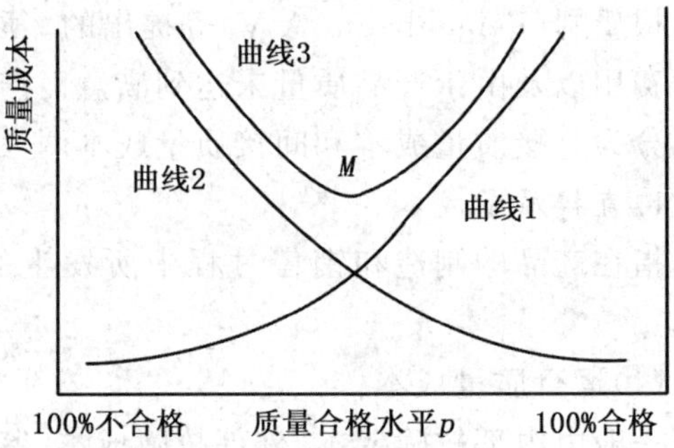

图 2-4 质量成本特征曲线

曲线 1:鉴定成本+预防成本;曲线 2:故障成本;曲线 3:质量总成本

2. 质量成本构成分析

为了进一步分析质量成本总额的变化规律,将图 2-4 中的 M 点附近放大,其内在规律如图 2-5 所示。通过核算内部故障成本、外部故障成本、鉴定成本和预防成本分别占运行质量成本的比率,分析企业运行质量成本的项目构成是否合理。

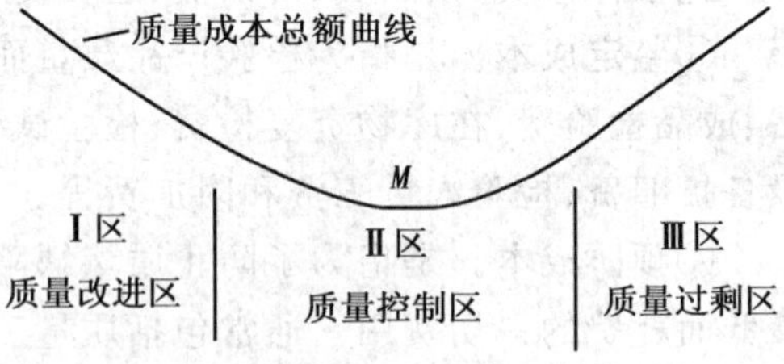

图 2-5 质量成本曲线区域划分

不同企业由于产品的差别和质量管理方针的差异,运行质量成本构成比例也有所不同。对于生产精度高或产品可靠性要求高的企业,预防成本和鉴定成本之和可能会大于 50%。食品生产企业的质量管理突出以预防为主,十分注重对原料、半成品、成品的质量检验和生产过程的质量控制。因此,对于食品企业来讲,预防成本和鉴定成本之和往往占质量成本的主要部分。

3.质量成本总额分析

通过核算计划期的质量成本总额，与上期质量成本总额或计划目标值作比较，以分析其变化情况，从而找出变化原因和变化趋势，掌握企业产品质量整体上的情况。通过分析质量成本总额与制造成本、企业总成本、销售收入的关系，可以得到质量管理工作给企业带来的经济效益和质量问题给企业带来的经济损失。

4.质量成本与企业经济指标的比较分析

计算各项质量成本与企业的整体经济指标，如相对于企业销售收入、产值、利润等指标的比率，有利于分析和评价质量管理水平。例如，故障成本总额与销售收入总额的比率可称为百元销售收入故障成本率，它反映了因产品质量而造成的经济损失对企业销售收入的影响程度；再如，外部故障成本与销售收入总额的比率，称为百元销售收入外部故障成本率，它反映了企业为消费者或用户服务的费用支出水平，也反映因质量问题给消费者或用户造成的经济损失。

通过对质量成分的构成分析及优化分析得知，质量管理并不是投入的管理或鉴定环节越多越好，应该寻找最佳的构成比例，这对食品企业的质量管理有一定指导意义。

任务 2-2　因果图和排列图在食品生产中的应用

◈学习目标

1.了解影响产品过程质量的6个因素，并熟练应用于质量管理的各工具中；

2.能正确绘制因果图和排列图；

3.能熟练应用因果图与排列图分析和解决食品生产中存在的食品质量问题。

一、质量管理工具概述

(一)产品质量的波动

经验告诉我们，按照同样的工艺、遵照同样的作业指导书、采用同样的原材料、在同一台设备上、由同一个操作者生产出来的一批产品其质量特性不可能完全相同，总是存在差异，即存在变异或波动。由于操作者的精力及技术水平存在波动、机器的微小震动、原材料的细小差异、工作环境中温度、湿度等条件的变化，都能导致产品的质量特性产生波动。因此，质量波动是客观存在的。

影响过程(工序)因素主要有6个，即人(操作者)、机(设备)、料(原材料)、法(操作方法及规范)、测(检验和测量)、环(工作环境)，简称5M1E。从统计学的观点，可以将产品质量波动分为正常波动和异常波动两大类。

1.正常波动

正常波动是由随机因素(偶然因素)引起的，是质量管理中允许的波动，此时的工序处于稳定状态或受控状态。这些因素在技术上难以消除、经济上也不值得消除。如机器的固有振动，液体灌装机的正常磨损，工人操作的微小不均匀性，原材料中的微量杂质或性能上微小差异，仪器仪表的精度误差，检测误差等。工程上称这些微小的无法排除的因素为偶然性原因。这类波动的数据数值是不定的，但又服从一定的分布规律，即正态分布。在一般情况下，正常波动是在质量管理中允许的波动。

2.异常波动

异常波动时由系统性原因造成的质量数据波动，是质量管理中不允许的波动，此时的工序处于不稳定状态或非受控状态。如原材料质量不合格、设备故障、操作者错误、计量仪器故障等。这类波动的数据数值不符合正态分布，或按一定规律变化，带有方向性。生产中如果出现这种状态，我们称它为不正常状态。一般情况下，异常波动在质量管理中不允许的波动。

质量管理的一项重要工作内容就是通过搜集数据、整理数据，找出波动的规律，把正常波动控制在最低限度，消除系统性原因造成的异常波动。

(二)产品质量数据的分布规律

数据的分布是指表示某产品某质量特性的数据的规律。数据的分布有很多种，如正态分布(又称高斯分布)、二项分布、泊松分布等。在食品工业中产品质量特性的数据大多为正态分布，故在质量管理所使用的统计方法中，以正态分布最为重要，应用也最多。

正态分布的图形是一个中间高、两边低、左右基本对称的“钟形”曲线，如图 2-6 所示。正态分布曲线的横坐标为产品质量特性数值，纵坐标为频数。

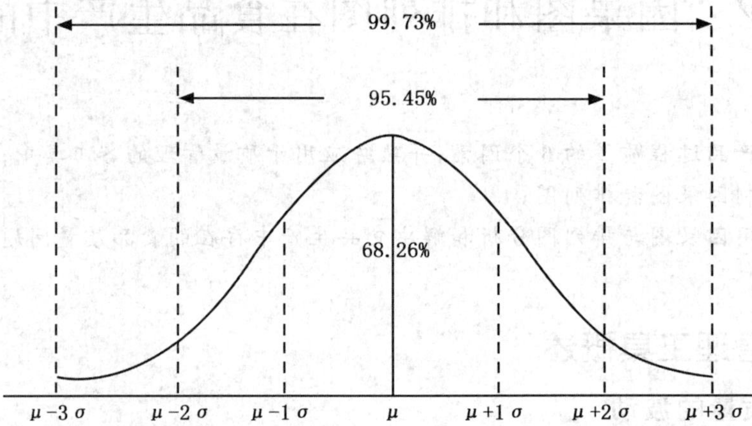

图 2-6　正态分布曲线图

正态分布曲线的主要特点有：

①对称性：对称轴位置为均数 μ(总体均数用 μ 表示，样本均数用 $\overline{X}$ 表示)，以均数 μ 为中心，左右对称。

②集中性：正态分布曲线在横轴上方均数处最高，向左右侧逐渐减少；在 $\mu\pm1\sigma$(σ 是总体标准差，样本标准差用 S 表示)的范围内包含有 68.26%的数据，在 $\mu\pm2\sigma$ 范围内包含有 95.45%的数据，在 $\mu\pm3\sigma$ 范围内包含有 99.73%的数据。即产品质量特性值落在 $\mu\pm3\sigma$ 之间的概率为 99.73%，几乎包括了全部数据，这个范围以外的数据极为微小。

③正态分布的图形由均数和标准差两个参数决定。位置参数 μ 确定了正态曲线的位置，变异度参数 σ 确定了曲线的宽度。

(三)质量管理常用工具

质量管理中常用的统计方法有分层法、调查表法、散布图法、排列图法、因果分析法、直方图法、控制图法等，通常称为质量管理的旧七种工具。这7种方法相互结合，灵活运用，可以有效地服务于控制和改进产品质量。

质量管理新七大手法指的是：关系图法、KJ法、系统图法、矩阵图法、矩阵数据分析法、PDPC法、网络图法。相对而言，新七大手法在世界上的推广应用远不如旧七种工具，也从未成为顾客审核的重要方面。

从某种意义上讲，推行质量管理七大手法的情况，一定程度上表明了公司管理的先进程度。这些手法的应用之成败，将成为公司升级市场的一个重要方面。旧七种工具是我们本任务学习的内容，也是我们将要大力推行的管理方法。

二、因果图在食品生产中的应用

因果图，又称要因分析图、树枝图、鱼刺图，是一种用于分析质量特性（结果）与可能影响质量特性的因素（原因）的工具。产品质量问题往往是多种复杂原因影响的结果，因果图是能系统地分析和寻找影响质量问题原因的简单而有效的方法。这种图最早（1953年）由日本东京大学教授石川馨提出，所以因果图（图2-7）又称石川图。

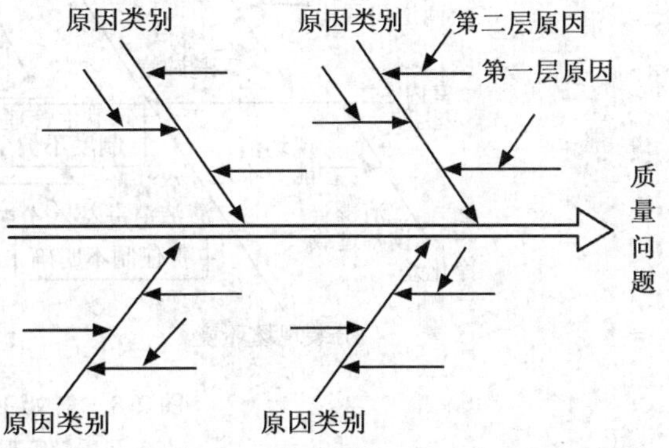

图2-7 因果图结构

1. 因果图的作用

它可用于以下两个方面：

①分析因果关系，表达因果关系；

②通过识别症状、分析问题的所有原因、寻找措施，促进问题解决。

2. 因果图在食品生产中的应用

某乳品生产企业生产的鲜奶卫生质量不佳，该企业的质量管理小组为提高鲜奶的卫生质量分析其原因而制作因果图（图2-8），将影响鲜奶卫生质量的因素分析出来，以解决质量问题。

①明确待分析的产品质量特性和待解决的质量问题，如产品质量、成本、产量、销售情况等。

②组织同该质量问题相关的人员参加会议，讨论分析，把每个人的分析意见都记录在图上，列出所有可能影响质量的因素。

③画一条带箭头的主干线，箭头指向右端，将质量问题写在图的右边，确定造成质量问题的原因类别。影响产品质量一般有人、机、料、法、环、测（5M1E）六大因素，所以经常见到按六大因素分类的因果图。然后围绕各原因类别展开，按第一层原因、第二层原因、第二层原因及相互间因果的关系，用长短不等的箭头线画在图上，逐级分析展开到能采取措施为止。

④讨论分析主要原因，把主要的、关键的原因分别用粗线或其他颜色的线标记出来，或者加上框框进行现场验证。

⑤记录必要的有关事项，如参加讨论的人员、绘制日期、绘制者以及其他可供参考查询的事项。

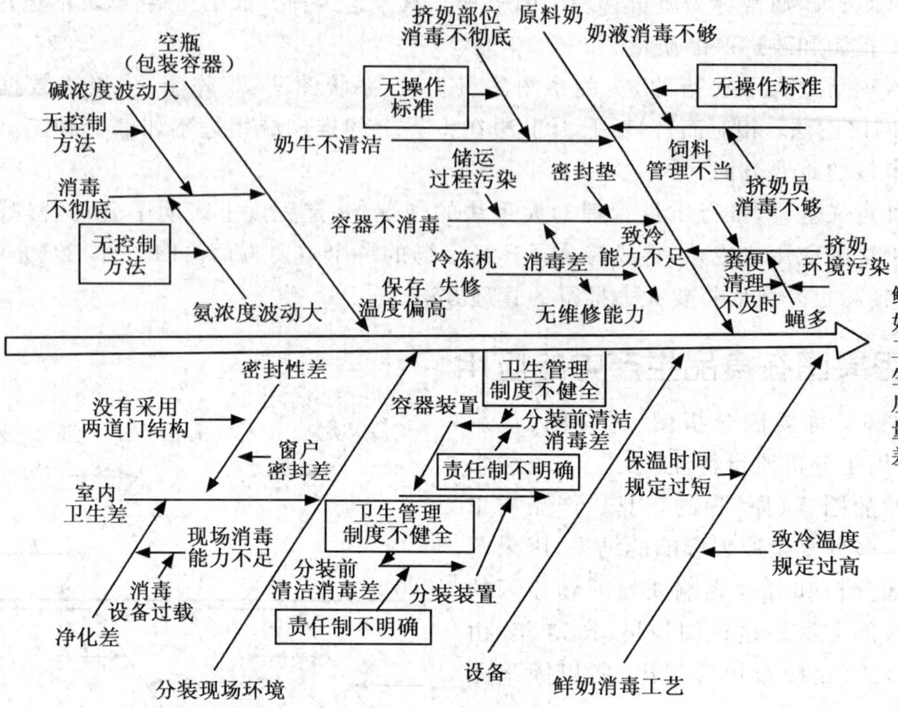

图 2-8　鲜奶卫生质量的因果图

（食品质量管理. 刘宗道等，2003）

3. 制作因果图的注意事项

①明确质量问题，应尽量具体。有多少待解决的质量特性，就要绘制多少张因果图，不要在一张因果图上解决几个质量问题。

②会议应邀请所有有关人员如一线员工、技术人员等参加，通过大家集思广益，充分发扬民主，以免疏漏。

③分析原因，应尽可能具体。

④用因果找出质量问题的主要因素后，再使用排列图确定问题的主要原因。

三、排列图在食品生产中的应用

排列图全称是主次因素排列图，又叫帕累托图（有的译为巴雷特图）。它是将质量改进项目从最重要到最次要进行排列而采用的一种简单的图示技术。排列图由一个横坐标、两个纵坐标、几个按高低顺序排列的矩形和一条累计百分比折线组成。

排列图建立在帕累托原理的基础上。帕累托原理是意大利经济学家帕累托（V. Pareto）在 1906 年分析意大利社会财富分布状况时得出的“少数关键，多数次要”的结论。后来，在质量管理领域，美国的朱兰博士（J. M. Juran）将质量问题分为“关键的少数”和“次要的多数”，并将这种原理应用于质量管理中。

1. 排列图的作用

排列图有两个作用：

①按重要性顺序显示出每个质量改进项目对整个质量问题的作用。

②识别质量改进的关键因素。

2. 排列图在食品生产中的应用

本任务以某公司主要产品果蔬汁的质量问题分析为例来说明排列图在食品生产中的应用。

(1)排列图的制作步骤

①确定所要调查的问题以及如何收集数据。明确质量问题的性质，确定问题调查的期间，如自3月1日至4月30日止，并采用调查表的形式收集数据后，按类整理加以分层、统计。数据分类后，将不常出现的项目归到“其他”项目。

②制作数据记录表，如表2-3所示。

表2-3 果蔬汁不合格项调查表

不合格类型	包装	漂浮物	固形物	净重	真空度	杂质	果肉分层	小计
不合格数	2	14	2	84	56	12	8	178

③制作排列图数据表，计算不合格比率，并按数量从大到小顺序将数据填入表中。“其他”项的数据由许多数据很小的项目合并在一起，将其列在最后，如表2-4所示。

表2-4 果蔬汁排列图数据表

不合格类型	不合格数	累计不合格数	比率/%	累计比率/%
净重	84	84	47.2	47.2
真空度	56	140	31.5	78.7
漂浮物	14	154	7.9	86.6
杂质	12	166	6.7	93.3
果肉分离	8	174	2.2	95.5
其他	4	178	4.5	100
合计	178		100	

④绘制排列图。画两根纵轴和一根横轴，左边纵轴，标上件数(频数)的刻度，最大刻度为总件数(总频数)；右边纵轴，标上比率(频率)的刻度，最大刻度为100%。左边总频数的刻度与右边总频率的刻度(100%)高度相等。横轴上将频数从大到小依次列出各项。

在横轴上按频数大小画出矩形，矩形的高度代表各不合格项频数的大小。

在每个直方柱右侧上方，标上累计值(累计频数和累计频率百分数)，描点，用实线连接，画累计频数折线(巴雷特曲线)。

在图2-9上记入有关必要事项，如排列图名称、数据以及采集数据的时间、主题、数据合计数等等。

(2)排列图的分析

应用排列图，通常是为了找出主要问题或影响质量的主要原因。为了抓住关键因素，在排列图上通常把累计比率分为三类：在0%～80%间的因素为A类因素，即主要因素；在80%～90%间的因素为B类因素，即次要因素；在90%～100%间的因素为C类因素，即一般因素。从图2-9中可以看出，出现不合格品的主要原因是净重和真空度，只要解决了这两个问题，不合格率就可以降低78.7%。

在实际应用中，这种划分不是绝对的。有时80%～90%间的因素也可为主要因素，A，B，

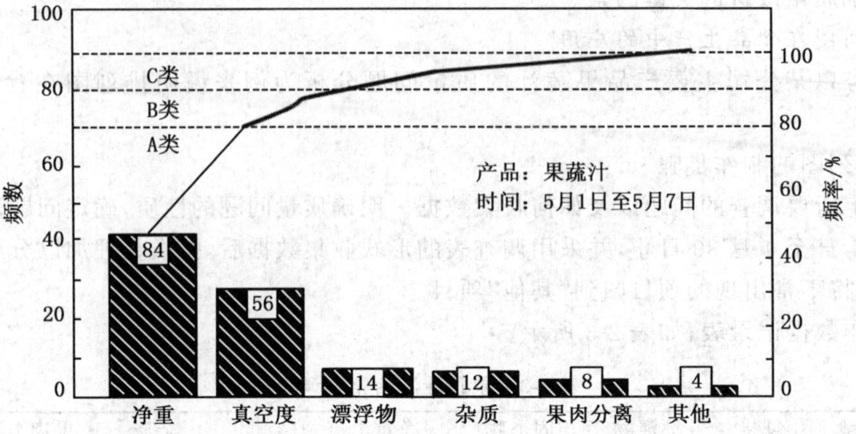

图 2-9　果蔬汁不合格项目排列图

C 三类因素应结合具体情况来选定。

(3)使用排列图时的注意事项

①主要因素以 1～2 个为宜，最多不超过 3 个，过多就失去了应用排列图找主要问题或因素的意义。如果出现主要项目过多的情况，就应考虑重新确定分层原则，再进行分层。

②排列图可直观地表达出影响质量问题的主要因素，主次因素较明显时，可不作图直接用统计表来代替。

③用排列图找出主要问题后，可考虑进一步分层做排列图，以找出解决问题的措施。

④在实际应用中，将排列图与因果图结合起来更加有效，先用排列图找出主要因素，再用因果图对该主要因素进行分析，找出引起该质量问题的主要原因。

实训 2-1　排列图在食品生产中的应用

一、实训目的

掌握排列图的制作方法及在生产实际中的应用。

二、实训原理

帕累托原理——关键的少数。

三、实训内容和方法

某食品公司对某新产品进行市场调查，反映价格高的有 12 条意见，风味不好的有 52 条，色泽不好的有 16 条，包装不好的有 37 条，质地不好的有 6 条，形状不好的有 4 条。请制作出调查表，画出排列图，并指出改进意见。

任务 2-3　散布图和直方图在食品生产中的应用

◈**学习目标**

1. 能正确绘制散布图和直方图；

2. 能熟练应用散布图判断影响食品质量两变量之间的关系；

3. 能熟练应用直方图判断产品质量分布和过程能力是否正常。

一、散布图在食品生产中的应用

散布图，又称相关图、分布图，是用来研究、判断两个变量之间相关关系的一种图表。这种成对的数据或许是“特性—要因”、“特性—特性”、“要因—要因”的关系。

两个变量之间的关系常有两种：确定性关系和相关性关系。确定性关系是两个变量间存在完全确定的函数关系，如圆周的周长 C 与半径 r 之间存在 $C=2\pi r$ 的关系。相关性关系是两个变量间存在一定的内在联系，但期间没有明确的依赖或制约关系，这种关系常出现在食品质量管理中。相关性关系是可以借助统计学技术来描述这种变量关系的，散布图通常可以解决这个问题。

1. 散布图的作用

它可用于以下两个方面：

①定性确定两变量间的相关性，为生产过程提供依据；

②直观地判断有无异常点。

2. 散布图在食品生产中的应用

本任务以某公司主要产品白酒的实例来说明散布图在食品生产中的应用。

(1)散布图的制作步骤

①收集数据。该酒厂要判断中间产品酒醅中酸度含量和酒度两变量之间是否存在相关关系，可使用散布图法。做散布图的数据一般应收集30组以上，数据太少相关关系不明显，或导致判断错误；数据太多，工作量太大。本例收集了30组酒醅中酸度和酒度的数据，制作数据表，把酸度定为自变量 x 值，把酒度定为应变量 y 值，见表 2 5。

表 2-5 酒醅中酸度和酒度分析数据

序号	酸度 x	酒度 y	序号	酸度 x	酒度 y
1	0.5	6.3	16	0.7	6.0
2	0.9	5.8	17	0.9	6.1
3	1.2	4.8	18	1.2	5.3
4	1.0	4.6	19	0.8	5.9
5	0.9	5.4	20	1.2	4.7
6	0.7	5.8	21	1.6	3.8
7	1.4	3.8	22	1.5	3.4
8	0.8	5.7	23	1.4	3.8
9	1.3	4.3	24	0.9	5.0
10	1.0	5.3	25	0.7	6.3
11	1.5	4.4	26	0.6	6.4
12	0.7	6.6	27	0.5	6.4
13	1.3	4.6	28	0.5	6.6
14	1.0	4.8	29	1.2	4.7
15	1.2	4.1	30	0.6	6.5

②作图。按照散布图的作图方法，将表中的各组数据一一描点在坐标系中，如果有一组数据和另一组数据完全相同，则在点上加个圆圈表示，如果有三组数据相同，则加上两重圈表示。结果如图 2-10 所示。

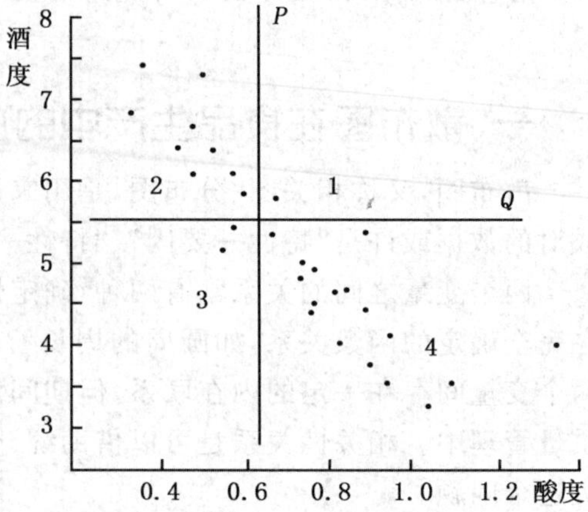

图 2-10　酒醋中酸度和酒度的散布图

(2)散布图的判断分析

①对照经典图法。这是最简单的方法。把画出的散布图与典型散布图(图 2-11)对照可得出两个变量之间是否相关或属于哪种相关。将图 2-10 与典型图(图 2-11)对照得出酒醋中酸度和酒度呈负相关的结论。

②简单象限法。继续以图 2-10 为例。

a. 在图上画一条与 y 轴平行的 P 线，使 P 线的左、右两侧的点数相等或大致相等，本例各为 15 个点。

b. 在图上再画一条与 x 轴平行的 Q 线，使 Q 线的上、下两侧的点数相等或大致相等，本例各为 15 个点。

c. P、Q 两线把图形分为 4 个象限区域。分别计数各象限区域的点数(线上的点不计)，得 $n_1=1, n_2=9, n_3=2, n_4=17$。

d. 当 $n_1+n_3>n_2+n_4$ 时，为正相关；当 $n_1+n_3<n_2+n_4$ 时，为负相关。本例 $n_1+n_3=3$，

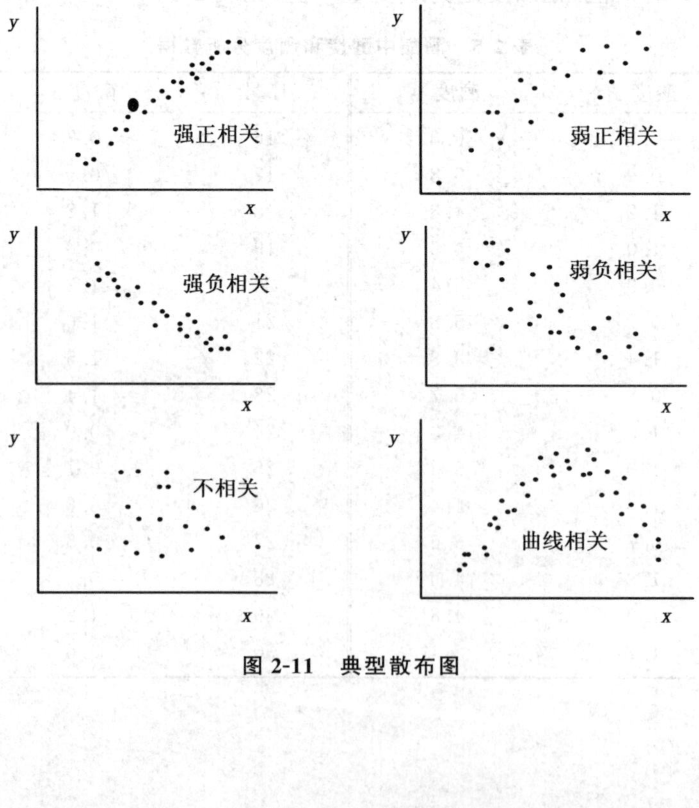

图 2-11　典型散布图

$n_2+n_4=26$，$n_1+n_3<n_2+n_4$，故酒醅中酸度和酒度呈负相关。

用在坐标系中打点作图的方法再进行相关分析，是最简单的方法。但分析较为粗糙，难以在生产实践中作精确分析。在科研工作中，必须应用计算的方法，比较精确地计算出相关关系，还可进一步找出变量之间的内在联系，即回归分析法。

(3)使用散布图时的注意事项

①相关的判定只限于作图所用数据的范围内，不能随意延伸判定范围。

②应将不同性质的数据分层作图，否则将会导致不真实的判定结论。

③若散布图中出现个别偏离分布趋势的异常点，判明原因后，予以剔除。

④要应用专业技术对相关分析的结果加以鉴别，因为可能出现伪相关的现象。

二、直方图在食品生产中的应用

直方图，又称频数直方图。它是通过对数据的加工整理，从而分析和掌握质量数据的分布状况和估算工序不合格品率的一种方法。从总体中随机抽取样本，将从样本中获得的数据进行整理后，用一系列宽度相等、高度不等的矩形表示数据分布，矩形的宽度表示数据范围的间隔，矩形的高度表示在给定间隔内的数据频数。

1. 直方图的作用

它可用于以下两个方面：

①直方图能够较直观地传递有关过程质量状况的信息，显示质量波动分布的状态；

②通过对数据分布和与公差的相对位置的研究，可以对过程能力进行判断。

2. 直方图在食品生产中的应用

本任务以某厂生产的植物油为例来说明直方图在食品生产中的应用。某植物油生产厂使用灌装机，灌装标称重量为 5 000 g 的瓶装色拉油，要求溢出量为 0～50 g。现应用直方图对灌装过程进行分析。

(1)直方图的制作步骤

①收集数据。作直方图要求收集的数据一般为 50 个以上，否则数据太少时所反映的分布及随后的各种推算结果的误差会增大。本例收集 100 个数据，列于表 2-6。

表 2-6　植物油溢出量数据表　　g

43	40	28	28	27	28	26	12	33	30	29	31	18	30	24	26	32	28	14	47
34	42	22	32	30	34	29	20	22	28	24	34	22	20	28	24	48	27	1	24
24	29	29	18	35	21	36	46	30	14	34	10	14	21	42	22	38	34	6	22
28	28	32	28	22	20	25	38	36	12	39	32	24	19	18	30	28	28	16	19
38	30	36	20	21	24	20	35	26	20	20	28	18	24	8	24	12	32	37	40

②计算数据的极差 R。数据的极差是所收集数据中最大值与最小值之差（两极之差），反映了样本数据的分布范围，表示样本数据的离散程度。在直方图应用中，极差的计算用于确定分组范围。

本例中 $R=X_{\max}-X_{\min}=48-1=47$

③确定分组组数 k。组数的确定要适当，组数太少会掩盖各组内的变换情况，会引起较大

误差;分组过多则会引起各组的高度参差不齐,如锯齿状,亦很难看清分布的情况。组数 k 的确定可参见表 2-7。

表 2-7 直方图分组组数选用表

样本量 n	推荐组数 k	常用分组数
50～100	6～10	
101～250	7～12	10
250 以上	10～20	

④确定组距 h。先确定直方图的组数,然后以此组数去除极差,可得直方图每组的宽度,即组距。本例取 $k=10, h=R/k=47/10=4.7\approx5$。组距一般取测量单位的整数倍,以便于分组。

⑤确定各组的边界值。避免出现数据落在组的边界上造成频数计算困难的问题,并保证数据中最大值和最小值包括在组内,组的边界值单位应取为最小测量值减去最小测量单位的一半作为第 1 组的下界限,之后再按所计算的组距推算各组的分组界限。

本例:

第 1 组下界限为:X_{min}－最小测量单位/2＝1－1/2＝0.5

第 1 组上界限为第 1 组下界限加组距:0.5＋5＝5.5

第 2 组下界限与第 1 组上界限相同:5.5

第 2 组上界限为第 2 组下界限加组距:5.5＋5＝10.5

依此类推,确定各组的组界。

⑥编制频数分布表。计各组频数,并计算各组组中值和频率。组中值 $X_{中}$＝(上界限值＋下界限制)/2。

如第一组组中值 $X_{中}$＝(0.5＋5.5)/2＝3。

本例频数频率分布表见表 2-8。

表 2-8 频数频率分布表

组号	组界	组中值	频数统计	频率
1	0.5～5.5	3	1	0.01
2	5.5～10.5	8	3	0.03
3	10.5～15.5	13	6	0.06
4	15.5～20.5	18	14	0.14
5	20.5～25.5	23	19	0.19
6	25.5～30.5	28	27	0.27
7	30.5～35.5	33	14	0.14
8	35.5～40.5	38	10	0.10
9	40.5～45.5	43	3	0.03
10	45.5～50.5	48	3	0.03
合 计			100	1.00

⑦画直方图。

a. 建立平面直角坐标系：横坐标表示质量特性值，确定横坐标刻度时应考虑包括数据的整个分布范围和标出各分组界限；纵坐标表示频数，确定纵坐标时应考虑包容最大频数的组。纵坐标以频数刻度时称为频数直方图；若纵坐标以百分数刻度时称为频率直方图。二者的形状，含义及分析方法相同。本例所作的为频数直方图。

b. 以组距为底，各组的频数为高，分别画出所有各组的长方形，即构成直方图。

c. 在直方图上标出公差范围(T)、样本量(n)、样本平均值($\overline{X}$)、样本标准差 S 和 $\overline{X}$ 的位置等。本例直方图见图 2-12。

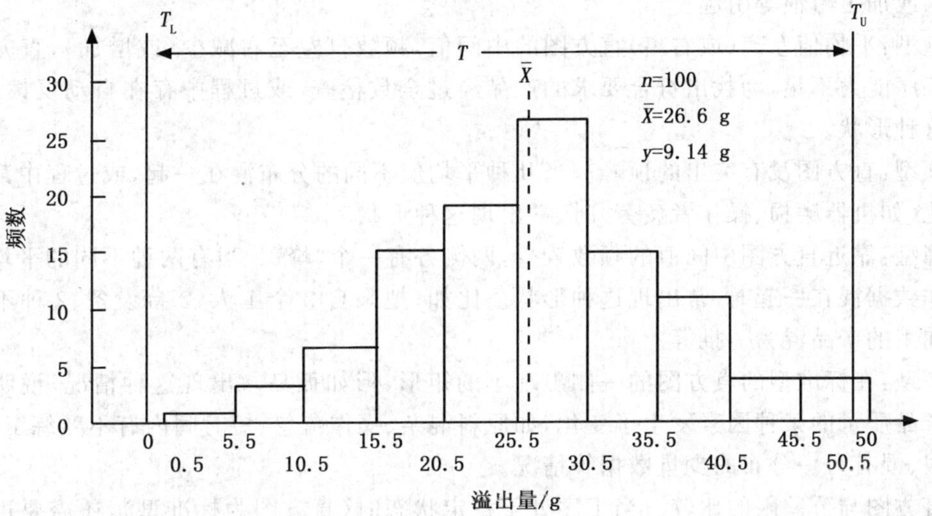

图 2-12 植物油溢出量直方图

(2)直方图的判断分析

直方图能够比较形象、直观地反映产品质量的分布状况。使用的方法是，对图形的形状进行观察分析，对照公差进行比较。

①对图形形状的观察分析。直方图绘制后，首先通过观察直方图整体形态，分析判断生产过程是否正常，一般对于局部的参差不齐不必计较。常见的直方图典型形状如图 2-13 所示。

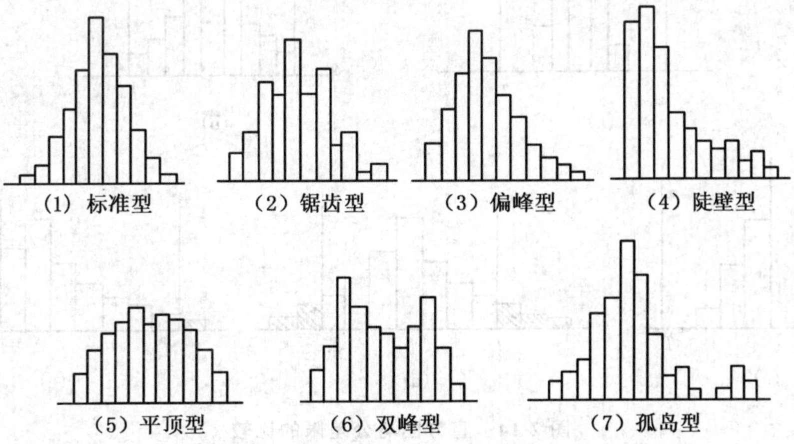

图 2-13 直方图的常见类型

标准型:又称正常型,对称型。数据的平均值与最大值和最小值的中间值相同或接近,平均值附近的数据的频数最多,频数在中间值向两边缓慢下降,以平均值左右对称,基本符合正态分布,说明过程处于统计控制状态(稳定状态)。

锯齿型:直方图出现参差不齐,但图形整体形状还是中间高、两边低、左右基本对称。造成这种情况一般不是生产上的原因,可能是作频数分布表时分组过多,或测量方法有问题,测量仪器精度不够,或读错测量数据造成。

偏峰型:直方图的峰顶偏向一侧,数据的平均值位于中间值的左侧(或右侧),从左至右(或从右至左),数据分布的频数增加后突然减少,形状不对称。偏峰型直方图的形成可能由单向公差要求或加工习惯等引起。

陡壁型:平均值左离(或右离)直方图的中间值,频数自左至右减少(或增加),直方图不对称。当工序能力不足,为找出符合要求的产品经过全数检查,或过程中存在自动反馈调整时,常出现这种形状。

平顶型:直方图没有突出的顶峰。当几种平均值不同的分布混在一起,或过程中某种要素缓慢劣化(如机器磨损、操作者疲劳)时,常出现这种形状。

双峰型:靠近直方图中间值的频数较少,两侧各有一个"峰"。当有两种不同的平均值相差大的总体数据混在一起时,常出现这种形状。比如,把来自 2 个工人、2 台设备、2 种不同的操作方法加工的产品混为一批等。

孤岛型:在标准型的直方图的一侧出现小的矩形,形如孤岛。出现这种情况,说明短时间内影响产品质量的某种因素发生了变化,如原料混杂、操作疏忽、短时间内有不熟练工人替岗、测量错误、混有另一分布的少量数据等情况。

②直方图与公差限的比较。当工序处于稳定状态时(直方图为标准型),还需要进一步将直方图与公差限进行比较。可将公差限用两条线在直方图上表示出来,并与直方图的分布进行比较,以判定过程满足规范要求的程度。典型的 5 种情况如图 2-14 所示,图中 T 为公差要求。

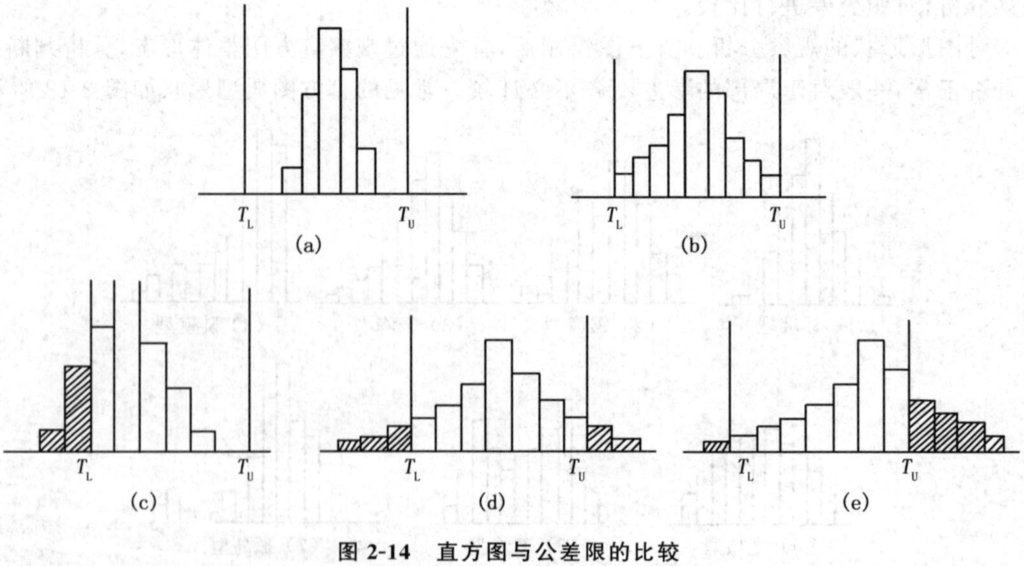

图 2-14 直方图与公差限的比较

a. 理想型：如图 2-14(a)所示，图形对称分布，符合公差要求且两边各有一定的富余量，富余量约为 $T/8$，为理想状态，不需要调整。

b. 无富余型：如图 2-14(b)所示，直方图分布落在公差限内，但无富余。这种情况下，应考虑采取措施，减少波动。

c. 陡壁型：如图 2-14(c)所示，直方图的中心与公差限的中心不符合，不满足公差要求，必须采取措施，使平均值接近规范的中间值。

d. 能力不足型：如图 2-14(d)所示，实际分布超出了公差范围，说明产品质量波动太大，工序能力不足，易出现不合格品，要采取措施，以减少变异(波动)。

e. 能力不足加偏心型：如图 2-14(e)所示，要同时采取(c)和(d)的措施，既要使平均值接近规格的中间值，又要减少波动。

(3)直方图的定量描述

如果作出的直方图比较典型，可对照以上各种典型图，便可作出判断。但是生产中作出的图形可能有参差不齐的情况，而且日常生产条件变化不大，画出的图形比较相似，往往从外形上难以观察分析，得出结论。如果能用数据对直方图进行定量的描述，那么在反映产品的过程质量变化时更有把握些。描述直方图的关键数据有两个，平均值$\overline{X}$和标准差 S。

直方图中，平均值 $\overline{X}$ 表示数据的分布中心位置，它与公差中心 M 越靠近越好。标准差 S 越大，图形越宽，表示数据的分散程度越大，说明产品的加工精度越差。

(4)使用直方图时的注意事项

①抽取的样本数量过小，导致产生较大的误差，可行度低，一般抽取样本的样本量 n 不应少于 50 个。

②分组时组数 k 偏大或偏小，都会造成分布状态的判断误差。

③绘制好的直方图应标注：公差范围线，平均值 $\overline{X}$ 的位置，平均值 $\overline{X}$ 不能与公差中心位置 M 相混淆；图的右上角标出 $N, \overline{X}, S$ 的数值。

实训 2-2　直方图在食品生产中的应用

一、实训目的

掌握直方图的制作方法及在生产实际中的应用。

二、实训原理

产品的质量特性值应符合正态分布。

三、实训内容和方法

某罐头食品厂最近发现其生产的马口铁罐头经常出现密封不严的问题，经调查是由于空罐罐盖直径变异过大造成。现从该厂的两台制造罐盖的机器 A 和机器 B 生产的罐盖中随机抽取各 100 个测量直径，结果如表 2-9 所示。请用直方图和分层法分析两台机器的过程质量。

表 2-9　罐盖直径数据表

mm

机器 A					机器 B				
98.0	98.8	100.2	99.4	99.6	101.6	100.8	99.4	99.8	101.6
99.8	98.8	99.6	99.0	101.2	100.4	98.6	98.0	102.8	103.4
100.0	99.8	99.6	98.4	99.6	98.4	100.0	97.6	100.0	97.0
99.8	99.2	99.6	99.0	100.2	100.0	100.4	98.0	99.6	99.8

续表 2-9

机器A					机器B				
100.0	99.4	100.2	99.6	100.0	96.8	100.8	97.6	102.2	97.8
100.0	100.0	99.2	98.8	100.0	102.8	100.8	101.2	103.8	102.4
98.8	100.2	99.0	99.2	99.4	100.8	97.2	99.0	103.6	102.2
98.2	100.2	99.6	99.6	99.8	103.6	100.4	100.4	101.8	100.6
99.4	99.6	100.4	98.6	99.2	104.2	99.8	100.6	102.0	96.2
99.6	99.0	100.0	99.8	99.6	102.4	96.4	99.0	103.6	102.4
99.4	99.0	99.0	99.6	99.4	98.4	100.4	102.2	100.8	101.4
99.4	99.8	99.6	99.2	100.0	99.6	98.2	99.8	100.2	99.2
100.0	100.8	99.4	99.6	100.0	103.4	98.6	99.8	100.4	101.6
98.8	98.8	99.2	100.2	99.2	100.6	99.6	101.0	100.2	100.4
99.2	98.2	97.8	99.8	99.4	98.4	99.0	101.6	102.2	98.0
99.4	100.0	100.4	99.6	99.6	98.2	98.2	101.6	98.0	101.2
99.6	99.2	99.6	100.0	99.8	102.0	99.4	100.2	98.4	104.2
99.0	99.8	100.0	99.6	99.0	99.4	99.4	101.8	100.8	100.2
99.2	101.2	100.8	99.2	99.6	99.4	100.2	101.2	102.8	100.0
100.6	100.4	100.4	98.6	99.4	100.8	99.0	97.6	97.6	96.8

任务 2-4　调查表、分层法和控制图在食品生产中的应用

◆学习目标

1. 能正确绘制调查表、分层法和控制图；
2. 能熟练应用调查表、分层法分析产品的过程质量及质量问题的主要影响因素；
3. 能熟练应用控制图判断产品质量分布和过程能力是否正常。

一、调查表在食品生产中的应用

调查表又叫检查表、核对表、统计分析表，是用来记录、收集和积累数据，并能对数据进行整理和粗略分析的统计图表。调查表的形式多种多样，一般根据所调查的质量特性的要求不同而自行设计。调查表一般为事先制作好的。

1. 调查表的作用

①主要用于收集质量分析需要的数据。

②对顾客满意度和市场调查一般也采用调查表的形式。

③常用于检测质量的缺陷位置调查、不合格及原因调查、质量分布调查等。

2. 调查表在食品生产中的应用

调查表包括质量分布调查表、不合格项调查表、不合格位置调查表和矩阵调查表等众多形式，应用比较多的是工序调查表和不合格项调查表。

(1)质量分布调查表

质量分布调查表,又称工序分布调查表,是通过对现场抽查质量数据的加工整理,找出其分布规律,从而判断产品生产过程是否正常。是对计量值数据进行现场调查的有效工具。它是根据以往的资料,将某一质量特性项目的数据分布范围分成若干区间而制成的表格,用以记录和统计每一质量特性数据落在某一区间的频数(表 2-10)。从表格形式看,质量分布调查表与直方图的频数分布表相似。所不同的是,质量分布调查表的区间范围是根据以往资料,首先划分区间范围,然后制成表格,以供现场调查记录数据;而频数分布表则是首先收集数据,再适当划分区间,然后制成图表,以供分析现场质量分布状况之用。

表 2-10　产品重量实测值分布调查表

产品名称：　　　　生产线：　　　　调查者：　　　　日期：

重量/g	检查							频数
	5	10	15	20	25	30	35	
495.5～500.5								
500.5～505.5	/							1
505.5～510.5	//							2
510.5～515.5	// // /	// /						8
515.5～520.5	// // /	// // /						10
520.5～525.5	// // /	// // /	// // /	// // /	/			21
525.5～530.5	// // /	// // /	// // /	// // /	// // /	// //		29
530.5～535.5	// // /	// // /	// // /					15
535.5～540.5	// // /	// /						8
540.5～545.5	// //							4
545.5～550.5	//							2
550.5～555.5								
合　计								100

(2)不合格项调查表

不合格项调查主要用来调查生产现场不合格项目频数和不合格品率,以便继而用于排列图等分析研究。表 2-11 是某食品企业在某月玻璃瓶装酱油抽样检验中外观不合格项目调查记录表。从外观不合格项目的频次可以看出,标签歪和标签擦伤的问题较为突出,说明贴标机工作不正常,需要调整、修理。

表 2-11　玻璃瓶装酱油外观不合格项目调查表

调查者：　　　　地点：　　　　日期：

批次	产品规格	批量/箱	抽样数/瓶	不合格品数/瓶	批不合格品率/%	外观不合格项目					
						封口不严	液高不符	标签歪	标签擦伤	沉淀	批号模糊
1	生抽	100	50	1	2			1	1		
2	生抽	100	50	0	0						
3	生抽	100	50	2	4			2	1		
4	生抽	100	50	0	0						
⋮	⋮	⋮	⋮								
250	生抽	100	50	1	2		1		1		
合计		25 000	12 500	175	1.4	5	10	75	65	10	10

(3)不合格位置调查表

不合格位置调查表,或称缺陷位置调查表,就是先画出产品平面示意图,把图面划分成若干小区域,并规定不同外观质量缺陷的表示符号。调查时,按照产品的缺陷位置在平面图的相应小区域内打记号,最后统计记号,可以得出某一缺陷比较集中在哪一个部位上的规律,这就能为进一步调查或找出解决办法提供可靠的依据。

现以奶粉包装袋的印刷质量缺陷位置调查为例说明,结果见表 2-12。调查结果表明色斑最严重,而且集中在 E、F 和 H 区;条状纹其次,主要集中在 A 区;排在第三位的是套色错位,集中在 B、C、D 区。接下来就可以用因果图首先对色斑问题进行分析,找出原因,制定改进措施;然后依次对条状纹和套色错位进行分析。

表 2-12　奶粉包装袋印刷质量缺陷位置调查表

品名	奶粉包装袋	检查起止日期	3 月 10 日至 3 月 20 日
工序	印刷	检查者	王五
调查目的	彩印质量	检查件数	500

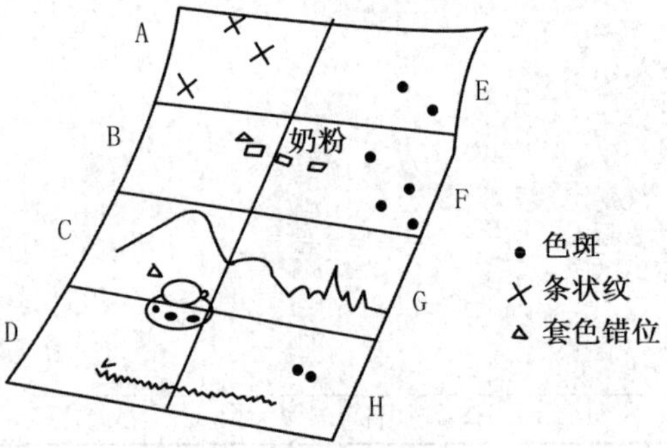

	区域	A	B	C	D	E	F	G	H	合计
	色斑					34	40		20	94
缺陷	条状纹	30		7						37
	套色错位		16	12	7					25

(4)矩阵调查表

矩阵调查表,又称不合格原因调查表,是一种多因素调查表,它要求把产生问题的对应因素分别排列成行和列,在其交叉点上标出调查到的各种缺陷和问题以及数量。表 2-13 是某饮料厂 PET 瓶生产车间对两台塑料注射机生产的 PET 瓶制品的外观质量的调查表。从表 2-13 中可以看出:$1^{\#}$ 机发生的外观质量缺陷较多,操作工 B 生产出的产品不合格最多。对原因进行分析表明,$1^{\#}$ 注塑机维护保养较差,而且操作工 B 不按规定及时更换模具。从 2 月 3 日两台注塑机所生产的产品的外观看质量缺陷都比较多,而且气孔缺陷尤为严重,经调查分析是当天的原材料湿度较大所致。

二、分层法在食品生产中的应用

分层法又叫分类法、分组法。它是按照一定的标志,把搜集到的大量有关某一特定主题的

表 2-13 PET 瓶外观不合格原因调查表

设备	操作者	2月1日		2月2日		2月3日		2月4日		2月5日	
		上午	下午	上午	下午	上午	下午	上午	下午	上午	下午
1#	A	○○●	○××□	○×●	○○×□	○○●○○○×	○○○○×○	○○××	○×□	○×△△	×●□
	B	○●××	○○●××□	×××□●△	○××	○○○○○○●××	○○○○○○●×	○●●○×××	○○●●××△	○○●×□	○×××○
2#	C	○×	□	○×	●	○○○○○×	○○○○×	○△	○●×	○	○
	D	○□	○●×	○	○△	○○○×□	○○○○○	○●□	○×	○	○

注：○气孔，△裂纹，●疵点，×变形，□其他。

统计数据加以归类、整理和汇总，以分析影响产品质量的具体因素的一种方法。

1. 分层法的作用

①把搜集到的数据加以整理，使它能够确切地反映所代表的客观事物。

②通过分层，找到影响产品质量的具体因素。

2. 分层法在食品生产中的应用

分层法原则是使同一层次内的数据波动幅度尽可能小，而层与层之间的差别尽可能大，否则就起不到归类汇总的作用。分层的目的不同，分层的标志也不一样。在对数据进行分层时，必须选择适当的分层标志。一般来说，分层通常可采用 5M1E 作为标志：

人员：可按年龄、工级和性别等分层；

机器；可按设备的类型、新旧程度、不同生产线等分层；

材料：可按材料的产地、批号、制造商、成分等分层；

测量：可按不同的检测设备、测量方法、测量人员等分层；

方法：可按不同的工艺要求、造作参数和方法分层；

时间：可按不同的班次、日期等分层。

环境：可按温度、湿度、照明度、清洁度等分层；

其他：可按地区、使用条件、缺陷部位和内容等分层。

分层法的标志很多，可以根据质量管理的需要灵活运用。有时还可以同时用几种标志来分层，以便找准问题。分层法广泛适用于各个行业、各种生产类型的工业企业；也适用于商业企业、事业单位和服务行业等。

本任务以某公司针对产品水果罐头经常漏气这一质量问题分析原因为例，来说明分层法在食品生产中的应用。

某食品厂的糖水水果旋盖玻璃罐头经常发生漏气，造成产品发酵、变质。经抽检 100 罐产品后发现，一是由于 A、B、C 三台封罐机的生产厂家不同；二是所使用的罐盖是由两个制造厂提供的。在用分层法分析漏气原因时采用按封罐机生产厂家分层（表 2-14）和按罐盖生产厂家分层（表 2-15）两种情况。

表 2-14 按封罐机生产厂家分层表

封罐机生产厂家	漏气/罐	不漏气/罐	漏气率/%
A	12	26	32
B	6	18	25
C	20	18	53
合 计	38	62	38

表 2-15 按罐盖生产厂家分层表

罐盖生产厂家	漏气/罐	不漏气/罐	漏气率/%
一厂	18	28	39
二厂	20	34	37
合计	38	62	38

由表 2-14 和表 2-15 容易得出:为降低漏气率,应采用 B 厂的封罐机和选用二厂的罐盖。然而事实并非如此,当采用此方法后,漏气率反而高达 43%(6/14=0.43,见表 2-16)。因此,这样的简单分层是有问题的。正确的方法应该是:①当采用一厂生产的罐盖时,应采用 B 厂的封罐机。②当采用二厂生产的罐盖时,应采用 A 厂的封罐机。这时它们的漏气率平均为 0%(表 2-16)。因此运用分层法时,不宜简单地按单一因素分层,必须考虑各因素的综合影响效果。

表 2-16 多因素分层法

封罐机生产厂家	漏气情况	罐盖生产厂家		合计
		一厂	二厂	
A	漏气/罐	12	0	12
	不漏气/罐	4	22	26
B	漏气/罐	0	6	6
	不漏气/罐	10	8	18
C	漏气/罐	6	14	20
	不漏气/罐	14	4	18
小计	漏气/罐	18	20	38
	不漏气/罐	28	34	62
合计		46	54	100

在分析时,要特别注意各原因之间是否存在着相互影响,有无内在联系,严防不同分层方法的结论混为一谈。

实践证明,分层法是分析处理质量问题的成败关键。这个方法看起来容易,可使用起来必须有一定的经验和一定的技巧。此外,在单独运用分层法时,不能简单地按照单一的因素各自分层,应该考虑到各因素之间的相互影响。

三、控制图在食品生产中的应用

控制图又称管理图,最早是由美国贝尔实验室的休哈特在 1924 年正式发表的,故又称休哈特控制图。它是进行工序控制的主要统计手段,也是唯一实行“动态控制”的方法,它使质量控制从原来的事后检验发展到事先预防,对质量管理学科的形成与发展具有划时代的意义。

控制图是对过程质量特性值进行测定、记录、评估和监察过程是否处于统计控制状态的一种用统计方法设计的图。控制图的基本形式是一直角坐标图,纵坐标是特性值,横坐标为时间和组号。图上有用实线绘制的中心线(CL)、用虚线绘制的上控制限(UCL)和下控制限(LCL),图中有按时间顺序抽取的样本统计量数值的描点序列,各点之间用直线段相连,以便看出点子的变化趋势,UCL、CL 与 LCL 统称为控制线,它们是互相平行的(图 2-15)。

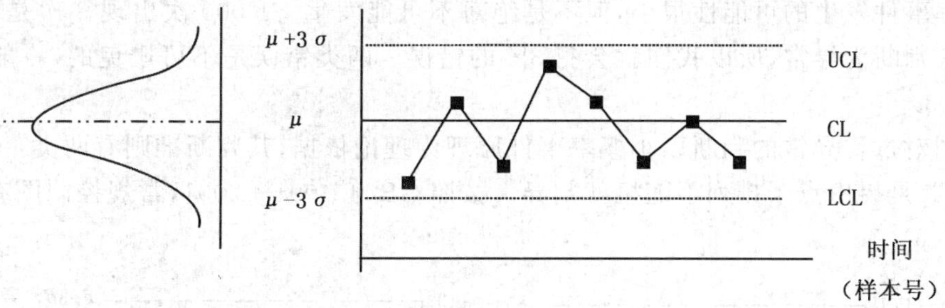

图 2-15 控制图的基本形式

1. 控制图的作用

控制图的作用是及时告警,它可用于以下两个方面:

①当过程发生异常质量波动时及时显示出来时,提醒操作人员要立即采取措施消除异常因素的作用,使过程恢复正常。

②直观地判断有无异常点。

2. 控制图的原理

当生产条件正常、生产过程比较稳定、且仅有随机因素在起作用的情况下,其产品总体的质量特性分布为正态分布。由正态分布的性质可以知道,产品的质量特性值分布在 $\mu\pm3\sigma$ 的控制界限外的概率仅为 0.27%,即如果测试 1 000 个产品的特性值,则可能有 697 个产品的特性值出现在平均值正负 3 倍标准差的区域内。而在这个区域之外的产品加起来可能不超过 3 个,这是一件发生概率仅 3‰的小概率事件。如果一旦从工序中抽取的质量特性值出现在界外,造成这一事件的原因无非是系统原因与随机原因这两种。但要分辨并判断究竟何种原因却是很困难的。不过,根据小概率事件在一次试验中实际上几乎不可能发生的原理,我们可以推断有随机原因使特性值出现在界外几乎是不可能的。因此在无法分辨的情况下,我们就武断地认为这是由于不正常的系统原因造成的,从而据此推断工序中存在着造成异常波动的系统原因,即生产过程处于失控状态。这就是控制图的原理,即所谓 3‰原理。

3. 控制图的种类

(1)按统计计量分类

即按测量定值性质的不同,控制图大致可分为计量值控制图和计数值控制图两类。

(2)按用途分类

可分为分析用控制图和控制(管理)用控制图。

①分析用控制图:用全数连续取样的方法获得数据,进而分析、判断工序是否处于稳定状态。利用控制图发现异常,通过分层等方法找出不稳定的因素,采取措施加以解决。

②控制(管理)用控制图:按程序规定的取样方法取得数据,通过打点观察,控制异常原因的出现。当点子分布出现异常,说明工序质量不稳定,找出原因,及时消除异常影响因素,使工序恢复到正常的控制状态。

4. 控制图的判异原则

从上面的叙述可以看出,根据控制图的控制界限所作的判断也可能发生错误,这种可能的错误有两类:一是错误地将正常状态判断为异常状态,有称“冒失错误”、“虚发警报”。也就是工序本来处于正常状态,只是由于随机原因引起数据过大的波动,超出控制界限而虚发警报。

虽然小概率事件发生的可能性很小，但不是绝对不可能发生。1 000 次出现 3 次是可能的，但我们却把它判断为异常，所以我们就会犯 3‰的错误。两类错误是不可避免的，一般把控制范围定在 $\mu\pm3\sigma$。

控制图对过程异常的判断以小概率事件原理为理论依据，其判断准则有两类：一是点子出界就判异；二是界内点子排列不随机就判异。按照 GB/T 4091—2001，常规控制图有 8 种判异准则(图 2-16)。

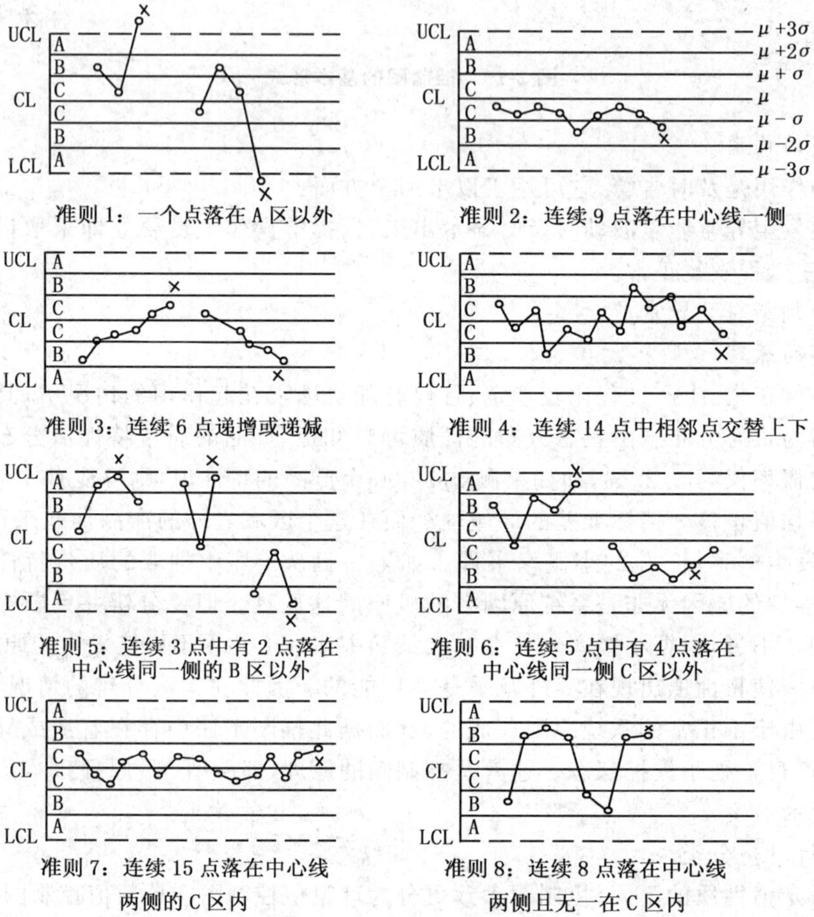

图 2-16　常规控制图 8 种判异准则

5. 常规控制图在质量管理中的应用

(1)应用的一般程序

①确定所控制的质量指标，如植物油灌装溢出情况。

②取得预备数据。预备数据是用来作分析用控制图的数据，目的是用来诊断取样过程是否处于稳定受控状态。理论上讲，预备数据的组数应大于 20 组，在实际应用中最好取 25 组数据，当个别组数据属于可查明原因的异常时，经剔除后所余数据依然大于 20 组时，仍可利用这些数据作分析用控制图。若剔除异常数据后不足 20 组，则须在排除异因后重新收集 25 组数据。

取样分组的原则是尽量使样本组内的变异小(由正常波动造成)，样本组间的变异大(由异常波动造成),这样控制图才能有效发挥作用。因此,取样时组内样本必须连续抽取,而样本组间则间隔一定时间。

③计算统计量。不同图种的控制图所计算的统计量各不相同,应根据标准的规定对预备数据进行统计计算。

④作控制图并打点。

⑤判断过程是否处于稳态。若稳,则进行步骤 7;若不稳,则除去可查明原因(异因)后转入步骤 2。

⑥计算过程能力指数并检验其是否满足技术要求。若满足,则转入步骤 8;若不满足,则需调整过程(技术改造、员工培训等)直到过程能力指数满足技术要求为止,然后转入步骤 2,重新收集数据。

⑦延长控制图的控制线,作控制用控制图,进行日常管理。

当过程达到所确定的状态后,才能将分析用控制图的控制线延长作为控制用控制图。

进入日常管理后,关键是保持所确定的状态。经过一个阶段的使用后,可能又会出现异常,这时应查出异因,采取必要措施,加以消除,以恢复统计控制状态。

(2)使用控制图时的注意事项

①制作控制图的数据必须来自实际生产中。

②控制图应在生产现场中及时分析,当控制图出现异常时,先从取样、读数、打点等问题检查无误后,再从生产方面查明原因。

③当生产条件已发生变化,或原有控制图已使用了一段时间,必须重新核定控制图。

④控制图能起到预防作用,但并不能解决生产条件的优化问题。

⑤在 5M1E 因素未加控制,工序处于不稳定状态时不能使用控制图管理工序。

质量管理常用 7 种工具小结见表 2-17。

表 2-17 质量管理常用 7 种工具小结

序号	工具	应 用
1	因果图	分析和表达因果关系,通过识别症状、分析原因、寻找改进措施,促进问题的解决
2	排列图	按重要性循序表示每一项目对整体的影响,排列改进的顺序
3	分层法	根据数据产生的特征(层)将数据进行分类
4	调查表	收集数据以得到事实的真实状况
5	直方图	显示数据波动的形态,直观表达过程状态,传达需在何处进行改进
6	散布图	分析两组数据间的关系,确定因果关系,确认改进效果
7	控制图	监控过程状态,诊断过程是否稳定,确定过程改进点

实训 2-3 控制图在饮料生产中的应用

一、实训目的

掌握控制图的制作方法及在质量管理中的应用。

二、实训原理

正态分布的 3σ 原理和小概率事件原理。

三、实训内容和方法

某果汁饮料用 1 L 的纸罐包装，这些纸罐是由机器将纸板原料压制而成。在灌装时，通过检查包装后的纸罐两头和侧面接缝是否渗漏来判断产品时候合格。现计划用控制图来对这台机器进行过程控制。

①首先在机器连续工作的三班内每半小时抽取大小 $n=50$ 的样本进行检验，共抽取 30 组样本，将数据记入表 2-18 中。根据工作记录，在抽取 15 组样本前的半小时间隔内使用了另一批次的原料，在抽取 22～24 组样本的 1.5 h 间隔内由一个不熟练的操作工顶班。请制作控制图并分析过程质量。

表 2-18　调整前饮料包装抽样信息

样本号	不合格罐数	不合格品率	样本号	不合格罐数	不合格品率	样本号	不合格罐数	不合格品率
1	12	0.24	11	5	0.10	21	20	0.40
2	15	0.30	12	6	0.12	22	18	0.36
3	8	0.16	13	17	0.34	23	24	0.48
4	10	0.20	14	12	0.24	24	15	0.30
5	4	0.08	15	22	0.44	25	9	0.18
6	7	0.14	16	8	0.16	26	12	0.24
7	16	0.32	17	10	0.20	27	7	0.14
8	9	0.18	18	5	0.10	28	13	0.26
9	14	0.28	19	13	0.26	29	9	0.18
10	10	0.20	20	11	0.22	30	6	0.12

②公司管理层认为不合格品率太高，经生产、工程、技术和质量等部门有关人员对机器进行调整后，重新收集的 24 组数据如表 2-19 所示，请制作新的控制图并对过程进行分析。

表 2-19　调整后饮料包装抽样信息

样本号	不合格罐数	不合格品率	样本号	不合格罐数	不合格品率	样本号	不合格罐数	不合格品率
31	9	0.18	39	7	0.14	47	8	0.16
32	6	0.12	40	6	0.12	48	5	0.10
33	12	0.24	41	2	0.04	49	6	0.12
34	5	0.10	42	4	0.08	50	7	0.14
35	6	0.12	43	3	0.06	51	5	0.10
36	4	0.08	44	6	0.12	52	6	0.12
37	6	0.12	45	5	0.10	53	3	0.06
38	3	0.09	46	4	0.08	54	5	0.10

③将新控制图的控制线延长对过程进行日常控制。新数据如表 2-20 所示。请用控制图对过程进行控制和判断。

表 2-20　控制线延长后饮料包装抽样信息

样本号	不合格罐数	不合格品率	样本号	不合格罐数	不合格品率	样本号	不合格罐数	不合格品率
1	8	0.16	6	5	0.10	11	6	0.12
2	7	0.14	7	3	0.06	12	5	0.10
3	5	0.10	8	2	0.04	13	5	0.10
4	6	0.12	9	4	0.08	14	3	0.06
5	4	0.08	10	7	0.14	15	7	0.14

任务 2-5 质量检验在食品质量管理中的应用

◆学习目标

1. 掌握质量检验计划的编制程序；
2. 掌握抽样检验的基本程序；
3. 能对检验出的不合格品进行合理处置。

一、食品质量检验基础知识

质量检验是指用一定的检验手段和检查方法，测定产品(包括原材料、半成品和成品)的质量特性，然后把测定的结果同规定的质量标准进行比较，从而对产品做出合格或不合格的判断。

在现代食品质量管理活动中，质量检验不仅仅是对最终产品的检验，而且是对食品生产全过程的检验。食品生产许可制度规定的强制检验包括核发食品生产许可证前的发证检验、企业对每批产品的出厂检验和行政机关日常的监督检验。因此，食品企业必须建立质量检验机构，配备合格的检验人员，对食品生产的全过程进行检验，保证食品的质量与安全。

(一)质量检验的作用

食品质量检验工作在食品企业中主要有以下职能：

1. 鉴别职能

企业的质量检验机构根据技术标准、合同、法规等依据，对产品质量形成的各阶段进行检验，并将检验结果与标准比较，做出符合或不符合标准的判断，或对产品质量水平进行评价。此工作主要由专职检验人员完成。

2. 把关职能

把关职能也称保证职能，主要通过严格的检验，剔除不合格品并予以“隔离”，做到“三不准”，即不合格的原材料不准投产、不合格的半成品不准转序(工序)、不合格的成品不准出厂。是食品质量检验最基本的职能。

3. 预防职能

预防职能是指通过抽样检验，对生产过程运用控制图等进行分析，从而预防和控制不合格品的出现。预防职能使食品检验工作由单纯把关检验转向积极预防检验。

4. 报告职能

通过各阶段的检验和试验，记录和汇集了产品质量的各种数据，这些质量记录是证实产品符合性及质量管理体系有效运行的重要证据。此外，当产品质量发生变异时，这些检验记录能及时向有关部门及领导报告，起到信息反馈作用。

5. 监督职能

质量检验有助于管理者对产品质量的产生、形成和实现的全过程有一个综合的了解，实施监督。

(二)质量检验的分类

1.按生产过程的顺序分类

(1)进货检验(in-coming quality control,IQC)

进货检验也称进厂检验、原料检验,指企业对所采购的原材料及半成品等在入库之前所进行的接收检验。进货检验的目的是防止不合格品进入仓库,防止由于使用不合格品而影响产品质量,打乱正常的生产秩序。应由企业专职检验员,严格按照技术文件认真检验。进货检验主要包括:

①首件样品进货检验:对首件进货样品,按程序文件、检验规程以及该产品的规格要求或特殊要求进行全面检验或全数检验或某项质量特性的试验。

②成批进货检验:成批进货检验,可按不同情况进行 A,B,C 分类,A 类是关键的,必检;B 类是重要的,可以全检或抽检;C 类是一般的,可以实行抽检或免检。这样,既要保证质量,又可减少检验工作量。既可在供货单位进行,也可在购货单位进行。

(2)过程检验(in-process quality control,IPQC)

过程检验也称工序检验,指企业在产品形成过程中对各加工工序之间进行的检验,其目的是防止产生批量的不合格品,防止不合格品流入下道工序。一般由生产部门和质检部门分工协作共同完成。过程检验主要包括:

①首件检验:是对加工的第一件产品进行的检验或在生产开始时(上班或换班)或工序因素调整(调整工装、设备、工艺)后对前几件产品进行的检验。首件检验一般采用"三检制"的办法,即操作工人实行自检,班组长或质量员进行复检,检验员进行专检。

②巡回检验:是检验员在生产现场按一定的时间间隔对有关工序的产品和生产条件进行的监督检验。不仅要抽检产品,还需检查影响产品质量的生产因素。

③在线检验:在流水线生产中,完成每道或数道工序后所进行的检验。一般要在流水线中设置几个检验工序。

④完工检验:指对一批加工完的半成品进行全面的检验。完工检验的目的是发现和剔除不合格半成品,使合格半成品继续转入下道工序或进入半成品库。

(3)最终检验(final quality control,FQC)

最终检验是指对完工后的产品在入库前或发到用户手中之前进行的一次全面检验。最终检验的目的是:保证不合格产品不出厂。最终检验主要包括:

①成品检验:是在生产结束后、产品入库前对产品进行的常规检验。一般为常规项目,如感官检验、部分理化指标、非致病性微生物指标、包装等。

②型式检验:型式检验项目包括该产品标准对产品的全部要求,即包括常规检验项目和非常规检验项目。

③出厂检验:也称交收检验,是指在将仓库中的产品送交客户前进行的检验。是生产许可制度强制检验项目之一,虽然产品入库前已经进行了严格的检验,但由于食品有保质期,所以出厂检验是必要的。出厂检验的项目可以同入库检验一样,也可以从入库检验的项目中选择一部分进行。

2.按检验方法分类

按检验方法进行分类,可分为感官检验、理化检验和微生物检验三大类。

(1)感官检验(sense testing)

感官检验是根据人的感觉器官对食品的各种质量特征的"感觉",如味觉、嗅觉、听觉、视觉等,用语言、文字、符号或数据进行记录,再运用统计学的方法进行统计分析,从而得出结论,对食品的色、香、味、形、质地、口感等各项指标做出评价的方法。感官检验可用于原料检验、生产线上的质量控制、出厂检验,也可以用于新产品开发、质量设计等。

感官检验有三大优点:通过对食品感官性状的综合性检查,可以及时、准确地检验出食品质量有无异常,便于早期发现问题,及时进行处理,可避免对人体健康和生命安全造成损害;方法直观,手段简便,不需要借助任何仪器、设备和专用、固定的检验场所;感官检验方法能够察觉其他检验方法所无法检验的食品特殊污染或微量变化。

感官检验的缺点:客观性较差。

感官检验包括:视觉检验、嗅觉检验、味觉检验、听觉检验和触觉检验。具体的检验内容及应用实例如表 2-21 所示。

表 2-21 食品感官检验内容及应用实例

检验方法	检验内容	判断原料的品质	实　例
视觉检验	原料的形态、色泽、清洁程度	判断原料的新鲜程度、成熟度及是否有不良改变	新鲜的蔬菜茎叶挺直、脆嫩、饱满、表皮光滑、形状整齐,不新鲜的蔬菜干缩萎蔫、脱水变老
嗅觉检验	鉴别原料的气味	判断原料的腐败变质	核桃仁变质后产生哈喇味,西瓜变质带有馊味
味觉检验	检验原料的滋味	判断原料品质的好坏,尤其是对调味品和水果	新鲜柑橘柔嫩多汁,滋味酸甜可口,受冻变质的柑橘绵软浮水,口味苦涩
听觉检验	鉴别原料的振动声音	判断原料内部结构的改变及品质	根据手摇鸡蛋的声音,确定鸡蛋的品质好坏;检验西瓜的成熟度
触觉检验	检验原料的重量、弹性、硬度	判断原料的质量	根据鱼体肌肉的硬度和弹性,可以判断鱼是否新鲜

(2)理化检验(physical and chemical testing)

食品理化检验是运用物理、化学等学科的基本理论以及各种科学技术,对食品工业生产中的物料(原料、辅料、半成品、成品、副产品等)的主要营养成分、食品添加剂、有毒有害物质及其含量和有关工艺参数进行检测。食品理化检验的目的在于根据测得的分析数据对被检测食品的品质和质量作出正确客观的判断和评定。

(3)微生物检验(microbe testing)

微生物检验是运用微生物学的理论与方法,检验食品中微生物的种类、数量、性质及其对人的健康的影响,以判别食品是否符合质量标准的一种检验方法。食品微生物检验是食品质量管理必不可少的重要组成部分,食品存在的危害有 80%~90%来自于微生物危害。

食品企业微生物检验主要有原辅料及成品微生物检验;生产环境的微生物检验,如车间用水、空气、地面、墙壁等;食品加工、贮藏、销售环节的微生物检验,包括食品工作人员的卫生状况检验、加工工具、运输车辆、包装材料的检验等。

(三)质量检验的流程

1. 检验的准备

首先要熟悉检验标准和技术文件规定的质量特性和具体内容,确定测量的项目和量值。

要确定检验方法，选择精密度、准确度适合检验要求的计量器具和测试、试验及理化分析用的仪器设备。确定测量、试验的条件，确定检验实物的数量，对批量产品还需确定批的抽样方案。

可以将确定的检验方法和方案用技术文件形式作出书面规定，制定规范化的检验规程，编制检验指导书或绘制图表形式的检验流程卡、工序检验卡等。

2.检测、测量或试验

按已确定的检验方法和方案，对产品的一项或多项质量特性进行定量或定性的观察、测量、试验(检测)，得到需要的量值和结果。测量首先应保证所用的测量装置或理化分析仪器处于受控状态。

3.记录

把所测量的有关数据，按记录和格式和要求认真做好记录。质量检验记录是证实产品质量的证据，因此数据要客观、真实，字迹要清晰、整齐，不能随意涂改，需要更改的要按规定程序和要求办理。不仅要记录检验数据，还要记录检验日期、班次，由检验人员签名，便于质量追溯，明确质量责任。

4.比较和判定

由专职人员将检验的结果与规定要求进行对照比较，确定每一项质量特性是否符合规定要求，从而判定被检验的产品是否合格。单个产品是否为合格品，批量产品是否为合格批。

5.确认和处置

对单个产品是合格品的放行，对不合格品打上标记，隔离存放，另作处置；对批量产品决定接收、拒收、筛选、复检等。

6.报告

记录所测得的数据和判定的结果，向上级或有关部门作出报告并进行反馈，以便促使各个部门改进质量。某公司产品质量检验报告单见表 2-22。

表 2-22 某公司产品质量检验报告单

生产批号		送样时间	
样品名称		型号规格	
检验项目	单位	标准值	实测值
判定结果		分析人员	
分析时间		主管人员	
编制人员		审核人员	

注：①以上检验结果对原样品负技术责任。

②如对报告有疑义时可于(　　)日内提出复检。

二、质量检验计划的建立

质量检验计划是以书面的形式对检验工作所涉及的总体和具体的检验活动、过程和资源及相互关系做出规范化的规定，用以指导检验活动正确、有序、协调地进行。编制质量检验计划的目的是使分散在各个生产部门的检验人员熟悉并掌握检验工作的基本内容和要求，确保检验工作质量。

质量检验计划是生产企业对整个检验工作的系统策划和总体安排，是指导检验人员工作的依据，是企业质量工作计划的一个重要组成部分。质量检验计划的作用有：

①有利于质量和效率的提高。通过对检验活动的统筹安排，恰当地设置检验项目，选择适宜的检验方法，合理地配备和使用人员，使检验工作的质量和效率得到提高。

②有利于检验工作的规范化、科学化和标准化，使产品质量在制造过程中更好地处于受控状态。

③明确检验人员的责任和权利，有利于充分调动他们的积极性，也便于对他们进行考核。

④提高检验的经济效果。对不合格产品按严重性分级并实施管理，既有利于保证产品质量，又可以降低产品制造成本。

建立质量检验计划时应考虑以下原则：

①充分体现检验的目的。质量检验计划应使检验工作既起到防止产生和及时发现不合格品的作用，又保证检验通过的产品符合质量标准的要求。

②对检验活动能起到指导作用。质量检验计划必须对检验项目、检验方式和手段等具体内容有清楚、准确、简明的叙述和要求，进而指导检验活动。

③关键质量应优先保证。对产品的关键组成成分、关键的质量特性，在建立质量检验计划时要优先考虑和保证。

④综合考虑检验成本。建立质量检验计划时，在能保证产品质量的前提下，应尽可能降低检验费用。

⑤进货检验、验证。进货检验、验证的场所，方式、方法、数量及要求等，应在质量检验计划或采购合同的附件中详细说明，并经双方共同评审确认。

⑥质量检验计划的修改和调整。质量检验计划应随产品结构、性能、质量要求、过程方法的变化做出相应的修改和调整，以适应生产作业过程的需要。

质量检验计划的主要内容包括编制质量检验流程图、编制检验指导书和检验手册等。

(一)编制检验流程图

检验流程图是用图形、符号简洁明了地表示检验计划中确定的特定产品的检验流程(过程、路线)、检验工序、位置设置和选定的检验方式、方法和相互顺序的图表。它是正确指导检验活动的重要依据，有助于管理人员对该产品的检验工作通盘考虑。

检验流程图一般包括检验点的设置、检验项目、检验方式、检验手段、检验方法及检验数据处理等内容。图 2-17 是某种产品的检验流程图。

1. 检验点的设置

检验点是专职检验人员进行检验活动的场所。确定在哪些工序或环节设置检验点是企业检验计划的重要内容，合理设置检验点可以更好地保证检验工作质量，提高检验效率。检验点的设置应遵循以下基本原则。

①要在质量控制的关键作业部位和控制点设置检验点。生产过程中一般应设立以下检验点：a. 进货检验点：对企业生产用的原辅料、半成品、外购件进行入厂检验；b. 工序检验点：在某些质量容易波动或对成品质量影响较大的关键工序或检验手段或检验技术比较复杂，不能靠操作者自检、互检保证质量的工序，特别是某些不可逆转的工序，都应设立工序检验点；c. 成品检验点：一般设在总装车间(有的与实验室合建)，负责产品性能检测、包装检验以及成品入库

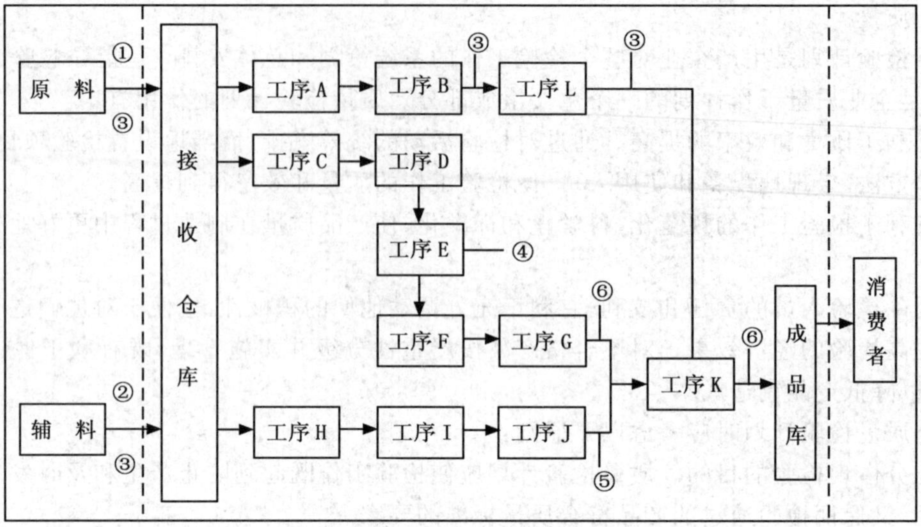

图 2-17 某产品的检验流程图

①供货单位产品质保书 ②供货单位产品合格证 ③抽样验收

④巡回检验 ⑤统计检验 ⑥全数检验,未标明检验点的工序表示操作者自检、互检

或出厂的检验等。

②要能满足生产作业过程的需要,并和生产作业节拍同步和衔接。在流水生产线和自动生产线中,检验通常是工艺链中的有机组成部分,在某些重要工序之后,在生产线某些分段的交接处,都应设置必要的检验点。

③要有适宜的工作环境。检验点要有便于进行检验活动的空间、场地,要方便检验人员和作业(操作)人员的联系;检验人员要有较广的视域,能够观察到作业(操作)人员的作业活动情况。

④要有利于提高工作效率,考虑节约检验成本。检验点和检验人员要有适当的负荷,检验点的数量和检验人员、检测设备、场地面积都要适应作业和检验的需要。

⑤要根据作业(工艺)的需要对检验点的设置适时进行必要的调整。

2. 检验项目

检验项目通常根据产品要求、产品技术标准、质量特性的重要程度确定所需要检验的项目。例如,根据《速冻米面制品生产许可审查细则》,速冻水饺出产检验项目有感官、净含量偏差、菌落总数、大肠菌群。

3. 检验方式

根据工序和质量特性的重要程度明确自检、专检、定点检或巡回检等。

4. 检验数据处理

检验流程图应对如何收集、记录、整理、分析和传递质量数据做出明确规定。

(二)编制检验指导书

1. 检验指导书的概念及作用

检验指导书又称检验规程或检验卡片,它是产品形成过程中,用以指导检验人员规范、正确地开展检验工作的技术文件,也是产品质量检验计划的一个重要组成部分。

检验指导书的主要作用,是使检验人员按其规定的内容、方法进行检验,保证检验工作的统一性、规范性，有效地防止错检、漏检等现象发生。它的特点是技术性、专业性、可操作性很强，要求文字表述明确、准确，操作方法说明清楚、易于理解，过程简便易行。

2.检验指导书的基本内容

检验指导书由于产品形成过程中具体作业特点、性质的不同，检验指导书的形式、内容也不相同，其基本内容可包括：

①检测对象。受检产品名称、型号、图号、工序（流程）名称及编号。

②质量特性值。按产品质量特性要求转化的技术要求，规定检验的项目。

③检验方法。规定检测的基准（或基面）、检验的程序和方法、有关计算（换算）方法、检测频次、抽样检验时有关规定和数据。

④检测手段。检测使用的计量器具、仪器、仪表及设备、工装卡具的名称和编号。

⑤检验判定。规定数据处理、判定比较的方法、判定的准则。

⑥记录和报告。规定记录的事项、方法和表格，规定报告的内容与方式、程序与时间。

⑦其他说明。

检验指导书的格式，应根据生产组织的不同生产类型、不同作业工种等具体情况进行设计。检验指导书的一般格式如表 2-23 所示。

表 2-23 食品检验指导书

产品名称		工序名称				发出日期	
序号	质量特性要求	重要度			检验方式	检测手段	巡检频次
		A	B	C			
示意图							
编制		校对				批准	

（三）编制检验手册

1.检验手册的概念

检验手册是质量检验活动的管理规定和技术规范的文件汇总。它是检验工作的指导性文件，也是质量管理体系文件的组成部分。检验手册是质量检验人员和管理人员的工作指南，对加强生产企业的检验工作，使质量检验的业务活动标准化、规范化、科学化具有重要意义。

2.检验手册的内容

检验手册基本上由程序性和技术性两方面内容组成。程序性检验手册的主要内容包括：

①质量检验的管理制度和工作制度。

②质量检验体系和机构，包括机构框图、机构职能（职责、权限）的规定。

③进货检验程序。

④过程（工序）检验程序。

⑤成品检验程序。

⑥计量控制程序（包括通用仪器设备及计量器具的检定、校验周期表）。

⑦检验有关的原始记录表格格式、样张及必要的文字说明。

⑧不合格产品审核和鉴别程序。

⑨检验标志的发放和控制程序。

⑩检验结果和质量状况反馈及纠正程序。

⑪经检验确认不符合规定质量要求的物料、产品组成部分、成品的处理程序。

技术性检验手册一般根据不同的产品和工序来制定,主要内容包括:

①不合格产品缺陷严重性分级的原则和规定及分级表。

②抽样检验的原则和抽样方案的规定。

③各种材料规格及其主要性能及标准。

④作业(工序)规程、质量控制标准。

⑤产品规格、性能及有关技术资料、产品样品、产品图片等。

⑥检验、试验规程、细则及标准。

⑦索引、术语等。

3. 检验手册的编制

编制检验手册是专职检验部门的工作,由熟悉产品质量检验管理和检测技术的人员编写。检验手册中首先要说明质量检验工作宗旨及其合法性、目的性,并经授权的负责人批准签字后生效,并按规定程序发布实施。

三、质量检验机构、检验人员及检验设备的管理

食品企业首先要建立专职的质量检验机构,并应配备具有相应专业知识的检验人员来进行质量检验工作。

(一)检验人员的管理

在我国,检验人员一般归属检验部门。检验部门由总检验师负责,检验人员分工明确,根据需要分别承担着进料检验、过程检验、产品检验以及相应的试验研究工作,具体组织形式可因需要有所不同。

在食品企业中,食品检验人员应具备以下条件:

①必须取得由劳动和社会保障部门核发的食品检验工职业资格证书。

②具备较高的检验水平。检验水平是指检验人员对产品质量做出正确判断的程度,主要表现在错、漏检率和分析能力上。要保证一定的检验水平,检验人员应具有较高的文化程度,受过专门训练,基本掌握与所承担的检验任务相适应的生产技能,熟练掌握相应的测试技术,能正确使用有关的计量器具等。

③具备较强的分析问题的能力。掌握全面质量管理的基本知识,有较强的分析、判断能力。检验员的分析能力具体表现为是否善于“用数据讲话”,是否能通过数据的变化预示质量的趋势,如果产生了质量问题能否找到成因等。

由于质量检验人员担负着质量把关,加强质量管理的任务,所以,检验人员除要具有相应的检验水平和分析能力外,还要求检验人员牢固树立“质量第一”的思想,责任心强,能实事求是,敢于坚持原则,不徇私情。

(二)检验设备的管理

检验设备是检验人员进行质量检验的重要手段,是检验数据科学、准确的重要保障,所以对检验设备进行有效的控制和管理,保证所有检验设备符合技术要求,对保证检测结果的准确可靠、确保产品质量合格起到至关重要的作用。

检验设备的管理主要包括检验设备的流转管理、封缄管理、标记管理、ABC 分类管理以及量值传递管理等。

1. 流转管理

检验设备的流转管理是指检验设备的申购、入库验收、发放、周期检定或校准、降级、报废、销号等管理环节。

2. 封缄管理

检验设备经确认合格后，对可能影响其性能的可调部位进行封缄或采取其他防护措施，以防未经授权的人员改动。实行封缄的目的，是保持测量设备的完整性，以确保测量设备输出量值的准确性。

3. 标记管理

标记是对检验设备现场管理的一种形式，是用标签、代码或其他标识标明检验设备所处的确认状态。标记的作用主要是：

①表明测量设备所处的确认状态，以便正确使用测量设备。

②便于对测量设备的现场管理，防止错用。

标记的种类有：计量标准、合格标记、准用标记、限用标记、禁用标记、封存标记等。

4. ABC 分类管理

ABC 分类管理方式是根据检验设备的可靠性、检验设备在生产和管理中的作用以及对该种检验设备的管理要求，将其划分成 A、B、C 三类进行管理。

A 类是重点管理的检验设备，主要包括：①企业的最高计量标准和用于量值传递的检验设备、经认证授权的社会公用计量器具以及列入强制检定目录的工作检验设备；②企业用于工艺控制、质量检测、能源及经营管理，对计量数据要求高的关键检验设备；③准确度高和使用频繁而量值可靠性差的检验设备。

B 类是次重点管理的检验设备，主要包括：①企业生产工艺控制、质量检验有检验数据要求的检验设备；②用于企业内部核算的能源、物资管理用的检验设备；③固定安装在生产线或装置上，检验数据要求高，但平时不允许拆装、实际校准周期必须和设备检修同步的检验设备；④对检验数据准确可靠有一定要求，但设备寿命较长，可靠性较高的检验设备；⑤检验性能稳定，示值不易改变而使用不频繁的检验设备；⑥专用检验设备、限定使用范围的检验设备以及固定指示点使用的检验设备。

C 类是一般管理的检验设备。如企业生产工艺过程、质量检验、经营管理、能源管理中以及在流程生产线和装置上固定安装的，不易拆装而又无严格准确度要求的，仅起显示作用而无量值要求的指示用测量设备；检验性能很稳定，可靠性高而使用又不频繁的，量值不易改变的检验设备；国家计量行政部门明令允许一次性使用或实行有效期管理的检验设备。

5. 量值传递管理

量值传递管理是把企业建立的计量标准器量值准确地传递到生产第一线，将车间生产和检验用检验设备进行定期检定。同时，本公司的计量标准也要定期送上一级计量部门进行检定，实行量值溯源。要搞好量值传递工作，必须做到以下 3 点：①传递要准确；②检定要按周期；③传递要按系统。

检验设备的维护保养是确保其计量性能能满足使用要求的必不可少的措施。检验设备的使用与维护保养通常要求如下：

①健全管理体制，做到专人管理和使用人相对固定。

②严格操作规程，把好使用关。正确使用检验设备，严格使用说明书进行操作，使检验设备在一个适宜的工作环境中使用。

③保持检验设备各种状态标识的完好。

④检验设备不能作为他用，以免降低或失去其正常精度。

⑤加强设备的维修保养。检验设备经常保持清洁，定期计量和及时排除故障，确保其完好无损和正常使用。

⑥量具在使用过程中不能和工具、刀具、夹具堆放在一起，以免碰伤和损坏。

⑦建立完善的设备档案。每台设备的一切有关资料（说明书、附件清单、合格证等）由专人负责收集，及时建档，包括验收安装记录，操作规程，检修记录等，并保存好，严防丢失。

四、抽样检验

抽样检验就是从交验的一批产品（批量为 N）中，随机抽取一个样本（由 n 个单位产品组成）进行检验，从而对批产品质量做出判断的过程。

抽样检验适用于数量大、检验项目多、周期长的产品，特别是一些破坏性检验，如产品的可靠性、寿命、疲劳、耐久性等质量特性的试验。

抽样检验是一种既经济又科学的方法。其优点是检验量少，检验费用低；所需检验人员较少；适用于破坏性检验；由于是逐批判定，对供货方提供的产品可能是成批拒收，这样能够起到刺激供货方加强质量管理的作用。抽样检验也存在着不足之处：抽样检验存在着一定的错判风险，经抽样检验合格的产品批中，容易混杂一定数量的不合格品，但风险的大小可以根据需要加以控制；抽样检验前要设计抽样检验方案，增加了计划工作和文件编制工作量；抽样检验所提供的质量情报比全数检验少。

（一）抽样检验的分类

1. 计数抽样方案

单位产品质量特征值为计点值（缺陷数）或计件值（不合格品数）的抽样方案。

根据规定的要求用计数方法衡量产品质量特性把样本的单位产品仅区分为合格品或不合格品（计件），或计算产品的缺陷数（计点），根据其测定结果与判定标准比较，最后对其作出接受或拒收的判断。

2. 计量抽样方案

凡对样本中的单位产品的质量特征进行直接定量测定，并用计量值（强度、尺寸等）为判定标准的抽样方案称为计量抽样方案。这类检验计算检验的信息多，判定明确，一般适用于关键特性的检验。

对一般的成批成品抽验常采用计数抽验方法；而对于那些需做破坏性检验以及费用极大的项目，一般采用计量抽样方法。

（二）抽样检验的程序

①规定单位产品的质量特性；

②规定不合格的分类；

③规定合格质量水平；

④规定检查水平；

⑤组成与提出检查批；

⑥规定检查的严格度；

⑦选择抽样方案的类型；

⑧检索抽样方案；

⑨抽取样本；

⑩检查样本；

⑪判断逐批检查合格或不合格；

⑫逐批检查后的处理。

上述①～⑦在检验文件中应有详细的论述和明确的规定，对检验人员，需做的是抽样、检查、比较和判断，如图 2-18 所示。

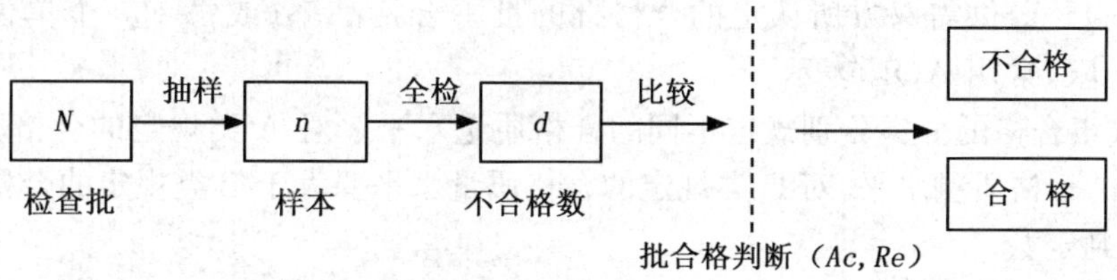

图 2-18 抽样检验程序图

(三)抽样检验中的常用参数

抽样检验中的一些基本术语、符号及其检查实施中的规定如下：

(1)单位产品

为实施抽样检验的需要而划分的基本单位，又称检验单位。可为单件产品，也可为一个部件，如一袋奶粉、一根火腿肠等。

(2)生产批

在一定条件下生产出来的一定数量的单位产品所构成的总体称为生产批，简称批。

(3)检查批

为实现抽样检验的需要而汇集起来的单位产品，又称交验批、受验批，有时混称为生产批，简称批。其可以是投产批、销售批、运输批。每个检验批应由同型号、同等级、同种类，且生产条件和生产时间基本相同的单位产品组成。

(4)批量

一批产品中所包含的单位产品的个数称为批量，常用大写字母 N 表示。

(5)样本单位

从检查批中抽取并用于检验的单位产品。

(6)样本

样本单位的全体。

(7)样本大小

样本中包含的样本单位数。记为 n。

在具体实施抽样检查时，先根据提交检查批的批量与检查水平，查表确定样本大小字码：

A,B,C,…,由查出的样本大小字码、检验严格度和抽样方案的类型,查表即得此抽样方案下的样本大小 n。

(8)不合格

单位产品的质量特征不符合规定,称为不合格。其按质量特性不符合的严重程度或质量特性的重要性分为 A 类、B 类、C 类不合格。

(9)不合格率

一批产品的不合格品率(P):

$$P=\frac{D}{N}\times 100\%$$

式中,D—批产品中不合格品的个数;N—批产品的总数。

(10)合格质量水平

在抽样检验中经供需双方所认定的合格批的批不合格品率(或每 100 个单位产品中的平均缺陷数)的上限,常用 AQL 表示。

原则上,按不合格的分类分别规定不同的合格质量水平。对 A 类规定的合格质量水平要小于对 B 类规定的合格质量水平,对 C 类规定的合格质量水平要大于 B 类规定的合格质量水平。

(11)合格判定数

作出一批合格判断样本中所允许的最大不合格品数或不合格数,记为 Ac。

(12)不合格判定数

作出一批不合格判断样本中所不允许的最小合格品数或不合格品数,记为 Re。

(13)检查水平

提交检查批的批量 N 与样本大小 n 之间的等级对应关系,记为 IL。在抽样检验过程中,检验水平用于表征抽样检验方案的判断能力。检验水平高,判断能力强。

在抽样标准 GB 2828 中,给出了 3 个一般检查水平——Ⅰ、Ⅱ、Ⅲ和 4 个特殊检查水平——S-1、S-2、S-3、S-4。数码越大,等级越高,判断能力越强。检验水平的判断能力:Ⅲ>Ⅱ>Ⅰ>S-4>S-3>S-2>S-1。

除非另有规定,通常采用一般检查水平Ⅱ。当需要的判别力比较低时,可规定使用一般检查水平Ⅰ;当需要的判别力较高时,可规定使用一般检查水平Ⅲ。特殊检查水平仅适用于必须使用较小的样本,而且能够或必须允许较大的误判风险时。

(14)两类风险 α 和 β

由于抽样检验的随机性,将本来合格的批,误判为拒收的概率,这对生产方是不利的,因此称为第Ⅰ类风险或生产方风险,以 α 表示;而本来不合格的批,也有可能误判为可接收,将对使用方产生不利,该概率称为第Ⅱ类风险或使用方风险,以 β 表示。

(四)抽样检验的随机抽样方法

若使抽样检验时检验样本能够代表总体,必须在抽样时遵循随机抽样的原则。随机抽样,就是保证在抽取样本的过程中,排除一切主观意向,使批中的每个单位产品都有同等被抽取的机会。

常用的随机抽样的方法有:

1. 简单随机抽样(simple random sampling)

简单随机抽样也称单纯随机抽样,是指总体中的每个个体被抽到的机会是相同的,常用方法有抓阄、掷骰、抽签或随机数值表法等。

此方法简单易行、抽样误差小，但不适合样本量大时。

2. 系统随机抽样(systematic sampling)

系统随机抽样又称等距抽样法或机械随机抽样，是每隔一定时间或一定编号(产品数量)进行，而每一次从一定时间间隔内生产出的产品或一段编号的产品中任意抽取一个。

如一批待检食品为 10 000 个，现需抽取 100 个样品，组成样本进行检验，该如何采取机械随机抽样？

将 10 000 个样品分为 100 份，每份 100 个。在最初 100 个产品中，简单随机抽取一个号，若取到的为 X 号(如 $X=95$)，则被取到的样本为每 100 个跳一号。如下列序号：95，195，295，……，9 995，直到取足样本为止。

此方法可用于样本量大时，操作简便、实施起来不易出差错，但在总体发生周期性变化的场合，不宜使用这种抽样的方法。

3. 分层抽样法(stratified sampling)

分层抽样法又称类型抽样法，是从一个可以分成不同层(即小批)的总体中，按规定的比例从不同层中随机抽取样品的方法。将总体按产品的某些特征把整批产品划分为若干层，即分为层，同一层内的产品质量尽可能均匀一致，在各层内分别用简单随机抽样法抽取一定数量的个体组成一个样本的方法。

如欲对某食品企业某车间 9 日上午 9 点至 10 点生产的 2 000 个产品的净含量项目进行抽样检验，样本量 n 为 40 个，该生产车间有 ABC 三条生产线，分别生产的产品数量为 650 个、500 个和 850 个。该如何进行分层随机抽样？

先计算各层抽取的单位产品数

A 线抽取单位产品数＝650÷2 000×40＝13(个)

B 线抽取单位产品数＝500÷2 000×40＝10(个)

C 线抽取单位产品数＝850÷2 000×40＝17(个)

再用单纯随机抽样法，分别在各层中抽取单位产品，并组成 $n=40$ 的样本。

此方法样本代表性比较好，抽样误差比较小，但抽样手续较简单，随机抽样还要繁些。

4. 整群抽样法(cluster sampling)

整群抽样法又称集团抽样法，将总体分成许多群(组)，每个群(组)由个体按一定方式结合而成，然后随机地抽取若干群(组)，并由这些群(组)中的所有个体组成样本。常用方法有每次取一箱、一堆、一小时的产品。

如有某种成品分装在 20 个箱中，每箱各装 50 个，总共是 1 000 个。如果想从中取 100 个成品作为样本进行测试研究。该如何进行整群抽样？

先从 20 箱成品中随机抽出 2 箱，该 2 箱成品组成样本，然后对这 2 箱成品进行全数检验即可。

此方法抽样实施方便，但由于样本取自个别几个群体，而不能均匀地分布在总体中，因而代表性差，抽样误差大。

在实际工作中，往往将 4 种方法结合使用，尽量取长补短、互为补充。

(五)常用的抽样检验方案简介

1. 一次抽样方案

一次抽样方案又称一次抽样检验、一回抽验、单式抽验。一次抽样检验是根据一个检验批中一个样组的检验结果来判定该批是接收还是拒收的抽样方案。一次抽样方案由 N、n、Ac、Re 4 个数决定，其中 N 是批量，n 是抽出的样本量，Ac 是合格判定数，Re 是不合格判定数，(Ac,Re)为判定数组，在一次抽样检验方案中总有 $Re=Ac+1$，所以在检验方案中 Re 往往不标出。一次抽样方案操作过程如图 2-19 所示。

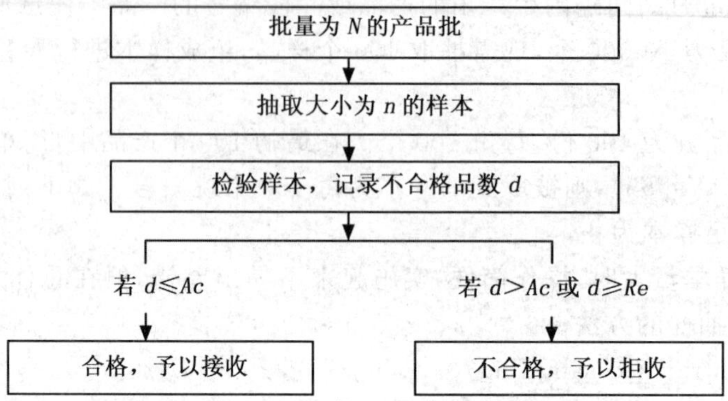

图 2-19　一次抽样方案操作程序示意图

即从批量为 N 的一批产品中随机抽出 n 件产品进行检验，若不合格数为 d，那么当 $d\leqslant Ac$ 时，则接收该批产品；当 $d>Ac$ 时，则拒收该批产品。通常把这样一个检验方案记为(N,n,Ac)。

例如，当 $N=100$，$n=10$，$Ac=1$，则这个一次抽样方案表示为(100,10,1)。其含义是指从批量为 100 件的交验产品中，随机抽取 10 件，检验后，如果这 10 件产品中不合格品数为 0 或 1，则判定该批产品合格，予以接收；如果发现这 10 件产品中有 2 件及 2 件以上不合格品，则判定该批产品不合格，予以拒收。

一次抽样方案的特点是：方案的设计、培训与管理容易；抽样数是常数；有关批质量的信息能最大限度地被利用。其缺点是：抽验量一般比 2 次或多次抽验大，特别是当批不合格率 p 值极小或极大时，更为突出；在心理上，仅依据一次抽验结果就作判定缺乏安全感。

2. 二次抽样方案

二次抽样方案也称二次抽样检验，是指抽样可能要进行两次，即抽取第一个样本检验后，可能有 3 种结果：接收，拒收，继续抽样。若得出“继续抽样”的结论，需再抽取第二个样本进行检验，最终做出接收还是拒收的判断。

二次抽样方案是首先从检验批 N 中抽取大小为 n_1 的第 1 样本，若其中的不合格品个数 d_1 小于或等于合格判定数 Ac_1，则可判定该批产品合格而予以接收；如果 d_1 大于或等于不合格判定数 $Re_1(Ac_1+1)$，则判定该批产品不合格而拒收；若 $Ac_1<d_1\leqslant Re_1$，则继续抽取一个大小为 n_2 的第 2 样本，测得其中所含的不合格数 d_2，如果 $d_1+d_2\leqslant Ac_2$，则接收该批产品；否则，则拒收这批产品。二次抽样方案可用$(N,n_1,n_2;Ac_1,Ac_2)$表示，判定数组为(Ac_1,Ac_2,Re_1,Re_2)。二次抽样方案的操作程序如图 2-20 所示。

采用这一方案不一定每批都必须抽取 2 个样本。如果通过第 1 个样本可做出合格与否的判断，那么就不需要抽取第 2 个样本。因此，一般来讲，二次抽样方案的平均检验量比一次抽样方案检验量小。

二次抽样方案的特点是平均抽验量约为一次抽验检验量的 67%～75%；人们从心理上认为安全能够接受。其缺点是抽验量不定，管理稍复杂；抽样检验操作需作专门培训。

品交付的各个环节，建立并实施对不合格品控制的程序。通过对不合格品的控制，实现不合格的原材料、外购配套件、外协件不接收、不投产；不合格的在制品不转序；不合格的零部件不装配；不合格的产品不交付的目的，以确保防止误用或安装不合格的产品。不合格品控制程序应包括以下内容：

①规定对不合格品的判定和处置的职权。

②对不合格品要及时做出标识，以便识别。标识的形式可采用色标、票签、文字、印记等。

③做好不合格品的记录，确定不合格品的范围，如生产时间、地点、产品批次、零部件号、生产设备等。

④评定不合格品，提出对不合格品的处置方式，决定返工、返修、让步、降级、报废等处置，并做好记录。

⑤对不合格品要及时隔离存放，严防误用或误装。

⑥根据不合格品的处置方式，对不合格品做出处理并监督实施。

⑦通报与不合格品有关的职能部门，必要时也应通知顾客。

(三)不合格品的处置

1.不合格品处置程序

(1)一般生产组织

①作业人员在自检过程中发现不合格品或检验人员在检验过程中发现不合格品经鉴别确认后均应按不合格品处置程序处置。

②对已做出标识的不合格品或隔离的不合格品由检验人员开具不合格品通知单(或直接用检验报告单)，并附不合格品数据记录交供应部门或生产作业部门。

③供应部门或生产作业部门在分析不合格品的原因和责任及采取必要的控制措施的同时，提出书面申请，经设计、工艺、锻冶等有关技术部门研究后对不合格品进行评审与处置。

④责任部门提出对不合格品的评审和处置申请，根据不合格严重程度决定有关技术部门审批、会签后按规定处置程序分别作出返工、降级、让步接收(回用)或报废的决定。一般情况下，报废由检验部门决定；返工、降级、让步接收(回用)由技术部门(设计、工艺部门)决定，但需征求检验部门意见。在特殊情况或各部门意见不统一时，还需经组织中最高管理层的技术负责人员(如技术副厂长或总工程师)批准。

⑤当合同或法规有规定时，让步接收应向顾客提出申请，得到书面认可才能接收。

(2)设置不合格品评审专门机构的组织

军工企业或大型企业有的还设置不合格品评审机构(如委员会)，根据不合格的严重程度，分级处置。一般不合格可由检验部门、技术部门直接按规定程序处置；严重不合格的由不合格品评审机构按规定程序处置，必要时组织相关部门专家进行评审后处置。

2.不合格品的处置途径

根据GB/T 19001—2008《质量管理体系 要求》(8.3 不合格品控制)的规定，对不合格品的处置有以下几种途径。

①采取措施，消除发现的不合格。

②经有关授权人员批准，让步使用、放行或接收不合格品。

③采取措施，防止非原预期的使用或应用。

④当在交付或开始使用后发现产品不合格时，组织应采取与不合格的影响或潜在影响的

程度相适应的措施。

在不合格品得到纠正之后应对其再次进行验证，以证实符合要求。

应保持不合格的性质以及随后所采取的任何措施的记录，包括所批准的让步的记录。

(四)不合格品的纠正措施

在整个产品形成过程中，出现不合格品是可能的，重要的是应建立并实施对不合格品的控制程序，采取必要的措施，控制不合格品的发生，做好不合格品的纠正工作。

GB/T 19001—2008《质量管理体系 要求》(8.5.2 纠正措施)规定，当出现不合格后，组织应采取措施，以消除不合格的原因，防止不合格的再发生。纠正措施应与所遇到不合格的影响程度相适应。

纠正措施的制订和实施是一个过程，一般应包括以下的几个步骤：

①评审不合格(包括顾客抱怨)。

②确定不合格的原因。

③评价确保不合格不再发生的措施的需求，必要时对拟采取的措施进行验证。

④确定和实施所需的措施。

⑤记录所采取措施的结果。

⑥评审所采取的纠正措施的有效性。

纠正措施的内容应根据不合格品的事实情况，针对其产生的原因来确定。在产品质量形成全过程中，产生不合格的原因主要是人(作业人员)、机(设备和手段)、料(材料)、法(作业方法、测量方法)、环(环境条件)几个方面，针对具体原因，采取相应措施，如人员素质不符合要求(责任心差、技术水平低、体能差)的，采取培训学习提高技术能力、调换合格作业人员的措施；作业设备的过程能力低，则修复、改造、更新设备或作业手段；属于作业方法的问题，采取改进、更换作业方法的措施等。但是所采取的纠正措施一般应和不合格的影响程度相适应。

实训 2-4　牛乳质量检验(新鲜度、掺假检验)

(一)牛乳新鲜度的检验

1.目的要求

鲜乳挤出后若不及时冷却，微生物就会迅速繁殖，使乳中细菌数增多，酸度增高，风味恶化，新鲜度下降，影响乳的品质和加工利用。通过本实验，要求掌握对原料乳进行新鲜度检验的方法。

2.材料用具

牛乳、采样试管、乳样瓶、200 mL 烧杯、培养皿、玻璃棒、150 mL 三角瓶、200 mL 量筒、温度计、酒精灯、25 mL 或 50 mL 碱式滴定管、20 mL 试管、2 mL 刻度吸管、20 mL 灭菌有塞刻度试管、10 mL 灭菌吸管、水浴锅等。

0.5%酚酞，0.1 mol/L NaOH，68%、70%、72%酒精。

3.方法步骤

(1)乳的感官检验

正常牛乳应为乳白色或稍带黄色，具有新鲜牛乳固有的香味，无异味，组织状态均匀一致，无凝块，无沉淀，无杂质，无黏稠和浓厚现象，无其他外来滋味和气味。具体评定方法如下：

①气味的检查。将少许乳倒入试管中加热后，嗅其气味，检查是否有异常气味，如酸味、牛

粪味、腥味和煮熟乳气味等。

②色泽和组织状态检查。将乳少许倒入培养皿中观察颜色,乳是否带红色、绿色或明显的黄色。静置30 min后将乳小心倒掉,观察有无沉淀和絮状物,有无牛粪、尘埃和昆虫等杂质。用手指沾乳汁,检查有无黏稠感。

③滋味的检查。口尝加热后乳的滋味,是否有异常。

根据以上各项感官鉴定,判断乳样是正常乳或异常乳。

(2)滴定酸度的测定

新鲜牛乳的酸度一般为16~18°T。在牛乳存放过程中,由于微生物水解乳糖产生乳酸,使乳的酸度升高,所以测定乳的酸度是判定乳新鲜度的重要指标。具体操作如下:

①吸取10 mL牛乳,置于250 mL三角瓶中,加入20 mL中性蒸馏水,滴入0.5%酚酞乙醇溶液0.5 mL,摇匀,用0.1 mol/L NaOH溶液滴定,至出现微红色并在1 min内不消失为终点。

②将滴定时所消耗的0.1 mol/L NaOH溶液的毫升数乘以10,即为牛乳的酸度(°T)。

(3)酒精试验

取1~2 mL乳于试管中,加入等量的中性酒精(68%或70%或72%的酒精),迅速充分混合,观察有无白色絮片生成。如无絮状物(蛋白沉淀)出现,则表明是新鲜乳,其酸度不高于20°T,称为酒精试验阴性乳。出现絮状物,表示酸度较高的不新鲜乳,称为酒精试验阳性乳。酒精浓度与乳的酸度关系见表2-25。

表2-25 酒精浓度与乳的酸度关系

酒精浓度/%	不出现絮片的酸度
68	20°T以下
70	19°T以下
72	18°T以下

(4)煮沸实验

取约10 mL牛乳,放入试管中,置于沸水中5 min或在酒精灯上加热,观察管壁有无絮片出现或发生凝固现象。如产生絮片或发生凝固,则表示牛乳已不新鲜,酸度大于26°T。

(二)牛乳掺假、掺杂检验

1.目的要求

掺假降低乳的营养价值,有碍乳的卫生,影响乳的加工及乳制品的质量。通过实训,掌握乳中常见掺假、掺杂物的检验方法。

2.材料用具

乳样、200 mL烧杯、200~250 mL量筒、20 mL试管、200 mL试管、5 mL移液管、1 mL移液管、温度计、乳稠计。

碘液、0.05%的玫瑰红酸乙醇溶液、25% NaOH硫酸、硝酸、0.1 mol/L硝酸银、10%铬酸钾等。

3.方法步骤

(1)掺水的检验

①将盛装容器中的乳样充分混匀,小心地沿量筒壁注入容积约250 mL的玻璃量筒中,加到量筒容积的3/4时为止。注入牛乳时应防止牛乳生成泡沫。

②测量与计数。手持乳稠计上部，将乳稠计小心地沉入乳样中，让其慢慢沉入欲测的样品中，轻轻按下少许，使乳稠计上端被检测液湿润，自然上升，直至静止(注意防止乳稠计与量筒壁接触)。等乳稠计静止 2～3 min 后，双眼对准筒内乳液表面的高度。读取凹液面的上缘的数字。

③用温度计测定乳的温度。

④测定值的校正。如果乳温不是 20℃，则在乳稠计上的读数还必须进行温度的校正。测定值的校正可用计算法和查表法进行。

a. 计算法：温度每升高或降低 1℃，乳的密度在乳汁计上减小或增加 0.000 2(即 0.2°)。例如乳温 18℃，乳稠计读数 1.034，则校正为 20℃乳的密度应为：1.034－[0.000 2(20－18)]＝1.033 6；比重为：1.033 6＋0.002＝1.035 6；比重的度数为：(1.035 6－1)＝ 35.6°。

b. 查表法：根据乳温和乳稠计读数，查牛乳温度换算表，将乳稠计读数换算成 20℃时的密度。例如乳温 16℃，密度计读数为 1.030 5，即 30.5°。查表得 16℃，30.5°，对应于 20℃时密度计读数为 29.5°，即 20℃该乳密度为 1.029 5°；比重为：1.029 5＋0.002＝1.031 5；比重的度数为 31.5°。

⑤将求得的乳的比重与正常乳的比重对照，以判定掺水与否。

⑥用比重换算掺水百分数。根据测得的乳的比重，可按下式计算掺水百分数：

$$\text{掺水量} = \frac{\text{正常乳比重的度数} - \text{被检乳的度数}}{\text{正常乳比重的度数}} \times 100\%$$

例如，某地区规定正常乳的比重为 1.029，测得被检乳的比重为 1.025，则：

$$\text{掺水量} = (29 - 25)/29 \times 100\% = 14\%$$

(2)掺入淀粉、米汤的检验

取 5 mL 乳样注入试管中，稍稍煮沸，冷却后加数滴碘液(碘的酒精溶液或 0.1 mol/L 的碘液)，有淀粉存在时，则有蓝色或青蓝色沉淀物出现。

(3)掺入碱的检验

取被检乳样 5 mL 于试管中，加入 5 mL 0.05%的玫瑰红酸乙醇溶液，摇匀，乳中如无碱性物质则呈黄色，有碱时则呈玫瑰红色，其加入量与颜色的深浅成正比(在检验时应做对照试验)。

(4)掺入豆浆的检验

吸取 2 mL 乳样于试管中，加入醇醚混合液(1∶1)3 mL 和 25%NaOH 5mL，摇匀，静置 5～10 min，同时吸取 2 mL 蒸馏水或正常乳做对照实验，如出现黄色，表明乳中掺有豆浆。

(5)乳中加入盐的检验

取被检乳样 2 mL 注入试管中，加入 2 滴 10%铬酸钾溶液，再加入 0.01 mol/L 硝酸银溶液 5 mL 于试管中，充分混匀，观察溶液颜色。若溶液呈红色，则说明未加入食盐为正常乳；若溶液呈黄色，说明乳中含氯量 0.14%以上，表明掺有食盐。

(6)乳中掺甲醛的检验

吸取 5 mL 乳样注入试管内，仔细缓慢地沿着试管壁加入 2 mL 硫酸和硝酸混合液，注意防止乳与酸混合，要使乳与酸分成两层。经过 1～2 min 后在乳与酸交接面处如产生紫色环，说明有甲醛存在(不含甲醛的牛乳在交接面处呈淡黄褐色)。当甲醛含量极少时(少于 0.000 01%)需要经过 0.5～1 h 后才出现。

任务 2-6 质量管理体系(ISO 9000:2008)的建立与实施

◆学习目标

1. 了解质量管理体系及质量管理体系认证的有关基础知识；
2. 掌握质量管理体系认证的基本程序；
3. 掌握质量管理体系文件编制及质量手册编制的基本内容及方法；
4. 掌握建立和实施质量管理体系的基本步骤。

一、质量管理体系基础知识

(一)质量管理体系的概念及相关术语

1. 质量管理体系的概念

质量管理体系是"在质量方面指挥和控制组织的管理体系"。质量管理体系是组织的管理体系的一部分,它致力于使与质量目标有关的结果适当地满足顾客和其他相关方的需求、期望和要求。

采用质量管理体系应当是组织最高管理者的一项战略性决策。目前食品企业质量管理应用最广的管理体系是 ISO 9000 系列标准。ISO 9000 系列标准亦称 ISO 9000 族标准,是由国际标准化组织(ISO)于 1979 年设立的质量管理和质量保证技术委员会(ISO/TC 176)负责制定的质量管理和质量保证标准。ISO 9000 质量管理体系系列标准可帮助各种类型和规模的组织或企业建立有效的质量管理体系,目前主要包括 4 项核心标准,其主要内容和目前的发布情况如下:

ISO 9000:《质量管理体系 基础和术语》,是表述质量管理体系基础知识并规定质量管理体系术语。目前使用的是 2005 年发布版本。我国 2008 年 10 月 29 日等同采用 ISO 9000:2005 发布了 GB/T 19000—2008,2009 年 5 月 1 日实施。

ISO 9001:《质量管理体系 要求》,用于证实组织具有能力提供满足顾客要求和适用的法规要求的产品,目的在于增进顾客满意。目前使用的是 2008 年版本。我国 2008 年 12 月 30 日等同发布了 GB/T 19001—2008,2009 年 3 月 1 日实施。

ISO 9004:《质量管理体系 业绩改进指南》,提供考虑质量管理体系的有效性和效率两方面的指南,该标准的目的是改进组织业绩并达到顾客及其他相关方满意。目前使用的是 2000 年发布版本。

ISO 19011:《质量和(或)环境管理体系审核指南》,提供质量和环境管理体系审核指南。目前使用的是 2002 年发布版本。

2. 质量管理体系的重要术语

(1)有关质量的术语

- 质量:一组固有特性满足要求的程度。"质量"可使用形容词如差、好或优秀来修饰。
- 要求:明示的、通常隐含的或必须履行的需求或期望。特定要求可使用修饰词表示,如产品要求、质量管理要求、顾客要求。要求可由不同的相关方提出。

● 等级:对功能用处相同但质量要求不同的产品、过程或体系所作的分类或分级。在确定质量要求时,等级通常是规定的。

● 顾客满意:顾客对其要求已被满足的程度的感觉。

● 能力:组织、体系或过程实现产品并使其满足要求的本领。

(2)有关管理的术语

● 体系(系统):相互关联或相互作用的一组要素。

● 管理体系:建立方针和目标并实现这些目标的体系。一个组织的管理体系可包括若干个不同的管理体系,如质量管理体系、财务管理体系或环境管理体系。

● 质量管理体系:指导和控制组织的关于质量的管理体系。

● 质量方针:由组织的最高管理者正式发布的该组织总的质量意图和质量方向。

● 质量目标:关于质量所追求的目的。质量目标通常建立在组织的质量方针基础上。

● 管理:指导和控制组织的相互协调的活动。

● 最高管理者:在最高层指导和控制组织的一个人或一组人。

● 质量管理:指导和控制组织的关于质量的相互协调的活动。

● 质量策划:质量管理的一部分,致力于制定质量目标并规定必要作业过程和相关资源以实现质量目标。

● 质量控制:质量管理的一部分,致力于满足质量要求。

● 质量保证:质量管理的一部分,致力于提供能满足质量要求的信任。

● 质量改进:质量管理的一部分,致力于增强满足质量要求的能力。

● 持续改进:增强满足要求的能力的循环活动。

● 有效性:完成策划的活动并达到策划的结果的程度。

● 效率:得到的结果与所使用的资源之间的关系。

(3)有关组织的术语

● 组织:职责、权限和相互关系得到安排的一组人员及设施。如公司、集团、商行、企事业单位、研究机构、慈善机构、代理商、社团或上述组织的部分或组合。

● 组织结构:人员的职责、权限和相互关系的安排。安排通常是有序的。

● 基础设施:组织运行所必需的一组设施、设备和服务。

● 工作环境:工作时所处的一组条件。

● 顾客:接受产品的组织或个人。

● 供方:提供产品的组织或个人。

● 相关方:与组织的业绩或成就有利益关系的个人或团体。

(4)有关过程和产品的术语

● 过程:一组将输入转化为输出的相互关联或相互作用的活动。

● 产品:过程的结果。有下述 4 种通用的产品类别:

——服务(如运输);

——软件(如计算机程序、字典);

——硬件(如发动机机械零件);

——流程性材料(如润滑油)。

质量管理主要关注预期的产品。

- 项目：由一组有起止时间的、相互协调的受控活动所组成的特定过程，该过程要达到符合规定要求的目标，包括时间、成本和资源的约束条件。
- 设计与开发：将要求转换为规定的特性或产品、过程或体系的规范的一组过程。
- 程序：为进行某项活动或过程所规定的途径。

(5)有关特性的术语

- 特性：区分的特征。特性可以是固有的或赋予的；特性可以是定性的或定量的。
- 质量特性：有关要求的产品、过程或体系的固有特性。固有的意思是指存在于某事或某物中的，尤其是那种永久的特性。赋予产品、过程或体系的特性（如产品的价格，产品的所有者）不是它们的质量特性。
- 可信性：关于可用性及其影响因素：可靠性、维修性和维修保障性的全部特性。
- 可追溯性：追溯所考虑对象的历史、应用情况或所处场所的能力。

(6)有关合格（符合）的术语

- 合格（符合）：满足要求。
- 不合格（不符合）：未满足要求。
- 缺陷：未满足与预期或规定用途有关的要求。
- 预防措施：为消除潜在不合格或其他潜在不期望情况的原因所采取的措施。
- 纠正措施：为消除已发现的不合格或其他不期望情况的原因所采取的措施。
- 纠正：为消除已发现的不合格所采取的措施。
- 返工：为使不合格产品符合要求而对其所采取的措施。
- 降级：为使不合格产品符合不同于原有的要求而对其等级的改变。
- 返修：为使不合格产品满足预期使用而对其所采取的措施。不同于返工，返修可影响或改变不合格产品的某些部分。
- 报废：为避免不合格产品原有的预期使用而对其采取的措施。对不合格服务的情况，是通过终止服务来避免其使用。
- 让步：对使用或放行不符合规定要求和产品的许可。让步通常仅限于在商定的时间或数量内，对具有不合格特性的产品的交付。
- 偏离许可：产品实现前，偏离原规定要求的许可。偏离许可通常是在限定的产品数量或期限内并针对特定的用途。
- 放行：对进入一个过程的下一阶段的许可。

(7)有关文件的术语

- 信息：有意义的资料。
- 文件：信息及其承载媒体。如记录、规范、程序文件、图样、报告、标准。媒体可以是纸张，计算机磁盘、光盘或其他电子媒体，照片或样件，或它们的组合。
- 规范：阐明要求的文件。
- 质量手册：规定组织质量管理体系的文件。
- 质量计划：对特定的项目、产品、过程或合同，规定由谁及何时应用程序和相关资源的文件。
- 记录：阐明所取得的结果或提供所完成活动的证据的文件。

(8)有关检查的术语

● 客观证据:支持事物存在或其真实性的资料。客观证据可通过观察、测量、试验或其他手段获得。

● 检验:通过观察和判断,必要时结合测量、试验所进行的符合性评价。

● 试验:按照程序确定一个或多个特性。

● 验证:通过提供客观证据对规定要求已得到满足的认定。

● 确认:通过提供客观证据对特定的预期使用或应用要求已得到满足的认定。

● 鉴定过程:证实满足规定要求的能力的过程。

● 评审:为确定主题事项达到规定目标的适宜性、充分性和有效性所进行的活动。

(9)有关审核的术语

● 审核:为获得审核证据并对其进行客观的评价,以确定满足经协商的准则的程度所进行的系统的、独立的并形成文件的过程。

● 审核方案:针对特定的时间框架和特定的目的所策划的一组(一个或多个)审核。

● 审核范围:审核的广度和界限。范围通常包括对地理位置、组织单元、活动和过程以及被覆盖的时间段的表述。

● 准则:确定为依据的一组方针、程序或要求。

● 审核证据:可多方查证的与经协商的准则有关的记录、事实陈述或其他信息。

● 审核发现:审核的结果。

● 审核结论:审核组在考虑了所有审核发现以后得出的审核结果。

● 审核委托方:要求或请求审核的组织或个人。

● 受审核方:被审核的组织。

● 审核组:实施审核的一个人或一组人。

● 审核员:被委派实施审核的人员。审核员通常要具有必要的资格。

● 技术专家:〈审核〉提供关于被审核的某个组织、过程、活动或领域的专业支持的人员。

● 审核员资格:个人的综合素质、教育、培训、工作经历、审核经历及能够一个人作为审核员被委派所需要证实的能力的组合。

● 合格审核员:已成功通过了一个审核员鉴定过程的人员。

(10)有关测量过程质量保证的术语

● 测量控制体系:为完成计量确认并持续控制测量过程所必需的一组相互关联或相互作用的要素。

● 测量过程:确定量值的一组操作。

● 计量确认:为了确保测量设备处在符合其预期使用要求的状态所要求的一组操作。计量确认通常包括:校准和(或)验证、各种必要的调整或维修及随后的再校准、与设备预期使用的计量要求相比较以及所要求的封印和标签。只有测量设备已被证实适合于预期使用并形成文件,计量确认才算完成。预期使用要求包括:量程、分辨率、最大允许误差等。

● 测量设备:为实现测量过程所必需的测量仪器、软件、测量标准、标准物质和(或)辅助设备或它们的组合。

● 计量特性:可影响测量结果的区分的特征。

● 计量职能 :组织建立并实施测量控制体系的职责。

(二)质量管理体系的基本理论依据

质量管理体系能够帮助组织增进顾客满意。

顾客要求产品具有满足其需求和期望的特性,这些需求和期望在产品规范中表述,并集中归结为顾客要求。顾客要求可以由顾客以合同方式规定或由组织自己确定,在任一情况下,产品是否可接受最终由顾客确定。因为顾客的需求和期望是不断变化的,以及竞争的压力和技术的发展,这些都促使组织持续地改进产品和过程。

质量管理体系方法鼓励组织分析顾客要求,规定相关的过程,并使其持续受控,以便生产出或提供顾客能接受的产品。质量管理体系能提供持续改进的框架,以增加顾客和其他相关方满意的机会。质量管理体系还就组织能够提供持续满足要求的产品的能力,向组织及其顾客提供信任。

(三)质量管理体系的基础内容

ISO 9000:2005 标准第二条是质量管理体系基础。它将 8 项质量管理原则应用于质量管理体系的要求,着眼于组织如何以正确的指导思想和方法来建立、实施和持续改进质量管理体系,确保质量管理体系运行的有效性和效率,它提出了 12 项基础内容:

①质量管理体系的理论说明。

②质量管理体系要求与产品要求。

③质量管理体系方法。

④过程方法。

⑤质量方针和质量目标。

⑥最高管理者在质量管理体系中的作用。

⑦文件。

⑧质量管理体系评价。

⑨持续改进。

⑩统计技术的作用。

⑪质量管理体系与其他管理体系的关注点。

⑫质量管理体系与优秀模式之间的关系。

(四)ISO 9000 质量管理体系的特点和作用

①ISO 9000 标准是一系统性的标准,涉及的范围、内容广泛,且强调对各部门的职责权限进行明确划分、计划和协调,而使企业能有效地、有秩序地开展各项活动,保证工作顺利进行。

②强调管理层的介入,明确制订质量方针及目标,并通过定期的管理评审达到了解公司的内部体系运作情况,及时采取措施,确保体系处于良好的运作状态的目的。

③强调纠正及预防措施,消除产生不合格或不合格的潜在原因,防止不合格的再发生,从而降低成本。

④强调不断的审核及监督,达到对企业的管理及运作不断地修正及改良的目的。

⑤强调全体员工的参与及培训,确保员工的素质满足工作的要求,并使每一个员工有较强的质量意识。

⑥强调文化管理,以保证管理系统运行的正规性、连续性。如果企业有效地执行这一管理标准,就能提高产品(或服务)的质量,降低生产(或服务)成本,建立客户对企业的信心,提高经

济效益，最终大大提高企业在市场上的竞争力。

ISO 9000质量管理体系标准的作用体现在两个方面：一是明确为达到顾客满意产品所满足的必需要求，帮助组织或企业建立促进其管理水平的质量管理体系；二是提供质量管理体系认证的基本标准。

ISO 9000质量管理体系标准是基于顾客的立场制订的，是从顾客的角度来衡量企业管理、产品质量和服务质量的水平，同时为企业建立质量管理体系提供了所应考虑的要素和基本要求，强调以顾客为中心、过程方法、持续改进、基于事实的决策与方法等质量管理的理念。也就是说，ISO 9000质量管理体系标准为企业的质量管理提供了一个基础平台，在企业的质量工作中起着基础性的作用。

(五)建立和实施质量管理体系的基本步骤

一个组织通常采取如下步骤建立和实施质量管理体系：

①确定顾客和其他相关方的需求和期望。

②建立组织的质量方针和质量目标。

③确定实现质量目标必需的过程和职责。

④确定和提供实现质量目标必需的资源。

⑤规定测量每个过程的有效性和效率的方法。

⑥应用这些测量方法确定每个过程的有效性和效率。

⑦确定防止不合格并消除产生原因的措施。

⑧建立和应用持续改进质量管理体系的过程。

上述方法也适用于保持和改进现有的质量管理体系。

(六)质量管理体系审核

1.质量管理体系审核的目的

质量管理体系审核分为内审和外审，内审也称第一方审核，即组织内部的自审，其目的是纠正不合格项，改进质量管理体系，修订质量手册和程序文件，提高质量管理水平。外审可以分为第二方和第三方审核，第二方审核的目的是使顾客信任。第三方审核使组织获得认证资格。

2.质量管理体系审核的范围

审核范围是某一给定审核的深度及广度。审核范围可以通过诸如场所、组织单元、过程和活动来表述。在标准中，确定审核范围时应考虑到允许的删减，某些要求是可以删减的，即可以不包括在审核范围内。但是，这种删减要慎重。

①删减由组织决定，组织应与认证机构讨论和证实这些剪裁是否可以，审核范围应在审核委托方和被审核方或申请方之间充分交流后由委托方决定。同时要求在申请认证或转换时在产品范围中考虑反映这种剪裁，并最后在证书上反映出来。

②剪裁的原则：当ISO 9001标准的任何要求因组织及其产品的特点而不适用时，可以考虑对其进行删减。除非删减仅限于本标准第7章中那些不影响组织提供满足顾客和适用法律法规要求的产品的能力或责任的要求，否则不能声称符合本标准。

③当组织认为需要限制对ISO 9001要求的应用时，必须在组织的质量手册中做出详细的说明并证实其合理性。当减少质量管理体系的范围时，对ISO 9001要求的应用也必须在任何可为公众所获取的文件中澄清，以避免顾客和最终用户的混淆或误解。认证机构办理的证书

也必须以不误导顾客的形式用文字清楚地说明质量管理体系的范围，并且必须确保用户可获得确认认证的范围包含哪些类别的产品和产品实现过程的信息。

3. 质量管理体系审核的准则

质量管理体系的审核准则通常可以是：

①ISO 9001 质量管理体系要求，它是质量管理体系审核依据的主要准则。

②质量手册、形成文件的程序和其他相关质量管理体系文件。这是组织根据 ISO 9001 的要求编制的文件。它对组织质量管理体系的建立、实施和改进提供强制性指令和具体运作的指导，一旦发布就是组织质量管理的法规。另外质量方针、质量目标和其他政策如质量承诺等也应该作为审核准则，它们一般反映在质量管理体系文件中，但也可以其他形式存在。

③适用于组织的法律法规和其他要求。

我国关于产品、服务和工程质量有着相应的法律法规要求，如《中华人民共和国质量法》、《建设工程质量管理条例》等。组织应该遵循这些法律法规要求。它们也是审核的依据之一。

另一方面，对于与安全、卫生、健康密切相关的领域，当某一独立机构被政府部门授权时，可以评价组织的质量管理体系是否满足法规或法律要求，此时，这些与质量管理体系要求相关的法律法规要求也是审核的依据。

4. 审核人员要求

(1)审核人员素质要求

审核员应当具备个人素质，使其能够按照审核原则的要求进行工作。

审核员应当具备的个人素质有：①有道德，即公正、可靠、忠诚、诚实和谨慎；②思想开明，即愿意考虑不同意见或观点；③善于交往，即灵活地与人交往；④善于观察，即主动地认识周围环境和活动；⑤有感知力，即能本能地了解和理解环境；⑥适应能力强，即容易适应不同情况；⑦坚忍不拔，即对实现目标坚持不懈；⑧明断，即根据逻辑推理和分析及时得出结论；⑨自立，即在同其他人有效交往中独立工作并发挥作用。

审核员应当具有下列方面的知识和技能：

a. 审核原则、程序和技术：使审核员能恰当地将其应用于不同的审核并保证审核实施的一致性和系统性。审核员应当能够：

——运用审核原则、程序和技术；

——对工作进行有效的策划和组织；

——按商定的时间表进行审核，

——优先关注重要问题；

——通过有效地面谈、倾听、观察和对文件、记录和数据的评审来收集信息；

——理解审核中运用抽样技术的适宜性和后果；

——验证所收集信息的准确性；

——确认审核证据的充分性和适宜性以支持审核发现和结论；

——评定影响审核发现和结论可靠性的因素；

——使用工作文件记录审核活动；

——编制审核报告；

——维护信息的保密性和安全性；

——通过个人的语言技能或通过翻译人员有效地沟通。

b. 管理体系和引用文件：使审核员能理解审核范围并运用审核准则。这方面的知识和技能应当包括：

——管理体系在不同组织中的应用；

——管理体系各组成部分之间的相互作用；

——质量或环境管理体系标准、适用的程序或其他用做审核准则的管理体系文件；

——认识引用文件之间的区别及优先顺序；

——引用文件在不同审核情况下的应用；

——用于文件、数据和记录的授权、安全、发放、控制的信息系统和技术。

c. 组织状况：使审核员能理解组织的运作情况。这方面的知识和技能应当包括：

——组织的规模、结构、职能和关系；

——总体运营过程和相关术语；

——受审核方的文化和社会习俗。

d. 适用的法律、法规和相关领域的其他要求：使审核员能了解并在适用于受审核方的这些要求的范围内开展工作。这方面的知识和技能包括：

——国家的、区域的和地方的法律、法规和规章；

——合同和协议；

——国际条约和公约；

——组织遵守的其他要求。

(2)质量管理体系审核员特定的知识和技能

质量管理体系审核员应当具有下列知识和技能：

a. 与质量有关的方法和技术：使审核员能检查质量管理体系并形成适当的审核发现和结论。这方面的知识和技能应当包括：

——质量术语；

——质量管理原则及其运用；

——质量管理工具及其运用(例如，统计过程控制，失效(故障)模式和影响分析等)。

b. 过程和产品，包括服务：使审核员能理解被审核范围内的技术内容。这方面的知识和技能应当包括：

——行业特定的术语；

——过程和产品包括服务的技术特性；

——行业特定的过程和惯例。

(七)食品企业实施 ISO 9000 质量管理体系的作用

①可以预防不合格产品或服务的发生，提高单位信誉程序；

②一次把工作做好，以最少的成本赚取最大的利润；

③可以减少临时救急的情况，有利于把管理者从日常的琐事中解脱出来，多考虑单位的发展前景；

④可以系统化管理，将本单位或其他单位的经验纳入到一套文件化的质量体系之中，用于培训员工，规范员工的工作程序，减少工作失误，提高工作效率；

⑤可以有效地发现和解决质量问题，防止相同的错误重复发生；

⑥为使员工一次就做好工作提供了手段；

⑦能够方便快捷地向顾客提供用来证实产品和服务质量的客观证据；

⑧为质量管理体系评价者、顾客代表和发生法律诉讼时的律师提供事实证据；

⑨可以定期检查本单位的工作情况，及时发现改进工作和产品质量的机会。

二、质量管理体系认证

(一)质量管理体系认证有关基础知识

1. 认证

“认证”一词的英文原意是一种出具证明文件的行动。ISO/IEC 指南 2:1986 中对“认证”的定义是:“由可以充分信任的第三方证实某一经鉴定的产品或服务符合特定标准或规范性文件的活动。”举例来说，对第一方(供方或卖方)生产的产品甲，第二方(需方或买方)无法判定其品质是否合格，而由第三方来判定。第三方既要对第一方负责，又要对第二方负责，不偏不倚，出具的证明要能获得双方的信任，这样的活动就叫“认证”。

2. 质量认证

质量认证可分为质量管理体系认证和产品质量认证。

(1)质量管理体系认证

质量管理体系认证是认证的一种类型，按照前面介绍的“认证”的定义，质量管理体系认证具有以下特征：

①认证的对象是质量管理体系，更准确地说，是组织质量管理体系中影响持续按顾客的要求提供产品或服务的能力的某些过程，即保证顾客满意的能力。

②实行质量管理体系认证的基础首先需要有关质量管理体系的标准。国际标准化组织发布的 ISO 9001《质量管理体系要求》为各国开展质量管理体系认证提供了基础，我国等同采用的 GB/T 19001 为我国组织建立质量管理体系提供了国家标准。申请认证的组织应以标准为指导，建立适用的质量管理体系，认证机构则按标准中的质量管理标准进行检查评定。

③鉴定质量管理体系是否符合标准要求的方法是质量管理体系审核。由认证机构派注册审核员对申请组织的质量管理体系进行检查评定，提交审核报告，提出审核结论。

④证明取得质量管理体系认证资格的方式是质量管理体系认证证书和体系认证标识。证书和标记只证明该组织的质量管理体系符合质量管理体系标准，不证明该组织生产的任何产品符合产品标准。因此，质量管理体系认证的证书和标识都不能用于产品，不能使人产生产品质量符合标准规定要求的误解。

⑤质量管理体系认证是第三方从事的活动。第三方是指独立于第一方和第二方之外的一方，他与第一方和第二方既无行政上的隶属关系，又无经济上的利害关系。强调体系认证要由第三方实施，是为了确保认证活动的公正性。

(2)质量管理体系认证和产品质量认证的关系

质量管理体系认证制度和典型的产品认证制度都是由第三方机构从事的活动，两者都要对申请组织的质量管理体系进行检查评定。质量体系认证和产品认证的比较如表 2-26 所示。

(3)质量认证和标准性质的关系

①实行质量认证制度是贯彻系列标准的重要手段。

②推荐性标准一般不对其覆盖的产品实行强制认证。

③对安全标准所覆盖的产品通常实行强制性安全认证。

表 2-26 质量体系认证和产品认证的比较

项目	质量体系认证	产品认证
对象	组织的质量管理体系	特定产品
获准认证条件	质量管理体系满足质量管理体系要求和必要的补充要求	1. 产品质量符合指定标准要求； 2. 质量管理体系满足质量管理体系要求及特定产品的补充要求
证明方式	质量管理体系认证(注册)证书、认证标志	产品认证证书、认证标志
证明使用	证书和标志都不能在产品上使用	证书不能用于产品，标志可用于获准认证的产品上
性质	自愿性	自愿性，强制性
目的	质量管理体系认证	产品认证
两者关系	获得质量管理体系认证资格的组织可以再申请特定产品的认证，但免除对质量管理体系通用要求的检查	获得产品认证资格的组织一般无需申请质量管理体系认证(除非申请的质量管理体系范围不同)，但没有规定可以发两张证书

(4)质量认证的主要类型

根据 ISO 出版的《认证的原则与实践》，国际上通用的认证型式为以下 8 种：

①型式试验。按照规定的试验方法对产品样品进行试验，来检验样品是否符合标准或技术规范。这种认证只发证书，不允许使用合格标志，只能证明现在的产品符合标准，不能保证今后的产品符合标准。

②型式检验加认证后监督——市场抽样检验。这是一种带监督措施的型式检验。监督的办法是从市场上购买样品或从批发商、零售商的仓库中抽样进行检验，以证明认证产品的质量持续符合标准或技术规范的要求。

③型式检验加认证后监督——工厂抽样检验。与第二种认证型式的区别在于，以生产厂发货前的产品中随机检验或成品库抽样检验代替市场样品的核查试验。

④型式检验加认证后监督——市场和工厂抽样检验。这种认证制是第二、三两种认证制的综合。从产品样品核查试验来看，样品来自市场和生产厂两个方面，因而要求更加严格。

⑤型式检验加组织质量体系评定加认证后监督——质量管理体系复查加工厂和市场抽样检验。这一型式的认证，既对产品作型式试验，又对与产品有关的供方质量管理体系进行评定。评定内容包括供方的质量管理体系对其生产设备、材料采购、检验方法等能否进行恰当的控制，能否使产品始终符合技术规范。第五种型式试验的认证通过后，可证实申请使用认证标志的供方，确能控制其生产活动，确能在标上合格标志前明确鉴别出不合格产品，将它们从合格产品中分离出来并加以纠正。

⑥组织质量管理体系评定。这种认证制是对组织按所要求的技术规范生产或服务的质量管理体系进行检查评定，批准认证后对该体系的保证性进行监督复查，此种认证制度常称之为质量体系认证。但对组织质量体系的评定不能代替对产品的认证，因此通过质量体系评定的企业的产品不能使用合格标志，认证机构只给予与该产品有关的组织质量体系注册登记，发给注册号和注册证书，表明该体系是根据 ISO 9000 标准系列中某一个质量保证模式作过评定，取得注册的权力。

⑦批量试验。这是依据统计抽样试验的方法对某批产品进行抽样试验的认证。其目的在

于帮助买方判断该批产品是否符合技术规范。这一认证型式，只有在供需双方协商一致后方能有效地执行。一般说来，这种型式的认证较少被采用。

⑧全数试验。对认证产品作百分之百的试验后发给认证证书，允许产品使用合格标志。在某些国家只有极少数与人民的身体健康密切相关的产品进行全数试验。

以上 8 种认证型式中所提供的信任程度不同，第六种是质量体系认证，第五种认证型式是最复杂、最全面的产品认证型式。这两种是各国普遍采用的，也是 ISO 向各国推荐的认证制。ISO 和 IEC 联合发布的所有有关认证工作的国际指南，都是以这两种认证制为基础的。

3. 质量管理体系认证必须具备的条件

①中国企业持有工商行政管理部门颁发的“企业法人营业执照”，外国企业持有有关部门机构的登记注册证明。

②企业已按 ISO 9000 族标准中的质量管理体系要求建立和实施可文件化的质量管理体系。

(二)质量管理体系认证的程序

国家技术监督局于 1994 年 1 月 19 日发布了《质量体系认证实施程序规则(试行)》，我国质量管理体系认证的实施可分为以下 6 个阶段：

1. 正式申请

申请者按照规定的内容和格式向认证机构提出书面申请，并提交以下材料：

①申请方持有法律地位证明文件。

②申请方已建立、实施和保持文件化的质量体系。

申请方应根据自身的需要和产品特点确定申请认证的质量体系所覆盖的产品范围及申请质量体系认证所采用的质量保证模式。向质量体系认证机构正式提出申请后，要按要求填写申请书，提交所需的附件。申请书的附件是指说明申请方质量体系状况的文件。包括以下几方面：

①覆盖所申请认证质量体系的质量手册。

②申请认证质量体系所覆盖的产品名录。

③申请方的基本情况。

认证机构收到正式申请之日起 60 天内做出是否受理申请的决定，并发出书面“受理申请通知书”，签订认证合同。如果不受理申请应说明理由。

2. 组成审核组

在签订认证合同后，认证机构指派审核组，审核组的正式成员应为注册审核员，其中至少应有一名注册主任审核员，必要时可聘请技术专家协助审核工作。他们在审核组长的指导下开展工作，审核委托方或受审核方有权利就审核组成员提出合理的更换请求。

3. 初访

初访应由审核方提出，通常与受审核方共同商定，进行的目的主要是：

①为文件初审收集进一步的信息。ISO 9001 关于文件化要求比较灵活。组织的不少质量管理体系文件是在现场，并未要求送审或者不可能全面送审。可以通过初访对组织质量管理体系文件有总体及进一步的了解。

②对记录和内审报告的审查往往可在初访时进行。初访主要是评价质量管理体系是否建立、运行并建立自我评价的机制以及是否具备正式审核的条件。

③为确定审核范围包括对产品实现过程的删减是否合理，也需要在初访中与被审核方协

商解决。

④为制定审核计划和确定审核资源收集资料。ISO 9000—2008 版更强调了过程，审核计划也应重视对过程，特别是对产品质量有直接影响的重要过程的审核。因此，除了解组织一般的规模、布局、产品范围外，主要的产品实现过程、工艺路线及其职能分配等信息更为重要。

4.质量管理体系文件的审查

对组织质量管理体系文件审查的主要目的是评价质量管理体系文件是否满足审核目的、范围和审核限则的要求，判断质量管理体系的各过程是否予以识别并适当表述、过程职责是否予以分配，以确定受审方是否具备认证条件。

质量体系文件审查的主要对象是申请方的质量手册及其他说明质量体系的材料，审查的内容包括：

①了解申请方的基本情况。企业的产品及生产特点、人员、设备、检验手段，以往质量保证能力的业绩等。

②判定质量手册所描述的质量体系在总体上是否符合相应的质量保证模式标准的要求：

a.是否具有明确的质量方针和质量目标。

b.审查质量职能的落实情况。

c.审核质量体系要素是否包含了相应质量保证模式要求证实的全部质量体系要素。

③了解质量体系文件的总体构成状况。质量体系文件审查合格后，审核组到现场检查之前，质量体系文件不允许做任何修改。

5.现场审核

(1)现场审核的准备

现场审核的准备包括：①确定现场审核的日期；②制定审核计划，并征求受审核方意见；③根据质量体系特点，编制现场检查表，明确检查项目与检查方法。

(2)现场审核

现场审核的目的是通过查证质量手册的实际执行情况，对质量体系运行的有效性做出评价，判定是否真正具有满足相应质量保证模式标准的能力。现场审核的程序如下：

①首次会议。审核组应与受审核方管理者和受审核职能部门的负责人召开首次会议。首次会议应由审核组长主持，向受审核方介绍审核组成员，确认审核目的、范围和依据文件，简要介绍审核的方法和程序。

②参观。审核组对审核的组织进行一般性参观，目的是取得一般印象，为下一步的审核做准备。

③信息的收集和验证。信息应予以收集，使审核组能确定审核目标是否可以达到。审核员应对审核过程中收集的信息进行验证，必要时可利用其他信息源。经验证的此类信息可作为审核证据。信息可通过不同的方式从多种渠道获得并予以验证，如面谈；对活动和周围的工作环境与条件的观察；文件、记录、数据的汇总、分析、图表和业绩指标；来自其他方面的报告，如顾客反馈、外部报告和零售商的评价；相关抽样方案的水平和确保对抽样和测量过程实施有效质量控制的程序等。

④审核发现。对所收集的证据，应根据审核准则进行评价，以形成审核发现。审核发现可为符合项或不符合项。对未满足规定要求的不符合项应以清晰和简明的方式加以识别和记录，并得到受审核方的理解和审核证据的支持。引起不符合项的原因主要有：质量管理体系文

件不符合质量管理标准的要求,质量管理体系文件的规定没有执行;执行的结果未产生应有的效果或未产生应有的输出。对不符合项的陈述应具有再现性,应记述不符合项被发生的地点、当事人、不符合的事实、违反什么规定以及不符合的严重程度。

不符合的严重程度一般分为严重和轻微二级。严重不符合是指明显不符合质量管理标准的要求,例如,某一体系过程系统性失效;或者一个体系中有相当数量的轻微不符合项;或者缺少某一体系过程。轻微不合格是指被发现的不符合属于个别的、偶然的问题。

⑤评定。由审核组全体成员研究审核情况,对审核结果进行评定,做出审核结论。审核结论有3种:一是建议通过认证;二是要求进行复审,要求对发现的不合格的纠正措施效果进行现场复审,证实对不合格确已采取的适当的纠正措施后,再建议通过认证;三是要求进行重审,这实际上表示本次审核不能通过,若想通过认证,尚需重新接受一次全面的质量体系审核。对不能通过的,要明确说明理由。

⑥末次会议。审核组完成审核后,由审核组长主持与受审核方举行的末次会议应与受审核方的管理者以及对受审核的职能负责的人员共同举行。末次会议的目的是以会议的方式提出审核结论,以确保审核结论得到受审核方清楚的理解和确认。

审核组应提出审核发现和审核结论。审核组和受审核方之间存在的任何尚未解决的意见分歧均应予以讨论,只要有可能均应予以解决。如未能解决,双方的意见应予以记录。

⑦提出审核报告。审核报告是现场审核结果的证明文件,由审核组编写,经组长签署后,报认证机构。

6.审核的完成及其后的监督管理

认证机构审查审核组提交的审核报告,对符合规定要求的批准认证,向申请者颁发体系认证证书并予以注册,证书有效期3年,对不符合规定要求的亦应书面通知申请者。体系认证机构应公布证书持有者的注册名录,其内容应包括注册的质量管理标准的编号及其年代号和所覆盖的产品范围。通过注册名录向注册单位的潜在顾客和社会有关方面提供对注册单位质量管理能力的信任。使注册单位获得更多的订单。

对获准认证后的监督管理有以下几项规定:

①标志的使用。体系认证证书的持有者应按体系认证机构的规定使用其专用的标志,不得将标志使用在产品上,防止顾客误认为产品获准认证。

②通报。证书的持有者改变其认证审核时的质量管理体系,应及时将更改情况报告认证机构。认证机构根据具体情况决定是否需要重新评定。

③监督审核。认证机构对证书持有者的质量体系每年至少进行一次监督审核,以使其质量管理体系继续保持。

④监督后的处置。通过对证书持有者的质量管理体系的监督审核,如果证实其体系继续符合规定要求时,则保持其认证资格。如果证实其体系不符合规定要求时,则视其不符合的严重程度,由认证机构决定暂停使用认证证书和标志或撤销认证资格,收回其体系认证证书。

⑤换发证书。在证书有效期内,如果遇到质量管理体系标准变更,或者体系认证的范围变更,或者证书的持有者变更时,证书持有者可以申请换发证书,认证机构决定作必要的补充审核。

⑥注销证书。在证书有效期内,由于体系认证规则或体系标准变更或其他原因,证书的持有者不愿保持其认证资格的,体系认证机构应收回其认证证书,并注销认证资格。

(三)食品企业获得质量管理体系认证的意义

随着市场竞争的日趋激烈,企业除了技术、管理、价格、服务等方面的竞争外,也非常重视质量方面的竞争。ISO 9001 体系是目前食品企业质量管理最常用的管理体系。目前,人们在注重营养、卫生的同时,对食品安全性问题越来越重视,许多企业也迫切希望通过建立或通过 ISO 9001 质量管理体系认证,进一步提升自己的质量管理水平,为消费者提供营养、卫生、安全的食品,以满足市场需求。因此,在食品生产企业中同时建立 ISO 9001 体系是社会的需要。

①为了获得认证,企业必须请经认可机构认可的质量体系认证机构对其质量管理体系进行审核,因此必须严格按照规范化的程序开展工作,有利于企业管理绩效的提高。

②更容易得到市场和顾客的认同。

③可以在公开媒体上宣传其认证资格,有利于提高市场形象。

④由于认证审核的目的是检查质量管理体系是否具备确保产品满足顾客要求的能力,因此质量管理体系认证相当于顾客对单位的考察。

⑤获证企业将能够在项目招标中获得某种优势。

⑥可以理直气壮地提供对产品和服务质量的承诺,从而为其带来更多的顾客,扩大其市场份额。

⑦获证企业必须接受来自认证机构的定期监督,以验证其质量管理体系持续满足标准的要求,并得到了不断的改进。这种来自认证机构的定期监督对获证企业的质量管理体系的保持发挥了重要作用。

⑧ISO 9000 证书得到了世界范围的承认,有利于开发国际市场。

⑨质量管理体系认证可以为获证企业减少来自顾客的重复评定。

⑩向其他单位提交作为原材料的产品时,可以减少接收单位的考察、监督,并降低进货检验的控制程度,从而减少了一定的成本投入。

三、质量管理体系文件的总体设计

(一)质量管理体系文件的目的和作用

ISO 9000 族国际标准要求将组织的质量管理体系形成文件,质量管理体系文件是质量管理体系的重要组成部分。文件对明确要求,沟通意图,统一协调地开展活动和过程,以及证实活动和过程的结果起着十分重要的作用。在 ISO/TR 10013《质量管理体系文件指南》中明确指出了质量管理体系文件的目的和作用,归纳有以下几方面:

①描述组织的质量管理体系。

②有利于了解相互间的关系,提供信息,加强全面的沟通。

③有利于明确组织内职责、权限、分工,增强工作责任感和对工作重要性的认识。

④为开展质量管理工作及期望的工作业绩提供了明确的依据和要求。

⑤明确了质量管理体系运作和实施的框架,确保作业的一致性,提供满足规定要求的客观证据。

⑥可以作为最高管理者对质量的承诺传达给员工,使管理者和员工达成共识,作为开展培训教育的基础和依据。

⑦可以证明组织质量管理能力,为顾客提供信任,向相关方证实其能力。

⑧为质量审核、评价体系的有效性、持续的适宜性和持续改进提供依据。

(二)质量管理体系文件的构成

ISO 9001:2008 标准 4.2.1 条文件要求总则中明确提出,质量管理体系文件应包括:

1.形成文件的质量方针和质量目标

质量方针是指"由组织最高管理者正式发布的关于质量方面的全部意图和方向"。质量目标是组织在质量方面所追求的目的。

质量方针显示了组织满足顾客要求的宗旨和意图,而质量目标则提出了实施质量方针的具体要求。两者确定了预期的结果,并帮助组织利用其资源达到这些结果。质量方针为建立和评审质量目标提供了框架,质量目标需在此框架内确定、展开和细化;质量方针需体现组织对持续改进的承诺、体现满足顾客和法律法规要求,与组织的宗旨相适应;质量目标要与质量方针和持续改进的承诺相一致,质量目标的实现对产品质量以及组织运行的有效性和总体业绩都有积极影响。

编制质量体系文件时首先应制定组织的质量方针和质量目标,确定组织质量工作的总的宗旨和方向。质量方针和质量目标应在最高管理者直接领导下,采用过程方法进行制定。不仅要制定组织总的质量目标,还要在相关职能和层次上建立质量目标,目标还应包括满足产品要求的内容。通常相关职能的目标可以从质量管理体系策划中所确定的过程目标作为相关部门的目标。建立质量目标系统,有利于对质量管理体系、过程及产品进行全面考核,有利于促进体系运行的有效性。

2.质量手册

质量手册是指"规定组织质量管理体系的文件",即用文件的形式规定组织的质量管理体系。通过质量手册向组织内部和外部提供关于质量管理体系的一致的信息。

质量手册至少要包括的内容有质量管理体系的范围(包括任何删减的细节和正当的理由)、为质量管理体系编制的形成文件的程序或对其引用和质量管理体系过程之间的相互作用的表述。质量手册的详略程度和编排格式可由组织的规模、文化和复杂程度不同而不同。

质量手册应在质管部门统一组织领导下,由质量管理体系文件编写小组来进行编制。可以集中人员编制,但最好还是采取分工合作、上下结合的形式,综合性要求由质管部门编制,专项性要求由各主管部门编制,这样可以更好地联系实际,有利实施。

3.标准所要求的形成文件的程序

ISO 9001—2008 标准要求建立的"形成文件的程序"只有 6 个方面内容,如表 2-27 所示。这是各行各业组织的体系通用性的要求,是组织管理体系的共同关注点,是通用性过程控制的重要环节。显然,组织所应编制的程序文件不止这 6 个,凡是行之有效的程序文件都应继续保留,使之成为完整的体系。

表 2-27 标准要求的"形成文件的程序"

条款	4.2.3	4.2.4	8.2.2	8.3	8.5.2	8.5.3
程序文件名称	文件控制	记录控制	内部审核	不合格品控制	纠正措施	预防措施

形成文件的程序由组织自行规划,要制定多少程序文件由组织自行决定,按 2008 版 ISO 9001 标准的要求,文件力求简练,数量力求减少,以最少的文件能获得最大的效益。程序文件

的编制或修改原则上最好由主管责任部门负责进行，由编写小组统一协调完善，必须采用过程方法对所要编写的程序过程识别清楚，按过程的内容要求编制文件，以促进过程控制的连续性和有效性。此外，对外来文件（标准、法律法规等）强调识别和控制分发。

4. 组织为确保其过程的有效运行和控制所需的文件

组织为确保其过程有效运行和得到控制所要求的文件是一类执行性、操作性文件，注重具体作业的操作执行，通常可把它称为质量作业文件。它主要包括两大方面，即管理性文件（包括质量管理体系，形成程序文件之外的其他管理性文件如规定、办法、准则、制度等），同时也包含行政性文件和技术性文件（包括标准、技术条件、检定规程、工艺规范、检验规范（准则）、图纸、作业指导书、设备操作规范等）。这类文件甚至还包括其他具体的如生产计划、质量计划、检验试验计划、过程图、流程图、合格供方名录等具体的文件。

这类文件在 ISO 9001 标准没有具体的要求，要由组织自行规划，确定编制适当的文件，按实际需要实事求是地决定文件的数量及详略程度，确保控制程度。

5. 标准所要求的记录

ISO 9001 标准规定了为证明产品符合要求和质量管理体系有效运行所必需的记录，主要有管理评审记录、培训记录、产品要求的评审记录、设计和开发评审记录、设计和开发验证记录、设计和开发确认记录、设计和开发更改记录、供方评价记录、产品标识、产品和过程监视和测量记录等。

组织可以自由地制订其他可能需要用来证明其过程、产品符合要求及质量管理体系有效运行所需的记录。质量记录控制的要求与其他类型的文件不同，所有的质量记录必须按照 ISO 9001 标准第 4.2.4 款控制。

其中"形成文件的程序"，即要求建立该程序，形成文件，并加以实施和保持。一个文件可包括一个或多个程序的要求。一个形成文件的程序的要求可以被包含在多个文件中。文件可采用任何形式或类型的媒介。

不同组织的质量管理体系文件的多少与详略程度，可以根据组织的规模和活动的类型不同、过程及其相互作用的复杂程度以及人员的能力不同而不同。

（三）质量管理体系文件的编制方法

1. 质量管理体系文件编制的原则

（1）指令性原则

文件能够达到沟通意图、统一行动的目的。质量管理体系文件是组织建立、实施、保持、改进质量管理体系具有规范性的依据，体系文件使用前要得到批准，使用中要实施控制，并严格按文件要求贯彻实施，体系文件应体现指令性原则，它属于组织必须强制执行的文件，所以作为体系文件要措词严谨，概念准确，表达清楚，界定明确。

（2）系统性原则

质量管理体系本身是将相互关联的过程作为系统加以识别、理解和管理，并要求形成文件，体系文件要体现系统性原则。体系文件要以过程为基础体现其系统性和连续性，要具有系统的合理的体系结构，要系统地全面地符合 ISO 9001 标准的要求。体系文件应层次分明、分布合理、内容清楚、文字简练、职责明确、互相协调，按管理的系统方法和过程方法实施控制。

（3）协调性原则

体系文件内部系统要强调文件的协调一致性，对组织其他方面的管理工作如环境管理、人

事管理、财务管理、安全管理等应加强文件的协调性，文件要体现协调性原则。体系文件中质量方针和目标、质量手册、程序文件和质量作业文件及记录要协调一致，要加强和处理好部门之间的接口和关系；为了提高体系运行有效性和效率，要加强 ISO 9001 和 ISO 9004 标准的协调性；对建立环境管理和安全管理等体系要加强文件相互之间的相容性，加强协调以建立一体化体系。体系文件应加强协调，相互统一，才可能确保体系的有效运行。

(4)有效性原则

文件的形成不是目的，它应是一项增值的活动。制定质量管理体系文件，有效地实施贯彻执行，使体系真正满足并实现 ISO 9001 标准要求，产品质量得到提高、增强顾客满意、使组织得到发展才是目的。体系文件应体现有效性原则。2008 版 ISO 9000 族标准对过程、体系的有效性是一项基本要求，如何体现在体系文件上，要求以过程为基础建立的质量管理体系文件能够增值。当然这涉及实施的问题，但从文件本身就应符合这一原则，才可能保证在体系运行中获得有效的结果。

(5)适用性原则

质量管理体系文件的制定必须抓好两个关键，一是吃透标准，严格以 ISO 9001 标准为依据，二是吃透本组织的实际，体系文件必须联系实际，体现适用性原则。体系文件要从本组织实际出发，总结以往的经验，找出存在的问题，比较与 ISO 9001 标准要求的差距，来制定文件。文件的多少、详略、结构都需要与组织的实际需要相结合，体系文件要坚决防止照抄照搬、搞形式主义。要体现体系文件的先进、科学、经济、合理性，要简明适用，要具有可操作性及文件的唯一性。真正使文件在体系运行中发挥作用，有助于满足顾客要求和质量改进，提供适宜的培训、加强沟通、统一行动，评价质量管理体系的有效性和持续适宜性。

2.体系文件编制的要求

在编制质量管理体系文件时，应体现标准的思路、方法、结构和内容要求，制一套符合标准要求的质量管理体系文件应注意达到如下要求：

①建立质量管理体系文件要以 8 项质量管理原则为指导思想。要以顾客为关注焦点，实施持续改进，加强领导作用，实施全员参与。

②体系文件的制定应积极采用过程方法。应以过程为基础，采用过程方法去确定过程、识别过程、分析过程的顺序及其相互关系，按过程确定所需要的文件和记录，按过程控制要求来编制文件，把文件和过程活动紧密相连，文件应确保过程输出的有效性。并应加强过程文件的应用。按过程方法建立质量管理体系，是 ISO 9000—2008 版标准的核心内容，应体现在体系文件编制的过程中。

③必须联系组织的实际。应强调体系文件的适用性和可操作性。2008 版标准对文件明示要求大大减少，文件选择方法上具有更大的灵活性，其目的就是要有利于组织在编制体系文件时联系实际。组织应调查研究，总结经验，找出问题和不足，对照标准要求，结合实际的需求来编制文件。

④体系结构应体现以过程为基础的质量管理体系模式。体系文件的结构要按照标准第 4～8 章 23 个过程要点、四大板块结构要求为基础，以文件的四大分类为基本框架，文件的形式和多少可由组织根据情况自行确定，可具有灵活性，但体系文件的结构应体现其科学性、合理性和系统性。

⑤要以制定最少量的文件对体系实施有效的控制。这是 2008 版标准对文件要求的又一

新的特点，文件要求简练，尤其应防止重复，要求文件应进行简化和合并。文件不是越多越好，而是要少而精。当然这要结合不同组织的情况来确定，文件应确保体系有效的运行和控制。

⑥应体现文件具有增值效应，有利于促进评价质量管理体系有效性和持续改进。形成文件的本身并不是目的，它应是一项增值的活动。所以在编制体系文件时，要注重文件在实施应用中的有效性。

⑦要确保文件本身的可控性。2008 版标准十分强调体系文件要加以控制，所以在文件编制时，应采取相应措施，如进行编目、规定文件制定审批、发放、控制、更改程序，严格加以控制。体系文件得到有效控制，体系才可能正常地运行和实施。

⑧体系文件的编制从文字应做到简练、准确，易于理解，方便使用。

3. 编制质量管理体系文件的步骤

质量管理体系文件的编制是组织按 ISO 9000 族标准建立质量管理体系中的重要过程，是确保质量管理体系及其过程得到有效的策划、运作、控制和持续改进所必需的。质量管理体系文件的编制的基本步骤如下：

(1)成立体系文件编制小组

首先选定人员成立体系文件编制小组，进行组织落实。体系文件的编制应由组织最高管理者亲自领导，因为文件涉及组织的质量方针目标、组织机构、职责权限、职能分配及体系的整个结构。管理者代表应负责日常具体的组织领导，质管部门为负责体系文件编制的主管职能部门。为加强领导，管理者代表或质管部门领导应成为体系文件编制小组的组长。

成员数量可由组织规模大小来确定。大中型组织最好建立以质管部门为主、由各中层部门领导参加的文件编制小组，采取上下结合、分工合作的方式进行。对小型组织，本身规模很小、中层干部兼职很多，可以选择几个熟悉业务文字能力强的人员组成。

文件应该由参与过程和活动的人员制定，这样有利于建立和培养一支以中层干部为骨干的贯标队伍，体现参与感和责任感，把编制体系文件作为学习标准熟悉理解标准的过程，为有利于今后贯彻实施标准做好准备。确保体系文件编制成员的素质是提高体系文件质量的根本要素。

(2)要积极、认真地开展培训活动

要编写体系文件必须首先要理解和熟悉 ISO 9000 族标准。要知道体系文件应如何编写，首先要开展培训活动，可通过内部质量审核员培训，或专门的 ISO 9000 族标准及体系文件编制培训班，重点应掌握以下内容：ISO 9000 族标准的基本指导思想，即质量管理八项原则；ISO 9000、ISO 9001 标准的内容要求；过程方法的应用；如何实施质量管理体系及过程的策划；体系文件的内容、要求及编制方法。因为体系文件涉及各部门各层次，培训最好中层以上干部均能参与，这有利于开展体系文件的编制工作。培训不仅仅是学习标准的内容和要求，更重要的是要解决两个问题，一是要提高认识转变观念，二是要解决体系文件编写的方法问题。要以过程为基础，从过程方法入手，去识别过程、策划过程，从而去编制所需要的文件。搞好培训是建立体系文件的重要基础。

(3)制定体系文件编制的总体安排

应编制一份体系文件总体安排计划，从成立编制小组、培训、进行体系策划、确定体系结构方案、制定体系文件目录和编制实施计划到体系文件的编制、修改、审核、批准、发布实施、完善改进，应按上述程序制定进度安排和要求。

体系文件它涉及3个层次4大类包括管理性文件和技术性文件,如基础薄弱的组织,技术性文件的编制工作是大量的,通常这一过程活性时间需3～4个月,甚至有的组织还不够,所以要按计划进行分工,任务落实到各有关部门及责任人员。

(4)进行质量管理体系过程的策划

2008年版标准强调采用以过程方法来管理组织,用过程方法来建立、实施、保持、改进质量管理体系。体系文件当然要以过程为基础,以体系的过程模式为基本结构,通过过程的识别、分析来确定所需要的文件和记录。文件和记录既要反应过程的要求又要达到能对过程实施控制,以利于体系的有效运行,为此要编制体系文件首先应对过程及其体系进行策划。

首先要进行调查研究识别过程,分析过程并确定过程。体系过程的策划应在质管部门的统一组织下,由各职能部门进行,主要是按ISO 9001:2008标准中对质量管理体系的要求来识别分析本部门的过程,提出体系文件和记录的需求。

在过程策划的基础上,进一步进行质量管理体系的策划,设计和确定组织质量管理体系的结构。按2008年版ISO 9001标准要求质量管理体系由四大板块过程组成,但应设置哪些机构,职能如何分配,要提出组织的行政机构结构图,质量管理体系结构图及各职能部门的质量职责分配表(简称二图一表)。这是体系策划的一个结果,也是编制体系文件的前提。如果组织机构职能分工不能最后确定,则组织的体系文件是无法制定的。

在组织机构职能分配确定的前提下,可以进一步来核实各职能部门有关过程所需的文件和记录。此时各职能部门应进行按分工的内容,将策划结果和目前现有情况与2008年版ISO 9001标准所规定的要求进行对比分析,找出本部门相对ISO 9001:2008标准的差距和问题,确定过程所需的体系文件和记录的目录,经质管部门汇总讨论分析论证,最后确定组织需要制定哪些体系文件和记录表格。

(5)制定体系文件编制的实施计划

在上述策划分析基础上,编写小组要研究提出组织体系文件的结构形式,根据ISO 9001:2008标准体系文件简练、实用、准确的要求,确定除质量方针、质量目标、质量手册外,应制定哪些程序文件和质量作业文件及质量记录。主要确定程序文件的形式及数量,如加强程序文件,简化手册;或减少甚至不制定程序文件,细化手册;确定要多少管理性文件、技术性文件、质量记录。确定体系文件、记录总目录清单后应制定一份《体系文件编制计划表》,确定文件名称、编制责任部门责任人、起草人、统稿人(或审核人)及编制进度。文件制定最好是哪个部门的文件由哪个部门自行起草,综合性文件由质管部门起草,专项性文件由各职能部门起草,因为本部门最熟悉本部门工作,有利于加深对标准的理解,有利于贯彻实施。

上述计划应经最高管理者或管理者代表批准由质管部门组织实施,由文件编写小组成员作为起草人进行起草,各职能部门中层领导干部参与起草,并作为各职能部门文件起草的责任人。对于小型组织,则可直接由质管部门负责起草的有关工作,但要注意听取各部门意见和要求,加强协调配合。

(6)体系文件的起草

首先要清理原有文件,在体系过程策划的基础上,按计划要求进行编制,起草中要按ISO 9001标准对过程的控制要求,结合本组织实际总结以往的经验来进行。

起草可分为两大阶段进行。首先制定质量方针、质量目标及质量手册和程序文件,然后再制定相应质量作业文件和有关记录表格。但为了有利于体系文件的编制,首先要把为起草体系文件具有综合性、指导性的文件先制定并确定下来，如纳入质量手册的《组织行政机构图》、《组织质量管理体系结构图》、《各职能部门质量职能分配表》、《各职能部门及有关人员质量职责规定》(即岗位责任制)以及《质量管理体系文件编号、编写导则》等。考虑到2008版标准过程方法的使用，为了有利于实施体系过程的策划，也可以制定一份《采用过程方法的有关规定》文件，为全面开展文件起草做好准备。

起草体系文件应按上述的原则和要求进行，要突出标准所具有的特点。可以先制定初稿，经讨论协调修改后提出征求意见稿，在广泛征求各职能部门意见基础上形成报审编，这一过程可能要反复2～3次，然后进行统稿形成报批稿，提交组织审核批准。这一过程只是对管理性体系文件而言，有关质量作业技术文件，则可按技术文件编制程序进行编制。

(7)体系文件的审核批准

当完成体系文件报批稿时，文件应进行审核，对质量手册、程序文件和管理性的作业文件，必要时应进行文件的会签，再作一次协调和审查。在会签基础上，上述管理性文件均应经过管理者代表审核，质量手册应报请最高管理者批准，程序文件和质量作业文件可由管理者代表批准(有的小型组织必要时均可由最高管理者批准)。

文件批准后，即应发布实施。实施前应由质管部门统一进行编号，要做到文件编目的唯一性，由文件分管部门分发，并由人力资源部门开展体系文件的培训。

(8)体系文件的改进和完善

体系文件的编制同样应实施PDCA动态循环。随着体系运行、内审及管理评审中所发现存在的问题，应及时修改体系文件。体系文件应在不断修改、补充中得到完善，在体系运行中发挥应有的作用，文件修改应按有关规定程序执行。

四、质量手册的编制

质量手册是组织建立质量管理体系的指令性文件，它应反映出组织对体系的全面要求。质量手册应以过程为基础，按ISO 9001标准总的要求和第4～8章过程要点要求，结合本组织进行过程识别、职责分配、提出程序和要求、评价过程的效果来进行编制。质量手册决不能照抄标准条款作为主要内容，而是应依据标准条款要求结合组织实际情况提出规定和实施方法。没有“标准化”的手册，每个组织都应根据各自特点编制本组织的质量手册。

(一)质量手册的内容和要求

ISO 9001:2008标准4.2.2条规定了质量手册最基本的内容。手册的形式和结构取决于组织的规模、文化以及复杂程度，但总体的应包括以下内容：

①标题和范围。标题和(或)范围应当明确使用手册的组织。

②目录。质量手册的目录应当列出每个部分的序号、标题及其位置。

③质量手册的评审、批准和修订。质量手册中应当明确质量手册的评审、批准和修订状态和日期。可行时，还应在文件或附件中明确更改的性质。

④质量方针和质量目标。如果组织决定在质量手册中阐述质量方针，质量手册可包括对质量方针和质量目标的陈述。组织可以决定在其他的质量管理体系文件中规定实现质量目标的具体指标。质量方针应当包括对满足要求和持续改进质量管理体系有效性的承诺。

⑤质量管理体系描述。质量手册应当对质量管理体系总要求及管理职责、资源管理、产品实现、测量分析改进各过程的相互作用及控制和要求，必要时可纳入有关程序文件。

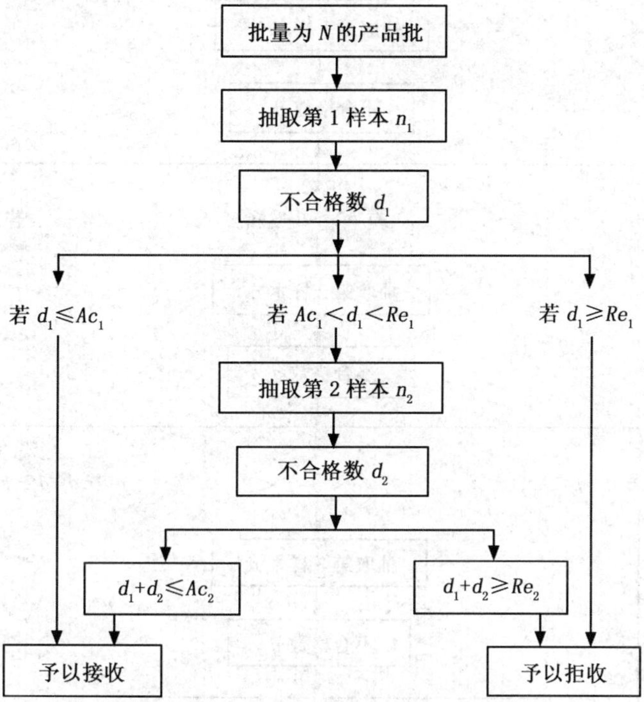

图 2-20　二次抽样方案操作程序示意图

3. 多次抽样检验方案

多次抽样检验方案又称多次抽验，多回抽验，是一种允许抽取两个以上具有同等大小 n 的样本(通常 n 相同，但非必要)，才能最终对该批做出接收与否判定的抽样形式。是否需要第 i 次抽样要根据前次($i-1$ 次)抽样结果而定。ISO 2859 的多次抽样多达 7 次，GB 2898 为 5 次。通常多次抽样检验所抽取的样品数 n 相同，也可不同。表 2-24 列举了一个 7 次抽样方案，在方案中规定了合格判定数 Ac 和不合格判定数 Re_i，其操作程序如图 2-21 所示。

表 2-24　多次抽样检验实例

样本号	样本大小 n_i	累计样本大小 $\sum n$	合格判定数 Ac_i	不合格判定数 Re_i
第 1 组	30	30	•	2
第 2 组	30	60	0	3
第 3 组	30	90	1	3
第 4 组	30	120	2	4
第 5 组	30	150	2	4
第 6 组	30	180	2	4
第 7 组	30	210	4	5

4. 序贯抽样检验

序贯抽样检验包括逐项抽样检验以及在此基础上发展起来的多次抽验，但通常指的是前者。这种方案不限制抽样检验次数，每次仅抽取一个单位产品进行测试，然后，做出合格、不合格或继续抽样检验的判定，直到能做出批合格与否的判定为止。序贯抽样检验由于检验量少，

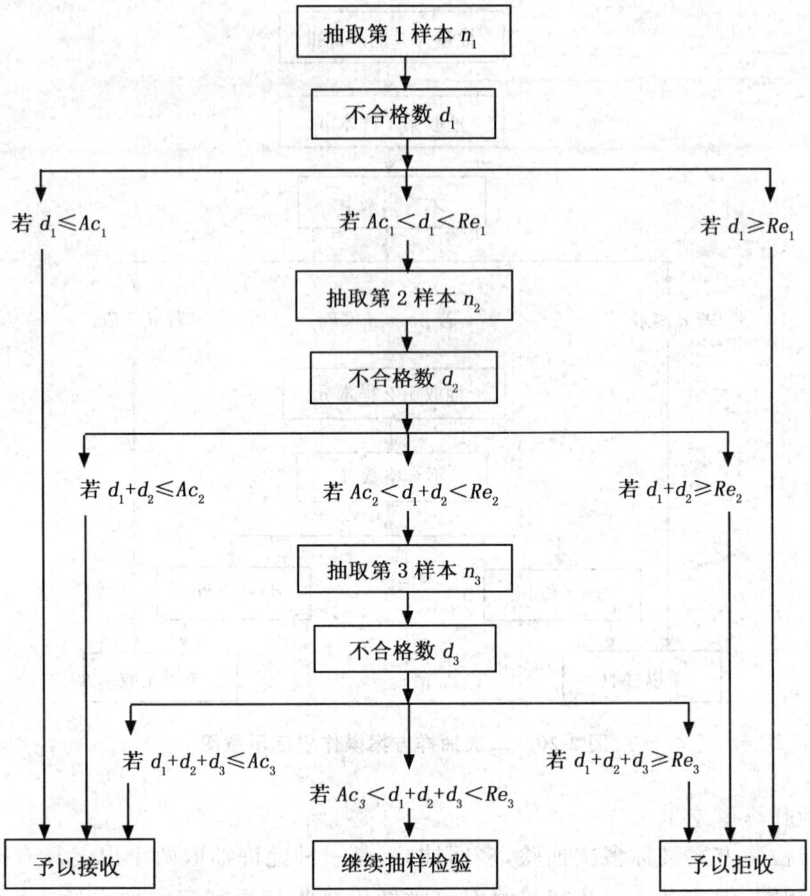

图 2-21　多次抽样检验操作程序

特别适用于破坏性检验,其特点与多次抽样检验方案基本相同。

五、不合格品控制

(一)不合格与不合格品的概念

GB/T 19000—2008 对不合格的定义为:“未满足要求。”不合格包括产品、过程和体系没有满足要求,所以不合格包括不合格品和不合格项。其中,凡成品、半成品、原材料、外购件和协作件对照产品图样、工艺文件、技术标准进行检验和试验,被判定为一个或多个质量特性不符合(未满足)规定要求,统称为不合格品。

质量检验工作的重要任务之一,就是在整个产品形成过程中剔除和隔离不合格品。不合格品的及时剔除与隔离,可防止其非预期的使用或交付。

(二)不合格品的控制程序

在整个产品形成过程中,存在不合格品是可能的,重要的是产品生产者应建立并实施对不合格品的控制程序。

质量检验工作的基本任务之一,就是在原材料、外购配套件、外协件进货,零部件加工到成

5 管理职责过程要求
6 资源提供过程要求
7 产品实现过程要求
8 测量、分析和改进过程要求
附录 适用的质量记录目录清单

(三)质量手册章节的内容

1. 手册的格式和编号

(1)手册的格式

质量手册内页格式应既方便查阅又有利于实施文件的更改,应写明文件编号、版次、文件章节号、标题、页次和更改次数,下面分别列入"更改/日期","审核/日期"、"批准/日期",这是指更改人、审核人和批准人,是为了进行手册换页更改时使用,并填写"更改次数"栏,有利于手册更改的控制。手册附录应附有《质量管理体系程序文件和管理性质量作业文件目录》和《质量记录目录》,具有序号、文件编号、文件名称、版次、主要责任部门、备注,这主要是把质量手册与整个管理性体系文件相联系。

(2)手册的编号

质量管理体系文件的编号十分重要,直接影响到文件的有效管理和控制。文件编号应反映出组织的名称、文件的类别、文件的主管责任部门、文件分类号及序号,使文件的种类、主管部门相应过程要点及数量都能一目了然。体系文件编目应做到唯一性,凡体系文件均应有编目,以利实施分类管理、更改再版工作的有序进行,通常可采用以下形式。

①组织代号,一般用缩写的拼音字母表示。

②文件类别号,按标准要求分5类:

质量方针质量目录—QA;

质量手册—QB;

程序文件—QC;

质量作业文件—QD(指管理性文件,技术性文件另定);

质量记录—QE。

③主管责任部门代号,可按责任部门缩写的拼音字母表示,其作用是为了方便文件中职能的归口管理,如:办公室—BG,质管部门—ZG,技术部门—JS,生产部门—SC、供应部门—GY,销售部门—XS,设备部门—SB,人力资源部门—RZ,财务部门—CW,质量手册和中、小型组织这一代号可省略。

④过程要点及数量序号,序号为这一要点的文件数,这可以把文件和过程要点相联系,明确适用范围,方便管理。

2. 质量手册的具体内容

(1)封面

应在封面上方写组织名称,其下写质量手册,质量手册下写第×版,在手册中下部应写明质量手册编号、文件发放编号、手册受控状态,在封面下方左边写发布日期,下方右边写实施日期。

(2)目录

质量手册的目录标准对应条款号。

(3)前言

前言为质量手册的01章，主要陈述组织概况：发展历史、性质、规模、特点、产品种类及业绩，组织质量管理情况及为什么要编制本质量手册，手册起草人、审核人，组织的地址、邮政编码、电话、传真、网址。

(4)批准令

批准令为02章，是质量手册的发布令，通常组织应用本组织的红头文件正式发布，由最高管理者签发，也可以不发文件直接在手册上签字发布。应说明本手册符合ISO 9001标准要求，结合组织实际，明确手册的作用、性质、适用产品范围、用途及对全体员工的要求，明确××××年××月××日实施。由最高管理者签字批准。

(5)组织的质量方针和质量目标

质量方针和质量目标应形成文件，要陈述说明、要求及计算方法。在手册上可以引入组织质量方针及质量总目标的主题内容，部门、层次质量目标及包括满足产品所需要求的内容不必列入手册中。质量方针、质量总目标在手册中也可单独作为一章列入，也可以列入质量管理体系要求5.3章节文件中，形式可自定。

(6)范围、引用文件及术语和定义

范围要明确体系的产品范围，相关的机构职能部门范围，要明确删减的内容细节及其原因。

(7)质量管理体系要求与控制

这一部分相应标准为第4～8章，是质量手册的主要内容。对不同的结构形式手册具有不同的写法，现以按标准的基本条款(过程要点)来编写质量手册为例简单说明。

标准第4～8章的内容，第4章为总要求，其他4章是以四个大的过程板块为基础而形成的过程要点，所以手册的编制要以23项过程要点为基础，以过程管理方法为主导来进行陈述，通常每节可按下列内容编写：

①适用范围。明确该过程要点所控制的范围。

②职责分配。明确该过程要点的接口分工及相关职能部门的职责和任务。

③过程控制要求。明确过程要点的目的，从过程方法识别和分析过程要点的输入、输出和活动，过程控制的要求及方法，过程的实施和保持，过程的监视和测量，过程有效性评价及改进。

④相关或支持性文件。明确本过程要求适用的程序文件或质量作业文件(列出文件名称及文件编号)。

⑤适用质量记录。明确本过程要点适用的质量记录(记录表格名称、文件编号)。因为程序文件大大减少，各过程要点所需的质量记录可直接从手册中反映出来，有利于加强管理。

上述内容编制的详略应由不同组织的手册结构形式决定，但原则是不能照抄标准条文，应结合组织的实际情况进行编写。

(8)附录

主要列出所附的除质量手册外管理性体系文件目录和质量记录目录(必要时包括有关法律法规目录)。因为技术性文件过多，如组织规模不大、产品单一，也可以列出全部有关体系文件的目录，有利加强文件的管理和控制。

五、质量管理体系的改进提高

(一)质量管理体系的评价

1. 质量管理体系过程的评价

质量管理体系建立和实施后,需对质量管理体系的适宜性、充分性和有效性和效率进行系统的、正式的评价,以便采取改进措施。评价质量管理体系应对每一被评价的过程,提出如下4个基本问题:

①过程是否已被识别并适当规定?

②职责是否已被分配?

③程序是否得到实施和保持?

④在实现所要求的结果方面,过程是否有效?

综合上述问题的答案可以确定评价结果。质量管理体系评价可在不同范围内,通过一系列活动来开展,如质量管理体系审核、评审以及自我评定。

2. 质量管理体系审核

"质量管理体系审核"是用于确定符合质量管理体系要求的程度,将审核中收集到的审核证据对照审核准则进行评价的结果,用于评定质量管理体系的有效性和识别改进的机会。

审核分3种类型:第一方审核,由组织自己或以组织的名义进行,即内部审核;第二方审核,由组织的顾客或由其他人以顾客的名义进行;第三方审核,由外部独立的机构进行。这类机构通常是经政府核准认可的组织。后两类型审核又称外部审核。

3. 质量管理体系评审

最高管理者的任务之一就是按照策划的时间间隔,主持、组织并有规则地、系统地评价质量管理体系的适宜性、充分性、有效性和效率。这种评审的结果是考虑是否需要对质量管理体系,包括质量方针和质量目标进行改进和变更,以响应顾客和其他相关方需求和期望的变化。

管理评审是一个过程,其输入为审核报告、顾客反馈、预防纠正措施、过程的绩效与产品符合性及其他信息源,其输出为评审结论和确定需采取的措施,包括资源需求、产品改进等。

4. 自我评定

自我评定是组织参照一种质量管理体系或卓越模式,对组织的活动和结果所进行的全面和系统的评审。自我评定可提供一种对组织业绩和质量管理体系成熟程度的总的看法。它还有助于识别组织中需要改进的领域,并确定优先开展的事项。ISO 9004《质量管理体系 业绩改进指南》给出了组织进行自我评定的指南。这种自我评价方式的根本思想是:通过对过程的评价来测量质量管理体系的运行情况,寻求过程改进的机会以改进质量管理体系。对过程的评价包括:识别过程的优点和缺点、分析不合格的原因、指导组织确定质量管理体系的完善程度并识别改进的区域、帮助组织确定向何处投入改进资源。

(二)质量管理体系的改进提高

持续改进是第6项质量管理原则,组织应利用质量方针、质量目标、审核结果、数据分析、纠正和预防措施以及管理评审,持续改进质量管理体系的有效性和效率,增加顾客和其他相关方满意的机会。

1. 改进措施

组织可以根据评价的结果决定采取何种改进措施。基于所有工作都是由过程来完成的,因此所有改进活动的实质都是对过程的改进。ISO 9004 标准《附录 B:持续改进的过程》为各类组织提供用以持续改进的过程方法,它能帮助组织识别和启动需要优先改进的地方,这些改进的实施会给组织带来最大的收益。

(1)对过程进行持续改进的两个基本途径

①突破性项目的改进活动。突破性项目是指对现有过程进行修改和改进,或实施新过程,一般是指对组织具有战略性的长远意义的项目。这些项目通常是由日常运作之外的跨职能的小组来实施。

②渐进的持续改进活动。这种渐进的持续改进活动,一般是指在现有过程中由现有的职能部门或岗位人员进行的一种渐进性的或者有着递增式变化的较小的改进活动。这种活动基本上是连续不断的、持之以恒的活动,是对原有过程不断地进行少量的或轻微修改的日常的改进活动。

(2)突破性项目改进的 6 项活动

突破性项目,应通过对现有过程的再设计来确定。它应该包括以下阶段:

①确定目标和改进项目的总体要求;

②分析现有的"过程"并认清"创新性变更"的机会;

③确定并策划过程改进;

④实施改进;

⑤对过程的改进进行验证和确认;

⑥对已完成的改进作出评价,包括总结经验。

以上 6 项活动充分体现了 PDCA 闭环管理原理。

(3)持续改进 7 个步骤

持续改进也应按 PDCA 的方法进行,通常有以下步骤:

①选择改进的区域,分析改进的原因;

②评价现有过程的效率;

③识别并验证问题的根本原因;

④确定可能解决问题的方法;

⑤评价效果;

⑥将新的解决办法规范化;

⑦评价过程的效率和改进措施的有效性。

2.纠正措施

纠正措施是为消除已发现的不合格或其他不期望情况的原因所采取的措施。最高管理者应当确保将纠正措施作为改进的一种手段。纠正措施的策划应当包括评价问题的重要性,并应当根据对运作成本、不合格成本、产品性能、可信性、安全性以及顾客和其他相关方满意程度等方面的潜在影响来评价。组织应当吸收不同领域的人员参加纠正措施过程。当采取措施时,组织还应当强调过程的有效性和效率,并要对措施进行监视,以确保达到预期目标。

为了制定纠正措施,组织应当确定信息的来源,收集信息,以确定需采取的纠正措施。所确定的纠正措施应当注重消除不合格的产生原因,以避免其再发生。纠正措施考虑的信息来源可包括:

——顾客抱怨;

——不合格报告；

——内部审核报告；

——管理评审的输出；

——数据分析的输出；

——满意程度测量的输出；

——有关质量管理体系的记录；

——组织内人员；

——过程测量；

——自我评定结果。

确定不合格原因的方法有许多，包括由个人或委托纠正措施项目小组所做的分析。适当时，组织应当对不合格根本原因的分析纳入纠正措施过程。不合格根本原因的分析结果应当在确定和采取纠正措施之前通过试验来验证。

为了评价纠正措施的需求，以确保不合格不再重复发生，组织应当考虑对指定的执行纠正措施项目的人员提供适当的培训。

3.预防措施

预防措施是指为消除潜在不合格或其他潜在不期望情况的原因所采取的措施。管理者应当策划如何减轻不合格对组织产生的影响，以保持过程业绩和产品性能。所策划的不合格的预防应当用于实现和支持过程、活动和产品，以确保相关方满意。预防措施应与潜在问题的影响程度相适应。

为了有效和高效，对不合格预防的策划应当是系统的。这种策划应当基于通过采取适宜方法（包括对以往数据的评价以判定趋势）所获得的数据，以及对组织业绩和其产品性能相关的关键点，从而获得以定量方式表达的数据。这种数据将为制定适于每个过程和产品的有效和高效的不合格预防计划以及确定优先次序提供信息，以满足相关方的需求和期望。

对不合格预防计划有效性和效率的评价结果应当是管理评审的输出，并应当作为修改计划和改进过程的输入。

实训 2-5 质量管理体系文件的编制

一、实训目的

(1)掌握食品企业质量管理体系文件的主要内容。

(2)能运用 ISO 9000 族标准的要求，编制肉制品企业的质量管理体系文件。

二、实训原理

ISO 9000 族国际标准要求将组织的质量管理体系形成文件。质量管理体系文件是体系的重要组成部分，是组织建立、实施、保持、改进质量管理体系具有规范性的依据。体系文件的编制是组织按 ISO 9000 族标准建立质量管理体系中的重要过程。

质量管理体系文件的编制要以 8 项质量管理原则为指导思想，以过程为基础，积极采用过程方法去确定过程、识别过程、分析过程的顺序及其相互关系，按过程确定所需要的文件和记录，按过程控制要求来编制文件，把文件和过程活动紧密相连。文件应确保过程输出的有效性，并应加强过程文件的应用。

三、实训方法和步骤

1. 成立文件编制小组

首先成立文件编制小组，成员数量不少于4人为宜，组长负责。

2. 标准学习和培训

学习ISO 9000族标准及体系文件编写方法或通过专门的内部质量审核员培训班，重点掌握ISO 9000族标准的基本指导思想，即质量管理八项原则；ISO 9000:2005、ISO 9001:2008标准的内容要求；过程方法的应用；如何实施质量管理体系及过程的策划；体系文件的内容、要求及编制方法。

3. 制定质量体系文件编制的总体安排

编制一份质量体系文件总体安排计划，从成立编制小组、学习培训、进行体系过程策划、确定结构方案、制定文件目录和编制实施计划到体系文件的编制、修改，按上述程序制定进度安排和要求。然后按计划进行分工，任务落实到各个小组成员。

4. 进行质量管理体系过程的策划

根据ISO 9001标准4.1 a～f各条要求进行调查研究，识别分析过程，提出过程所需的体系文件和记录的目录。然后经小组讨论，确定需要制定哪些记录表格。

5. 制订文件编制的实施计划

在进行过程策划分析的基础上，编写小组要研究提出文件的结构形式，确定文件、记录总目录清单，然后应制定一份《文件编制计划表》，确定文件名称、编制责任人、起草人、统稿人(或审核人)及编制进度。

6. 文件的编写

各小组成员按文件编制计划要求，结合ISO/TR10013《质量管理体系文件指南》，先制订文件初稿，然后小组讨论、修改后进行统稿完成文件。

四、实训结果与评价

对各小组编制的质量管理体系文件进行分析讨论或互相交叉进行模拟审核，根据分析、讨论或审核结果，对所编制的文件进行改进和完善。

复习题

1. 试述食品质量管理的特点。
2. 简述质量管理的发展过程。
3. 简述PDCA循环的含义和主要内容。
4. 简述质量成本的基本构成。
5. 影响过程质量的6个因素(5M1E)是什么？
6. 质量管理常用的7种工具是什么？
7. 用因果图分析问题的主要原因时，应该注意什么？
8. 简述散布图的相关性有哪几种典型类型。
9. 简述直方图的制作步骤。
10. 论述直方图在食品生产应用中的分析方法。
11. 简述分层法的作用和使用场合。
12. 简述常规控制图的判异准则。

13. 简述质量检验的流程。

14. 什么是抽样检验？其特点是什么？

15. 常用的随机抽样方法有哪些？各自的优缺点是什么？

16. 什么是质量管理体系？在食品企业推行ISO 9000质量管理体系的作用有哪些？

17. 建立和实施质量管理体系有哪些基本步骤？

18. 质量管理体系的基本内容有哪些？

19. 质量管理体系的认证实施程序有哪些？

20. 怎样进行质量管理体系文件的编制？

项目3 ISO 22000 食品安全管理体系的建立与实施

随着经济全球化的发展、社会文明程度的提高，人们越来越关注食品的安全问题；要求生产、操作和供应食品的组织，证明自己有能力控制食品安全危害和那些影响食品安全的因素。顾客的期望、社会的责任，使食品生产、操作和供应的组织逐渐认识到，应当有标准来指导操作、保障、评价食品安全管理。尤其在当前食品贸易量日益剧增的形势下，无论生产、加工、贮运、销售都有责任强化本国食品管理体系，履行基于风险分析的食品管理策略。国家的政治家和科学家认为有效的食品管理体系是确保消费者健康和安全的基础。

近年以来，食品安全问题引发的社会、政治和贸易问题时有发生，国家的食品安全管理法规、机构、监管、信息、教育正在急剧变化，及时了解和掌握企业在食品安全管理方面的动向，制定适合本企业的食品安全管理体系，体现以人为本，实现企业全面协调发展的科学发展观，是食品安全管理面临的主要挑战。

本项目系统地阐述了食品安全管理体系的构成要素，食品安全管理的原则和原理，以及如何进行食品安全管理的体系内容。通过对该项目的学习，将会了解并掌握安全管理体系(GMP、SSOP、HACCP、ISO 22000)的发展现状和意义以及体系构成要素中的具体操作内容，能够灵活运用该体系实现对企业产品的全面安全管理。最终能担当起食品企业内部从事食品安全管理体系(GMP、SSOP、HACCP、ISO 22000)审核和管理的重任。

任务3-1 食品企业良好操作规范(GMP)的建立与实施

◆**学习目标**

1. 了解各国GMP的发展现状；
2. 掌握GMP的内涵、原则、意义；
3. 掌握GMP的操作管理内容、细节。

良好生产规范(good manufacture practice，GMP)，中文的意思是“良好生产操作规范”，是一种特别注重在生产过程实施对食品卫生安全的管理。简要地说，食品GMP是政府强制性的对食品生产、包装、贮存卫生制定的法规，保证食品具有安全性的良好生产管理体系。GMP要求食品生产企业应具备良好的生产设备、合理的生产过程、完善的质量管理和严格的检测系统，确保最终产品的质量(包括食品安全卫生)符合法规要求。GMP所规定的内容，是食品加工企业必须达到的、最基本的条件。GMP要求从原料接收直到成品出厂的整个过程中，进行完善的质量控制和管理，防止出现质量低劣的产品，保证产品的质量。GMP 的特点是以科学为基础，将各项技术性标准规定得非常具体。其主要的目标是在食品企业中生产加工出安全卫生的食品。一般情况下，它以法规、推荐性法案、条例和准则等形式公布。

GMP 的产生起源于美国的药品生产领域。1961 年发生了源于欧洲前联邦德国、波及世界的 20 世纪最严重的药物灾难，即产生大量畸胎的"反应停"(一种治疗妊娠反应的药物)事件。基于对该事件严重后果的不安，美国于 1962 年修改了《联邦食品、药品和化妆品条例》，将药品质量管理和质量保证的概念制定为法定的要求，并于 1963 年通过国会以法令的形式颁布了世界上第一部药品的 GMP。食品和药品都是与人类生命息息相关的特殊商品，在药品 GMP 取得良好成效之后，GMP 很快就被应用到食品卫生质量管理中，并逐步发展形成了食品 GMP。1969 年，美国将实施 GMP 管理的理念引用到食品的生产法规中，颁布了《食品制造、加工、包装、贮存现行良好生产规范》(Current Good Manufacturing Practice in Manufacturing, Processing, Packing, or Holding Human Food, CGMP)，又称为《食品 GMP 基本规范》。1985 年国际食品法典委员会制定了《食品卫生通用 GMP》。

一、食品 GMP 的发展历程

GMP 的想法起源于美国。1963 年，美国食品药品管理局(FDA)颁布了世界上第一部药品生产管理规范，即药品 GMP。食品 GMP 是从药品 GMP 中发展起来的。美国在制定了药品 GMP 的 6 年后，于 1969 年公布了"食品制造、加工、包装、储存现行良好生产规范"。20 世纪 70 年代初期，美国 FDA 为了加强、改善对食品的监管，根据美国食品药物化妆品法第 402(a)条的规定，凡在不卫生的条件下生产、包装或储存的食品或不符合生产食品条件下生产的食品视为不卫生、不安全的，因此制定了食品生产的现行良好操作规范(21 CFR part 110)。这一法规适用于一切食品的加工生产和储存，随之 FDA 相继制定了各类食品的操作规范，如 21 CFR part 106，适用于婴儿食品的营养品质控制；21 CFR part 113，适用于低酸罐头食品加工企业；21 CFR part 114，适用于酸化食品加工企业；21 CFR part 129，适用于瓶装饮料等一系列不同食品的 GMP，在食品工业中逐渐形成一个 GMP 体系。所有这些 GMP 法规，包括《良好生产规范》(美国 FDA 21CFR part 110)，都在根据食品工业及相关技术的发展状况，以及人们对食品安全的认识和要求，不断地修改和完善。在加拿大，卫生部(HPB)按照《食品和药物法》制定了《食品良好制造法规》(GMRF)。世界卫生组织(WHO)曾于 1969 年号召各成员国制定药品 GMP，美国颁布 CGMP 后，联合国食品法典委员会(CAC)采纳 CGMP。CAC 于 1997 年制定了"食品卫生通则"CAC/RCP 1—1969Rev. 3(1997)及一些食品生产的卫生实施法规。CAC 现已制定有食品卫生通则(CAC/RCP 2—1985)等 37 个卫生规范，其中包括鲜鱼、冻鱼、贝类、蟹类、龙虾、水果、蔬菜、蛋类、鲜肉、低酸罐头食品、禽肉、饮料、食用油脂等食品生产的卫生规范。欧盟的食品卫生规范和要求包括 6 类：对疾病实施控制的规定；对农药、兽药残留实施控制的规定；对食品生产、投放市场的卫生规定；对检验实施控制的规定；对第三国食品准入的控制规定；对出口国当局卫生证书的规定。

(一)GMP 在国外的发展

1. 美国的 GMP

美国在 1969 年发布的《食品 GMP 基本规范》的基础上，陆续制定了熏制鱼类及冷冻面拖虾 GMP(1970)，低酸性罐头 GMP(1973)，可可和糖果制品及瓶装饮料水 GMP(1975)，酸化食品与酸性食品、面包及焙烤食品、果实及花生米 GMP(1979)等一系列不同食品的 GMP。随着食品工业及其相关技术的发展，以及人们对食品安全的认知加深和需求增大，美国不断地修改和完善这些 GMP。例如，1969 年颁布的《食品 GMP 基本规范》，于 1986 年 6 月 19 日进行了修订。修订后的《食品 GMP 基本规范》包括 7 个部分：

A 部分总则，包括定义、现行的良好操作规范、人员、例外情况；

B 部分建筑物与设施，包括厂房和场地、卫生操作、设施卫生和控制；

C 部分设备，包括设备和工器具；

D 部分预留作将来补充；

E 部分生产和加工控制，包括加工和控制、仓储与分销；F 部分预留作将来补充；

G 部分缺陷水平，包括食品中对人体健康无害的天然的或不可避免的缺陷。

2. 加拿大的 GMP

加拿大的食品 GMP 既有政府制定的 GMP，也包含企业自身管理章程，具体有 3 种实施情况：

①生产企业必须遵守政府系列法规中的 GMP；

②鼓励生产企业自觉遵守政府出版发行的 GMP 工业企业操作规程；

③为有利于出口以及与国际同步而执行的由国际组织制定的 GMP。

加拿大卫生部按照《食品和药物法》制定了《食品良好制造法规》(GMRF)，规定了加拿大食品加工企业最低健康与安全标准，提出了实施 GMP 的基础计划，并将基础计划定义为一个食品加工企业中为在良好的环境条件下加工生产安全卫生的食品所采取的基本控制步骤或程序。实施 GMP 的基础计划包括厂房、运输和储藏、设备、人员、卫生和虫害的控制，回收等 6 个方面的内容。加拿大农业部也建立了食品安全促进计划(FSEP)，其内容相当于 GMP 的内容，其目的是作为食品安全控制的预防体系，确保所有加工的农产品以及这些产品的加工条件是安全卫生的。

3. 欧盟的 GMP

欧盟的食品 GMP 包括以下 6 类规定：

①对疾病实施控制的规定；

②对农、兽药残留实施控制的规定；

③对食品生产、投放市场的卫生规定；

④对检验实施控制的规定；

⑤对第三国食品准入的控制规定；

⑥对出口国当局卫生证书的规定。

欧共体理事会发布的涉及 GMP 的代表性指令《水产品生产和投放市场的卫生条件》(91/493/EEC)规定的卫生条件包括：

①厂库和设备的一般条件；

②卫生条件；

③工作人员卫生条件；

④加工卫生条件；

⑤生产条件的卫生监控；

⑥水产品的卫生标准。

4. 日本的 GMP

日本的食品 GMP 称为卫生规范，包括盒饭与饭菜卫生规范(1979)、酱菜卫生规范(1980)、糕点卫生规范(1983)、中央厨房传销零售餐馆体系卫生规范(1987)、生面食品类卫生规范(1991)。这些卫生规范是指导性而非强制性的标准，达不到它们的要求不算违法，以终产品是否合格为准。

(二)GMP 在我国的发展

近年来，我国颁布实施了一系列与食品安全有关的法律、法规，包括《中华人民共和国食品卫生法》、《中华人民共和国进出口商品检验法》、《中华人民共和国进出境动植物检疫法》、《中华人民共和国国境检疫法》、《中华人民共和国进出口商品检验法实施条例》、《中华人民共和国进出境动植物检疫法实施条例》、《中华人民共和国国境卫生检疫法实施细则》等。依据这些法律、法规，由国家授权的食品安全卫生主管部门，先后制定发布了出口食品企业 GMP、食品加工企业 GMP 和有机食品 GMP 等卫生规范。这些法规、卫生规范采纳了食品法典委员会(CAC)《食品卫生通则》的内容，并与美国、欧盟、加拿大等国家的 GMP 法规相一致。

1. 出口食品企业 GMP

我国于 1984 年由原国家商检局首先制定了类似 GMP 的卫生法规《出口食品厂、库最低卫生要求》，1994 年 11 月进行了修改，2002 年 5 月修订为《出口食品生产企业卫生要求》。此外，还发布了 9 个专业卫生规范：

①出口畜禽肉及其制品加工企业注册卫生规范；

②出口肠衣加工企业注册卫生规范；

③出口罐头加工企业注册卫生规范；

④出口水产品加工企业注册卫生规范；

⑤出口速冻方便食品加工企业注册卫生规范；

⑥出口饮料加工企业注册卫生规范；

⑦出口茶叶加工企业注册卫生规范；

⑧出口糖类加工企业注册卫生规范；

⑨出口糖制品加工企业注册卫生规范。

2. 食品加工企业 GMP

我国食品加工企业最基本的 GMP 是 GB 14881—1994《食品企业通用卫生规范》。此外，1988—2003 年，我国颁布了 22 个专业食品加工企业卫生规范。因此，我国共有 23 个食品加工企业 GMP。表 3-1 列出了这些 GMP 的标准号、标准名称和归口单位。

表 3-1　我国食品加工企业 GMP

序号	标准号	标准名称	归口单位
1	GB 14881—1994	食品企业通用卫生规范	卫生部
2	GB 8950—1988	罐头厂卫生规范	卫生部
3	GB 8951—1988	白酒厂卫生规范	卫生部
4	GB 8952—1988	啤酒厂卫生规范	卫生部
5	GB 8953—1988	酱油厂卫生规范	卫生部
6	GB 8954—1988	食醋厂卫生规范	卫生部

续表 3-1

序号	标准号	标准名称	归口单位
7	GB 8955—1988	食用植物油厂卫生规范	卫生部
8	GB 8956—2003	蜜饯企业良好生产规范	卫生部
9	GB 8957—1988	糕点厂卫生规范	卫生部
10	GB 12694—1990	肉类加工厂卫生规范	卫生部
11	GB 12695—1990	饮料企业良好生产规范	卫生部
12	GB 12696—1990	葡萄酒厂卫生规范	卫生部
13	GB 12697—1990	果酒厂卫生规范	卫生部
14	GB 12698—1990	黄酒厂卫生规范	卫生部
15	GB 13122—1991	面粉厂卫生规范	卫生部
16	GB 16330—1996	饮用天然矿泉水厂卫生规范	卫生部
17	GB 17403—1998	巧克力厂卫生规范	卫生部
18	GB 17404—1998	膨化食品良好生产规范	卫生部
19	GB 17405—1998	保健食品良好生产规范	卫生部
20	GB 12693—2003	乳制品企业良好生产规范	卫生部
21	GB 19303—2003	熟肉制品企业生产卫生规范	卫生部
22	GB 19304—2003	定型包装饮料用水企业生产卫生规范	卫生部
23	ST/T 3009—1999	水产品加工质量管理规范	农业部

3.有机食品 GMP

有机食品 GMP 是指 2001 年国家环保总局颁布的 HJ/T 80—2001《有机食品技术规范》。主要规定了有机食品原料生产规范、有机食品加工规范、贮藏和运输规范、包装和标识规范等内容。

(三)国内外 GMP 所包含内容的对比

国内外 GMP 所包含内容的对比见表 3-2。

表 3-2　国内外 GMP 所包含内容的对比

基本内容编号	国家标准类卫生规范	出口食品企业卫生要求及卫生注册规范	美国的 GMP 法规
1	原材料采购、运输、储藏的卫生	卫生质量管理	人员
2	工厂设计与设施卫生	厂区环境卫生	厂房和场地
3	工厂的卫生管理	车间及设备设施卫生	卫生操作
4	个人卫生与健康要求	原料、辅料机加工用水卫生	卫生设施和管理
5	加工过程中的卫生	加工检验人员卫生	设备和工器具
6	成品储藏、运输卫生	加工卫生	加工和控制
7	卫生与质量检验管理	包装、储存、运输卫生	仓储和销售
8		卫生检验管理	

通过对国内外各类 GMP 内容的对比,可以看出,我国的《出口食品厂、库卫生要求》及出口食品加工企业卫生注册规范与其他的 GMP 在内容、法律效率方面是基本一致的。

但美国的GMP比我国的《出口饮料加工企业注册卫生规范》还强调了以下几点：

①人员。用于处理食品的手套应处于完整无损、清洁卫生的状态。手套应用非渗透的材料；不将私人用品存放在加工区；禁止在加工区内吃东西、吸烟、喝饮料等。

②厂房和场地。天花板、支架和管道上滴下的水滴或冷凝物不会污染食品、食品接触面或食品包装材料。

③卫生操作。用于清洗和消毒作业的清洗剂和消毒剂不能带有不良微生物，而且在现场的使用条件下必须是绝对安全的；有毒化学品应合理标识、存放和使用；食品厂的任何区域均不得存在任何动物或害虫，经证明不能形成污染的看门狗除外；食品厂用于生产的不与食品接触的设备的表面也应当尽量经常清洗以防止食品受到污染；一次性用品（如一次性用具、纸杯、纸巾）应合理存放、处理、分发、使用和弃置；在使用条件下，消毒剂必须量足而且安全；合理存放已清洗的可移动的设备及用品。

④卫生设施和管理。供水设施要防止虹吸或水倒流；卫生间安装能自动关闭的门；洗手消毒处有明显、易懂的标识。

⑤设备和工器具。不与食品接触的设备必须结构合理，便于保持清洁卫生。

二、食品GMP的管理目的要素

食品GMP的目的要素包括降低食品生产过程中人为的错误，防止食品在生产过程中遭到污染或品质劣变和建立健全的自主性品质保证体系三大要素。

降低食品生产过程中人为的错误为将人为差错、混淆控制到最低限度，必须采取有效措施，例如，足够的仓库容量，与生产规模、品种、规格相适应的厂房面积，厂房布局合理、生产操作不互相妨碍，投料复核，状态标志，工艺查证，物料平衡，投产前清仓复核等。

防止食品在生产过程中遭到污染或品质劣变主要为防止异物、有毒、有害物质及微生物对食品造成污染，要求洁净区空气净化、密封、内表面的光滑和除尘措施；要求所用物料安全卫生，如工艺用水、消毒剂、杀虫剂管理；要求人员的清洁卫生等。

建立健全的自主性品质保证体系为了保证质量管理体系的高效运行，对食品生产实行全过程质量监控和管理，要严格执行机构与人员素质的规定；物料供货商的评估、采购、物料储运、生产过程、成品储运、销售、售后服务、检验等生产全过程的品质管制；实行如培训、建立文件系统、定期对生产和质量进行全面检查等事前管理体制。

食品GMP的管理要素包括：人员（man），要由适合的人员来生产与管理；原料（material），要选用良好的原材料；设备（machine），要采用合适的厂房和机器设备；方法（method），要采用适当的工艺来生产食品。

三、GMP的原则

GMP是对食品生产过程中的各个环节、各个方面实行严格监控而提出的具体要求和采取的、必要的、良好的质量监控措施，从而形成和完善质量保证体系。GMP是将保证食品质量的重点放在成品出厂前的整个生产过程的各个环节上，而不仅仅是着眼于最终产品上，其目的是从全过程入手，根本上保证食品质量。

GMP制度是对生产企业及管理人员的长期保持和行为实行有效控制和制约的措施，它体现如下基本原则：

①食品生产企业必须有足够的资历,合格地生产食品相适应的技术人员承担食品生产和质量管理,并清楚地了解自己的职责;

②操作者应进行培训,以便正确地按照规程操作;

③按照规范化工艺规程进行生产;

④确保生产厂房、环境、生产设备符合卫生要求,并保持良好的生产状态;

⑤符合规定的物料、包装容器和标签;

⑥具备合适的储存、运输等设备条件;

⑦全生产过程严密并有有效的质检和管理;

⑧合格的质量检验人员、设备和实验室;

⑨应对生产加工的关键步骤和加工发生的重要变化进行验证;

⑩生产中使用手工或记录仪进行生产记录,以证明所有生产步骤是按确定的规程和指令要求进行的,产品达到预期的数量和质量要求,出现的任何偏差都应记录并做好检查;

⑪保存生产记录及销售记录,以便根据这些记录追溯各批产品的全部历史;

⑫将产品储存和销售中影响质量的危险性降至最低限度;

⑬建立由销售和供应渠道收回任何一批产品的有效系统;

⑭了解市售产品的用户意见,调查出现质量问题的原因,提出处理意见。

四、中国食品 GMP 的主要内容

根据制定主体不同,GMP 可以分成 3 种类型:①国家政府机构颁布的 GMP;②行业组织制定的 GMP;③食品企业自己制定的 GMP。

有人指出 GMP 是指政府制定颁布的强制性食品生产、贮存的卫生规范,这实际上只能是狭义的 GMP,即仅指第①种类型的 GMP。

按照法律效力不同,GMP 又可以分为强制性 GMP 和推荐性(或指导性)GMP 两种。强制性 GMP 是食品企业必须遵守的,一般由政府部门制定并监督实施,企业制定的 GMP 对该企业本身而言,一旦制定实施就是强制性的。推荐性(或指导性)GMP 是由政府部门、行业组织或协会等制定并推荐给食品企业参照执行,是非强制的,企业可以选择是否遵守。

(一)我国食品加工企业 GMP 的主要内容

食品的种类很多,本节只介绍所有食品企业都应遵照执行的通用 GMP。各类食品企业还应根据实际情况分别执行各自食品的 GMP,或参照执行相近食品的 GMP。在执行政府和行业的 GMP 时,企业应根据自身的实际情况,进一步细化、具体化、数量化,使之更具有可操作性和可考核性。

食品加工企业 GMP 除了 20 个食品加工企业卫生规范之外,有一个最基本的 GMP,即 GB 14881—1994《食品企业通用卫生规范》(General Hygienic Regulation for Food Enterprises)。《食品企业通用卫生规范》规定了食品企业的食品加工过程、原料采购、运输、贮存、工厂设计与设施的基本卫生要求及管理准则,适用于食品生产、经营的企业、工厂,并作为制定各类食品厂的专业卫生规范的依据。其引用标准包括 GB 3841 锅炉烟尘排放标准、GB 5749 生活饮用水卫生标准和 GB 7718 食品标签通用标准。

1. 食品原材料采购、运输和贮藏的 GMP

食品生产所用原材料的质量是决定食品最终产品质量的主要因素。食品生产的原材料一般分为主要原材料和辅助材料，其中主要原材料是来源于种植、畜产和水产的水果、蔬菜、粮油、畜肉、禽肉、乳品、蛋品、鱼贝类等，辅助材料有香辛料、调味料、食品添加剂等。这些原材料大多数是动植物体生产出来的，在种植、饲养、收获、运输、贮藏等过程中都会受到很多有害因素的影响而改变食品的安全性。一般来说，食品生产者都不是直接的原材料生产者，而是通过购买的方式获得加工所需的原材料，进而对其进行运输和贮藏。因此，食品生产者必须从影响食品质量的重要环节，即原材料采购、运输和贮藏着手加强卫生管理。

(1)采购

对食品原材料采购的卫生要求主要包括对采购人员的要求、对采购原料质量的要求和对采购原料包装物或容器的要求。

①对采购人员的要求：采购人员应熟悉本企业所用各种食品原料、食品添加剂、食品包装材料的品种、卫生标准和卫生管理办法，应具有简易鉴别原材料质量、卫生的知识和技能，清楚各种原材料可能存在或容易发生的卫生问题。

采购食品原材料时，应对其进行初步的感官检查，原料应具有一定的新鲜度，具有该品种应有的色、香、味和组织形态特征，不含有毒有害物，也不应受其污染。某些农、副产品原料在采收后，为便于加工、运输和贮存而采取的简易加工时应符合卫生要求，不应造成对食品的污染和潜在危害，否则不得购入。重复使用的包装物或容器，其结构应便于清洗、消毒。要加强检验，有污染者不得使用。对卫生质量可疑的应随机抽样进行完整的卫生质量检查，合格后方可采购。

采购的食品原辅材料，应向供货方索取同批产品的检验合格证或化验单，采购食品添加剂时还必须同时索取定点生产证明材料。采购的原辅材料必须验收合格后才能入库，按品种分批存放。食品原辅材料的采购应根据企业食品加工和贮藏能力有计划地进行，防止一次性采购过多，造成原料积压、变质。

②对采购原辅材料的要求：目前，我国主要的食品原料、食品辅料和包装材料多数都具有国家卫生标准、行业标准、地方标准或企业标准，仅有少数无标准。在采购时应尽量按国家卫生标准执行。无国家卫生标准的，依次执行行业标准、地方标准和企业标准。对无标准的原辅材料应参照类似食品原辅材料的标准执行。在执行标准时应全面，不能人为减少标准的执行项目。通常食品原辅材料的卫生标准检查由以下几个部分组成。

a.感官检查：感官质量是食品重要的质量指标，而且检查简单易行，结果可靠。如鲜肉新鲜时为鲜红色，有光泽，肉表面干燥，具有鲜肉特有的香气。水果蔬菜新鲜时有生物功能，随新鲜度的下降，生物功能下降，色、香、味、形发生变化，变色退色、失重、萎蔫，香气降低。水产品新鲜时体表光亮，形体饱满，眼球充血，腮鲜红，肉体有弹性，新鲜度下降时体表光泽消失，腹部鼓起，体表发黏，肛门有异物流出，产生异味。不同的食品原辅材料都有其不同的感官检查标准，而且食品的感官检查要求在一定的环境下进行。所以，检查时应抽取具有代表性的样品，在无干扰的情况下进行，必要时要借助相关的工具进行，如测定体表或肌肉弹力、色调等。

b.化学检查：食品原辅材料在质量发生劣变时都伴随有其中的某些化学成分的变化，所以常常也通过测定特定的化学成分来了解食品原辅材料的卫生质量。水果蔬菜类原材料可测定叶绿素、抗坏血酸、可溶性氮等指标。动物性食品可测定酸度、氨态氮、挥发性盐基氮、组胺等。

c.微生物学检查：食品可因某些微生物的污染而使其新鲜度下降甚至变质，主要指标有细菌总数、大肠菌群、致病菌等。当然有些食品原材料的主要检查对象有所不同,如花生常常要检测黄曲霉。

d. 食品原辅材料中有毒物质的检测:有些食品原辅材料在种植、养殖、采收、加工、运输。销售和贮藏等环节中,往往会受到一些工业污染物、农药、致病菌及毒素产生菌的污染。在采购时,应充分估计到这种可能性,进行相关的化学或微生物学检测,排除被污染的可能性。

e. 原辅材料的保护性处理:农副产品材料在采收时会携带来自产地的各种污染物,采购原料在运输过程中也可能发生一些劣变,为去除各种污染物以及防止在运输过程中不良变化的发生,对原辅材料进行适当的处理是必需的。

一般来说对污染物可采用洗涤或消毒的方法,常用的洗涤剂为水、表面活性剂的水溶液、碱水、专用的消毒液等。各种洗涤液必须新鲜配制,不能反复使用。洗涤时间不能过长,凡使用过洗涤剂的原辅材料,最后必须用符合饮用水标准的水冲洗,流水中冲洗时间不少于 30 s,池水冲洗应换水 2 次以上。新鲜水果蔬菜洗涤时温度不能过高,应在低温下进行。

③对包装物或容器的要求:食品原辅材料应根据其物理形态选择合适的包装物或容器,用于制造这些包装物的材料应符合食品相关包装物材料的要求,不得随便使用包装用品,严防食品原辅材料被污染。常见的食品包装材料的卫生标准见表 3-3。

表 3-3 常见食品包装材料和容器的卫生标准

材料类别	允许使用的材料	国家标准
塑料	聚乙烯	GB 9687—88
	聚丙烯	GB 9688—88
	聚氯乙烯	GB 9681—88
	聚苯乙烯	GB 9689—88
	三聚氰胺	GB 9690—2008
	聚碳酸酯	GB 14942—94
橡胶	天然橡胶、合成橡胶	GB 4806.1—94
瓷	搪瓷	GB 4804—84
	陶瓷	GB 13121—91
金属	铝制品	GB 11333—89
	不锈钢制品	GB 9684—2011
其他	包装用纸	GB 11680—89
	复合包装材料	GB 9683—88

(2)运输

食品在运输时,特别是运输散装的食品原辅材料时,不能使原料受损伤,不得与有毒、有害物品同时装运,如农药、化肥、有毒气体等。也不得使用未经清洗的运输过上述物资的运输工具。

食品原辅材料的运输工具应要求专用,如做不到专用,应在使用前彻底清洗干净,确保运输工具不会污染被运输的食品物资。运输工具(车厢、船舱)等应符合卫生要求,应备有防雨防尘设施,根据原料特点和卫生需要,还应配备保温、冷藏、保鲜等设施。运输食品原辅材料的工具最好设置篷盖,防止运输过程中由于雨淋、日晒等造成原辅材料的污染或变质。不同的食品原辅材料应依其特性选择不同的运输工具。运输小麦、大米、油料等干性食品原辅材料时可用普通常温运输工具。运载水果、蔬菜等生鲜植物原辅材料时应分隔放置，避免挤压撞伤而腐烂。气温较高时，应采用冷藏车，气温较低时应采取一定保温措施，以防冻伤。运载肉、鱼等易腐烂食品原辅材料时，最好用冷藏车。运载活畜、禽时应分层设置铁笼，通风透气，长途运输时应供给足够的饲料和饮水。装卸应轻拿轻放，严禁摔打，对液态材料还应注意放置方向，切勿倒置。应当建立卫生制度，定期清洗、消毒、保持洁净卫生。

(3)贮藏

食品企业必须创造一定的条件，采取合理的方法来贮藏食品原辅材料，确保其卫生安全。

①贮藏设施：食品原辅材料贮藏设施的要求依食品的种类不同而不同，原辅材料的性质是决定贮藏设施卫生条件的主要因素。对于容易腐烂变质的肉、鱼等原料，应采取低温冷藏；对于新鲜果、蔬原料应贮存于遮阳、通风良好的场地，地面平整，有一定坡度，便于清洗、排水，及时剔出腐败、霉烂原料，防止污染食品和其他原料，依品种或材料特性的不同采取冷藏或气调贮藏等。对于油料、面粉、大米等干燥原料贮藏设施要具有防潮功能。

②贮藏作业：贮藏设施的卫生制度要健全，应有专人负责，建立管理制度，定期检查质量和卫生情况，按时清扫、消毒。原料入库前要严格按有关的卫生标准验收合格后方能入库，并建立入库登记制度，做到同一物资先入先出，防止原料长时间积压。库房要定期检查、清扫、消毒、通风换气。贮藏温度对许多食品原辅材料来说是至关重要的，贮藏温度的合适与否会直接影响原辅材料的卫生质量，温度过高会造成原辅材料萎蔫，有害化学反应加速，微生物增殖迅速。温度过低又可能导致原辅材料发生冻伤或冷害。控制温度相对稳定也非常重要，贮藏温度的大幅度变化，往往会带来贮藏原辅材料品质的劣化。不同原辅材料分批分空间贮藏，同一库内不得贮存相互影响风味的原材料，不同物理形态的原辅材料也要尽量分隔放置。原材料应离地、离墙并与屋顶保持一定距离，垛与垛之间也应有适当间隔。先进先出，及时剔出不符合质量和卫生标准的原料，防止污染。

2.食品工厂设计和设施的GMP

(1)工厂的建筑设计

①设计：凡新建、扩建、改建的工程项目的有关食品卫生部分均应按照规范和各类食品厂的有关规定，进行设计和施工。各类食品厂应将本厂的总平面布置图，原材料、半成品、成品的质量和卫生标准，生产工艺规程以及其他有关资料，报当地仪器卫生监督机构备查。

②选址：要选择地势干燥、交通方便、有充足水源的地区。厂区不应设于受污染河流的下游。厂区周围不得有粉尘、有害气体、放射性物质和其他扩散性污染源，不得有昆虫大量滋生的潜在场所，为避免危害产品卫生，厂区要远离有害场所。生产区建筑物与外缘公路或道路应有防护地带，其距离可根据各类食品厂的特点由各类食品厂卫生规范另行规定。

③总平面布置：各类食品厂应根据本厂特点制定整体规划。要合理布局，划分生产区和生活区。生产区在生活区的下风向。建筑物、设备布局与工艺流程三者衔接合理，建筑结构完善，并能满足生产工艺和质量要求，原料与半成品和成品、生产原料与熟食品均应杜绝交叉污染。建筑物和设备布置还应考虑生产工艺对温、湿度和其他工艺参数的要求，防止毗邻车间受到干扰。

a.道路：厂区道路应通畅，便于机动车通行，有条件的应修环行路，以便于消防车辆到达各车间。厂区道路应采用便于清洗的混凝土、沥青及其他硬质材料铺设，防止积水及尘土飞扬。

b. 绿化：厂房之间，厂房与外缘公路或道路应保持一定距离，中间设绿化带。厂区内各车间的裸露地面应进行绿化。

c. 给排水：给排水系统应能适应生产需要，设施应合理有效，经常保持畅通，有防止污染水源和鼠源、昆虫通过排水管道潜入车间的有效措施。生产用水必须符合 GB 5749 的规定。污水排放必须符合国家规定的标准，必要时应采取净化设施达标后才可排放。净化排放设施不得位于生产车间主风向的上方。

d. 污物：污物（加工后的废弃物）存放应远离生产车间，不得位于生产车间上风向。存放设施应密闭或带盖，要便于清洗、消毒。

e. 烟尘：锅炉烟囱高度和排放粉尘量应符合 GB 3841 的规定，烟道出口与引风机之间须设置除尘装置。其他排烟、除尘装置也应达到标准后再排放，防止污染环境。排烟除尘装置应设置在主导风向的下风向。季节性生产厂应设置在季节风向的下风向。实验动物、待加工畜禽饲养区应与生产车间保持一定距离，且不得位于主导风向的上风向。

④设备、工具、管道：

a. 材质：凡接触食品物料的设备、工具、管道，必须用无毒、无味、抗腐蚀、不吸水、不变形的材料制作。

b. 结构：设备、工具、管道表面要清洁，边角圆滑，无死角，不易积垢，不漏隙，便于拆卸、清洗和消毒。

c. 设置：设备设置应根据工艺要求，布局合理。上、下工序衔接要紧凑。各种管道、管线尽可能集中走向。冷水管不宜在生产线和设备包装台上方通过，防止冷凝水滴入食品。其他管线和阀门也不应设置在暴露原料和成品的上方。

d. 安装：安装应符合工艺卫生要求，与屋顶（天花板）、墙壁等应有足够的距离，设备一般应用脚架固定，与地面应有一定的距离。传动部分应有防水、防尘罩，以便于清洗和消毒。各类料液输送管道应避免死角或盲端，设排污阀或排污口，便于清洗、消毒，防止堵塞。

⑤建筑物和施工：

a. 高度：生产厂房的高度应能满足工艺、卫生要求，同时能满足设备安装、维护、保养的需要。生产车间人均占地面积（不包括设备占位）不能少于 1.50 m^2，高度不低于 3 m。

b. 地面、墙壁：生产车间地面应使用不渗水、不吸水、无毒、防滑材料（如耐酸砖、水磨石、混凝土等）铺砌，应有适当坡度，在地面最低点设置地漏，以保证不积水。其他厂房也要根据卫生要求进行。地面应平整、无裂隙、略高于道路路面，便于清扫和消毒。生产车间墙壁要用浅色、不吸水、不渗水、无毒材料覆涂，并用白瓷砖或其他防腐蚀材料装修高度不低于 1.50 m 的墙裙。

c. 屋顶：屋顶或天花板应选用不吸水、表面光洁、耐腐蚀、耐温、浅色材料覆涂或装修，要有适当的坡度，在结构上减少凝结水滴落，防止虫害和霉菌滋生，以便于洗刷、消毒。

d. 门窗：门、窗、天窗要严密不变形，防护门要能两面开，设置位置适当，并便于卫生防护设施的设置。窗台要设于地面 1 m 以上，内侧要下斜 45°。非全年使用空调的车间、门窗应有防蚊蝇、防尘设施，纱门应便于拆下洗刷。

e. 通道：通道要宽畅，便于运输和卫生防护设施的设置。楼梯、电梯传送设备等处要便于维护、清扫、洗刷和消毒。

f. 通风：生产车间、仓库应有良好通风，采用自然通风时通风面积与地面面积之比不应小于 1∶16,采用机械通风时换气不应少于每小时 3 次。机械通风管道进风口要距离地面 2 m 以上,并远离污染源和排风口,开口处应设防护罩。饮料、熟食、成品包装等生产车间或工序必要时应增设水幕、风幕和空调设备。

g. 采光、照明:车间或工作地应有充足的自然采光或人工照明。车间采光系数不应低于标准Ⅳ级,检验场所工作面混合照度不应低于 540 lx,加工场所工作面不应低于 200 lx,其他场所一般不应低于 110 lx。位于工作台、食品和原料上方的照明设备应加防护罩。

h. 防鼠、防蚊蝇、防尘设施:建筑物及各项设施应根据生产工艺卫生要求和原材料贮存等特点,相应设置有效的防鼠、防蚊蝇、防尘、防飞鸟、防昆虫的侵入、隐藏和滋生的设施,防止受其危害和污染。

食品生产车间示例如图 3-1 所示。

图 3-1 食品生产车间

⑥卫生设施:

a. 洗手、消毒:洗手设施应分别设置在车间进口处和车间内适当的地点。要配备冷热水混合器,其开关应采用非手动式,龙头设置以每班人数在 200 人以内者,按每 10 人 1 个,200 人以上者每增加 20 人增设 1 个。设施还应包括干手设备(热风、消毒干毛巾、消毒纸巾等),根据生产需要,有的车间、部门还应配备消毒手套,同时还应配备足够数量的指甲刀、指甲刷、洗涤剂、消毒液等。车间进口,必要时还应设有工作靴鞋消毒池(卫生监督部门认为无需穿靴鞋消毒的车间可免设)。消毒池壁内侧与墙体呈 45°坡形,其规格尺寸应依据使工作人员必须通过消毒池才能进入为目的。洗手消毒设施与消毒池分别如图 3-2、图 3-3 所示。

b. 更衣室:更衣室应设贮衣柜或衣架、鞋箱(架),衣柜之间要保持一定距离,离地面 20 cm 以上,如采用衣架应另设个人物品存放柜。更衣室还应备有穿衣镜,供工作人员自检用。食品企业更衣室示例如图 3-4、图 3-5 所示。

c. 淋浴室:淋浴室可分散或集中设置,淋浴器按每班工作人员计,每 20～25 人设置 1 个。淋浴室应设置天窗或通风排气孔和采暖设备。

d. 厕所:厕所设置应有利于生产和卫生,其数量和便池坑位应根据生产需要和人员情况适当设置。车间的厕所应设置在车间外侧,并一律为水冲式,备有洗手设施和排臭装置,其出入口不得正对车间门,要避开通道,其排污管道应与车间排水管道分设。设置坑式厕所时,应

图 3-2　洗手消毒设施

图 3-3　食品企业消毒池

距生产车间 25 m 以上，并应便于清扫、保洁，还应设置防蚊蝇设施。

(2)工厂的卫生管理

a. 机构：食品厂必须建立相应的卫生管理机构，对本单位的食品卫生工作进行全面管理。管理机构应配备经专业培训的专职或兼职的食品卫生管理人员。

b. 职责：宣传和贯彻食品卫生法规和有关规章制度，监督、检查在本单位的执行情况，定期向食品卫生监督部门报告。制定和修改本单位的各项卫生管理制度和规划。组织卫生宣传教育工作，培训食品从业人员。定期进行本单位从业人员的健康检查，并做好善后处理工作。

c. 维修、保养工作：建筑物和各种机械设备、装置、设施、给排水系统等均应保持良好状态，确保正常运行和整齐洁净，不污染食品。建立健全维修保养制度，定期检查、维修，杜绝隐患，防止污染食品。

图 3-4 更衣室的鞋柜

图 3-5 更衣室的衣帽间

d. 清洗和消毒工作：应制定有效的清洗及消毒方法和制度，以确保所有场所清洁卫生，防止污染食品。使用清洗剂和消毒剂时，应采取适当措施，防止人身、食品受到污染。

e. 除虫、灭害的管理：厂区应定期或在必要时进行除虫、灭害工作，要采取有效措施防止鼠类、蚊、蝇、昆虫等的聚集和孳生。对已经发生的场所，应采取紧急措施加以控制和消灭，防止蔓延和对食品的污染。使用各类杀虫剂或其他药剂前，应做好对人身、食品、设备、工具的污染和中毒的预防措施，用药后将所有设备、工具彻底清洗，消除污染。

f. 有毒有害物品管理：清洗剂、消毒剂、杀虫剂以及其他有毒有害物品，均应有固定包装，并在明显处标示“有毒品”字样，贮存于专门库房或柜橱内，加锁并由专人负责保管，建立管理制度。使用时应由经过培训的人员按照使用方法进行，防止污染和人身中毒。除卫生和工艺需要，均不得在生产车间使用和存放可能污染食品的任何种类的药剂，各种药剂的使用品种和范围，须经省（自治区、直辖市）卫生监督部门同意。

g. 饲养动物的管理：厂内除实验动物和待加工畜禽外，一律不得饲养家禽、家畜和宠物。应加强对实验动物和待加工畜禽的管理，防止污染食品。

h. 污水、污物的管理：污水排放应符合国家规定标准，不符合标准的应采取净化措施，达标后排放。厂区设置的污物收集设施，应为密闭式或带盖。要定期清洗、消毒，污物不得外溢，应于 24 h 之内运出厂区处理。做到日产日清，防止有害生物集聚滋生。

i. 副产品的管理：副产品(加工后的下料和废弃物)应及时从生产车间运出，按照卫生要求贮存于副产品仓库，废弃物则收集于污物设施内，及时运出厂区处理。使用的运输工具和容器应经常清洗、消毒，保持清洁卫生。

j. 卫生设施的管理：洗手池、消毒池、靴鞋消毒池、更衣室、淋浴室、厕所等卫生设施，应有专人管理，建立管理制度，责任到人，保持良好状态。

k. 工作服的管理：工作服包括淡色工作衣、裤、帽、鞋靴等，某些工序(种)还应配备口罩、围裙、套袖等卫生防护用品。应有工作服清洁制度。凡直接接触食品的工作人员必须每日更换，其他人员也应定期更换，保持清洁。

l. 健康管理：食品厂全体工作人员，每年至少进行一次健康检查，没有卫生监督机构颁发的体检合格证者，一律不得从事食品生产工作。对直接接触入口食品的人员还须进行粪便培养和病毒性肝炎带毒试验等检验，凡体检确认患有以下疾病者均不得从事食品生产工作：肝炎(病毒性肝炎患者和带毒者)，活动性肺结核，伤寒患者和带菌者，细菌性痢疾患者和带菌者，化脓性、渗出性或脱皮性皮肤病，其他有碍食品卫生的疾病患者。

3. 生产过程的 GMP

(1)管理制度

应按产品品种分别建立生产工艺和卫生管理制度，明确各车间、工序、个人的岗位职责，并定期检查、考核。具体办法在各类食品厂的卫生规范中分别制定。各车间和有关部门应配备专职或兼职的工艺卫生管理人员，按照管理范围做好监督、检查、考核等工作。

(2)原材料

进厂的原材料应符合采购规定。原材料必须经过检查、化验。合格者方可使用，不符合质量卫生标准和要求的，不得投产使用，并要与合格品严格区分开，防止混淆和污染食品。

(3)生产过程

按生产工艺的先后次序和产品特点，应将原料处理，半成品处理和加工，包装材料和容器的清洗、消毒，成品包装、检验和贮存等工序分开设置，防止前后工序相互交叉污染。各项工艺操作应在良好的情况下进行，防止变质和受到腐败微生物及有毒有害物的污染。生产设备、工具、容器、场地等在使用前后均应彻底清洗、消毒、维修，检查设备时，不得污染食品。成品应有固定包装，经检验合格后方可包装，包装应在良好的状态下进行，防止异物带入食品。使用的包装容器和材料，应完好无损，符合国家卫生标准。包装上的标签应按，GB 7718 的有关规定执行。成品包装完毕，按批次入库、贮存，防止差错。生产过程中的各项原始记录(包括工艺规程中各个关键因素的检查结果)应妥为保存，保存期应较该产品的商品保存期延长 6 个月。

(4)食品生产用水

①水源选择：水源选择应考虑用水量和水质两个方面。水量必须满足生产的需要，用水量包括生产用水和非生产用水。生产用水主要指需要添加到产品中的水量，非生产用水包括冷却水、消防用水、清洁用水、日常生活用水等。不同食品对水质和卫生的要求不一样，一般来说，自来水是符合卫生要求的，但自来水源多是地表水，容易受季节变化的影响，水质不稳定，如水源是地下水则不会受季节性变化的影响。对一些水质要求较高的食品，如饮料、啤酒、汽

水、超纯水等需要进行特殊的水处理,使之达到各自的用水标准。

②生活饮用水水质标准:1985 年卫生部颁布了生活饮用水卫生标准(GB 5749),该标准包括 4 个方面,其中感官性状和一般理化性质共 15 项、毒理学指标共 15 项、细菌学指标共 3 项、放射学指标共 2 项。

(5)成品贮存、运输的卫生要求

经检验合格包装的成品应贮存于成品库,其容量应与生产能力相适应。按品种、批次分类存放,防止相互混杂。成品库不得贮存有毒有害物品或其他易腐、易燃品。成品堆放时,与地面、墙壁应有一定距离,便于通风。要留出通道,便于人员、车辆通行,要设有温、湿度监测装置,定期检查和记录。要有防鼠、防虫等设施,定期清扫、消毒,保持卫生。

运输工具(包括车厢、船舱和各种容器等)应符合卫生要求。要根据产品特点配备防雨、防尘、冷藏、保温等设施。运输作业应避免强烈震荡、撞击,轻拿轻放,防止损伤成品外形,且不得与有毒有害物品混装、混运。作业终了,搬运人员应撤离工作地,防止污染食品。

(6)个人卫生与健康的要求

食品厂的从业人员(包括临时工)应接受健康检查,取得体检合格证者,方可参加食品生产。从业人员上岗前,要先经过卫生培训教育,方可上岗。上岗时,要做好个人卫生,防止污染食品。进车间前,必须穿戴整洁统一的工作服、帽、靴、鞋,工作服应盖住外衣,头发不得露于帽外,并要把双手洗净。

直接与原料、半成品和成品接触的人员不准戴耳环、戒指、手镯、项链、手表,不准浓艳化妆、染指甲、喷洒香水进入车间,手接触脏物、进厕所、吸烟、用餐后,都必须把双手洗净才能进行工作。上班前不许酗酒,工作时不准吸烟、饮酒、吃食物及做其他有碍食品卫生的活动。操作人员手部受到外伤,不得接触食品或原料,经过包扎治疗戴上防护手套后,方可参加不直接接触食品的工作。不准穿工作服、鞋进厕所或离开生产加工场所。生产车间不得带入或存放个人生活用品,如衣服、食品、烟酒、药品、化妆品等。进入生产加工车间的其他人员(包括参观人员)均应遵守生产规范的规定。进入车间流程如图 3 6 所示。

(7)卫生和质量检验的管理

食品厂应设立与生产能力相适应的卫生和质量检验室,并配备经专业培训、考核合格的检验人员从事卫生、质量的检验工作。卫生和质量检验室应具备所需的仪器、设备,并有健全的检验制度和检验方法。原始记录应齐全,并应妥善保存,以备核查。应按国家规定的卫生标准和检验方法进行检验,要逐批次对投产前的原材料、半成品和出厂前的成品进行检验,并签发检验结果单。对检验结果如有争议,应由卫生监督机构进行仲裁。检验用的仪器、设备,应按期校验、检测,及时维修,使它们处于良好状态,以保证检验数据的准确。

(二)我国出口食品企业 GMP 的主要内容

出口食品企业的 GMP 主要是《出口食品生产企业卫生要求》。该要求是出口食品生产企业建立卫生质量体系及体系文件的基本依据。申请卫生注册或者卫生登记的出口食品生产、加工、贮存企业(以下简称出口食品生产企业)应当建立保证出口食品的卫生质量体系,并制定指导卫生质量体系运转的体系文件。

1.卫生质量体系的基本内容

出口食品生产企业的卫生质量体系应当包括下列基本内容:

①卫生质量方针和目标;

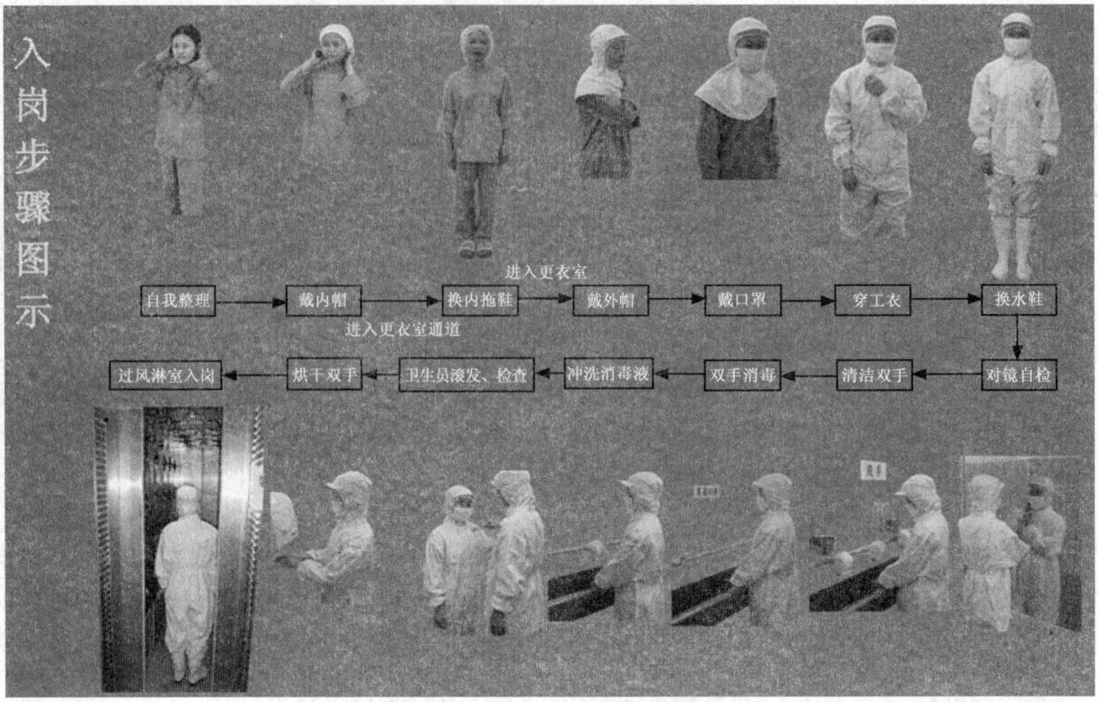

图 3-6 进入车间流程图

②组织机构及其职责；

③生产、质量管理人员的要求；

④环境卫生的要求；

⑤车间及设施卫生的要求；

⑥原料、辅料卫生的要求；

⑦生产、加工卫生的要求；

⑧包装、贮存、运输卫生的要求；

⑨有毒有害物品的控制；

⑩检验的要求；

⑪保证卫生质量体系有效运行的要求。

列入《卫生注册需评审 HACCP 体系的产品目录》的出口食品生产企业，必须按照国际食品法典委员会《危害分析和关键控制点（HACCP）体系及其应用准则》的要求建立和实施 HACCP 体系。出口食品生产企业应当制定本企业的卫生质量方针、目标和责任制度，并贯彻执行。出口食品生产企业应当建立与生产相适应的、能够保证其产品卫生质量的组织机构，并规定其职责和权限。

2. 人员的要求

出口食品生产企业的生产、质量管理人员应当符合下列要求：

①与食品生产有接触的人员经体检合格后方可上岗；

②生产、质量管理人员每年进行一次健康检查，必要时做临时健康检查；凡患有影响食品卫生的疾病者，必须调离食品生产岗位；

③生产、质量管理人员保持个人清洁，不得将与生产无关的物品带入车间；工作时不得戴首饰、手表，不得化妆；进入车间时洗手、消毒并穿着工作服、帽、鞋，工作服、帽、鞋应当定期消毒；

④生产、质量管理人员经过培训并考核合格后方可上岗；

⑤配备足够数量的、具备相应资格的专业人员从事卫生质量管理工作。

3. 环境卫生的要求

出口食品生产企业的环境卫生应当符合下列要求：

①出口食品生产企业不得建在有碍食品卫生的区域，厂区内不得兼营、生产、存放有碍食品卫生的其他产品；

②厂区路面平整、无积水，厂区无裸露地面；

③厂区卫生间应当有冲水、洗手、防蝇、防虫、防鼠设施，墙裙以浅色、平滑、不透水、无毒、耐腐蚀的材料修建，并保持清洁；

④生产中产生的废水、废料的排放或者处理符合国家有关规定；

⑤厂区建有与生产能力相适应的符合卫生要求的原料、辅料、化学物品、包装物料贮存等辅助设施和废物、垃圾暂存设施；

⑥生产区与生活区隔离。

4. 车间及设施卫生的要求

食品生产车间及设施的卫生应当符合下列要求：

①车间面积与生产能力相适应，布局合理，排水畅通；车间地面用防滑、坚固、不透水、耐腐蚀的无毒材料修建，平坦、无积水并保持清洁；车间出口及与外界相连的排水、通风处应当安装防鼠、防蝇、防虫等设施；

②车间内墙壁、屋顶或者天花板使用无毒、浅色、防水、防霉、不脱落、易于清洗的材料修建，墙角、地角、顶角具有弧度；

③车间窗户有内窗台的，内窗台下斜约45°；车间门窗用浅色、平滑、易清洗、不透水、耐腐蚀的坚固材料制作，结构严密；

④车间内位于食品生产线上方的照明设施装有防护罩，工作场所以及检验台的照度符合生产、检验的要求，光线以不改变被加工物的本色为宜；

⑤有温度要求的工序和场所安装温度显示装置，车间温度按照产品工艺要求控制在规定的范围内，并保持良好通风；

⑥车间供电、供气、供水满足生产需要；

⑦在适当的地点设足够数量的洗手、清洁消毒、烘干手的设备或者用品，洗手水龙头为非手动开关；

⑧根据产品加工需要，车间人口处设有鞋、靴和车轮消毒设施；

⑨设有与车间相连接的更衣室，不同清洁程度要求的区域设有单独的更衣室，视需要设立与更衣室相连接的卫生间和淋浴室，更衣室、卫生间、淋浴室应当保持清洁卫生，其设施和布局不得对车间造成潜在的污染风险；

⑩车间内的设备、设施和工器具用无毒、耐腐蚀、不生锈、易清洗消毒、坚固的材料制作，其构造易于清洗消毒。

5. 原料、辅料卫生的要求

生产用原料、辅料的卫生应当符合下列要求并得到有效控制：

①生产用原料、辅料应当符合安全卫生规定要求，避免来自空气、土壤、水、饲料、肥料中的农药、兽药或者其他有害物质的污染；

②作为生产原料的动物，应当来自于非疫区，并经检疫合格；

③生产用原料、辅料有检验、检疫合格证，经进厂验收合格后方准使用；

④超过保质期的原料、辅料不得用于食品生产；

⑤加工用水（冰）应当符合国家《生活饮用水卫生标准》等必要的标准，对水质的公共卫生防疫卫生检测每年不得少于两次，自备水源应当具备有效的卫生保障设施。

6. 生产、加工卫生的要求

食品生产加工过程应当符合下列要求：

①生产设备布局合理，并保持清洁和完好；

②生产设备、工具、容器、场地等严格执行清洗消毒制度，盛放食品的容器不得直接接触地面；

③班前班后进行卫生清洁工作，专人负责检查，并做检查记录；

④原料、辅料、半成品、成品以及生、熟品分别存放在不会受到污染的区域；

⑤按照生产工艺的先后次序和产品特点，将原料处理、半成品处理和加工、工器具的清洗消毒、成品内包装、成品外包装、成品检验和成品贮存等不同清洁卫生要求的区域分开设置，防止交叉污染；

⑥对加工过程中产生的不合格品、跌落地面的产品和废弃物，在固定地点用有明显标志的专用容器分别收集盛装，并在检验人员监督下及时处理，其容器和运输工具及时消毒；

⑦对不合格品产生的原因进行分析，并及时采取纠正措施。

7. 包装、贮存、运输卫生的要求

出口食品的包装、贮存、运输过程应当受到良好的卫生控制：

①用于包装食品的物料符合卫生标准并且保持清洁卫生，不得含有有毒有害物质，不易褪色；

②包装物料间干燥通风，内、外包装物料分别存放，不得有污染；

③运输工具符合卫生要求，并根据产品特点配备防雨、防尘、冷藏、保温等设施；

④冷包间和预冷库、速冻库、冷藏库等仓库的温度、湿度符合产品工艺要求，并配备温度显示装置，必要时配备湿度计；预冷库、速冻库、冷藏库要配备自动温度记录装置并定期校准，库内保持清洁，定期消毒，有防霉、防鼠、防虫设施，库内物品与墙壁、地面保持一定距离，库内不得存放有碍卫生的物品；同一库内不得存放可能造成相互污染的食品。

8. 有毒有害物品的控制

出口食品企业应当严格执行有毒有害物品的贮存和使用管理规定，确保厂区、车间和化验室使用的洗涤剂、消毒剂、杀虫剂、燃油、润滑油和化学试剂等有毒有害物品得到有效控制，避免对食品、食品接触表面和食品包装物料造成污染。

9. 检验的要求

产品的卫生质量检验应当符合下列要求，并得到有效控制：

①企业有与生产能力相适应的内设检验机构和具备相应资格的检验人员；

②企业内设检验机构具备检验工作所需要的标准资料、检验设施和仪器设备，检验仪器按规定进行计量检定，检验要有检测记录；

③使用社会实验室承担企业卫生质量检验工作的，该实验室应当具有相应的资格，并签订合同。

10.保证卫生质量体系

有效运行的要求出口食品生产企业应当保证卫生质量体系能够有效运行，达到如下要求：

①制定并有效执行原料、辅料、半成品、成品及生产过程卫生控制程序，做好记录；

②建立并执行卫生标准操作程序并做好记录，确保加工用水(冰)、食品接触表面、有毒有害物质、虫害防治等处于受控状态；

③对影响食品卫生的关键工序，要制定明确的操作规程并得到连续的监控，同时必须有监控记录；

④制定并执行对不合格品的控制制度，包括不合格品的标识、记录、评价、隔离处置和可追溯性等内容；

⑤制定产品标识、质量追踪和产品召回制度，确保出厂产品在出现安全卫生质量问题时能够及时召回；

⑥制定并执行加工设备、设施的维护程序，保证加工设备、设施满足生产加工的需要；

⑦制定并实施职工培训计划并做好培训记录，保证不同岗位的人员熟练完成本职工作；

⑧建立内部审核制度，一般每半年进行一次内部审核，每年进行一次管理评审，并做好记录；

⑨对反映产品卫生质量情况的有关记录，应当制定并执行标记、收集、编目、归档、存储、保管和处理等管理规定。所有质量记录必须真实、准确、规范并具有卫生质量的可追溯性，保存期不少于2年。对于必须使用传统工艺生产加工的产品，在保证食品安全卫生的前提下，可以按传统工艺生产加工。

实训3-1 糖水罐头企业良好操作规范调研

一、目的要求

1.通过调研使学生掌握食品良好操作规范的主要内容；

2.能运用GMP的方法和原理，分析被调研企业GMP的实施情况，并针对性地提出改进措施。

二、调研内容

根据《食品企业通用卫生规范》，结合调研地区肉品企业实际情况，设计《食品企业实施GMP状况调查表》。调查表内容包括审查环节、审查项目、审查内容。审查环节分环境卫生、厂房与设备、卫生设施、原料、卫生管理、成品、检验7个方面。每一审查环节又包括若干审查项目，并且对每一审查项目赋予相应的审查内容，按符合与否进行评定。

①企业的一般情况。包括肉品企业名称、地址、员工人数(含人员的素质、受教育和培训程度、技术人员、管理人员和一般人员所占比例等)、企业的组织结构(含科室情况、车间、检验单位、食品质量安全管理机构等)、产品种类、质量等。

②企业环境卫生状况。厂址卫生包括地势的高低、污水的流向、地下水位，与居民及附近企业单位的距离、是否存在相互污染的可能；厂区卫生指厂区周围是否有有害气体、放射性源、粉尘和其他扩散性的污染源；厂区污染源状况指附近的河流是否受污染，周围是否有传染病医院；厂区道路铺砌是否合理；操作卫生制度等。

③企业厂房与设备卫生状况。包括厂房设计是否合理;建筑材料与形式是否耐洗,防止积尘、积水,是否容易脱落;厂房面积及功能是否满足要求;设备材料与设计是否合理;生产设备工艺先进状况;厂房设备布局及工艺流程是否符合卫生要求。

④企业卫生设施。厕所、更衣、盥洗、空气消毒、通风、采光、照明、三防、地墙顶保洁、容器工具设备消毒保洁、废弃物存放排污等设施是否符合食品企业卫生要求。

⑤企业原料卫生状况。原料验收登记卫生制度;原料索证规则;原料保存、使用卫生制度。

⑥企业卫生管理制度。从业人员是否进行健康检查和卫生培训;从业人员是否遵守个人卫生要求;从业人员卫生知识掌握程度;企业卫生组织制度;企业卫生制度执行情况。

⑦企业成品卫生状况。产品检验标准及方法;产品标识管理制度及要求;产品保存卫生制度。

⑧企业化验管理制度。企业化验室设置是否合理;化验设备设施的配置是否满足化验要求;是否对化验员进行定期培训。

三、调研方法和步骤

(一)调研方法

采用现场考察和询问法进行调研

(二)调研步骤

1. 调研准备

熟悉被调研的同类企业的一般工艺卫生要求和卫生制度,根据有关的食品卫生法规以及食品企业 GMP 的要求,拟订出调研提纲和调研表格。

2. 参观考察

进入拟调研企业,听取接待人员介绍情况,参观厂区、车间、生产线等,与企业工人、技术人员和管理人员进行交谈。在条件允许的条件下,可以进行问卷调查。

3. 综合分析

根据调研的结果,综合分析被调研企业的卫生状况,找出存在的主要卫生问题及其原因,提出整改的措施。

4. 撰写调研报告

四、调研作业

针对调研企业情况,按照 GMP 规定要求,根据所学理论知识,制订一整套行之有效的卫生组织管理制度,强化制度落实措施。

任务 3-2　卫生标准操作程序(SSOP)

◆学习目标

1. 了解我国 SSOP 的发展现状和存在意义;
2. 掌握 SSOP 在安全管理过程中的 8 个卫生方面;
3. 掌握卫生标准操作记录的编制;
4. 理解 SSOP 与 GMP、HACCP 之间的关系。

卫生标准操作程序(sanitation standard operation procedure,SSOP)是食品生产企业为了使其所加工的食品符合卫生要求,而制定的指导食品加工过程中如何具体实施清洗、消毒和卫生保持的作业指导文件。一般是由食品加工企业帮助完成在食品生产中维护GMP的全面目标而使用的过程,尤其是SSOP描述了一套特殊的与食品卫生处理和加工厂环境的清洁程度及处理措施满足它们的活动相联系的目标。该操作程序以SSOP文件的形式出现,在文件所列出的程序应依据本企业生产的具体情况,对某人执行的任务提供足够详细的规范,并在实施过程中进行严格的检查和记录,实施不力时要及时纠正。

在某些情况下,SSOP可以减少在HACCP计划中关键控制点的数量,实际上危害是通过SSOP和HACCP关键控制点的组合来控制的。一般来说,涉及产品本身或某一加工工艺、步骤的危害是由CCP来控制,而涉及加工环境或人员等有关的危害通常是由SSOP来控制比较合适。在有些情况下,一个产品加工操作可以不需要一个特定的HACCP计划,这是因为危害分析显示没有显著危害,但是所有的加工厂都必须对卫生状况和操作进行监测。

在我国食品生产企业都制定有各种卫生规章制度,对食品生产的环境、加工的卫生、人员的健康进行控制。为确保食品在卫生状态下加工,充分保证达到GMP的要求,加工厂应针对产品或生产场所制订并且实施一个书面的SSOP或类似的文件。SSOP最重要的是具有8个卫生方面(且不限于这8个方面)的内容,加工者根据这8个主要卫生控制方面加以实施,以消除与卫生有关的危害。实施过程中还必须有检查、监控,如果实施不力还要进行纠正和记录保持。这些卫生方面适用于所有种类的食品零售商、批发商、仓库和生产操作。

SSOP的意义体现在它是:

①描述在工厂中使用的卫生程序;

②提供这些卫生程序的时间计划;

③提供一个支持日常监测计划的基础;

④鼓励提前做好计划,以保证必要时能及时采取纠正措施;

⑤辨别问题发生的趋势,防止同样问题再次发生;

⑥确保每个人,从管理层到生产工人都理解卫生(概念);

⑦为雇员提供一种连续培训的工具;

⑧显示对买方和检查人员的承诺;

⑨引导厂内的卫生操作和状况得以完善提高。

现代食品加工企业必须建立和实施SSOP,以强调加工前、加工中和加工后的卫生状况和卫生行为。卫生标准操作程序描述了控制工厂各项卫生要求所使用的程序,提供一个日常卫生监测的基础,对可能出现的不合格状况提前做出计划,以保证必要时采取纠正措施,为雇员提供了一种连续培训的工具。应确保每个人,从管理层到生产工人都了解与之相关的卫生标准操作程序要求。

一、SSOP的发展

1995年2月,美国颁布的9 CFR Part 304《美国肉、禽类产品HACCP法规》中首次要求建立SSOP,但并未规定SSOP的具体内容。同年12月,美国颁布的21 CFR Part 123《美国水产品HACCP法规》中明确了SSOP至少应包括的8个方面内容。我国《食品企业通用卫生规范》以及另外一些GMP中其实都包含了SSOP的内容。SSOP计划应由食品生产企业根据卫生规范及企业实际情况编写，尤其应充分考虑到其实用性和可操作性，注意对执行人所执行的任务提供足够详细的内容。

根据我国卫生部2002年7月19日发布的《食品企业HACCP实施指南》，每个企业都应制定和实施卫生标准操作程序或类似文件，以说明企业如何满足和实施如下卫生条件和规范：

①与食品或食品表面接触的水的安全性或生产用冰的安全；

②食品接触表面（包括设备、手套和外衣等）的卫生情况和清洁度；

③防止不卫生物品对食品、食品包装和其他与食品接触表面的污染及未加工产品和熟制品的交叉污染；

④洗手间、消毒设施和厕所设施的卫生保持情况；

⑤防止食品、食品包装材料和食品接触表面掺杂润滑剂、燃料、杀虫剂、清洁剂、消毒剂、冷凝剂及其他化学、物理或生物污染物；

⑥规范标示标签、存储和使用有毒化合物；

⑦员工个人卫生的控制，这些卫生条件可能对食品、食品包装材料和食品接触面产生微生物污染；

⑧消灭工厂内的鼠类和昆虫。

上述8项内容是一个完整的SSOP计划至少应当包括的基本内容。此外，有的SSOP计划还可以包括厂房的结构和布局，废物处理等内容。

每个企业应该对实施SSOP的情况进行检查、记录，并将记录结果存档、备查。这就是说，标准卫生操作程序还必须设定监控程序。企业设定监控程序时描述如何对SSOP的卫生操作实施监控。它们必须指定何人、何时及如何完成监控。对监控要实施，对监控结果要检查，对检查结果不合格者还必须采取措施加以纠正。对以上所有的监控行动、检查结果和纠正措施都要记录，通过这些记录说明企业不仅遵守了SSOP，而且实施了适当的卫生控制。食品加工企业日常的卫生监控记录是工厂重要的质量记录和管理资料，应使用统一的表格，并归档保存。

针对上述8大基本内容以及其他内容建立的每个卫生标准操作程序，一般都应包含监控对象、监控方法、监控频率、监控人员、纠正措施及监控、纠正结果的记录要求等内容。政府执法部门或第三方认证机构一般会鼓励和督促建立书面的SSOP计划。对每个卫生标准操作程序，其SSOP计划一般包括3方面的文件：①该卫生标准操作的要求和程序；②每一个环节的作业指导书；③执行、检查和纠正记录。

食品企业在选择和建立自身的SSOP时必须做到3点要求：①SSOP应该描述加工者如何保证某一个关键的卫生条件和操作得到满足；②SSOP应该描述加工企业的操作如何受到监控来保证达到GMP规定的条件和要求；③应该保持SSOP记录，至少应记录与加工厂相关的关键卫生条件和操作受到监控和纠正的结果。

二、SSOP的基本内容

国家认监委2002年第3号公告中确定的SSOP要素：接触食品（包括原料、半成品、成品）或与食品有接触的物品的水和冰应当符合安全卫生要求；接触食品的器具、手套和内外包装材料等必须清洁、卫生和安全；确保食品免受交叉污染；保证操作人员手的清洗消毒，保持洗手间设施的清洁；防止润滑油、燃料、清洗消毒用品、冷凝水及其他化学、物理和生物等污染物对食品造成安全危害；正确标注、存放和使用各类有毒化学物质；保证与食品接触的员工的身体健康和卫生;清除和预防鼠害、虫害。要点介绍如下。

(一)与食品或食品表面接触的水的安全性或生产用冰的安全

与食品和食品表面接触的水(冰)的安全食品加工中用水(冰)的卫生质量是影响食品卫生的关键因素,直接与食品接触或用于食品表面接触的水(冰)的来源及其处理应符合有关规定,并要考虑非生产用水与生产用水的交叉污染以及污水处理问题。在生产过程中应重点保证:

①与食品和食品接触面水的安全供应;

②制冰用水的安全供应;

③饮用水与非饮用水间没有交叉关联。

生产用水(冰)的卫生质量是影响食品卫生的关键因素,对于任何一家食品加工企业,首要的一点就是要保证水(冰)的安全。食品加工企业一个完整的SSOP,首先要考虑与食品或与食品表面接触用水(冰)来源与处理应符合有关规定,并要考虑非生产用水、污水处理问题及排放系统的交叉污染问题。

1. 生产加工用水的要求

食品生产用水水源大概分为自供水、城市供水和海水。食品加工用水应使用符合《生活饮用水卫生标准》(GB 5749—2006)的规定;水产品加工中冲洗原料使用的海水应符合《海水水质要求》(GB 3097—2010);软饮料用水质量达到《软饮料用水标准》(GB 1079—2009)的要求。就安全卫生而言,我们应重点关注生产用水的细菌学指标。

(1)水源

使用城市公共用水,要符合国家饮用水标准;使用自备水源要考虑诸多因素:如井水,应当考虑周围环境、井的深度、地表结构等因素对水的影响;对于海水,应当考虑周围环境、季节变化、注入水源等因素对水的影响。对于生产用水及非生产用水供水系统,企业应采用不同颜色的管道,以防止混淆。企业应有详细的供水网络图,生产车间的水龙头应编号,以便日常管理与维护。

水源应当符合相关标准,有的可以采用国家标准,但要与国际接轨就应当采用国外先进标准,具体要求如下:

①我国生活饮用水国家标准(GB 5749—2006)。该标准规定了35项指标,其中的微生物指标为:在37℃培养24 h后,细菌总数<100个/mL,大肠菌群<3个/mL,致病菌不得检出;管网末梢水游离余氯不低于0.05 mg/L。

②欧盟指标(80/778/EEC)。该标准包含了62项指标,其中细菌总数在37℃培养48 h为<10个/mL;细菌总数在22℃培养72 h为<100个/mL;总大肠菌群MPN<1个/100 mL;粪大肠菌群MPN<1个/100 mL;粪链球菌MPN≤1个/100 mL;致病菌不得检出。

③美国饮用水微生物的规定:总大肠菌(包括粪大肠菌和大肠杆菌)目标为0。最大污染水平5%,即1个月中总大肠菌呈阳性水样不超过5%,呈阳性的水样必须进行粪大肠菌分析。不允许存在病毒。

(2)防止生产用水被污染的措施

设施供水设施要完好,一旦损坏后就能立即维修好,管道的设计要防止冷凝水集聚下滴污染裸露的加工食品,防止饮用水管、非饮用水管及污水管间交叉污染。

①防虹吸设备:水管离水面距离2倍于水管直径,防止水倒流;水管管道有一死水区;水管龙头有真空排气阀;

②洗手消毒水龙头为非手动开关；

③加工案台等工具有将废水直接导入下水道装置；

④备有高压水枪；

⑤使用的软水管要求是由浅色且不易发霉的材料制成；

⑥有蓄水池(塔)的工厂，水池要有完善的防尘、防虫鼠措施，并进行定期清洗消毒。

城市公共用水是食品加工中最常用的水源，经过净化处理，具有安全、优质、可靠的优点。但当食品企业安装水管或改造管道不合理时，管道中生产用水与非生产用水混合会导致交叉污染；当生产用水体系与由于泵、蒸煮锅、压力蒸汽等原因而产生的高压操作体系相连接时，可导致由压力回流、虹吸管回流等引起的回流污染。通常防止供水设施被污染的措施有：

a.为便于常对供水系统进行管理与维护，应建立和保存详细的供水网络图；

b.有蓄水池(塔)的工厂，水池要有完善的防尘、防虫和防鼠措施，与外界相对封闭，并制定定期清洗消毒计划；

c.有两种供水系统并存的企业，应用不同颜色标记管道，防止饮用水与非饮用水混淆；

d.水管离水面距离应为水管直径的2倍，水管管道有空气隔断或使用真空排气阀；

e.供水设施要完好，一旦损坏后应立即维修好。

如果企业自己打井，使用的是自供水，除以上措施外还应注意自供水的水质必须符合国家规定的生活饮用水标准，根据官方实验室的微生物检测报告决定是否使用化学消毒剂，如需使用，常采用10 mg/L浓度的加氯消毒处理。

直接与食品或与食品接触面接触的海水应符合饮用水的微生物标准且无异物。作为自然水源，海水易受环境污染、微生物污染和某些天然毒素的影响，因此用海水对水产品进行初加工时要注意对海水质量进行监测。

直接与产品接触的冰必须采用符合饮用水标准的水制造，制冰设备和盛装冰块的器具，必须保持良好的清洁卫生状况，冰的存放、粉碎、运输、盛装等都必须在卫生条件下进行，防止与地面接触造成污染。

(3)操作

①防止清洗、解冻后产生的污水溢溅；

②软水管使用时不能拖在地面，不得直接浸入水槽中。

(4)供水网络图

工厂应保持详细供水网络图并将水龙头编号，以便日常对生产供水系统管理与维护。

(5)废水排放

①污水处理：应符合国家环保部门的规定；符合防疫的要求；处理池地点应远离生产车间。

②废水排放设置：地面处理(坡度)，一般为1％～1.5％斜坡；案台等及下脚料盒(直接入沟)；清洗消毒槽废水排放(直接入沟)；废水流向(清洁区向非清洁区)；地沟(明沟加不锈钢箅子，与外界接口有水封防虫装置)。

(6)生产用冰

直接与产品接触的冰必须采用符合饮用水标准的水制造，制冰设备和盛装冰块的器具，必须保持良好的清洁卫生状况，冰的存放、粉碎、运输、盛装、贮存等都必须在卫生条件下进行，防止与地面接触造成污染。

2.监控

无论是城市公共用水还是用于食品加工的自备水源都必须充分有效地加以监控,经政府监管部门检验取得合格证明后方可使用。

(1)企业监测项目与方法

①余氯:试纸、比色法。

②微生物:细菌总数和大肠菌群适用国家标准GB/T 5750.1-13—2006。

对于城市公共用水,当地卫生防疫部门每年至少1次检验全项目;对自备水源监测频率要增加,1年至少2次。企业对水的微生物检验每月至少1次;企业用试纸或比色法对水的余氯每天检验1次。无论是使用城市公共用水还是自备水源,水质都要符合国家饮用水标准。使用海水加工的,其水质应符合GB 3097—2010标准,检测的频率应比城市公共用水或自备水源更频繁。应定期对盛装冰的器具和冰进行微生物检测。

(2)监测频率

①企业对水的余氯的监测每天1次,1年对所有水龙头都监测到。

②企业对水的微生物的监测至少每月1次。

③当地卫生部门对城市公共用水全项目的监测每年至少1次,并有报告正本。

④对自备水源监测频率要增加,1年至少2次。

3.纠偏

监控时发现加工用水存在问题或管道有交叉连接时应终止使用这种水源,并终止加工,直到问题得到解决。

4.记录

包括水的监控、维护记录,以及问题纠偏处理的记录。水的监控记录包括以下几种记录和证明:

①每年1~2次由当地卫生部门进行的水质检验报告的正本;

②自备水源的水池、水塔、贮水罐等有清洗消毒计划和监控记录;

③食品加工企业每月1次对生产用水进行细菌总数、大肠菌群的检验记录;

④每日对生产用水的余氯检验记录;

⑤生产用直接接触食品的冰,自行生产者,应具有生产记录,记录生产用水和工器具卫生状况,如是向冰厂购买者应具备冰厂生产冰的卫生证明;

⑥申请向国外注册的食品加工企业,需根据注册国家要求项目进行监控检测并加以记录;

⑦工厂供水网络图(不同供水系统,或不同用途供水系统用不同颜色表示)。

(二)与食品接触的表面(包括设备、手套、工作服)的卫生情况和清洁度

1.与食品接触表面的要求

与食品接触的表面包括加工设备,案台和工器具,加工人员的工作服、手套等和包装物料。

(1)材料的要求

①与食品接触表面应选用耐腐蚀、不生锈、表面光滑、易清洗的无毒材料,如300系列的不锈钢材料;

②不能使用木制品、纤维制品、含铁金属、镀锌金属、黄铜等材料;

③对于手套、围裙、工作服应根据用途,采用耐用、易清洗和消毒的材料进行合理设计和制作。

(2)设计制作安装的要求

①设计安装及维护方便,便于清洗和消毒;

②制作工艺精细,无粗糙焊缝、凹陷、破裂等;

③易排水并不积存污物;安装及维护方便,始终保持良好保养的状态;

④安装在即使加工人员犯错误情况下,也不至造成严重后果的地方。

2. 与食品接触表面的清洗、消毒

(1)对加工设备与工器具清洗消毒的程序

①清扫:首先用刷子、扫帚彻底清除设备、工器具表面的食品残渣和污物;

②预冲洗:用清洁水冲洗设备和工器具表面,除去清扫后遗留的微小残渣;

③清洗:根据清洁对象的不同,选用不同类型的清洗剂对设备和工器具进行清洗,常用的清洗剂有碱性清洗剂、酸性清洗剂、溶剂型清洗剂以及擦洗剂等;

④冲洗:用流动的洁净水冲去与食品接触面上的清洁剂和污物,为消毒提供良好的界面;

⑤消毒:应用允许使用的消毒剂,杀死和清除物品上存在的病原微生物。常用的消毒剂有82℃热水、含氯消毒剂、碘化合物、溴化物、季铵化合物、酸杀菌剂和过氧化氢等。消毒的方法通常为喷洒、浸泡等;

⑥冲洗:消毒结束后,应用符合卫生条件的水对被消毒对象进行清洗,尽可能减少消毒剂的残留;

⑦设有隔离的工器具洗涤消毒间,将不同清洁度的工器具分开。

(2)对工作服、手套清洗消毒的要求

①集中由洗衣房清洗消毒(专用洗衣房,设施与生产能力相适应);

②不同清洁区域的工作服分别清洗消毒,清洁工作服与脏工作服分区域放置;

③存放工作服的房间设有臭氧、紫外线等设备,且干净、干燥和清洁。

(3)清洗消毒的频率按照下列原则确定

①大型设备,每班加工结束后;

②工器具根据不同产品而定,一般是每 2～4 h;

③被污染后立即进行。

(4)空气消毒可以选用下列方法

①紫外线照射法每 10～15 m^2 安装一支 30 W 紫外线灯,消毒时间不少于 30 min,低于20℃、高于 40℃、湿度大于 60%时,要延长消毒时间;适用于更衣室、厕所等。

②臭氧消毒法一般消毒 1 h。适用于加工车间、更衣室等。

③药物熏蒸法每平方米用过氧乙酸或甲醛 10 mL/m^2。适用于冷库,保温车等。

3. 监控

食品接触表面的设计、安装应便于卫生操作、维护和保养,并能及时、方便、充分地进行清洗和消毒。为了确保食品接触表面的卫生,有关监测工作是十分必要的。

监控对象包括:①与食品接触表面的状况(包括包装材料)的卫生条件;②设备和工器的清洁和消毒;③消毒剂类型和浓度;④手套、工作服的清洁状况。

监控方法主要有视觉检查、化学检测(针对消毒剂浓度等)、表面微生物检查等,监控频率取决于监控对象和使用条件。

4. 纠偏

在检查发现问题时应采取适当的方法及时纠正，如再清洁、消毒、检查消毒剂浓度、培训员工等。

5. 记录

记录包括检查食品接触面状况；消毒剂浓度；表面微生物检验结果等，包括每日卫生监控记录和检查、纠偏记录。

记录的目的是提供证据，证实工厂消毒计划充分，并已执行，发现问题能及时纠正。

(三)防止发生交叉污染

交叉污染是通过生的食品、食品加工者或食品加工环境把生物的或化学的污染物转移到食品上的过程。当致病菌或毒素被转移到即食食品上时，通常意味着导致食源性疾病的发生。

1. 要求

造成交叉污染的原因包括：①工厂选址、设计、车间不合理；②加工人员个人卫生不良；③清洁消毒不当；④卫生操作不当；⑤生、熟产品未分开；⑥原料和成品未隔离。

(1)工厂选址、设计

在工厂选址、设计时就应当有意识地进行交叉污染的预防，考虑周围环境不造成污染，厂区内不造成污染，并遵守有关规定(提前与有关部门联系)。工厂选址、设计和建筑应符合食品加工企业的要求：

①食品厂应选择在环境卫生状况比较好的区域建厂，注意远离粉尘、有害气体、放射性物质和其他扩散性污染源，也不宜建在闹市区或人口稠密的居民区；

②厂区的道路应该为水泥或沥青铺制的硬质路面，路面平坦、不积水、无尘土飞扬，厂区要植树种草进行立体绿化；

③锅炉房设在厂区下风处，厕所、垃圾箱远离车间，并按照规定提前请有关部门审核设计图纸；

④生产车间地面一般为$1^{\circ}\sim1.5^{\circ}$的斜坡以便于废水排放；案台、下脚料盒和清洗消毒槽的废水直接排放入沟；

⑤废水应由清洁区向非清洁区流动，地沟与外界接口处应有水封防虫装置。排出的生产污水应符合国家环保部门和卫生防疫部门的要求，污水处理池地点的选择应远离生产车间。

(2)车间布局

在车间布局上要注意：

①工艺流程布局合理；

②初加工、精加工、成品包装分开；

③生、熟加工分开；

④清洗消毒与加工车间分开；

⑤所用材料易于清洗消毒。

(3)明确人流、物流、水流、气流方向

对人流、物流、水流、气流方向的控制应当遵循以下原则：

①人流：从高清洁区到低清洁区；

②物流：不造成交叉污染，可用时间、空间分隔；

③水流：从高清洁区到低清洁区；

④气流：入气控制、正压排气。

(4)加工人员卫生操作要求

事实上人类是食品污染的主要来源，经常通过手、呼吸、头发和汗液污染食品，不留神时咳嗽和打喷嚏也能传播致病性微生物。员工的不良卫生习惯，如随地吐痰，在车间进食，进车间、如厕后不按规定程序洗手、消毒，接触生产品的手又去摸熟的产品，清洁区与非清洁区的人员来回串岗等，都可能对产品造成交叉污染。

因此，对加工人员应当进行卫生操作的培训，并对其洗手、首饰、化装、饮食等情况进行控制：

①加工人员进入车间前要穿着专用的清洁的工作服，更换工作鞋靴，戴好工作帽，头发不得外露。加工供直接食用产品的人员，尤其是在成品工段的工作人员，要戴口罩；

②与工作无关的个人物品不得带入车间，不得戴首饰和手表，并且不得化妆；

③加工人员进入车间前用消毒剂消毒手和鞋靴；

④大小便，处理废料和其他污染材料，处理生肉制品、蛋制品或乳制品，接触货币，吸烟、咳嗽、打喷嚏后，开工前或离开车间后都应该清洗消毒双手；

⑤禁止在加工场所吃东西、嚼口香糖、喝饮料或吸烟，工作期间不得随意串岗；

⑥勤洗澡、勤洗头(每周至少洗两次)、勤剪指甲、勤洗内衣和工作服。

2.监控

监测交叉污染的目的是预防不卫生的物体污染食品、食品包装材料和食品接触面。

①定期请环保部门和卫生防疫部门对厂区环境进行监测，确保空气、水源无污染。

②生产过程中连续监控，确保无人流、物流、水流和气流的交叉污染，包括从事生产的加工人员不得随意去或移动设备到加工熟制或即食食品的区域。

③在开工时、交班时、餐后继续加工时进入生产车间前，指定人员检查员工的卫生情况，包括衣着整洁、戴工作帽，严格手部和鞋靴的清洗消毒过程，不准穿工作服、工作用鞋进卫生间或离开生产加工场所等。

④每日检查产品贮存区域(如冷库)的卫生状况。

3.纠偏

①发生交叉污染，采取措施防止再发生。

②必要时停产，直到有改进。

③如有必要，评估产品的安全性。

④增加培训程序。

4.记录

记录一般包括每日卫生监控记录，消毒控制记录、纠正措施记录。

(四)洗手间、消毒设施和厕所设施的卫生保持情况

1.要求

(1)洗手消毒设施的要求

洗手消毒的设施应当满足下列要求：

①洗手龙头必须采用非手动开关的水龙头，洗手处须有皂液盒；盛放手消毒液的容器，在数量上也要与使用人数相适应，并合理放置，以方便使用；

②有温水供应，在冬季洗手消毒效果好；

③有合适、满足需要的洗手消毒设施，以每10～15人设1个水龙头为宜，200人以上每20人增设1个；

④干手器具必须是不会导致交叉污染的物品，如一次性纸巾、干手机等；

⑤车间内适当位置应设足够数量的洗手、消毒设施，以便工人在生产操作过程中定时洗手、消毒，或在弄脏手后能及时和方便地洗手。

⑥拥有流动消毒车。

(2)厕所设施的要求

包括所有厂区、车间和办公楼的厕所都应当满足以下要求：

①位置应当与车间建筑连为一体，门不能直接朝向车间，有更衣、鞋设备；

②数量应当与加工人员相适应，每15～20人设1个为宜；

③手纸和纸篓保持清洁卫生；

④设有洗手设施和消毒设施；

⑤有防蚊蝇设施；

⑥通风良好，地面干燥，保持清洁卫生；

⑦进入厕所前要脱下工作服和换鞋；

⑧方便之后要进行洗手和消毒。

(3)设备的维护与卫生

保持洗手消毒设施和厕所设施中的设备应当保持正常运转状态，卫生应当保持良好，不造成污染。

(4)洗手消毒程序、频率

①程序：清水洗手，用皂液或无菌皂洗手，清水冲净皂液，于50 mg/L(余氯)消毒液浸泡30 s，清水冲洗，干手(用纸巾或干手机)。洗手步骤如图3-7、图3-8所示。

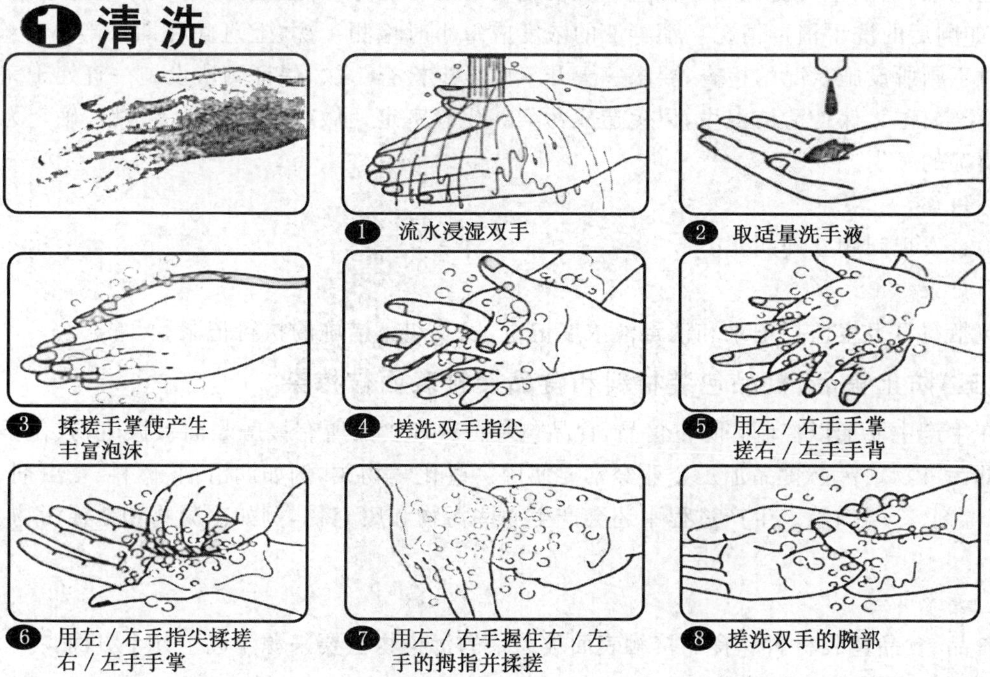

图3-7 清水洗手步骤

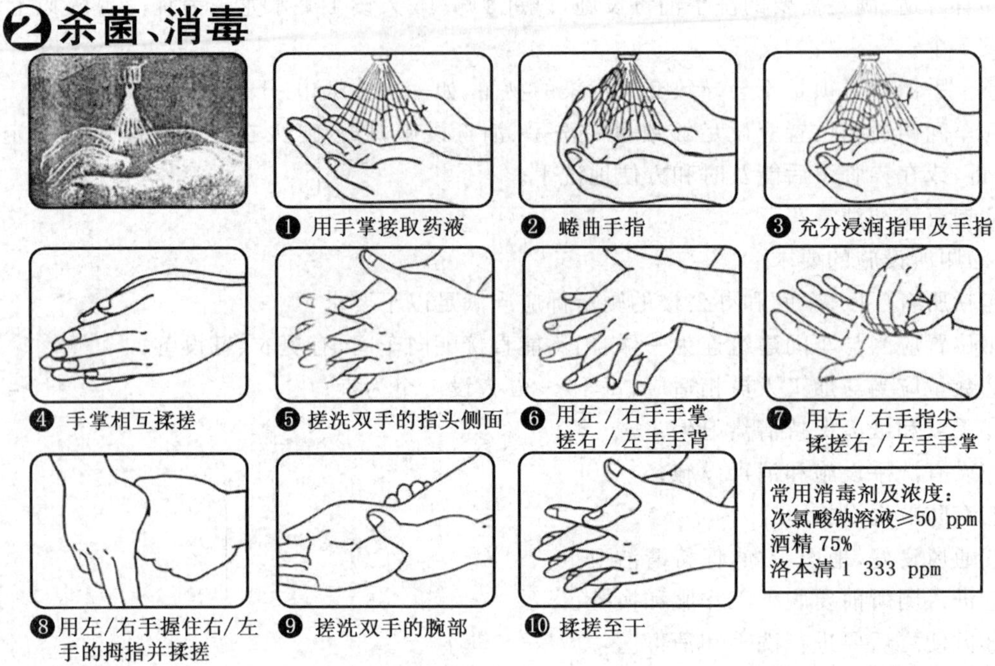

图 3-8　消毒液洗手步骤

②频率：每次进入加工车间时，手接触了污染物后及根据不同加工产品规定确定消毒频率。

2. 监控

生产区域、卫生间每天至少检查 1 次设施的清洁与完好，卫生监控人员巡回监督员工进入车间、如厕后的洗手消毒情况。消毒液的浓度应每小时检测 1 次，上班高峰期每半小时检测 1 次。对于厕所设施状况的检查，要求每天开工前至少检查 1 次，保证厕所设施一直处于完好状态，并经常打扫，保持清洁卫生，以免造成污染。化验室定期做产品表面样品检验，确定无交叉污染情况的发生。

3. 纠偏

检查发现问题立即纠正。

4. 记录

包括每日卫生监控记录和消毒液浓度记录，以及纠正措施的执行记录。

(五)防止食品、食品包装材料和食品接触表面被掺杂

在生产中要加以控制，防止食品、食品包装材料和食品所有接触表面被微生物、化学品及物理的污染物玷污。食品加工企业经常要使用一些化学物质，例如润滑剂、燃料、杀虫剂、清洁剂、消毒剂、冷凝剂等。生产过程中还会产生一些污物和废弃物，例如冷凝物和地板污物、下脚料等。

1. 要求

食品、食品包装材料和食品接触表面被掺杂的污染物主要来源于以下几个方面：

①不洁净的冷凝水滴入；

②不清洁水的飞溅而带来的污染；

③非食品区域或邻近加工区域的有毒烟雾和灰尘；

④外来物质；

⑤地面污物；

⑥无保护装置的照明设备；

⑦非食品级润滑剂、清洁剂、杀虫剂等；

⑧化学药品的残留；

⑨不卫生的包装材料。

对污染物进行预防与控制主要是以下几个方面：

①包装物料的控制。包装物料存放库要保持干燥清洁、通风、防霉，内外包装分别存放，上有盖布下有垫板，并设有防虫、鼠设施。每批内包装进厂后要进行微生物检验，不能有致病菌存在，必要时进行消毒。

②冷凝水控制。冷凝水控制车间保持良好通风，温度稳定在 0～4℃的变化范围内，在冬天应将送进车间的空气升温；车间的顶棚设计成圆弧形，各种管道、管线尽可能集中走向，冷水管不宜在生产线、设备和包装台上方通过；将热源如蒸柜、烫漂锅、杀菌器等单独设房间集中排气；如果天花板上有冷凝水，应该及时用真空装置或消毒过的海绵拖把加以消除。

③食品的贮存库保持卫生，不同产品、原料、成品分别存放，设有防鼠设施。

④化学品的正确使用和妥善保管。食品加工机械要使用食品级润滑剂，要按照有关规定使用食品厂专用的清洗剂、消毒剂和杀虫剂，对工器具清洗消毒后要用清水冲洗干净，以防化学品残留。车间内使用的清洗剂、消毒剂和杀虫剂要专柜存放，专人保管并做好标示。

⑤其他污染物的控制。车间对外要相对封闭，正压排气，车间内定期清除生产废弃物并擦洗地面，定期消毒，防止灰尘和不洁污染物对食品的污染；车间使用防爆灯，对外的门设挡鼠板，地面保持无积水，如果在准备生产时，清洗后的地板还没有干燥，就需要采用真空装置将其吸干或消毒过的海绵拖把加以消除。

2.监控

监控应涉及任何可能污染食品或食品接触面的掺杂物，如潜在的有毒化合物、不卫生的水（包括不流动的水）和不卫生的表面所形成的冷凝物。建议生产开始时及工作时间每 4 h 检查 1 次。

3.纠偏

①除去不卫生表面的冷凝物。

②用遮盖物防止冷凝物落到食品、包装材料及食品接触面上。

③清除地面积水、污物、清洗化合物残留。

④评估被污染的食品。

⑤对员工进行正确使用化合物的培训。

4.记录

应当记录食品、食品包装材料和食品所有接触表面被玷污的情况，以及纠正措施的执行情况。

（六）有毒化学物质的标记、贮存和使用

食品加工企业不可避免地使用各类化学物质，如有洗涤剂、消毒剂、次氯酸钠、杀虫剂、润

滑剂、食品添加剂等,使用时必须小心谨慎,按照产品说明书使用,做到正确标记、安全贮存,否则可能会导致企业加工的食品被污染。

1.要求

①应编写本厂使用的有毒有害化学物质一览表。

②所使用的有毒化学物质要有主管部门批准生产、销售的证明。原包装容器的标签应标明试剂名称、制造商、批准文号和使用说明。配制好的化学药品应正确加以标示,标示应注明主要成分、毒性、浓度、使用剂量、正确使用的方法和注意事项等,并标明有效期。

③在单独的区域贮存,柜子要带锁,防止随便乱拿,设有警告标示。

④化合物正确标识,标识清楚,标明有效期,使用登记记录。

⑤由经过培训的人员管理。

2.监控

监测的目的是确保有毒化合物的标记、贮存和使用能使食品免受污染。

监测的范围包括与食品接触面、包装材料,用于加工过程和包含在成品内的化学物质。

监测内容为有毒化学物质是否被正确标示、正确贮藏和正确使用。

①经常检查确保符合要求。

②建议 1 d 至少检查 1 次。

③全天都应注意。

3.纠偏

①转移存放错误的化合物。

②对标记不清的拒收或退回。

③准确评价不正确使用有毒化合物所造成的影响,判断食品是否已经遭受污染,已受污染的食品应当销毁。

④对保管、使用人员的培训。

4.记录

应当记录有毒化学物质的标记、贮存和使用情况(如是否正确地标记和贮藏有毒化合物),以及纠正措施的执行情况。

使用化学药品必须具备以下证明及记录:

①购置化学药品具备卫生部门批准允许使用证明。

②贮存保管登记。

③领用记录。

(七)员工的健康与卫生控制

食品企业的生产人员(包括检验人员)是直接接触食品的人,其身体健康及卫生状况直接影响食品卫生质量。根据食品卫生管理法规定,凡从事食品生产的人员必须经体检合格,取得健康证者方能上岗。因此,食品加工企业必须严格对生产人员,包括从事质量检验工作人员的卫生管理,尤其要管理好患病或有外伤或其他身体不适的员工,他们可能成为食品的微生物污染源。

1.要求

①食品加工人员上岗前要进行健康检查,经检查身体健康人员才能上岗。以后定期进行健康检查,每年至少进行 1 次体检。

②食品生产企业应制订体检计划，并设有体检档案，凡患有有碍食品卫生的疾病，例如病毒性肝炎患者、活动性肺结核患者、肠伤寒及其带菌者、细菌性痢疾及其带菌者、化脓性或渗出性脱屑皮肤病患者、手外伤未愈合者，均不得直接接触食品加工，痊愈后经体检合格后可重新上岗。

③生产人员要养成良好的个人卫生习惯，按照卫生规定从事食品加工，进入加工车间更换清洁的工作服、帽、口罩、鞋等，不得化妆、戴首饰、手表等。

④食品生产企业应制订卫生培训计划，定期对加工人员进行培训，并记录存档。

2. 监控

目的在于控制可能导致食品、食品包装材料和食品接触面的微生物污染。

3. 纠偏

调离生产岗位直至痊愈。

4. 记录

包括健康检查记录、卫生培训记录和每日卫生检查记录，以及监控结果和纠正措施的执行情况。

每日卫生检查记录包括生产人员工作服、鞋帽是否穿戴正确；是否化妆、头发外露、手指甲修剪情况等；个人卫生是否清洁，有无外伤，是否患病等；是否按程序进行洗手消毒等。

(八)有害动物的防治

苍蝇、蟑螂等昆虫、鸟类和啮齿类等有害动物带有许多种类的病源菌，如沙门氏菌、葡萄球菌、肉毒梭状杆菌、李斯特菌和寄生虫等，它们极易污染食品而传播食源性疾病。因此，有害动物的防治是食品加工企业的重要工作。

1. 要求

有害动物的防治应当针对全厂范围生活区甚至包括厂周围制定防治计划，重点是厕所、下脚料出口、垃圾箱周围、食堂等。并编绘灭鼠分布图、清扫消毒执行规定等。应当采取下列防治措施。

①去除任何产生昆虫、害虫的滋生地，如废物、垃圾堆积场地，不用的设备、产品废物和未除尽的植物等是减少吸引害虫的因素。

②预防进入车间。采用风幕、水幕、纱窗、黄色门帘、暗道、挡鼠板、翻水弯等。

③杀灭。生产区用杀虫剂，车间入口用灭蝇灯、粘鼠胶、鼠笼，不能用灭鼠药。

2. 监控

通过视觉检查是否存在有害动物及其最近留下的痕迹(如粪便、啃咬痕迹和造巢材料等)。重点应当对加工区域、包装区域、储存区域以及可能引起有害动物问题的地点进行监控。监控频率取决于监控对象，并可根据经验调整。

3. 纠偏

监控发现问题时，应立即进行纠正。除虫、灭鼠应有执行记录，监督检查应有检查记录，纠正行动应有纠正记录。SSOP 的纠偏一般不涉及产品。卫生监控的内容认为严重和必要时，可列入 HACCP 计划加以控制。

4. 记录

应当记录监控过程中有害动物的检查结果和纠正措施的执行情况。

三、SSOP卫生监控与记录建立

卫生标准操作程序必须设定监控程序，实施检查、纠正措施和记录。企业必须指定由何人、何时及如何完成监控。并对所有的监控行动、检查结果和纠正措施都要记录，通过这些记录说明企业不仅遵守了SSOP，而且实施了适当的卫生控制。

食品加工企业日常的卫生监控记录是工厂重要的质量记录和管理资料，应使用统一的表格，并归档保存，一般记录审核后存档，保留两年。卫生监控记录表格基本要求为：①被监控的某具体程序操作状况或结果；②以预先确定的监测频率来记录监控状况；③记录必要的纠正措施。

四、卫生标准操作程序文件和卫生标准操作记录的编制

(一)卫生标准操作程序文件的编制

1. 卫生标准操作程序文件

卫生标准操作程序文件的含义是指为进行某项活动或过程所规定的途径。当程序形成文件时，通常称之为“书面程序”或“形成文件的程序”。含有卫生标准操作程序的文件可称为卫生标准操作程序文件。例如“与食品接触或与食品接触表面的水(冰)的安全操作程序”、“与食品接触的表面(包括设备、手套、工作服)的清洁、卫生和安全操作程序”等。

2. 卫生标准操作程序文件的特点

卫生标准操作程序文件(SSOP文件)是由食品生产企业自己编写，编写SSOP文件的关键在于易于使用和遵守，而无所谓统一的格式，一个不能执行或不好执行的SSOP文件对企业是无益处的。具体的SSOP文件能够紧扣本企业的生产情况，所列出的程序准确反映了正在执行的行动，而且对操作人员的任务提供足够详细的内容。

3. 卫生标准操作程序文件编制原则及要求

企业在编写自己的SSOP文件时，应注意以法律为依据，与本企业的质量控制体系保持一致，通过SSOP文件的实施，达到产品安全卫生的要求。

SSOP文件应当符合以下几项具体要求：

①指令性卫生标准操作程序文件应由负责卫生标准操作活动主管领导批准后发布实施；

②目的性卫生标准操作程序文件应确定卫生标准操作活动的目标；

③符合性卫生标准操作程序文件的编制应符合HACCP体系的应用准则，GMP和国家及行业发布的各项法规、法令、标准的规定；

④协调性卫生标准操作程序文件应与HACCP相关的管理文件保持一致，并做到协调统一，不能存在不一致和相互矛盾的现象；

⑤系统性卫生标准操作程序文件是保证HACCP体系、GMP有效运行的基础，是对所有影响卫生质量的操作活动进行作业指导的文件，应对活动实施的具体程序做出规定，操作人员的职责应明确清楚，各项实施程序应做到连续有序；

⑥可行性卫生标准操作程序文件的编制应立足于本企业的实际情况，切实可行；

⑦可操作性卫生标准操作程序文件中，每个环节的各项活动内容及要求等都应做出详细而明确的规定，要能指导实践，便于责任人员进行操作，应力求写清如下5W和1H：WHY为什么做(何故)、WHAT做什么(何事)、WHO谁做(何人做)、WHEN什么时间做(何时)、

WHERE什么地方做(何地)、HOW怎么做(何为),除此以外,还应包括所依据的文件、标准,所需资源,纠正措施和应做的记录表格。程序文件应做到术语规范,词句正确,语言简练,结构严谨,内容重点突出。

4.卫生标准操作程序的编写内容

卫生标准操作程序文件的编写一般包括的内容为标题、目的、范围、依据、职责、实施的措施、程序、文件的审批栏、记录等。具体分述如下:

①标题由管理对象和业务特征两部分组成。例如,"洗手消毒程序"中"洗手消毒"是管理对象的名称,"程序"是管理业务的特征。

②目的范围简要说明文件中的主题内容,目的范围(即WHY,WHERE)。例如,"与食品接触或与接触食品的加工设备的表面接触的水(冰)的安全操作程序"的目的和范围可以这样描述:"对与食品接触或与接触食品的加工设备的表面接触的水(冰)的质量进行控制,确保食品配料用水、加工用水或作为清洗设备用水的安全性。"

③依据(或引用文件)必要时应明确所定程序的依据或引用文件。例如,加工用水(冰)的卫生操作程序中引用文件可以是《生活饮用水卫生标准》。

④职责应明确责任部门以及有关责任人员的职责(即WHO)。例如,"确保食品免受交叉污染操作程序"中,根据操作内容的不同,其责任者可能是质量监督员、车间清洁员、维修人员或生产操作人员。

⑤实施的程序(措施)。实施程序应针对某一事项,按工作先后的顺序规定与HACCP具体的工作内容。

⑥记录在程序文件正文后面,附上记录表、卡式样。

⑺程序文件的审批根据卫生标准操作程序文件指令性要求,该程序文件必须由负责卫生标准操作活动的主管领导批准签字,方可生效。

(二)卫生标准操作记录的编制

1.卫生标准操作记录的概念

记录是阐明所取得的结果或提供所完成活动的证据文件。记录可用作追溯性文件,并提供验证、纠正和预防措施的证据和依据。

2.记录编制的要求

①记录应当清楚并准确反映实际情况;

②记录应清晰,要求准确填写。对记录进行改动时要清晰保持原记录,如用单线划掉错误内容,在表上改正或更换新的内容;

③记录中的相应栏目应由责任人签名和标注日期;

④重要记录都应以适宜的频率进行复核;

⑤记录应容易查到和检索,并妥善保管,以防丢失、损坏和毁灭;

⑥记录应按产品的保质期限规定一定的保存期限。

五、HACCP与GMP、SSOP的相互关系

(一)SSOP与GMP的关系

1.SSOP与GMP的相互联系

GMP是政府强制性的食品生产、贮存卫生法规。GMP构成了SSOP的立法基础,GMP

规定了食品生产的卫生要求,食品生产企业必须根据GMP要求制定并执行相关控制计划,这些计划构成了HACCP体系建立和执行的前提。计划包括SSOP、人员培训计划、工厂维修保养计划、产品回收计划、产品的识别代码计划。SSOP是将GMP法规中有关卫生方面的要求具体化,使其转化为具有可操作性的作业指导性文件。SSOP中包含的主要8个方面的内容在各国GMP法规中都有体现。任何一个食品企业都必须首先遵守GMP法规,然后建立并有效实施SSOP计划,GMP与SSOP是互相依赖的。

2. SSOP与GMP的区别

①GMP和SSOP的表现形式不同。GMP的规定是原则性的,包括硬件和软件两个方面,是相关食品加工企业必须达到的基本条件。SSOP的规定是具体的,主要是指导卫生操作和卫生管理的具体实施办法,相当于ISO 9000质量管理体系中的"作业文件"。制定SSOP计划的依据是GMP,GMP是SSOP的法律基础,生产出安全卫生的食品是制定和执行SSOP的最终目的。

②GMP和SSOP各自在食品企业安全卫生管理上的地位不同。GMP规定了在生产、加工、贮存、运输等方面的基本要求,是政府食品卫生主管部门用法规性、强制性标准形式发布的,食品企业必须达到GMP规定的卫生要求,否则加工的食品不得上市销售。其中将GMP法规中有关卫生方面的要求具体化,使其转化为具有可操作性的作业指导文件,即构成SSOP的主要内容,SSOP没有GMP所具有的政府强制性。

③GMP的规定虽然抽象,但却是全面的;SSOP虽然具体,但仅强调满足8个主要卫生方面。SSOP仅对应了GMP中部分的重要条款。因此,仅遵守SSOP及其对应的GMP条款而不遵守GMP的其他条款是错误的。

(二)SSOP与HACCP体系的关系

1. SSOP与HACCP体系的联系

完整的食品安全控制体系必须包括HACCP计划及作为前提条件的GMP和卫生标准操作程序(SSOP)。卫生标准操作程序及HACCP计划中关键控制点监控两个部分均需要实施监视测量、纠正、保持记录并验证。SSOP具体列出了卫生控制的各项指标,包括食品加工过程及环境卫生和为达到GMP要求所采取的行动。HACCP体系建筑在以GMP为基础的SSOP上,SSOP可以减少HACCP计划中的关键控制点(CCP)数量。事实上危害是通过SSOP和HACCP共同予以控制的。甚至,有的同一个危害可能由HACCP计划和SSOP共同来控制,如由HACCP计划控制病原微生物的杀灭,由SSOP控制病源微生物的二次污染;在对过敏源的控制上,往往把加工过程的卫生控制程序之一"与食品接触的表面的卫生状况和清洁程序"及"标签"同时作为CCP加以控制。

2. SSOP与HACCP体系的区别

HACCP计划是建立在危害分析的基础上的,特定的关键控制点必须被监测,以确保该步骤或工序处于受控状态,使任何潜在的食品安全危害得以预防、消除或降低到一个可接受的水平。书面的HACCP计划规定了具体加工过程的各个关键控制点,同时具体描述了关键限值、监测方法、纠正措施、验证程序和记录保持,以此确保关键控制点得到有效控制,从而保证食品的安全。

SSOP是维持卫生状况的程序,一般与整个加工设施或一个区域有关,不仅仅限于某一特定的加工步骤或关键控制点,一些危害可以通过SSOP得到最好的控制。将某一危害的控制交给 SSOP 来控制，与 HACCP 计划相比，并不是降低其重要性，而是由 SSOP 来控制更合适一些。

已经鉴别的危害是与产品本身或某一个单独的加工步骤有关的，通常必须由 HACCP 计划来控制。

已鉴别的危害是与环境或人员有关的危害，那么对其进行卫生控制时设定和满足关键限值、纠正措施都很困难，将额外的卫生监测列入关键控制点控制，将加重 HACCP 计划的负担和成本，分散对关键工序的监控。因此，已鉴别的危害是与环境或人员有关的一般由 SSOP 控制较为适宜。

需要特别注意的是，有时某种危害究竟是用关键控制点控制(CCP)还是用卫生标准操作程序(SSOP)控制，并没有十分明显的区分，特别是在对食品过敏源的控制上，往往把加工过程的卫生控制程序之一“与食品接触的表面的卫生状况和清洁程序”及“标签”同时作为 CCP 加以控制。

(三)GMP、SSOP 与 HACCP 的关系

根据 CAC 和 FDA 的论述，可以得出这样的结论，即 GMP、SSOP 是制定和实施 HACCP 计划的前提和基础，也就是说，如果一个企业达不到 GMP 法规的要求或没有制定有效的、具有可操作性的 SSOP 或没有有效的实施 SSOP，则实施 HACCP 计划将成为一句空话。如美国 FDA 在颁布“水产品 HACCP 法规”时，并不强制加工企业制定书面的 SSOP，而在此后的“果蔬汁 HACCP 法规”中提出食品加工企业必须制定书面的 SSOP 计划。这充分说明，SSOP 文件的制定和实施对 HACCP 计划是至关重要的。

GMP、SSOP 与 HACCP 的关系，实际上是一个三角关系，即 GMP 是整个食品安全控制体系的基础，SSOP 计划是根据 GMP 中有关卫生方面的要求制定的卫生控制程序，HACCP 计划则是控制食品安全的关键程序。这里需要强调的是，任何一个食品企业都必须首先遵守 GMP 法规，然后建立并有效实施 SSOP 计划，GMP 与 SSOP 是互相依赖的，只强调满足包含 8 个主要卫生方面的 SSOP 及其 GMP、SSOP 和 HACCP 的关系对应的 GMP 条款而不遵守 GMP 其他条款也是错误和危险的。

任务 3-3 危害分析及关键控制点(HACCP)的建立与实施

学习目标

1. 了解 HACCP 系统作为保障食品安全工具的作用；
2. 掌握 HACCP 中 HA、CCP、CL 等概念；
3. 掌握 HACCP 中对 CCP 的判断方法；
4. 能确定出食品生产流程中的监控点和监控限值；
5. 掌握提出纠正潜在问题的措施；
6. 掌握正确记录和保存供审查和解决问题使用的文件数据信息。

HACCP 是 Hazard Analysis and Critical Control Point 的缩写，即危害分析和关键控制点。HACCP 体系被认为是控制食品安全和风味品质的最好最有效的管理体系。

国家标准 GB/T 15091—1994《食品工业基本术语》对 HACCP 的定义为：生产（加工）安全食品的一种控制手段；对原料、关键生产工序及影响产品安全的人为因素进行分析，确定加工过程中的关键环节，建立、完善监控程序和监控标准，采取规范的纠正措施。国际标准 CAC/RCP-1《食品卫生通则 1997 修订 3 版》对 HACCP 的定义是：鉴别、评价和控制对食品安全至关重要的危害的一种体系。

较为常见的定义解释为：HACCP 是对可能发生在食品加工环节中的危害进行评估，进而采取控制的一种预防性的食品安全控制体系。有别于传统的质量控制方法；HACCP 是对原料、各生产工序中影响产品安全的各种因素进行分析，确定加工过程中的关键环节，建立并完善监控程序和监控标准，采取有效的纠正措施，将危害预防、消除或降低到消费者可接受水平，以确保食品加工者能为消费者提供更安全的食品。

HACCP 表示危害分析的临界控制点。确保食品在消费的生产、加工、制造、准备和食用等过程中的安全，在危害识别、评价和控制方面是一种科学、合理和系统的方法。但不代表健康方面一种不可接受的威胁。识别食品生产过程中可能发生的环节并采取适当的控制措施防止危害的发生。通过对加工过程的每一步进行监视和控制，从而降低危害发生的概率。

一、HACCP 发展概况

近 30 年来，HACCP 已经成为国际上共同认可和接受的食品安全保证体系，主要是对食品中微生物、化学和物理危害的安全进行控制。近年来政府及消费者对食品安全性的普遍关注和食品传染病的持续发生是 HACCP 体系得到广泛应用动力。HACCP 发展大致分为两个阶段。

1. 创立阶段

HACCP 系统是 20 世纪 60 年代由美国 Pillsbury 公司 H. Bauman 博士等与宇航局和美国陆军 Natick 研究所共同开发的，主要用于航天食品中。1971 年在美国第一次国家食品保护会议上提出了 HACCP 原理，立即被食品药物管理局（FDA）接受，并决定在低酸罐头食品的 GMP 中采用。FDA 于 1974 年公布了将 HCCP 原理引入低酸罐头食品的 GMP。1985 年美国科学院（NAS）就食品法规中 HACCP 有效性发表了评价结果。随后由美国农业部食品安全检验署（FSIS）、美国陆军 Natick 研究所、食品药物管理局（FDA）、美国海洋渔业局（NMFS）四家政府机关及大学和民间机构的专家组成的美国食品微生物学基准咨询委员会（NACMCF）于 1992 年采纳了食品生产的 HACCP 七原则。1993 年 FAO/WHO 食品法典委员会批准了《HACCP 体系应用准则》，1997 年颁发了新版法典指南《HACCP 体系及其应用准则》，该指南已被广泛地接受并得到了国际上普遍的采纳，HACCP 概念已被认可为世界范围内生产安全食品准则。

2. 应用阶段

1977 年，美国水产界的专家 Lee 首次将 HACCP 概念用于新鲜和冻结的水产品。

1986 年，美国国会授权商务部的国家海洋大气管理局（NOAA）根据 HACCP 概念设计改善水产品的监督体制。以后，许多机构合作，以 HACCP 为基础制定对水产品监督检验方案。

20 世纪 80 年代美国在水产品的安全性方面进行了广泛的研究，进一步推动 HACCP 的推广应用。

1991年，美国推出FDA/NOA新的推荐性海产品检验规范(草案)，并在北美、欧洲、亚洲分别举办区域性研讨会介绍推行新草案。

1992年至1993年，FDA起草以HACCP为基础的"水产品的危害与控制导则"1994年发出初稿，征求意见，1996年9月公布第一版。

1995年12月，美国发布联邦法规"水产与水产加工品生产与进口的安全与卫生的规范"，该法规又简称为：海产品HACCP法规，它规定自1997年12月18日开始在美国水产品加工业及水产品进口时强制推行HACCP，这不仅对美国国内水产业，而且对于进入美国的外国水产品及其生产者都产生了巨大影响。1997年12月18日该法规正式实行。至此，美国基本完善了在水产界推广应用HACCP的法规体制。

近年来HACCP体系已在世界各国得到了广泛的应用和发展。联合国粮农组织(FAO)和世界卫生组织(WHO)在20世纪80年代后期就大力推荐，至今不懈。1993年6月食品法典委员会(FAO/WHO CAC)考虑修改《食品卫生的一般性原则》，把HACCP纳入该原则内。1994北美和西南太平洋食品法典协调委员会强调了加快HACCP发展的必要性，将其作为食品法典在GATT/WTO SPS和TBT(贸易技术壁垒)应用协议框架下取得成功的关键。FAO/WHO CAC积极倡导各国食品工业界实施食品安全的HACCP体系。根据世界贸易组织(WTO)协议，FAO/WHO食品法典委员会制定的法典规范或准则被视为衡量各国食品是否符合卫生、安全要求的尺度。另外有关食品卫生的欧共体理事会指令93/43/EEC要求食品工厂建立HACCP体系以确保食品安全的要求。在美国，FDA在1995年12月颁布了强制性水产品HACCP法规，又宣布自1997年12月18日起所有对美出口的水产品企业都必须建立HACCP体系，否则其产品不得进入美国市场。FDA鼓励并最终要求所有食品工厂都实行HACCP体系。另一方面，加拿大、澳大利亚、英国、日本等国也都在推广和采纳HACCP体系，并分别颁发了相应的法规，针对不同种类的食品分别提出了HACCP模式。

目前HACCP推广应用较好的国家有加拿大、泰国、越南、印度、澳大利亚、新西兰、冰岛、丹麦、巴西等国，这些国家大部分是强制性推行采用HACCP。开展HACCP体系的领域包括饮用牛乳、奶油、发酵乳、乳酸菌饮料、奶酪、冰淇淋、生面条类、豆腐、鱼肉火腿、炸肉、蛋制品、沙拉类、脱水菜、调味品、蛋黄酱、盒饭、冻虾、罐头、牛肉食品、糕点类、清凉饮料、腊肠、机械分割肉、盐干肉、冻蔬菜、蜂蜜、高酸食品、肉禽类、水果汁、蔬菜汁、动物饲料等。

3.我国HACCP应用发展情况

中国食品和水产界较早关注和引进HACCP质量保证方法。1991年农业部渔业局派遣专家参加了美国FDA、NOAA、NFI组织的HACCP研讨会，1993年国家水产品质检中心在国内成功举办了首次水产品HACCP培训班，介绍了HACCP原则、水产品质量保证技术、水产品危害及监控措施等。1996年农业部结合水产品出口贸易形势颁布了冻虾等5项水产品行业标准，并进行了宣讲贯彻，开始了较大规模的HACCP培训活动。目前国内有500多家水产品出口企业获得商检HACCP认证。2002年12月中国认证机构国家认可委员会正式启动对HACCP体系认证机构的认可试点工作，开始受理HACCP认可试点申请。

二、HACCP 的特点和必备条件

1. HACCP 的特点

HACCP 是一个真正的逻辑性控制和评价系统，有利于防止食品所引起的疾病，提供有利于健康的和对安全有保证的食品，提高顾客的满意程度。近年来应用越来越广，与其他质量体系相比，具有简便易行、合理的特点。

①具有全面性：HACCP 是一种系统化方法，涉及食品安全的所有方面（从原材料、种植、收获和购买到最终产品使用），能够鉴别出现今能够想到的危害，包括实际预见到可能发生的危害。

②以预防为重点：每个 HACCP 计划都反映了某种食品加工方法的专一特性，其重点在于预防，设计上防止危害进入食品；变追溯性最终产品检验方法为预防性质量保证方法。

③提高产品质量：HACCP 体系控制质量，产品更具竞争性并保证消费者食用安全。

④具有良好的经济效益：通过预防措施减少损失，降低成本，减轻一线工人的劳动强度，提高劳动效率。

⑤肯定了食品行业对生产安全食品有基本责任：恰如其分地将食品安全的首要责任首先归于食品生产商及食品销售商。

⑥提高政府监督管理工作效率：HACCP 强调加工过程，官方检验员可将精力集中到最容易发生危害的环节上，通过检查 HACCP 监控记录和纠偏记录可了解、验证工厂的所有情况。

⑦为食品业体系与进行监督管理的政府体系提供联系的可能，有助于改善工厂与管理官方和工厂与消费者的关系。

⑧HACCP 不是零风险体系，但使食品生产最大限度趋近于零缺陷。可用于尽量减少食品安全危害的风险。

⑨克服传统食品安全控制方法（现场检查和成品测试）的缺陷，当政府将力量集中于 HACCP 计划制定和执行时，对食品安全的控制更加有效。

⑩HACCP 概念可推广延伸应用到食品质量的其他方面，控制各种食品缺陷。

HACCP 是对其他质量管理体系的补充，和其他的质量管理体系一起使用具有更大的优越性，可以互相补充。

2. HACCP 建立的必备条件

(1)必备基础

一个完整的食品安全体系应包括 HACCP 计划、良好生产规范（GMP）和卫生标准操作程序（SSOP）。GMP、SSOP、HACCP 三者之间是相辅相成的关系：GMP 和 SSOP 是企业建立以及有效实施 HACCP 计划必须具备的基础条件。如果抛开 GMP 和 SSOP 谈 HACCP 计划，HACCP 计划只能成为空中楼阁；同样，只靠 GMP 和 SSOP 控制，也不能保证完全消除食品安全隐患，因为良好的卫生控制，并不能代替危害分析和关键控制点。

(2)管理层的支持

各级管理者应确实掌握和理解 HACCP 计划的原理和作用，并在实际生产过程中起到表率作用，严格按 HACCP 计划制订的纠偏措施执行，才能达到最大限度地预防和控制食品安全问题的目的。否则，没有管理层的理解和支持，特别是公司（或企业）最高管理层的重视，很难在企业中有效地实施 HACCP 计划。

(3)人员

人员是成功实施 HACCP 体系的重要条件。所有从事产品开发、生产、包装与质量管理的人员都至少应能阅读并理解 HACCP 所要求的书面指令和规程，并有足够的知识和能力以胜任其担负的工作。实施 HACCP 体系的所有人员都应经培训。人员培训是食品安全控制体系的一个重要组成部分，也是提高人员素质、确保产品质量的重要措施。从事培训员工的教员应是 GMP、SSOP、HACCP 方面的专家，应当非常熟悉并能正确理解各项卫生规范和 HACCP 原理。培训形式根据企业的实际情况可采取集中培训、个别培训、送出去或请进来等。培训、考核合格后的人员才能从事 HACCP 体系的实施工作。企业同时应建立和妥善保存培训记录。

(4)产品的标识和可追溯性

产品的标识，是使消费者知道有关这些产品的信息的重要途径，其内容至少应包括产品描述、级别、规格、配料、生产日期、包装、最佳食用期或保质期、标准代号、批号、生产商和生产地址等。实际组织生产过程中，应作好标识的保管和使用过程中的检查及记录工作。

产品的可追溯性能确定生产过程的危害输入(如杀虫剂、除草剂、化肥、成分、包装、设备等)及这些输入的来源和确定成品已发往的位置。产品的标识和可追溯性能帮助企业确定产生问题的根本原因，进而明确需要采取的纠偏措施，实现良好的批次管理，有效实施产品回收计划。

(5)回收或召回

所谓食品召回制度，是指一种意在消除缺陷产品危害风险的制度。食品的生产商、进口商或者经销商在获悉其生产、进口或经销的食品存在可能的危害消费者健康安全的缺陷时，依法向政府部门报告，及时通知消费者，并从市场和消费者手中收回有问题的产品，予以更换、赔偿等相关补救措施。

回收或召回能使企业有效、快速和完全地进入调查程序，从而采取相应的控制措施，防止同类事故的再次发生。因此，所有食品企业都应制定一套能够完全、快速回收任何一批食品的回收系统。并定期验证回收计划的有效性。回收或召回的实施方法：

①建立回收或召回执行小组。企业品控部门在检查中发现产品有安全问题或销售部门接到客户/消费者反映有产品安全问题时，应由最高管理者任命和成立一个由质量管理、生产、营销等部门组成的产品召回执行小组，并明确小组人员的职责，具体负责产品召回的实施。

②发布产品召回公告。当有安全问题的产品需要召回时，产品召回执行小组人员应立即通知企业内部相关部门，并以一定的方式发出公告通知其他有关部门，如政府监督部门、业务相关部门等。产品召回公告的内容包括回收的原因、回收产品的类别(名称、编号、批号、公司号码、生产日期、规格等)、与回收计划有关的产品数量、待回收食品的区域分布以及任何可能受同种危害影响的其他产品的信息。

③制订召回产品的处理措施。召回的产品应由生产、管理、检验和品管等方面的专家，进行评估工作，积极查找原因，提出处理召回产品及库存相关产品的意见，以供最高管理者决策。

④记录。产品一旦被召回，应建立和完善各种记录，如召回申请单、订售封存通知单、产品召回记录及处理意见等。

⑤定期评估回收的效率，详细说明验证回收效率的方法，并对 HACCP 计划作重新验证和修改。

三、HACCP原则的主要内容

危害分析与关键控制点是以预防为主的食品生产的安全与质量控制的方法，其基本原则是：

①评估影响产品质量与安全卫生的风险，分析其潜在危害（HA）；

②鉴别生产加工过程中控制点并按已分析出的危害确定关键控制点（CCP）；

③确定与各关键控制点相适应的临界值；

④确立各关键控制点的监控程序和频度以确保符合临界值；

⑤确定经监控认为关键控制点失控时，应采取的纠偏措施；

⑥确定验证 HACCP 体系的正常有效的运行程序；

⑦建立全部的程序文件和与上述原则及其应用相适应的准确有效的记录。

下面分别对各个原则予以详述：

1. 分析其潜在危害（HA）

“危害”是“可导致食品不安全消费的生物、化学或物理的特性”。能算得上危害的必须是自有的某种本性，以至于将危害消除或减少到可能的水平是生产安全食品的根本要求。对低风险的和不大可能发生的危害不必进一步考虑。例如水产品可能受到的各种危害，包括有损于消费者身体健康的生物、化学、物理等方面的风险可能存在于养殖、捕捞、加工制造、批发、销售与消费有关的某些或全部环节上。

美国联邦法规 21 CFR Part 123 认为食品安全危害包括自然毒素、微生物污染、化学污染、农药、药品残留物与安全相关的腐败分解（如产鲭鱼类有毒素的品种）与安全相关的寄生虫（如生吃鱼时），未经批准的食品添加剂和着色剂、甜味剂、防腐剂以及物理性危害。

危害分析有两个最基本的要素，第一，是鉴别可损害消费者的有害物质或引起产品腐败的致病菌或任何病源；第二，是详细了解这些危害是如何得以产生。

危害评估分成两部分，首先根据 5 种危害特征将食品进行分类，随后基于这一分类确定风险程度的类别。

危害特征分类：

①产品是否包含微生物的敏感成分。

②加工中是否有有效消灭微生物的处理步骤。

③是否存在加工后微生物及其毒素污染的明确危害。

④是否有批发和消费者消费过程由于不良习惯造成危害的可能性。

⑤是否在包装后或家庭食用前不进行最后的加热处理。

其次基于以上 5 种特征的分类，应加以确定，这些危害导致的风险的类别程度及必须如何处理才能减少来自食品生产和批发所含有的危险。

加工过程的危害评估程序应在提出了产品的加工说明，确定产品制备需要的原材料种类和成分，准备了产品生产过程图之后进行。

比如在进行水产品原料分析危害时，我们往往忽视了它的接收环节，如生长于渔业生态环境恶化条件下的原料鱼、虾、贝（不论是养殖还是捕捞）可能含有超标的有害化学物质或者是贝类毒素，一般的冷冻或加工过程消除不掉这些危害。必须重视原料的证明材料，如水产品的种类、原产地、产地检验证书、养殖水产品的用药及停药期的控制情况、是否经过净化等处理。

2. 确定关键控制点(CCP)

关键控制点有两种类型:CCP-1 能保证完全控制某一危害,CCP-2 能减少但不能保证完全控制某一危害。在 HACCP 的范围内,某关键控制点上"控制"的含义是通过采取特别的预防措施减小或防止一个或多个危害发生的风险。

一个关键控制点是某一点、加工步骤或程序,确定关键控制点的目的是可以采取控制手段使某一食品安全的危害被防止、减少到可以接受水平(注意 CCP-1 和 CCP-2 之间无区别)。这样对每个被认作 CCP 的步骤、地点或程序,必须提供在该点所采取的预防措施的详尽描述。如在该点没有预防措施可采取,那么这点就不是 CCP。

确定某个加工步骤是否为 CCP 不是容易的事。CCP 的确定应由 HACCP 计划小组和专家顾问以流程图为基础,以 CCP 判断树为工具,准确地确定 CCP。如图 3-9 所示。

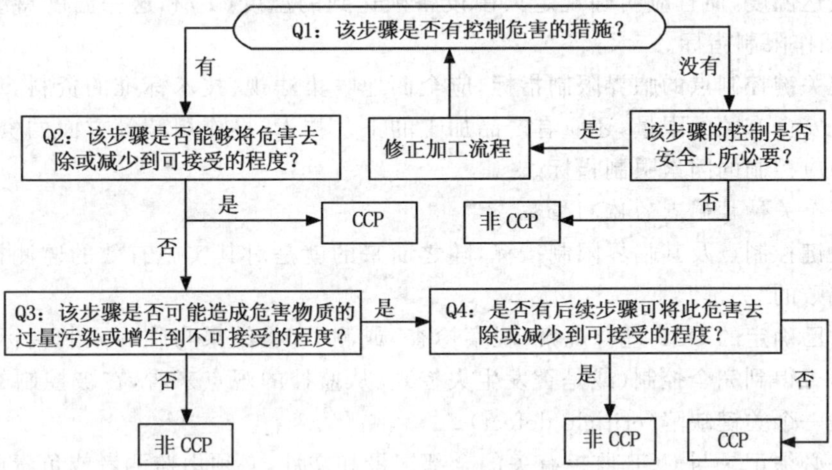

图 3-9 CCP 判断树

CCP 判断树的使用,应根据专业知识和有关法规来辅助判断和说明。并非有一定危害就设关键控制点,能将危害消除的点、能将危害降低到可接受水平的点或当危害能被预防时的点常作为 CCP。不同行业、不同生产厂家以及不同的产品和不同的生产工艺的关键控制点不同,同一步骤中不同的危害的关键控制点也不同。确定 CCP 应该结合实际情况,因地制宜,不能盲目照抄照搬。需注意的是:一种危害(如微生物)可由几个 CCP 来控制,同样,几种危害也可以由一个 CCP 来控制。

可能作为 CCP 的有原料接受、特定的加热、冷却过程、特别的卫生措施、调节食品 pH 或盐分含量到给定值、包装与再包装等工序。

3. 制订每个关键控制点的临界限值指标

确定了关键控制点,我们知道在该点的危害程度与性质,知道需要控制什么,这还不够,还应明确将其控制到什么程度才能保证产品的安全。为更切合实际,需要详细地描述所有的关键控制点。这包括确定物理的(如时间或温度条件)、化学的(如最低盐分浓度)或生物(感官)的属性的判定标准和专门的限度或特性,这些理化或生物的属性保证产品的安全性和可接收质量水平。

关键限值(critical limit,CL)是确保食品安全的界限,每个 CCP 必须有一个或多个 CL

值，包括确定CCP的关键限值、制定与CCP有关的预防性措施必须达到的标准、建立操作限值（operational limit，CL）等内容。极限可以作为每个CCP的安全界限。临界限制指标为一个或多个必须有效的规定量，若这些临界限中的任何一个失控，则CCP失控，并存在一个潜在（可能）的危害。

临界限值指标最常使用的判断数据是温度、时间、湿度、水分（A_W）、pH、滴定酸度、防腐剂、食盐浓度、有效氯、黏度等标准所规定的物理或化学的极限性状。在某些情况下，还有组织形态、气味、外观、感官性状等。一个CCP的安全控制可能需要许多不同种类的标准或规范。

确立临界限时应包括被加工产品的内在因素和外部加工工序的两方面的要求。例如，只做食品内部温度应达到某给定温度这样的表述是不充分的，必须确定使用有效的设备达到这一指标的严格操作过程条件。例如，在鱼罐头或鱼糕这样的鱼糜制品的加热灭菌工序，不仅规定产品内部应达温度，而且应明确规定灭菌设备须达到的温度（T）和这一温度持续的时间长短（t）这两个操作限制指标。

为了确定关键控制点的临界限制指标，应全面地收集法规、技术标准的资料，从其中找出与产品性状及安全有关的限量，还应有产品加工的工艺技术、操作规范等方面的资料，从中确定操作过程中应控制的因素限制指标。

4.建立每个关键控制点的监测措施

确立了关键控制点及其临界限制指标，随之而来的就是对其实施有效的监测措施。这是关键控制点成败的“关键”。

监测是对已确定的CCP进行观察（观察检查）或测试，将结果与临界限制指标进行比较，从而判定它是否得到完全控制（或是否发生失控）。从监控的观点来看，在被控制的一个CCP上发生失误是一个关键缺陷（criticle defect）。

监控结果必须记录与CCP监控有关的全部记录和文件，必须由监测者或负责的官员二人签字。

很明显，监测是为了收集数据，然后根据这些信息资料做出判断，为后来采取某些措施提供依据。监测也可对失控的加工过程提出预警。即使是在加工完成后监测也能帮助防止产品的损耗或使损耗减少到最低限度。当加工完成而加工或处理发生偏离要求时，监测还可帮助指出失控问题的原因，没有有效的监测和数据或信息的记录就没有HACCP体系。

既然监测是收集数据的行动，所以了解怎样收集数据是很重要的，以下是收集数据的10个步骤：

①提出正确的问题。问题必须涉及需要的专门信息，否则很可能使收集的数据不完全，或为错误问题的答案。

②进行恰当的数据分析。对收集的原始数据要进行哪些分析才能与临界限度对比。

③确定在何处收集数据。

④选择公正的数据收集人员。

⑤了解对收集数据人员的要求。包括特殊环境的要求、培训和经验。

⑥设计简单而有效的数据收集表格。表格要简洁明了，恰当地记录所有的数据，并减少出错的机会。

⑦制定收集数据的操作规范。

⑧检查表格和操作规范，必要时加以修订。

⑨培训数据收集员。

⑩审查数据收集过程并证实其结果。管理部门审查过的表格都应签字。

总之,监测是要求管理部门重视的行动。其目的是收集数据作出有关临界限度的决定。监测要在最接近控制目标的地方进行。当你是监测员时你可以观察或测量,监测应全面记录。信任负责监测的人是非常重要的。监测员的培训和定期的检查他们的执行情况也是很重要的。

5. 建立修正措施,以免关键控制点出偏差

当监测结果指出一个关键控制点失控时,HACCP 系统必须允许立即采取改善措施,而且必须在偏差导致安全危害之前采取措施。改善措施包括 4 方面的活动:

——利用监测的结果调整加工方法以保持控制;

——如果失控,你必须处理不符合要求的产品;

——你必须确定或改正不符合要求的原因;

——保留改正措施的记录。

重要的是指定一个人负责调整加工方法并告诉其他人发生了什么问题,对不符合要求的产品也列出 5 种处理措施供做选择:

——放弃产品(如果产品是安全的则不是最明智的选择);

——重复检验产品;

——将产品转向安全的用途;

——将产品再加工;

——销毁产品。

由于不同食品 CCP 上的变化和可能偏差的差异,HACCP 中的每一个 CCP 必须建立专门的校止措施。

如果出现偏差,在适当校正完成前,该批产品应予保留。在难以确定产品安全性的情况下,检验结果与最终处理必须由政府部门认可。在不涉及安全的情况下不需要通过政府主管部门。必须在 HACCP 记录中注明查明偏差的产品批次,采取保证这些批次安全性的校正措施,并在产品预定的保存期后将文件保留一个合理的时期。

6. 建立证实 HACCP 系统正常工作的程序

以上由 1～5 五个环环相扣的步骤,显示了 HACCP 的极强的科学性、逻辑性,还有最后的一环是核查已建立的 HACCP 系统是否正常运行。这与监测步骤上的使用生产线上数据、信息进行检查不同,它还可用另外的信息和方法。

一旦建立起 HACCP 体系,每个工厂需将其提供给具有管辖权的认证或监督机构获得批准。所有的关键控制点和监视的记录随后将由检查人员审核,只要严格遵照安全加工规范就容易获得通过。认证或监督机构也可能不定期进行复查以进一步确保 HACCP 体系正常运行。

审核目的、审核范例:

(1)审核程序可包括

——制定适当的审核检查日程表;

——复审 HACCP 计划;

——复审关键控制点记录;

——复审偏差和处理情况；

——检查操作现场以考评关键控制点是否处于控制状态；

——随机抽样分析；

——复核关键限制指标以证实其适合于控制危害；

——复核审核检查的书面记录，这些审核检查证明按 HACCP 计划进行，或是偏离计划但采取了纠正措施；

——核对 HACCP 计划，包括现场复核生产流程图和关键控制点；

——复核 HACCP 计划的修改情况。

(2)审核报告应包括的资料为

——有 HACCP 计划并有人负责其实施和修订；

——关键控制点的监视记录的情况；

——运行中的关键控制点的直接监视数据；

——监视仪器正常地校准并处于工作状态的证明；

——偏离及采取的纠正措施；

——证实关键控制点受控的抽样分析，包括使用理化、微生物和感官检验方法；

——HACCP 计划的修订；

——培训情况和对监视关键控制点的各个岗位责任的理解程度。

这项工作中一个特别敏感的问题是，法规机构必须评价企业的记录。一般认为，执法人员只须评价关键控制点的监视结果和所采取的有关措施，企业所专有的有关生产技术方面的资料则不必去审核。

工厂企业也应以自查方式核实自已的 HACCP 计划运行的情况，可由企业总经理或质量负责人按一定时间间隔(3 个月或半年)进行一次。

核查时样品的检验分析方法应采用国家或行业所规定的方法或官方机构认可的方法。如上述方法缺少，企业自定的方法应由企业技术主管批准并形成书面文件。

7.建立完整的记录和档案

企业在实行 HACCP 体系的全过程中需有大量的技术文件和日常的工作监测记录。监测等方面的记录表格应是全面和严谨的。在我国由于产品和企业的情况千差万别。因此很难由主管机构设计规定一套各方面都可适用的记录格式。美国食品药品管理局 FDA 也不主张加工企业使用统一和标准化的监控、纠偏、验证或者卫生记录格式，大企业可根据已有的记录模式自行设计，中小企业也可直接引用。无论如何，在进行记录时都应考虑到“5W”原则，即何时(When)、何地(Where)、何事(What)、为何发生(Why)、谁负责(Who)。建立科学完整的记录体系是 HACCP 成功的关键之一，记录不仅是重复的行为，记录也是提醒操作人员遵守规范树立良好企业作风的必由之路。很难想象一个连记录都做不好的企业，其管理水平和职工素质会很高。我们应牢记：“没有记录的事件等于没有发生”这句在审核质量体系时常用的近乎苛刻、却又是基本原则的话。

已批准的 HACCP 计划方案和有关记录应存档。HACCP 各阶段上的程序都应形成可提供的文件。应当明确负责保存记录的各级责任人员，所有的文件和记录均应装订成册以便法制机构的检查。

四、HACCP计划的制订与实施

1.成立HACCP计划小组

一个能力强、水平高的HACCP计划小组，应由多方面的专家（如质量保证与控制专家、生产专家、工程师、微生物专家等）组成。HACCP计划小组负责收集资料，核对、评估技术数据，制订、修改和验证HACCP计划，并对HACCP计划的实施进行监督。

2.描述产品

HACCP计划小组应对所研究的产品（包括原料和半成品）及其特性、规格与安全性等进行全面的描述，特别是对原辅料、成分、理化性质、加工方式、包装材料与方法、贮藏、运输和销售条件、产品的保质期等内容要作具体的定义和说明。

3.确定预期用途

预期用途是以最终用户或消费者对产品的使用期望为基础。实施HACCP计划的食品应确定其最终消费者，特别要关注敏感和易受伤害的消费人群。如儿童孕妇以及免疫缺陷者。应在食品的使用说明书上标明由何类人群消费、食用目的和如何食用。同时，将有关内容做好记录并妥善保管。

4.绘制加工过程的流程图

HACCP计划小组制订的流程图应清晰、准确、明了地描述从原料生产到消费者整个过程的所有步骤。流程图的模式设有统一的要求。但无论哪种格式都要保证加工过程的流程图按顺序每一步骤都表示出来，不得遗漏。同时还要有足够的数据进行研究。

5.现场验证流程图

HACCP计划小组通过亲自观察生产全过程，确定其是否与流程图完全一致，如果有误或配方调整、设备变更、操作控制条件改变，HACCP计划小组要对原流程图偏离的地方加以修改调整并记录在案，以保证流程图的准确性和完整性。

6.危害分析与控制措施

危害是指由生物性、化学性和物理性引起食品安全问题的因素。生物性危害主要是由微生物本身及其代谢过程和代谢产物对食品原料、生产加工过程和成品造成的污染。如细菌性危害、真菌性危害、病毒和立克氏体、寄生虫、昆虫及人为因素。化学性危害是指有毒的化学物质污染食品，如化学清洗剂、农药残留、兽药残留、化学添加剂、有毒金属、增塑剂和包装材料等。但应注意化学性危害可能是长期的也可能是短期的。物理性危害主要指外来杂质污染食品。如玻璃、金属、毛发等。一般来说，物理性危害通过严格的卫生管理是可以消除的。因此，HACCP计划小组应根据流程图研究和分析在生产全过程中可能发生的所有显著危害和潜在危害，以及在生产管理中可能发生的危害（如停水、停电、延迟加工等）。为了组织和明确危害分析的思路、危害分析时需要填写危害分析单，见表3-4。

当所有的危害因素被分析和确定后，应建立相对应的、有效的预防措施，以消除或减少危害，使其降到可接受的水平。具体措施应包括卫生问题（环境、设施、设备、器具、原辅料、个人卫生、包装材料、生产过程及贮藏、销售等）和控制微生物繁殖（如灭菌条件、加工条件、贮存和销售条件等），并做好日常微生物检测与监控。值得注意的是，一种危害可采取多种预防措施，而一种预防措施也可以控制几种危害。应根据实际情况做具体的分析。

表 3-4 危害分析工作单

工厂名称：________ 产品名称：________ 工厂地址：________ 储存和销售方法：________

步骤	确定在这步中引入的、控制的或增加的潜在危害	潜在的肉品安全危害是显著的吗(是/否)	对第三列的判断提出依据	应用什么预防措施来防止显著危害	这步是关键控制点吗(是/否)
	生物的潜在危害				
	化学的潜在危害				
	物理的潜在危害				

7. 确定关键控制点(CCP)

可能消除和预防的危害列为 CCP1；能最大限度地减少或降低的危害列为 CCP2。CCP 的确定应由 HACCP 计划小组和专家顾问以流程图为基础，以 CCP 判断树为工具，准确地确定 CCP。CCP 判断树的使用，应根据专业知识和有关法规来辅助判断和说明。并非有一定危害就设关键控制点，能将危害消除的点、能将危害降低到可接受水平的点或当危害能被预防时的点常作为 CCP。需注意的是一种危害(如微生物)可由几个 CCP 来控制，同样，几种危害也可以由一个 CCP 来控制。

8. 建立关键限值

关键限值(CL)是确定产品安全与不安全的指标，是关键控制点的预防性措施必须达到的标准。如果超过了关键限值，则不能保证有效控制 CCP，可能使产品存在潜在的危害。HACCP 计划小组应充分了解各种预防控制措施的影响因素，掌握有关潜在危害的详细知识，并根据有关法规、标准、文献、专家建议、实验数据、数学模型等信息，制定出合适的关键限值。关键限值应以直观、快速、准确、方便和可连续性的参数为指标。

为帮助管理生产过程，实际生产中往往设立降低偏离关键限值风险的参数，即操作限值(CL)。操作限值比关键限值更严格，当发现关键控制点偏离操作限值时，应采取相应控制措施，避免超过 CCP 判定值。表 3-5 是一个关键限值的例子。

表 3-5 CL 值实例

危害	CCP	关键限值
细菌性病原体	巴氏消毒	温度≥72℃，时间≥15 s
细菌性病原体	干燥	干燥温度≥93℃，时间≥120 min，鼓风速度≤0.06 m^3/min，水分活度≤0.85，厚度≤2.5 cm
细菌性病原体	酸化	原料量≤45 kg，浸泡时间≥8 h，醋酸浓度≥3.5%

9. 建立各 CCP 的监控程序

监控程序是一个有计划的连续监测或观察过程，用以评估一个 CCP 是否受控，并为将来验证时使用。因此，它是 HACCP 计划的重要组成部分之一，是保证安全生产的关键措施。监控程序应包括以下方面的内容：

①监控对象：监控对象可以是生产线上的，如时间和温度，也可以是非生产线上的，如盐、A_w、pH、标识、包装材料、微生物总数等。

②监控方法：监控方法有目测、物性测量、化学分析、微生物快速检测等。每一个 CCP 的

监控，都要求认真细致，及时方便，快速准确。

③监控人员：监控人员应是经授权的、具备相应知识的人员构成。如生产线上的操作者、化验员、质量管理人员等。

④监控频率：监控可以是连续的和非连续的，监控频率应说明每批、每小时、连续等。如果是非连续的监控，则应保证监控频率能使各 CCP 处于控制状态。

⑤监控记录：监控人员应做好各项监控数据的记录、保管工作。以保证采取正确的纠偏活动。监控记录应由监控人员签字，并有审核人员的签字。

10. 建立纠偏措施

当监控结果偏离 CCP 时，HACCP 计划小组应根据 HACCP 原则，提出纠偏措施，使工艺重新处于可控制状态。同时，对 CCP 失控时的产品提出处理意见。如隔离、扣留、评估其安全性、重新加工、销毁等。采取的纠偏行动必须有详细的记录、签字，并由复查人员进行复核签字。表 3-6 是一个 HACCP 计划表。

表 3-6 HACCP 计划表

工厂名称：________ 产品名称：________ 工厂地址：________ 储存和销售方法：________

关键控制点(CCP)	显著危害	对于每个预防措施的关键限值(CL)	监控				纠偏行动	记录	验证
			对象	方法	频率	人员			

11. 建立验证程序

HACCP 计划的宗旨是防止食品安全危害，验证的目的是通过严谨、科学、系统的方法确认 HACCP 计划是否有效。建立验证程序不但能确定 HACCP 体系是否按预定计划运作，而且还可确定 HACCP 计划是否需要修改和再确认。所以，验证是 HACCP 计划实施中最复杂的程序之一，也是必不可少的程序之一。包括确认、验证 CCP、验证 HACCP 体系、执法机构。

验证的另一个重要方面是对 HACCP 计划使用前的首次确认，即确定计划是科学的，技术是良好的，所有危害已被识别以及如果 HACCP 计划正确实施，危害将会被有效控制。此外，HACCP 体系还应由被认可的、公正的、中立的机构或政府管理部门定期地进行全面验证，包括对危害分析和计划的各个要素做技术评价，现场审查流程图和相应的操作记录。全面验证要保证 HACCP 计划能对危害实施控制。如果验证结果表明计划有缺陷，HACCP 小组要对 HACCP 计划进行改进。

12. 建立记录管理程序

HACCP 需要建立有效的记录管理程序，以便使 HACCP 体系文件化。记录是采取措施的书面证据，包含了 CCP 在监控、偏差、纠偏措施(包括产品的处理)等过程中发生的历史性信息，不但可用来确证企业是按既定的 HACCP 计划执行的，而且可利用这些信息建立产品流程档案，一旦发生问题，能从中查询产生问题的实际生产过程。此外，记录还提供了一个有效的监控手段，使企业及时发现并调整加工过程中偏离 CCP 的趋势，防止生产过程失去控制。各项记录和文件在严格审核后，应归档并妥善保管。

13. 回顾 HACCP 计划

HACCP 计划要求在原辅料、生产工艺、产品、加工设备、消费者使用等各方面发生问题时，能对整个实施过程进行总结和回顾。HACCP 回顾所得出的数据、资料等，应形成文件，并组成 HACCP 记录的一部分。

五、HACCP 体系与传统质量体系的比较

质量管理是伴随着技术的进步，生产力的提高而不断完善的。传统的质量检验是对产品在投入市场前进行质量检验，这对防止不合格品投入市场是完全必要的。但是对预防生产过程中次品或不合格品的产生，以及破坏性检验的情况下保证产品质量等问题无法解决，因此传统质量检验体系存在以下缺陷。

①对生产出的食品采取抽样检验来反映食品质量是不全面的，事实上食品质量的缺陷已经形成了。

②常用的抽样规则本身就有误判风险，检验时发现食品的缺陷，并不能完全说明食品的质量。

③成品通过抽检的方式进行检验，需要大量的检验技术人员和经费，周期长，不易及时采取纠正措施控制产品质量。

④检验技术的开发已达到较高水平，但这不等于可以保证所有的产品都合格。

与应用传统质量体系比较，应用 HACCP 体系的主要优点有以下几个：

①在危害发生之前就可采取纠正措施，因而是积极主动的控制。

②控制手段方便简单，通过易于监视的特性，如时间、温度和外观实施控制。

③与通过化学分析、微生物检验来确定产品的安全性进行比较，所需费用更少。

④由生产一线的人员控制生产操作，加之控制集中在生产操作的关键点，因而可以通过此工作来保证产品的安全。

与传统质量体系比较，HACCP 体系是一种系统性强、结构严谨、理性化、有多项约束、适应性强而效益显著的以预防为主的质量保证体系。迄今为止还没有其他方法或体系像它那样提供相同程度的安全性和质量保证，前提是要运用恰当。HACCP 体系的日常运行费用要比靠大量抽样检验方式少得多。因此，该体系值得政府、企业大力推广应用。

六、HACCP 和 GMP

GMP 和 HACCP 系统都是为保证食品安全和卫生而制定的措施和规定。GMP 是适用于所有相同类型产品的食品生产企业的原则，而 HACCP 则因食品生产厂及其生产过程不同而不同。GMP 体现了食品企业卫生质量管理的普遍原则，而 HACCP 则是针对每一个企业生产过程的特殊原则。

GMP 的内容是全面的，它对食品生产过程中的各个环节、各个方面都制定出具体的要求，是一个全面质量保证系统。HACCP 则突出对重点环节的控制，以点带面来保证整个食品加工过程中食品的安全。形象地说，GMP 如同一张预防各种食品危害发生的网，而 HACCP 则是其中的纲。

从 GMP 和 HACCP 各自的特点来看，GMP 是对食品企业生产条件、生产工艺、生产行为和卫生管理提出的规范性要求，而 HACCP 则是动态的食品卫生管理方法；GMP 的要求是硬性的、固定的，而 HACCP 的要求是灵活的、可调的。

GMP 和 HACCP 在食品企业卫生管理中所起的作用是相辅相成的。通过 HACCP 系统，

我们可以找出GMP要求中的关键项目,通过运行HACCP系统,可以控制这些关键项目达到标准要求。掌握HACCP的原理和方法还可以使监督人员、企业管理人员具备敏锐的判断力和危害评估能力,有助于GMP的制定和实施。GMP是食品企业必须达到的生产条件和行为规范,企业只有在实施GMP规定的基础之上,才可使HACCP系统有效运行。控制CCP并不是孤立的,也不是单抓这一点就万事大吉了。一个缺乏基本卫生和生产条件的企业是无法开展HACCP工作的,试想一个企业如果连完整的厂房、能正常运行的生产设备、合适的质量管理人员都没有,还有建立HACCP系统的必要和可能吗?所以,GMP和HACCP对一个想确保产品卫生质量的企业来讲是缺一不可的。

七、HACCP的应用现状

1.用于控制食品原料质量

人们对绿色食品和健康食品的呼声越来越高,保证食品的安全必须从源头开始,从原料的生态环境着手。在植物性食品原料的生产和动物性食品原料的饲养方面,主要对害虫、有害微生物和农药及其它一些化学物质进行控制。对当今崛起的基因食品,则需要考虑长期的影响。

植物性食品原料的农药控制至关重要,可以来用以下方式进行:为种植者提供可使用的农药清单,提供其所需要的农药,并派专人指导使用和监督使用情况。动物性原料更看重对饲料和兽药中的激素、生长调节剂及抗生素的控制,对寄生虫、有害微生物的控制也很重要。通过对饲料的监督、改变生长环境,并对生物体定期检查来满足要求。不同的原料有不同的控制方法,根据具体情况确定HACCP关键控制点以得到安全的食品生产原料。

2.食品生产中的应用

生产过程中HACCP原理的应用尤其重要,在食品工业中的应用主要有以下几个方面:

①水产品。HACCP系统最早在水产品中得到应用,由于水产品含水量高,容易腐败变质,使分配、运输、贮存困难,过程中的质量控制尤为重要。

②冷冻食品。由于冷冻食品的特殊性,很难从外观判断内容物质量的好坏,又因冷冻不是杀菌的手段,生产过程中的冷冻工艺、细菌的污染和繁殖的防止就是关键控制点,在冷饮食品、冻肉、冷冻蔬菜的生产中采用该体系进行质量控制的研究很多。用HACCP体系进行质量控制可以避免引起大规模的食物中毒事件。

③罐头食品。罐头的杀菌是商业性杀菌,要照顾到内容物的色、香、味,形,空罐加工、罐头杀菌、封罐及成品的检验、储存都是关键控制点。我国在出口的芦笋罐头中实行的HACCP管理取得较好的效果。

④果汁、冷饮、奶制品等。除了对原料的控制外,工艺的正确执行非常重要,空瓶的清洗、车间环境的管理与产品质量关系密切。

⑤焙烤食品。焙烤食品被认为经过高温应该是安全的,焙烤食品的种类越来越多,产品的多样性和新工艺的引入,在月饼、糕点及牛肉干、肉松生产中可以引入HACCP体系进行全面的质量管理。

⑥发酵制品。发酵过程控制杂菌是关键,一旦染菌损失惨重,发酵废水、废气的排放与环境污染直接相关,利用工程菌发酵时对废液的处理更要谨慎。目前,在酱油、酸奶和某些酒类的生产中已经采用了HACCP原理控制产品质量,并取得良好的效果,生产菌的生长直接关系产品的质量和产量。

⑦油炸食品。油炸方便面和许多休闲食品都属于这一类,对油的质量控制、包装材料的选择和保持产品的脆性是关键。

⑧食品添加剂。添加剂在食品工业中的应用范围越来越广,种类名目繁多。在添加剂生产过程中进行质量控制,得到符合要求的产品是生产安全食品的前提。

3.产品流通分配中的应用

质量管理的最终目的是为消费者提供安全、高质量的食品。应用 HACCP 能够使工厂生产的合格产品在流通过程中减少损失,延长货架期,保证高质量的产品到达消费者手中。冷冻食品、冷饮食品、水产品等分配运输过程中的质量控制是保证高品质产品的关键。

4.餐饮业中的应用

一日三餐是人们必需的,烹调的温度、时间、保存条件及后处理是制备可口饭菜的关键控制点。通过 HACCP 体系确定关键控制点,对从业人员进行培训,提高质量意识,增加消费者对食品的满意程度。调味品要严格按标准使用。新兴的快餐食品配送中心、街头食品等都可以使用 HACCP 体系控制质量,包括对制作过程和发放过程的管理,从原料的选择到产品包装都要严加控制。

5.家庭中的应用

在家庭中应用 HACCP 可以减少食品在家庭中的品质降低,并提高食品食用的安全性,增加消费者对食品满意程度。这就要求消费者在购买食品时认真检查,购买包装未损坏的食品并完好的运输回家,正确贮存,在保质期内食用。正确管理食品储藏室、保持厨房用具卫生和个人卫生、正确处理剩余食品和腐败变质食品也是保证家庭食品安全性的关键。

八、HACCP 在酸奶生产中的应用

(一)危害因素分析(HA)

1.原辅料的因素

原料的品质优劣是保证产品质量的先决条件,用平板菌落计数法测定鲜乳中的菌数在 10^3～10^6 个/mL 范围内,其中主要含有的微生物类型是微球菌、链球菌、不形成芽孢的革兰氏阳性杆菌和革兰氏阴性杆菌(包括大肠菌类)、芽孢杆菌及少量的酵母与霉菌、病原菌等。鲜乳中菌数高低视挤乳卫生工作好坏而定,如卫生工作搞得好,菌数应低于 10^4 个/mL。风味搅拌酸奶所用辅料一般是果酱或果汁等,经检验其中含有一定数量的酵母,如果未经杀菌而加入到发酵乳中,那么酵母菌即成为污染该种酸奶的主要来源。

2.加工过程中的危害因素分析

酸奶工艺流程如下:

原料乳预处理→标准化→配料→预热均质→杀菌→冷却→添加发酵剂→灌装→发酵→冷却→后熟→冷藏或销售。

①杀菌。若原料乳杀菌不彻底,会残留一定数量的微生物,尤其是乳中耐热菌能耐过巴氏灭菌而继续存活。

②发酵剂。发酵剂的品质好坏直接影响酸奶质量,如果发酵剂污染了杂菌,将使酸奶凝固不结实,乳清析出过多,并有气泡和异常味出现。

③保温发酵。原料经 90～95℃、30 min 加热,可杀死其中微生物。因此,发酵前的原料乳应不含酵母菌。即使发酵剂中污染了少量酵母,但在 40～50℃条件下保温发酵和大量的乳酸

菌迅速繁殖，均不利于大多数酵母菌生长而不占绝对优势。可是，如果污染了嗜热性酵母菌，如马克斯鲁维酵母（*K. marxianus*），可能有潜在危险性，因为该酵母能在40～50℃条件下生长得很好。

3. 车间环境与加工设备因素

①从酸奶车间的空气中，以及地面、墙壁表面均检出酵母菌与霉菌。这是由于环境温度高，换气不良，卫生条件差，致使酵母与霉菌大量繁殖，而使孢子漂浮于空气之中，造成对空气的污染。

②如果加工设备包括搅拌机（桶）、包装机等清洗杀菌不彻底、会因残留奶垢而积聚大量微生物，成为酸奶生产中主要污染源。此外，包装材料由厂家购进，如未经严格消毒，其表面可检出一定数量的微生物。

③成品冷却。在成品降温至零售过程中，污染酸奶的某种酵母可能繁殖，并占优势，致使罐装酸奶出现膨胀鼓盖现象。其原因是：a. 它们在酸奶温度贮存小于10℃环境下可以繁殖。b. 他们能向细胞外分泌产生脂酶和蛋白酶，可水解乳中的脂肪和乳蛋白。c. 能发酵牛乳中的乳糖或蔗糖而产生CO_2及乙醇。d. 可消化利用酸奶中乳酸、柠檬酸等。

（二）关键控制点（CCP）

根据上述对危害因素的分析，可以确定污染酸奶的微生物主要来源是原辅料、发酵剂、设备、包装材料、环境、空气等。因此，只要将这些污染源严格控制起来，使其污染程度降到最低限度，才能保证产品质量。酸奶生产过程关键控制点应设以下几个方面：

①严格控制原辅料质量，严防细菌总数，尤其是酵母菌与霉菌数目超标。

②严格按乳巴氏杀菌的规程操作，保证对原料乳杀菌彻底。

③严格按无菌操作制备发酵剂，防止杂菌污染。

④严格控制发酵剂的添加量和发酵温度，并注意菌种活力，以保证保加利亚乳杆菌与嗜热链球菌在数量上保持相对平衡，即1∶1比例，以缩短发酵时间。

⑤加强生产全过程的卫生管理工作，对设备、工具及包装材料等应彻底清洗杀菌。

（三）控制措施

1. 原、辅料质量标准

①原料乳。制作酸奶应选择新鲜、品质好的牛乳做原料，乳中菌数不能太高，一般低于10^4个/mL，不含抗生素和消毒药，贮存时间长的牛乳杂菌数会增高，不宜选用。患乳房炎的牛产的乳不适于制作酸奶，因其在治疗时使用的抗生素会抑制发酵菌种的生长繁殖，导致发酵失败。

②白糖。白糖应符合国家绵白糖卫生标准（GB 1445.1—1991），感官上结块、酸败、变黄的白糖禁止使用。

③辅料。辅料应符合国家食品卫生标准，在果酱或果汁中不得检出酵母菌与霉菌。为了减少染菌几率，使用辅料前最好进行加热杀菌。

2. 严格按工艺要求控制各工序操作

①杀菌。原料奶杀菌应保证确实有效，一般采用90～95℃、30 min处理，以杀死乳中病原菌和其他全部繁殖体。

②制备发酵剂。制备发酵剂接种时，应按无菌操作要求进行，注意防止污染。最好在无菌

室内制作发酵剂，可减少空气中杂菌污染，以保证发酵剂中无酵母菌、霉菌。对于菌种保藏、活化菌种及制备发酵剂所使用的脱脂乳应严格灭菌，一般采用 68.6 kPa 高压蒸汽灭菌 20～30 min。一旦发现发酵剂污染了杂菌，应立即停止使用，采用乳酸菌培养基（如乳清培养基、番茄培养基等）重新分离培养。纯粹培养、显微镜检查无杂菌后，菌种方可使用。品质好的发酵剂应是乳凝固均匀致密，乳清析出得少，无气泡和异常味的出现，镜检不应有杂菌。

③添加量。添加发酵剂总量为 3%，保加利亚乳杆菌与嗜热链球菌的添加量各为 1.5%，并于 43℃保温发酵，以保证两种菌在数量上的平衡趋势，即 1：1 的比例，从而可借两种菌良好的共生关系，缩短发酵时间，提高生产效率，这是因为保加利亚乳杆菌在发酵过程中，对蛋白质有一定分解作用，产生的赖氨酸、甘氨酸和组氨酸等能刺激嗜热链球菌的生长；而嗜热链球菌在生长过程中产生的甲酸又被保加利亚乳杆菌所利用。因此，两种菌在短时间内（2～3 h）迅速生长繁殖，发酵乳糖产生乳酸，当 pH 降至 4.5～4.6 以及乳凝固性状良好时，即酸奶发酵成熟。

④后熟。为防止酸奶 pH 过低，风味发生改变，以及杂菌繁殖，发酵成熟后的酸奶应立即冷藏于 4℃条件下，直至饮用。反之，如果成品酸奶放置在温度高的地方贮藏，那么会使其继续发酵，造成 pH 太低与芳香味物质含量减少。

3.卫生管理

①对酸奶车间的空气要定期消毒，可采用紫外线或化学喷雾剂等消毒。例如，按 0.04 g/m^2 $KMnO_4$ 加入 4 mL 甲醛溶液内，将门窗紧闭，让其自行挥发消毒，杀灭空气中的酵母菌与霉菌，每周 1 次，每次 8 h 以上。此外，也可采用空气过滤器对酸奶车间的空气进行过滤除菌。

②每周用 100～200 mg/kg 氯水对车间地面喷洒消毒 1 次，每次 4 h 以上。

③利用一种高效制霉剂掺入涂料中粉刷墙壁，起抑霉作用。

④定期有效地清洗消毒设备，可先用 1%～4%烧碱清洗，而后蒸汽或化学杀菌剂消毒。例如，每天用 50 mg/kg 的氯水消毒设备 1 h，可杀死酵母和其他微生物。

⑤实现自动化无菌包装系统，分装后应立即封口装箱，以防杂菌污染。对包装材料亦要清洗干净与紫外线照射杀菌。

九、HACCP 在无菌包装果汁生产中的应用

1.无菌包装果汁生产工艺流程

原料验收→清洗挑选→破碎打浆→榨汁→筛滤→杀菌酶解→超滤→调配→杀菌→无菌包装→贮运→消费者。

2.危害分析

①微生物污染是果汁加工中的主要污染，不同的水果产地有不同的微生物菌群，原料最初微生物污染主要有酵母菌、乳酸菌、白霉、黑霉及耐热菌如嗜热脂环芽孢杆菌，腐烂的水果还有可能引起棒曲霉毒素超标；如果在加工过程中清洗不够或杀菌效果不好会直接造成产品的微生物污染；如果灌装时无菌环境破坏或者包装物杀菌不好，就有可能造成二次污染，这两种污染都会导致产气胀包，腐败变质。

②果汁生产中化学性危害主要有农药残留（有机磷类）、重金属超标（铜、铅、砷）及添加剂使用过量，果实清洗用清洁剂、CIP 清洗剂（硫酸、氢氧化钠）、包装材料灭菌用消毒剂的残留也

是造成化学危害的因素。

③果汁生产中的物理危害主要指异物(如沙粒),一般可以通过水槽的沉降池过滤除去。

3.确定关键控制点

①原料验收。由于水果原料来自田间,且目前国内加工品种的采收质量普遍不高,再加上积压等原因,微生物易大量繁殖,所以原料是产生危害的主要环节之一;主要控制指标有腐烂率≤3%,微生物中的酵母菌≤20 000 个/g、霉菌 2 000 个/g。

②加强清洗。在清洗水中加入 0.02%的柠檬酸可除去大部分的铜离子,良好的清洗可使微生物数减少至 2%~25%,在清洗液中加入表面活性剂可提高清洗效果,减少农药残留。

③超滤。超滤可以除去大分子物质及微生物,避免产品的后混浊及达到冷杀菌的目的。

④调配。调配用水的水质、果汁酸度或 pH 的调整会影响到对微生物的杀灭效果,所以这也是主要环节之一。

⑤杀菌。杀菌温度应根据果汁的 pH 及混浊程度来设定,对澄清型果汁 95℃、38s 可使绝大多数微生物都被杀死,但如果指示仪表失真,则造成不可估量的损失。

⑥灌装。是产生危害的又一重要环节,无菌罐装环境的破坏及消毒不彻底的包装材料均可导致二次污染;包装材料消毒剂的残留将会直接产生危害。

4.确立管制标准与监控措施

①原料接收。农药残留、重金属、激素等指标按国家或行业相关标准。

②瞬时灭菌。灭菌温度和灭菌时间指标按工艺要求,必须使灭菌后的产品基本达到无菌状态。

③超滤。开班前检查确认超滤器的完好性。生产时每做完一缸,检查一次,发现穿孔等可能引起过滤不良问题时及时更换滤袋。

④调配。调配好后,4 h 内未灌装的料,请示品控、工艺等职能部门处理。

⑤无菌。

a.设备:产前按工艺要求进行 CIP 清洗;对系统进行消毒、熏蒸和蒸汽高温灭菌。

b.环境:生产中每 2 h 进行设备表面及空间消毒;水、气、料的无菌保持(防止管道渗漏,造成二次污染);保持系统的正压状态。

c.工具:带入灌装间前事先清洗、消毒;拿入层流罩维修的工具使用前消毒。

d.人员:穿戴无菌衣帽、水鞋;酒精消毒双手,风淋全身;双脚浸泡消毒池。

在生产中,若发现无菌气、水、料、环境任一项异常,均须作停机处理,直到排除故障后才能开机,并视情况确定是否须隔离此前产品。

5.HACCP 系统的验证和记录

HACCP 的记录应包括原料验收记录;超滤记录;杀菌记录;无菌罐装记录;CIP 清洗记录;出现失控时的内容、场所、时间、原因及调查结果以及处理方法记录;一般卫生管理的记录;车间设备机械器具消毒记录,包括频率、操作过程及所用时间和当事人等,蚊、蝇、虫、鼠等的防御措施,生产工人的卫生管理等。每小时由车间检验员负责 CCP 的检查验证并做记录,每 2 h 由品控部抽取成品样,做理化及微生物检验,确认受控情况。每 3 个月由 HACCP 小组对原辅料、监控记录、配方、纠偏措施及监控计量仪器精度记录、成品检验记录、一般卫生管理记录等进行核查以确认系统处于正常运转中。若一段时间出现相类似的失控事故,则 HACCP 小组需要重新审查制定管制标准与措施是否得当,并责成相关部门予以修正。

实训 3-2 猪肉香肠企业 HACCP 计划的制订

一、实训目的

1. 通过利用判断树确定出口猪肉香肠工艺过程的 CCP。

2. 能运用 HACCP 的方法和原理，进行该企业的 HACCP 计划的制订与实施，并能发现问题提出改进措施。

二、实训原理

危害分析是建立 HACCP 体系的基础，而关键控制点的确定是食品安全风险能否有效控制的关键。CCP 通过利用 CCP 判断树进行确定。其核心是针对某个工序中危害评价得到的显著危害，按照 CCP 判断树进行 4 个问题的回答，从而判断该工序是否为关键控制点。

HACCP 计划表的填写是在危害分析和确定关键控制点的基础上，进一步确定关键限值、确定监控措施、纠偏措施，确定应保存的记录和验证程序等 HACCP 原理的集中体现形式。HACCP 计划表指导 HACCP 体系实施的直接依据。

三、实训内容

1. 出口猪肉香肠生产的工艺流程

原辅料选择→原料肉处理→腌制→斩拌→灌肠→熏制→蒸煮→冷却→分离肠衣→挑选→装罐→封口→杀菌→保温→检验→包装→成品。

2. 对猪肉肠加工过程中可能产生的危害进行分析

结合 CCP 判断原则，运用判断树确定 CCP，正确填写《危害分析工作单》，并将判断结果填入表 3-7。

表 3-7 猪肉肠生产危害分析工作单

步骤	确定在这步中引入的、控制的或增加的潜在危害	潜在的肉品安全危害是显著的吗？	对第(3)列的判断提出依据	应用什么预防措施来防止显著危害？	这步是关键控制点吗？
原、辅料选择	生物危害：病原菌(肉毒杆菌、沙门氏菌、李斯特菌)				
	化学危害：药物残留(兽药等)				
	物理危害：金属异物				
原料肉处理	生物危害：病原菌如肉毒杆菌、沙门氏菌、李斯特菌生长				
	化学危害：无				
	物理危害：无				
腌制	生物危害：病原菌肉毒杆菌、沙门氏菌、李斯特菌				
	化学危害：配料中色素、药物污染				
	物理危害：无				
斩拌	生物危害：病原菌肉毒杆菌、沙门氏菌、李斯特菌				
	化学危害：清洁剂残留				
	物理危害：无				

续表 3-7

步骤	确定在这步中引入的、控制的或增加的潜在危害	潜在的肉品安全危害是显著的吗？	对第(3)列的判断提出依据	应用什么预防措施来防止显著危害？	这步是关键控制点吗？
灌肠	生物危害：病原菌肉毒杆菌、沙门氏菌、李斯特菌				
	化学危害：清洁剂残留				
	物理危害：无				
熏制	生物危害：病原菌肉毒杆菌、沙门氏菌、李斯特菌				
	化学危害：无				
	物理危害：无				
蒸煮	生物危害：病原菌肉毒杆菌、沙门氏菌、李斯特菌				
	化学危害：无				
	物理危害：无				
冷却	生物危害：病原菌肉毒杆菌、沙门氏菌、李斯特菌、金黄色葡萄球菌				
	化学危害；无				
	物理危害：无				
分离肠衣、挑选	生物危害：病原菌肉毒杆菌、沙门氏菌、李斯特菌				
	化学危害：无				
	物理危害：无				
装罐、封口	生物危害：病原菌肉毒杆菌、沙门氏菌、李斯特菌				
	化学危害：无				
	物理危害；金属异物				
杀菌	生物危害：病原菌残留				
	化学危害：无				
	物理危害：无				
保温、检验、包装	生物危害：病原菌残留				
	化学危害：无				
	物理危害：无				

3. 建立 HACCP 计划

根据对猪肉香肠工艺过程的危害分析和关键控制点的确定，运用 HACCP 基本原理进一步确定 CL，并建立起监控程序和纠偏措施，并正确填写《HACCP 计划表》(表 3-8)。

表 3-8 猪肉香肠生产 HACCP 计划表

关键控制点(CCP)	显著危害	对于每个预防措施的关键限值	监控				纠偏行动	记录	验证
			对象	方法	频率	人员			

签字： 日期：

任务 3-4 食品安全管理体系(ISO 22000)的建立与实施

◈学习目标

1. 了解食品安全管理体系的作用、适用范围;
2. 熟悉食品安全管理体系标准的内容和特点;
3. 掌握食品安全管理体系的策划与设计;
4. 掌握食品安全管理体系文件的编制。

一、ISO 22000 食品安全管理体系概述

(一)ISO 22000 产生的背景

随着经济全球化的发展、社会文明程度的提高,人们越来越关注食品的安全问题;要求生产、操作和供应食品的组织,证明自己有能力控制食品安全危害和那些影响食品安全的因素。顾客的期望、社会的责任,使食品生产、操作和供应的组织逐渐认识到,应当有标准来指导操作、保障、评价食品安全管理,这种对标准的呼唤,促使 ISO 22000 食品安全管理体系要求标准的产生。

ISO 22000 标准既是描述食品安全管理体系要求的使用指导标准,又是可供食品生产、操作和供应的组织认证和注册的依据。ISO 22000 表达了食品安全管理中的共性要求,而不是针对食品链中任何一类组织的特定要求。该标准适用于在食品链中所有希望建立保证食品安全体系的组织,无论其规模、类型和其所提供的产品。它适用于农产品生产厂商,动物饲料生产厂商,食品生产厂商,批发商和零售商。它也适用于与食品有关的设备供应厂商,物流供应商,包装材料供应厂商,农业化学品和食品添加剂供应厂商,涉及食品的服务供应商和餐厅。

ISO 22000 采用了 ISO 9000 标准体系结构,将 HACCP 原理作为方法应用于整个体系;明确了危害分析作为安全食品实现策划的核心,并将国际食品法典委员会(CAC)所制定的预备步骤中的产品特性、预期用途、流程图、加工步骤和控制措施和沟通作为危害分析及其更新的输入;同时将 HACCP 计划及其前提条件——前提方案动态、均衡地结合。本标准可以与其他管理标准相整合,如质量管理体系标准和环境管理体系标准等。因此 ISO 22000 是在 HACCP、GMP(良好操作规范)和 SSOP(卫生标准操作规范)的基础上,同时整合了 ISO 9001:2000 的部分要求而形成的。

进入 21 世纪,世界范围内消费者都要求安全和健康的食品,食品加工企业因此不得不贯彻食品安全管理体系,以确保生产和销售安全食品。为了帮助这些食品加工企业去满足市场的需求,同时,也为了证实这些企业已经建立和实施了食品安全管理体系,从而有能力提供安全食品,开发一个可用于审核的标准成为了一种强烈需求。另外,由于贸易的国际化和全球化,基于 HACCP 原理,开发一个国际标准也成为各国食品行业的强烈需求。

在 2001 年,在丹麦标准化协会(DS)建议下成立了 ISO/TC 34 食物制品技术委员会,丹麦

担任了秘书处工作。为了同一目的，工作组(WG8)同年 11 月成立。他们为形成 ISO/AWI 22000《食品安全管理系统——必要条件》准备了工作计划和时间表。这一标准将会与目前联合国有关组织已经推出的规则相协调，并 ISO 有关导则相一致。

ISO 22000 标准的开发主要是要达到目标：

——符合 CAC 的 HACCP 原理；

——协调自愿性的国际标准；

——提供一个用于审核(内审、第二方审核、第三方审核)的标准；

——构架与 ISO 9001:2000 和 ISO 14001:1996 相一致；

——提供一个关于 HACCP 概念的国际交流平台。

因此，ISO 22000 不仅仅是通常意义上的食品加工规则和法规要求，而是寻求一个更为集中、一致和整合的食品安全体系，为构筑一个食品安全管理体系提供一个框架，并将其与其他管理活动相整合，如质量管理体系和环境管理体系等。

ISO 22000 是按照 ISO 9001:2000 的框架，同时，覆盖了 CAC 关于 HACCP 的全部要求，并为“先决条件”概念制定了“支持性安全措施”(SSM)的定义。ISO 22000 将 SSM 定义为“特定的控制措施”，而不是影响食品安全的“关键控制措施”，它通过防止、消除和减少危害产生的可能性来达到控制目的。依据企业类型和食品链的不同阶段，SSM 可被以下活动所替代，如良好操作规范(GMP)、先决方案、良好农业规范(GAP)、良好卫生规范(GHP)、良好分销规范(GDP)和良好兽医规范(GVP)。ISO 22000 将要求食品企业建立、保持、监视和审核 SSM 的有效性。

ISO 22000 将会帮助食品制造业更好地使用 HACCP 原则，它将不仅针对食品质量，也将包括食物安全和食物安全系统的建立，这也是首次将联合国有关组织的文件(HACCP)列入质量管理系统中来。ISO 22000 将会是一个有效的工具，它帮助食品制造业生产出安全、符合法律和顾客以及他们自身要求的产品。

(二)ISO 22000 标准的作用和应用范围

ISO 22000 规定了食品安全管理体系的要求，任何在食品链中想体现其具有可为消费者生产安全产品能力的组织应满足的要求。

1. 作用

①作为国际认可的标准使不同客户和国家的不同要求都可以在这个体系中得到统一，进而促进国际间贸易的发展。

②用主动和系统的方法确保食品安全就可以有效地识别和控制危害，从根本上发现、解决了食品安全存在的问题和隐患，进而减少了食品安全事件的发生，并且不用肩负巨额补救资金的投入。

③促进不同相关方之间的沟通，包括政府，国际贸易商，生产厂商，批发和零售商及消费者，这样可以有效提升彼此间的信任度。

④可与现有的管理体系 ISO 9001:2008 和 ISO 14001:2004 相结合。

⑤基于风险评估的结果确定食品安全的工作重点，使资源得到最充分的利用。

⑥是一个可由内部、第二方和第三方评审的通用标准。

2. 适用范围

ISO 22000 可以适用于食品供应链范围内所有类型的组织，它是通过对食品链中任何组织在生产(经营)过程中可能出现的危害(指产品)进行分析,确定关键控制点,将危害降低到消费者可以接受的水平。

ISO 22000的使用范围覆盖了食品链全过程,即种植、养殖、初级加工、生产制造、分销、零售一直到消费者使用,其中也包括餐饮。与食品生产密切相关的行业也可以采用这个标准建立食品安全管理体系,如配料、食品添加剂、食品设备、食品包装材料、食品清洁服务、清洁剂、贮藏、运输、杀虫剂、兽药等。此外,该标准适用于在食品链中所有希望建立保证食品安全体系的组织,无论其规模大小。如农产品生产厂商,动物饲料生产厂商,食品生产厂商,批发商和零售商。它也适用于设备供应厂商,物流供应商,包装材料供应厂商,农业化学品和食品添加剂供应厂商,涉及食品的服务供应商。实施ISO 22000的要求可通过利用任何内部或外部的资源。

ISO 22000具体规定了组织食品供应链中食品安全管理系统的要求:

①相关组织需要证明其控制食品安全风险的能力,以便持续提供全程安全的食品,其食品既能满足消费者的需求,又符合相应的食品安全条例要求;

②通过有效控制食品安全风险及持续改进体系的过程,增强顾客满意度。

(三)ISO 22000标准的内容(具体内容见GB/T 22000—2006)

1 范围

2 规范性引用文件

3 术语和定义

4 食品安全管理体系

4.1 总要求

4.2 文件要求

4.2.1 总则

4.2.2 文件控制

4.2.3 记录控制

5 管理职责

5.1 管理承诺

5.2 食品安全方针

5.3 食品安全管理体系策划

5.4 职责和权限

5.5 食品安全小组组长

5.6 沟通

5.6.1 外部沟通

5.6.2 内部沟通

5.7 应急准备和响应

5.8 管理评审

5.8.1 总则

5.8.2 评审输入

5.8.3 评审输出

6　资源管理
6.1　资源提供
6.2　人力资源
6.2.1　总则
6.2.2　能力、意识和培训
6.3　基础设施
6.4　工作环境
7　安全产品的策划和实现
7.1　总则
7.2　前提方案(PRP(s))
7.3　实施危害分析的预备步骤
7.3.1　总则
7.3.2　食品安全小组
7.3.3　产品特性
7.3.3.1　原料、辅料和与产品接触的材料
7.3.3.2　终产品特性
7.3.4　预期用途
7.3.5　流程图、过程步骤和控制措施
7.3.5.1　流程图
7.3.5.2　过程步骤和控制措施的描述
7.4　危害分析
7.4.1　总则
7.4.2　危害识别和可接受水平的确定
7.4.3　危害评估
7.4.4　控制措施的选择和评估
7.5　操作性前提方案(PRPs)的建立
7.6　HACCP计划的建立
7.6.1　HACCP计划
7.6.2　关键控制点(CCPs)的确定
7.6.3　关键控制点的关键限值的确定
7.6.4　关键控制点的监视系统
7.6.5　监视结果超出关键限值时采取的措施
7.7　预备信息的更新、规定前提方案和HACCP计划文件的更新
7.8　验证策划
7.9　可追溯性系统
7.10　不符合控制
7.10.1　纠正
7.10.2　纠正措施
7.10.3　潜在不安全产品的处置

7.10.4　撤回

8　食品安全管理体系的确认、验证和改进

8.1　总则

8.2　控制措施组合的确认

8.3　监视和测量的控制

8.4　食品安全管理体系的验证

8.4.1　内部审核

8.4.2　单项验证结果的评价

8.4.3　验证活动结果的分析

8.5　改进

8.5.1　持续改进

8.5.2　食品安全管理体系的更新

(四)ISO 22000 标准的特点

为满足组织开展 HACCP 体系认证的需要,国际标准化组织农产食品技术委员会(ISO/TC34)成立了 WG8 工作组,参照质量/环境管理体系国际标准(ISO 90001/ISO 14001)的框架起草了食品安全管理体系国际标准(ISO 22000)。2004 年 6 月,ISO 发布了 ISO 22000 国际标准草案(DIS 稿),2005 年下半年正式发布 ISO 22000《食品安全管理体系对整个食品链中组织的要求》。这是国际标准化组织发布的继 ISO 9000 和 ISO 14000 后用于合格平定的第三个管理体系国际标准。ISO 22000 将国际上最新的管理理念与食品安全控制的有效工具——HACCP 原理有效融合。纵观 ISO 22000:2005 标准,有其以下特点:

1.食品安全管理范围延伸至整个食品链

对于生产、制造、处理或供应食品的所有组织,要求食品的安全是首要的。这些组织都应认识到,识别和控制食品安全危害能力的要求日益增加,并认识到影响食品安全的诸多因素。这个标准的要求可用于食品链内的各类组织,如饲料生产者、食品制造者、运输和仓储经营者、分包者、零售分包商、餐饮经营者,以及相关组织,如设备生产、包装材料、清洁剂、添加剂和辅料的生产组织。

2.管理领域先进理念与 HACCP 原理的有效融合,过程方式、系统管理及持续改进是现代管理领域先进理念的核心内容

任何将所接受的输入转化为输出的活动都可以视为过程。组织为了能有效地运作,必须识别并管理许多相互关联的过程。一个过程的输出会直接成为下一个过程的输入。组织系统地识别并管理过程以及过程之间的相互作用,称之为"过程方法"。所谓系统管理,即针对设定的目标,识别、理解并管理一个由相互关联的过程所组成的体系,有助于提高组织的有效性和效率。系统方法的特点在于它围绕某一设定的方针和目标,确定实现这一目标的关键活动,识别由这些活动构成的过程,分析这些过程间的相互作用和相互影响的关系,按某种方式或规律将这些过程有机地组合成一个系统,管理由这些过程构成的系统,使之协调地运行。持续改进的最终目的是提高组织的有效性和效率,包括改善产品的安全特性、提高过程有效性和效率所开展的所有活动。通过测量分析现状、建立目标、寻找解决办法、实施解决办法、测量实施结果、直致纳入文件等活动,实施不断的 PDCA(计划、实施、检查、改进)循环。

以上原则在 ISO 22000 标准中主要体现在以下几个方面。

①食品安全目标导向建立一个系统，以最有效的方法实现组织的食品安全方针和目标。由组织的最高管理者制定食品安全方针，并进行相关的沟通。最高管理者应确保组织的食品安全方针与其组织在食品链中的位置相关，确保食品安全方针符合与客户商定的食品安全要求和法律法规要求，确保食品安全方针在组织的各个层次上得到沟通、实施和保持，并对其持续适宜性进行评审，同时确保在食品安全方针中充分阐述沟通的作用。食品安全方针应得到可测量的目标的支持。

②过程的识别和危害分析组织应策划和开发安全食品实现所需的过程，在实施前提方案（包括基础设施、维护方案、操作性前提方案）的基础上，对食品安全危害造成不良后果的严重程度及其发生的可能性进行危害分析并确定显着危害，作为 HACCP 计划和操作性前提方案组合控制的对象。

③体系的实施和运行有效的安全产品生产，要求和谐地整合不同类型的前提方案和详尽的 HACCP 计划。基础设施和维护方案用于阐述食品卫生的基本要求和可接受、更具永久特性的良好（操作、农业、卫生等）规范，而操作性前提方案则用于控制或降低产品或加工环境中确定的食品安全危害的影响。HACCP 计划用于管理危害分析中确定的关键控制，以消除、防止或降低产品中特定的食品安全危害。在危害分析中，组织确定所采用的策略，以通过组合前提方案和 HACCP 计划确保进行危害分析。

④体系的监视和测量。监视测量除了 HACCP 原理所包含的关键控制点的监控之外，还包含危害分析输入的持续更新，操作性前提方案和 HACCP 计划中要素的实施和有效性，基础设施和维护方案，体系运行后危害水平降低的绩效，人力资源管理的有效性，最终产品的测试，内部审核等。对以上内容的验证结果再进行评价和分析，对操作性前提方案和 HACCP 计划的组合控制的有效性进行确认，将验证和确认的结果输入持续改进。

监视和测量建立在基于事实的决策方法的基础上，对数据和信息的逻辑分析或直觉判断是有效决策的基础。依据准确的数据和信息进行逻辑推理分析，或依据信息作出直觉判断是一种良好的决策方法。利用数据和信息进行逻辑判断分析时可借助其他的辅助手段，如统计技术等。

⑤持续改进体系。持续改进是组织的一个永恒的目标。组织应通过满足有关安全食品的策划和实现的要求，持续改进食品安全管理体系。持续改进的输入包括内部外部的沟通、管理评审、内部审核、验证结果的评价、验证活动结果的分析、控制措施组合的确认和食品安全管理体系的更新。

3.强调交互式沟通的重要性

ISO 22000 标准在“引言”中指出，相互沟通是食品安全管理体系的关键要素。在食品链中沟通是必需的，以确保在食品链各环节中的所有相关食品危害都得到识别和充分控制。这表明组织沟通的需要，包括在食品链中与其上游和下游组织的沟通。基于系统性危害分析所进行的沟通，也有助于体现客户和供方关于可行性、需要和对最终产品影响的需求。

这个标准在 4.1“总要求”中提出“在食品链范围内沟通与其安全有关的适宜信息；在组织内沟通有关食品安全管理体系发展、实施和更新的信息，以确保在必要程度上满足本标准的要求。”该标准的 5.6 条款明确了内部和外部沟通的要求。为确保整个食品链获得充足的食品安全的信息，组织应为建立、实施和保持食品安全管理体系作出有效，并与下列外部相关方沟通：

供方和合同方、客户，特别是与产品信息(包括有关预期用途的说明、具体贮存要求、适应时包含保质期)、有关的询问、合同或订单处理，包括修订和客户反馈及投诉、食品管理当局、影响或将受到食品安全管理体系有效性或更新影响的其他组织。

内部沟通应确保食品安全小组及时获得变更的信息，包括产品或新产品，原料、辅料和服务，生产系统和设备，生产场所，设备位置，周围环境，清洁和卫生计划，包装，贮存和分销体系，人员资格水平和职责、权限分配，法规要求，与食品安全危害和控制措施有关的知识，组织应遵守的顾客、行业和其他要求，来自外部相关方的询问，与产品有关危害的抱怨，以及影响食品安全的其他因素。组织应确保将内外部信息沟通作为食品安全管理体系更新和管理评审的输入。在人力资源方面，组织应确保影响食品安全的人员意识到有效进行内外部沟通的必要性。

组织应确定各种产品和(或)过程种类的使用者和消费者，并应考虑消费群体中的易感人群，应识别非预期但可能出现的产品不正确的使用和操作方法。危害识别和可接受水平的确定包括外部信息，如产品的流行病学和其他历史数据；来自食品链，可能与最终产品、中间产品和食品链终端(消费阶段)的安全相关的食品安全危害信息。

4. 满足法律法规要求是食品安全管理体系的前提

这个标准在“引言”中指出：“本标准旨在协调全球范围内的食品链中食品安全管理在经营上的要求。本标准专用于寻找比法律通常要求更明确、和谐和完整的食品安全管理体系的组织。本标准不用于制定规章目的的最低要求。”然而，这个标准要求组织将所有适用食品安全的有关法规和规章的要求融入到食品安全管理体系。

为实现组织将所有适用的与食品安全有关的法规和规章的要求融入到食品安全管理体系的目的，这个标准在以下几个方面规定了管理要求：

①在“范围”内指出，导入食品安全管理体系的目的可包括需要展示其控制食品安全危害的能力，以持续提供安全的最终产品，满足签约客户和适用的、规定的食品安全要求；证实与食品安全使用的法律法规要求的一致性。

②在“食品安全方针”中规定，组织的最高管理者应确保食品安全方针符合与客户商定的食品安全要求和法律法规要求。

③在内部和外部沟通方面，包含法律法规和其他要求。这个标准明确要求，记录来自顾客及主管部门的所有与食品安全有关的要求，保持获取外部要求和内部交流的动态更新，并输入到管理评审。这就要求组织必须建立外部沟通的渠道和内部沟通的方式，定期进行交互式沟通。

④当选择和设计前提方案时，组织应考虑、利用与已有设计预先方案适宜的信息(如法规、客户要求、指南、法典原理和规范标准、国家或行业标准)。目前，我国发布的各行业及出口卫生规范属于基础设施和维护方案的范畴，都属于法规要求，必须纳入食品安全管理体系。

⑤产品特性的描述。对原料、辅料和产品接触材料的产品描述，包括化学、生物和物理特性，配方辅料的组成(含添加剂和加工助剂)，产地，生产方法，交付方式(含包装和贮存条件)，使用或加工前的处理和(或)准备，涉及食品安全的接受准则或与其预期用途相应的采购原料和辅料的规范。对最终产品的特性描述，包括产品名称或类似的标识，组成，与食品安全有关的化学、生物和物理特性，预期的保质期和贮存条件，预期用途，包装，与食品安全有关的标识，搬运、准备和使用说明书，分销方式。组织应识别与产品特性有关法律法规规定的食品安全要求、将其作为产品描述的输入，将产品描述、预期用途和流程图作为危害分析的输入。

⑥法律法规和其他要求是危害识别的输入之一。针对每个确定的食品安全危害,对最终产品食品安全危害的可接受水平均应尽可能予以确定。确定的水平应考虑现有法律法规的要求、顾客对食品的安全要求、产品的用途。

⑦组织为确保识别产品批次及其与原料批次、加工和分销记录的关系所建立的追溯性系统,应符合顾客和法律法规的要求,特别是与产品标签有关的要求。

⑧对照溯源到国际或国家标准的测量标准,按照规定的时间间隔或在使用前进行校准或检定。有关监视和测量装置的法律法规要求是定期校准或检定的输入。

⑨内外部沟通包括对适用法律法规的沟通,应将其作为管理评审的输入。组织的食品安全小组应定期评价和评定顾客反馈,包括食品安全的抱怨、内审的结果、验证活动分析的结果,从而为体系的动态更新提供输入。验证结果的评价可基于对最终产品样品的测试,因此样品标准是非常重要的法律法规要求。

5.风险控制理论在食品安全管理体系中的体现

这个标准在"应急准备和响应"中规定,最高管理者应考虑能够影响组织有关食品安全的潜在紧急情况和事故,并表明如何管理,结果应包括在管理评审的输入中。

首先,组织应识别潜在事故、紧急情况和事件,如火灾、洪水、恐怖活动、人为破坏(如投毒)、能源故障(如停电)、环境污染、新的危害的出现或由于商业风险的识别,组织应策划应急准备和相应措施,包括人力资源、基础设施、应对程序等。必要时,尤其是实际发生事故或紧急情况之后,应评审和修改应急准备和响应文件。在这个标准中,风险控制还体现在产品召回的要求方面。7.9.5 条款规定,为确保已被确定为不安全的受影响批次的最终产品在交付后能够及时、完全地召回,组织应建立、保持形成文件的程序,以通知相关方(如权威机构、消费者)应将产品召回的原因、范围和结果报告最高管理者,作为管理评审的输入。组织应通过使用验证试验、模拟召回或实际召回等方法,验证召回方案的有效性。产品召回的有效性必须以有效的、可追溯的系统为基础。7.9.2 条款规定,组织应建立可追溯性系统,确保识别产品批次及其与原料批次、加工和分销记录的关系。追溯性系统应能够识别从直接供方的进料和最终产品分销到直接分销方的情况。追溯性系统的详略程度应当考虑可能发生的召回和法律法规的要求。

二、ISO 22000 食品安全管理体系的建立与认证

食品安全管理体系的建立一般要经历管理体系的策划与设计、管理体系文件的编制、管理体系的试运行、管理体系审核和评审 4 个阶段,每个阶段又可分为若干具体步骤。

1.食品安全管理体系的策划与设计

该阶段主要是做好各种准备工作,包括教育培训,统一认识;组织落实,拟定计划;确定质量方针,制订质量目标;现状调查和分析;调整组织结构,配备资源等方面。

(1)教育培训,统一认识

食品安全管理体系建立和完善的过程,是始于教育,终于教育的过程,也是提高认识和统一认识的过程,教育培训要分层次,循序渐进地进行。

第一层次为决策层,包括董事长、执行董事和总经理等领导。主要培训:

①通过介绍食品安全管理体系的发展和本单位的经验教训,说明建立、完善食品安全管理体系的迫切性和重要性。

②通过 ISO 22000 标准的总体介绍，提高按国家(国际)标准建立食品安全管理体系的认识。

③通过食品安全管理体系要素讲解(重点应讲解“管理职责”等总体要素)，明确决策层领导在食品安全管理体系建设中的关键地位和主导作用。

第二层次为管理层，重点是管理、技术和生产部门的负责人，以及与建立食品安全管理体系有关的工作人员。这一层次的人员是建设、完善食品安全管理体系的骨干力量，起着承上启下的作用，要使他们全面接受 ISO 22000 标准有关内容的培训，在方法上可采取讲解与研讨结合。

第三层次为执行层，即与产品安全质量形成全过程有关的作业人员。对这一层次人员主要培训与本岗位质量活动有关的内容，包括在质量活动中应承担的任务，完成任务应赋予权限以及造成质量过失应承担的责任等。

(2)组织落实，拟定计划

尽管食品安全管理体系建设涉及一个组织的所有部门和全体员工，但任命一个精干的食品安全小组是首要的。食品安全小组应具备多学科的知识和建立与实施食品安全管理的经验。这些知识和经验包括但不限于组织的食品安全管理体系范围内的产品、过程、设备和食品安全危害。应保持记录，以证实食品安全小组具备所要求的知识和经验。这个小组分 3 个层次。

第一层次：成立以最高管理者(厂长、总经理等)为组长，安全质量主管领导为副组长品安全管理体系建设领导小组(或委员会)。其主要任务包括：

①体系建设的总体规划；

②制订质量方针和目标；

③按职能部门进行质量职能的分解。

第二层次，成立由各职能部门主管(或代表)参加的工作小组。这个工作小组一般由质量部门和计划部门的领导共同牵头，其主要任务是按照体系建设的总体规划具体组织实施。

第三层次：成立要素工作小组。根据各职能部门的分工明确食品安全管理体系要素的责任单位，例如，“HACCP 计划”一般应由质量部门负责。组织和责任落实后，按不同层次分别制订工作计划，在制订工作计划时应注意：

①目标要明确。要完成什么任务，要解决哪些主要问题，要达到什么目的？

②要控制进程。建立食品安全管理体系的主要阶段要规定完成任务的时间表、主要负责人和参与人员以及他们的职责分工及相互协作关系。

③要突出重点。重点主要是体系中的薄弱环节及关键的少数。这少数可能是某个或某几个要素，也可能是要素中的一些活动。

(3)确定食品安全方针，制订和分解食品安全目标

食品安全方针体现了一个组织对食品安全质量的追求，对顾客的承诺，是员工食品安全行为的准则和食品安全工作的方向。食品安全方针的要求是：

①与组织在食品链中的作用相适应；

②符合与顾客商定的食品安全要求和法律法规要求；

③在组织的各层次得以沟通、实施并保持；

④在持续适宜性方面得到评审；

⑤充分阐述沟通；

⑥由可测量的目标来支持。

为了保证食品安全方针的落实，应该在组织的相关职能和层次上建立食品安全目标，目标应是可测量的，并与质量方针保持一致。

(4)现状调查和分析

现状调查和分析的目的是为了合理地选择体系建设重点。内容包括：

①体系情况分析。即分析本组织的食品安全管理体系情况，对照ISO 22000标准确定选择食品安全管理体系的建设重点。

②产品特点分析。即分析产品的预期用途、产品安全特性等。

③组织结构分析。组织的管理机构设置是否适应食品安全管理体系的需要。应建立与食品安全管理体系相适应的组织结构并确立各机构间隶属关系、联系方法。

④生产设备和检测设备能否适应食品安全管理体系的有关要求。

⑤技术、管理和操作人员的组成、结构及水平状况的分析。

⑥管理基础工作情况分析。即标准化、计量、质量责任制、质量教育和质量信息等工作的分析。对以上内容可采取与标准中规定的食品安全管理体系要求进行对比性分析。

【案例3-1 ＊＊＊企业食品安全方针与目标】

食品安全方针：

全员品管　安全优质　持续改进　客户放心

食品安全目标及分解：

(1)食品安全目标

①产品一次交验合格率98%以上。

②出厂产品检验合格率100%。

③产品检验及时率100%。

④顾客满意度达到90%以上，由销售部提供。

以上4项指标由品管部汇总，作为管理评审的输入。

(2)食品安全目标的分解

①供应部：物资供应及时率99%以上；采购产品批量合格率99%以上；每季度统计一次；

②销售部：顾客意见处理率100%；顾客满意率90%以上，每年统计一次；

③办公室：人员培训完成率100%，每年统计一次；

④生产车间：产品生产合格率95%以上，交验合格率98%以上，每季度统计一次；

⑤品管部：工序、产品检验及时率100%，准确率99%以上，每季度统计一次；

⑥仓储部：成品库存质量/卫生合格率100%，每季度统计一次；

⑦动力车间：生产时设备正常运转率98%以上。

(5)调整组织结构，配备资源

因为在一个食品企业中除食品安全管理外，还有其他各种管理。组织机构设置由于历史沿革多数并不是按食品安全质量形成客观规律来设置相应的职能部门的，所以在完成落实食品安全管理体系要素并展开成对应的食品安全活动以后，必须将活动中相应的工作职责和权限分配到各职能部门。一方面是客观展开的食品安全活动，一方面是人为的现有的职能部门，两者之间的关系处理，一般地讲，一个质量职能部门可以负责或参与多个食品安全活动，但不要让一项食品安全活动由多个职能部门来负责。目前我国企业现有职能部门对食品安全管理活动所承担的职责、所起的作用普遍不够理想，总的来说应该加强。在食品安全活动展开的过程中，必须涉及相应的硬件、软件和人员配备，根据需要应进行适当的调配和充实。

2.食品安全管理体系文件的编制

食品安全管理体系文件包括食品安全手册(包括但不仅限于食品安全方针、食品安全目标、管理职责等)、程序文件、HACCP 计划书、作业指导书、操作规程、检验规程、质量记录等。组织应按 ISO 22000 标准要求编制以上文件以形成食品安全管理的文件体系。

(1)食品安全管理体系文件的结构

一般而言，组织食品安全管理体系文件可包括食品安全管理手册、程序文件、工作规程(作业指导书)、食品安全记录等。文件和文件之间可以分开，也可以合并(如手册和程序文件之间合并或程序文件与工作规程合并等)；当文件分开时，有相互引用的内容，可附引用内容的条目。

①食品安全管理手册。食品安全管理手册是阐明组织食品安全方针、食品安全目标，并描述食品安全管理体系的文件，属于纲领性文件。

食品安全管理手册的内容应包括食品安全方针、食品安全目标，组织架构及其职责，组织如何结合标准和法律法规的要求建立体系等。

②程序文件和工作规程。程序文件是为完成某项活动而规定的办法和途径的文件。

工作规程(作业指导书)是指对具体的作业活动做出规定的文件。工作规程(作业指导书)和程序文件的区别在于程序文件描述的通常是跨职能部门的活动，涉及体系中某个过程的整个活动；而工作规程(作业指导书)往往只应用于某一部门，只涉及一项独立的具体活动。

根据标准，要求形成文件的程序包括：文件控制(4.2.2)、记录控制(4.2.3)、操作性前提方案(7.2.3)、处置受不合格影响的产品(7.6.5)、纠正措施(7.9.3.1)、纠正(7.9.3.2)、潜在不安全产品的处置(7.9.4)、召回(7.9.5)、内部审核(8.3.1)。

除上述要求形成文件的程序外，还有一些地方要求形成文件，如食品安全方针和食品安全目标，操作性前提方案，HACCP 计划，原料、辅料及产品接触材料的信息，终产品特性，关键限值选定的合理性证据等。

程序文件和工作规程应与安全管理手册保持一致，同时可以以相同或相似的格式或大体相同的结构编制，以便使用者熟悉程序，迅速查阅。文件的编写应简练、明确，文字应准确流畅，无歧义。

程序文件和工作规程要遵循“5W1H”(由谁做、为什么做、何时何地做、做什么、如何做)，以及如何控制，形成什么记录报告以及相应的签发手续。

程序文件和工作规程的格式可包括目的(明确该文件所要达到的目的)、适用范围(具体应用于哪些领域或环节)、职责(明确该程序的具体责任部门或人)、程序内容(明确该程序的具体操作要点)。

③食品安全记录。食品安全记录是为证明满足要求的程度或为体系运行的有效性提供客观证据的文件，也是体系文件的一个组成部分。

根据标准，要求形成记录的有文件更改的原因与证据(4.2.2)，指定人员采取的适当措施(5.4)，在食品链中进行沟通的信息及来自顾客和主管部门的所有与食品安全有关的要求(5.6.1)，管理评审(5.8.1)，规定专家职责和权限的协议(6.2.1)，教育、培训、技能和经验

(6.2.2),对基础设施进行的维修改造(7.2.2),实施危害分析所需的相关信息(7.3.1),食品安全小组具备所要求的知识和经验(7.3.2),经过验证的流程图(7.3.5.1),所有合理预期发生的食品安全危害及确定可接受水平的证据和结果(7.4.2),食品安全危害评价所采用的方法和结果(7.4.3),控制措施评价的结果(7.4.4),监视结果(7.6.1),监视要求和方法(7.6.4),预备信息、前提方案文件和 HACCP 计划的更改(7.7),验证策划(7.8),可追溯性信息(7.9.2),纠正措施(7.9.3.1),纠正、不合格性质及其产生原因和后果的信息和不合格批次的可追溯性信息(7.9.3.2),对召回方案有效性的验证(7.9.5),当测量设备失效时对以往测量结果有效性的评价和相应措施(8.2),策划验证的结果(8.3.2),验证活动分析的结果和由此产生的活动(8.3.3),食品安全管理体系的更新活动(8.5.2)。

记录的编制应与程序文件和工作规程的编制同步进行,以便使记录和程序文件或工作规程协调一致,接口清晰,可操作性强。记录在填写内容前是文件,应列出清单,规定有效期。填写后的记录应具有可追溯性,妥善保存。

(2)食品安全管理体系文件编写的要求

体系文件是由多层、多种文件构成的。因此,组织在编制体系文件时,应注意满足和考虑下列文件编制的要求:

①体系文件的系统性。体系文件应反映组织食品安全管理体系的系统特征,应对影响食品安全的环境、工艺、设备、人员等因素的控制做出规定。体系文件的各个层次之间、文件与文件之间应做到层次清楚、接口明确、结构合理、协调有序。因此,在策划编制体系文件时,应从组织的食品安全管理体系整体出发,所有文件的编制应在统一指导思想、统一规划、统一步骤下进行。

②体系文件的法规性。体系文件总体依据是 ISO 22000 标准(GB/T 22000),因此应首先满足该标准的要求,同时应结合组织行业特点,满足《中华人民共和国食品安全法》、相应的国标以及法律法规的要求。

③体系文件的动态性。体系文件的编制是个持续的过程,这个过程是个动态的活动。同时,体系文件在形成后,也应随着体系的运行而不断改进和完善。

④体系文件的适宜性。体系文件的适宜性和有效性取决于人员的素质、技能以及培训程序的有机结合。在任何情况下,都应寻求体系文件的详略程度和食堂情况、产品的复杂程度、人员素质等因素相适应,以便使体系文件保持一个合理水平,从而有效地贯彻执行。

⑤体系文件的协调性。体系文件编制时,应注意其协调性,文件的协调性表现在:一是体系文件的所有规定应与其他管理规定相协调;二是体系文件之间应是相互协调的;三是体系文件应与有关的技术标准、规范相协调;四是应注意处理好各接口的关系并做出明确规定,避免职责不清或相互扯皮。

(3)食品安全管理体系文件编写步骤

食品安全管理体系文件编写一般经过以下几个环节:

a.成立体系文件编写小组;

b.制订文件编写计划;

c.组织学习标准与法规;

d.调查组织现状;

e.分析调查结果;

f. 收集和利用现有文件；

g. 制定食品安全方针和目标；

h. 确定组织架构、职责；

i. 确定体系结构和文件类型；

j. 编制食品安全手册；

k. 编制程序文件和工作规程；

l. 修改、定稿；

m. 最高管理者批准；

n. 文件发放、实施和更改。

(4)食品安全管理体系文件编写注意事项

食品安全管理体系文件的编制内容和要求，从食品安全管理体系的建设角度讲，应注意以下几个问题：

①体系文件一般应在第一阶段工作完成后才正式制订，必要时也可交叉进行。如果前期工作不做，直接编制体系文件就容易产生系统性、整体性不强，以及脱离实际等弊病。

②除食品安全手册需统一组织制订外，其他体系文件应按分工由归口职能部门分别制订，先提出草案，再组织审核，这样做有利于今后文件的执行。

③食品安全管理体系文件的编制应结合本单位的食品安全管理职能分配进行。按所选择的食品安全管理体系要求，逐个展开为各项食品安全活动(包括直接食品安全活动和间接食品安全活动)，将食品安全管理职能分配落实到各职能部门。食品安全活动项目和分配可采用矩阵图的形式表述，食品安全质量职能矩阵图也可作为附件附于质量手册之后。

④为了使所编制的食品安全管理体系文件做到协调、统一，在编制前应制订“食品安全管理体系文件明细表”，将现行的质量手册(如果已编制)、企业标准、规章制度、管理办法以及记录表式收集在一起，与食品安全管理体系要素进行比较，从而确定新编、增编或修订食品安全管理体系文件项目。

⑤为了提高食品安全管理体系文件的编制效率，减少返工，在文件编制过程中要加强文件的层次间、文件与文件间的协调。尽管如此，一套质量好的食品安全管理体系文件也要经过自上而下和自下而上的多次反复。

⑥编制食品安全管理体系文件的关键是讲求实效，不走形式。既要从总体上和原则上满足 ISO 22000 标准，又要在方法上和具体做法上符合本单位的实际。

3. 食品安全管理体系的试运行

食品安全管理体系文件编制完成后，食品安全管理体系将进入试运行阶段。其目的，是通过试运行，考验食品安全管理体系文件的有效性和协调性，并对暴露出的问题，采取改进措施和纠正措施，以达到进一步完善食品安全管理体系文件的目的。在食品安全管理体系试运行过程中，要重点抓好以下工作：

①有针对性地贯彻食品安全管理体系文件。使全体员工认识到新建立或完善的食品安全管理体系是对过去食品安全管理体系的变革，是为了向国际标准接轨，要适应这种变革就必须认真学习、贯彻食品安全管理体系文件。

②实践是检验真理的唯一标准。体系文件通过试运行必然会出现一些问题，全体员工应将从实践中出现的问题和改进意见如实反映给有关部门，以便采取纠正措施。

③将体系试运行中暴露出的问题,如体系设计不周,项目不全等进行协调、改进。

④加强信息管理,不仅是体系试运行本身的需要,也是保证试运行成功的关键。所有与食品安全活动有关的人员都应按体系文件要求,做好食品安全信息的收集、分析、传递、反馈、处理和归档等工作。

4.食品安全管理体系的审核与评审

食品安全管理体系审核和评审主要是通过内部审核和管理评审来完成(详见项目4:管理体系的审核)。审核和评审在体系建立的初始阶段往往更加重要。在这一阶段,食品安全管理体系审核的重点,主要是验证和确认体系文件的适用性和有效性。

审核与评审的主要内容:

①规定的食品安全方针和食品安全目标是否可行;

②体系文件是否覆盖了所有主要食品安全活动,各文件之间的接口是否清楚;

③组织结构能否满足食品安全管理体系运行的需要,各部门、各岗位的食品安全职责是否明确;

④食品安全管理体系要素的选择是否合理;

⑤规定的记录是否能起到见证作用;

⑥所有员工是否养成了按体系文件操作或工作的习惯,执行情况如何。

该阶段体系审核的特点是:

①体系正常运行时的体系审核,重点在符合性,在试运行阶段,通常是将符合性与适用性结合起来进行;

②为使问题尽可能地在试运行阶段暴露无遗,除组织审核组进行正式审核外,还应有广大员工的参与,鼓励他们通过试运行的实践,发现和提出问题;

③在试运行的每一个阶段结束后,一般应正式安排一次审核,以便及时对发现的问题进行纠正,对一些重大问题也可根据需要,适时地组织审核;

④在试运行中要对所有要素审核覆盖一遍;

⑤充分考虑对产品的保证作用;

⑥在内部审核的基础上,由最高管理者组织一次体系审核。

应当强调,食品安全管理体系是在不断改进中得以完善的,一般按照如下步骤进行:

①分析现状,发现食品安全问题;

②分析产生食品安全问题的各种因素;

③分析影响食品安全问题的主要原因;

④针对主要原因,制定问题解决方案;

⑤执行,按照措施计划实施;

⑥检查,把执行结果与要求达到的目标进行对比;

⑦标准化,把成功经验总结出来,加以标准化;

⑧把未解决或新出现的问题转入下一个 PDCA 循环中。

食品安全管理体系进入正常运行后,仍然要采取内部审核、管理评审等各种手段以使食品安全管理体系能够保持和不断完善。

5.食品安全管理体系的认证

在以上工作全部完成后,企业可根据需要申请第三方认证,这项工作包括:

①选择认证机构；

②提出认证申请；

③认证日程表确定；

④认证时的配合工作；

⑤认证后纠正措施的跟踪。

选择合适的认证机构对企业进入市场、提高信誉非常重要。很多企业迷信国外认证机构，不了解认证机构无等级之分，只有信誉之别。

建立与实施食品安全管理体系是一项涉及方方面面，系统、复杂的工作。很多企业在建立食品安全管理体系之前，对ISO 22000标准没有接触，靠企业本身来完成这一项工作有一定的难度，因此，聘请外部的专家或顾问指导，协助企业建立健全科学有效的质量管理体系，是多数企业的习惯做法。

企业建立和实施食品安全管理体系，无论采用何种途径，关键是要树立正确的观念，坚持从头做起，从领导做起，以此为起点，以食品安全管理为突破口，把风险分析、风险控制推广到企业管理的方方面面，企业的发展将更加稳健。

三、ISO 22000食品安全管理体系前提方案、操作性前提方案的制订

1.方案制订的要求

前提方案与组织有关食品安全的需求相适应，并能满足如下目的：

①控制食品安全危害通过工作环境进入产品的可能性；

②控制产品的生物、化学和物理污染，包括产品之间的交叉污染；

③控制产品和产品加工环境的食品安全危害水平。

2.职责分配

①食品安全小组负责前提方案的策划，包括编制组织、审核，以及实施的监视。

②管理者代表负责前提方案的批准。

③各部门参与和配合前提方案的策划，编制、执行和落实本部门负责的前提方案。

3.定义辨析

前提方案：针对运行的性质和规模，而规定的程序或指导书；用以改善和保持运行条件，从而更有效地控制食品安全危害，和(或)为控制食品安全危害引入产品和产品加工环境，及控制危害在产品和产品加工环境中污染或扩散的可能性。

操作性前提方案：为控制食品安全危害引入的可能性和(或)食品安全危害在产品或加工环境中污染或扩散的可能性，通过危害分析确定的、必需的前提方案PRP(s)。

4.方案制订程序

(1)前提方案策划时机

①设计并实施前提方案，是食品安全管理体系策划、建立、实施的起点。

②根据危害分析的结果，重新评审已经确定的操作性前提方案，当操作性前提方案不能满足危害分析确定的控制措施要求时，应重新策划操作性前提方案。操作性前提方案的重新策划引致基础设施和维护方案的变化要求应得到识别和实施。

③按文件控制的要求，应定期评审前提方案，进行必要的更改，以保证其适宜性。

④当食品安全管理体系变更时，应重新进行前提方案的策划。

(2)前提方案的输入

①顾客的产品要求;

②法律法规的要求;

③相关的食品安全指南和国际法典原则;

④行业规范;

⑤食品安全研究的技术成果;

⑥经验和同类产品、场所、技术、企业的相同案例;

⑦组织的可控制力和影响力;

⑧危害分析和 HACCP 计划的结果。

(3)基础设施和维护方案

①基础设施和维护方案的内容,应在如下方面规定要求:

a.建筑物和设施(包括厨房、专间、库房、就餐场所、厕所和更衣室)的布局、环境、设计和建设。

b.空气、水、能源和其他条件的供应。

c.设备和工具要求,包括其预防性维护、卫生设计和每个单元维护和清洁的可靠性。

d.包括废弃物和排水处理的支持性服务。

e.基础设施的修缮、改造等维护,并保持记录。

②基础设施和维护方案的验证:

a.目的:验证基础设施和维护方案满足输入的要求,并得到实施。

b.方法:对照前提方案的策划要求进行文件评审,对照基础设施和维护方案现场进行确认。

c.频率:首次运行或变更后重新运行时以不超过 6 个月的时间间隔进行。

d.职责:由 HACCP 小组负责。

e.记录:参加人员应填写验证签到表(会议签到表),编写基础设施和维护方案验证报告记录验证过程和结果。对验证不合格,开立文件更改申请表或不合格处理单以对其进行纠正。

(4)操作性前提方案

①根据前提方案的输入要求,应在如下方面分别建立操作性前提方案:

a.与食品接触或与食品接触表面接触的水和冰的安全;

b.防止交叉污染;有毒化学物质的标记、贮存和使用;

c.人员卫生;

d.清洁和消毒:包括与食品接触的表面(包括设备、手套、工作服)的清洁度,手的清洗与消毒,厕所设施的维护与卫生的保持;

e.虫害控制;

f.交叉污染的预防措施;

g.包装程序;

h.对采购材料(如原料、辅料、化学品)、供给(水、空气、蒸汽、冰等)、清理(如废弃物和排水系统)和产品处理(如贮存和运输)的管理;

i.生产加工和检验的作业过程。

②每个操作性前提方案均应包括控制措施，明确如下内容：

a.目的和范围：说明该操作性前提方案对那些已确定的食品安全危害进行控制（包括适用的终产品、场所、工艺和危害类型）。

b.职责和运行：说明该操作性前提方案及其控制措施的过程是如何进行的，应明确过程职责和权限的细节。

c.监视：规定能够证实操作性前提方案（OPRP(S)）有效的相关监视程序（参数、频率和记录要求）。纠正和纠正措施：当监视显示控制措施不适用时应采取的纠正和纠正措施。

③操作性前提方案的验证：

a.目的：验证操作性前提方案的有效性。

b.方法：检查监视记录，验证方案是否得到实施；运行操作性前提方案，检查作业人员遵守规范，设备是否运转正常，仪器是否得到校准，以确定其控制的食品安全危害水平是预期范围内。

c.频率：首次运行或变更后重新运行时以不超过6个月的时间间隔进行。

d.职责：由HACCP小组负责。

e.记录：参加人员应填写验证签到表（会议签到表），编写操作性前提方案验证报告验证过程和结果。对验证不合格，开立文件更改申请表或不合格处理单以对其进行纠正。

④操作性PRP(s)应与组织的经营规模和类型，以及生产和（或）处理的产品性质相适应；无论是整体应用，还是用于特定产品或生产线，操作性PRP(S)应在整个生产体系中实施。

(5)前提方案的控制

前提方案是公司受控文件，其编制和修改、分发、使用、标识等由《文件控制程序》的规定进行控制。属于前提方案的文件，应另行编列《受控文件清单》。

5.相关文件和记录

可行时，操作性前提方案应与卫生标准操作程序（SSOP）结合起来。相关文件还有“文件控制程序”、“食品安全验证控制程序”和各种前提方案。相关记录有基础设施和维护方案验证记录、会议签到表、操作性前提方案验证记录。

复习题

1.简述GMP的目的要素。

2.简述GMP的制度原则。

3.SSOP体系中卫生操作的内容有哪些?

4.GMP对生产过程的要求是什么?

5.简述洗手消毒的程序。

6.简述HACCP的基本原理。

7.简述HACCP实施的必备条件。

8.简述食品安全小组的人员组成要求。

9.商品企业建立实施和保持前提方案的目的是什么?

10.简述食品安全管理体系文件构成。

项目 4 管理体系的审核

管理体系审核是为验证组织管理活动和有关结果是否符合组织计划的安排，确认组织管理体系是否被正确、有效实施以及管理体系内的各项要求是否有助于达成组织的管理方针和目标，并适时发掘问题，采取纠正与预防措施，为组织被审核部门/人员提供管理体系改进的机会，以确保组织管理体系得到持续不断地改进和完善。

管理体系审核活动是一项重要的活动，是对体系是否按体系文件运行的评价，以消除阻碍其实施的因素。体系运行是否有生命力，要看其有否自我完善和自我提高的能力。管理体系审核用于确定符合管理体系要求的程度。通过审核活动获得审核发现用于评定管理体系的有效性和识别改进的机会。

任务 4-1 管理体系审核概论

◆**学习目标**

1.理解与审核有关的重要术语；

2.熟悉管理体系审核的类型和原则；

3.了解管理体系审核的特点；

4.掌握管理体系审核的方式、频次及步骤。

一、与审核有关的重要术语

1.审核

为获得审核证据并对其进行客观的评价，以确定满足审核准则的程度所进行的系统的、独立的并形成文件的过程。

理解要点：

①审核是个过程，是一组将输入(如审核方案、审核准则等)转化为输出(如审核发现、审核结论等)的相互关联或相互作用的活动(如审核准备、审核实施等)。审核的目的是对获得的审核证据进行客观评价，确定其满足方针，程序或要求(审核准则)的程度以采取纠正、预防和改进措施。

②审核的形式和特点是系统的、独立的、形成文件的活动。“系统的”是指审核活动是一项正式、有序的活动，“正式”指按合同，有授权；“有序”指有组织有计划地按规定的程序(从策划、准备、实施到跟踪验证以及记录、报告)进行的审核。“独立的”是指审核员不应审核自己的工作。审核是一项客观、尊重事实、证据、公正(不屈服于压力，不迁就任何需要)的活动。“形成文件”是指审核活动必须是一项形成“审核计划、记录、报告”等文件的活动。

③审核的对象可以是质量管理体系、环境管理体系、食品安全管理体系等。

④审核可以根据不同的目的，分为“内部审核”和“外部审核”两类。内部审核，有时称为第一方审核，是由组织自己或以组织的名义进行的审核。内部审核可以用于管理评审（如内审结果作为管理评审的输入）和其他内部目的，可以作为组织自我合格声明的基础（如组织通过实施内审来证实其质量管理体系符合质量管理体系标准的要求）。外部审核包括“第二方审核”和“第三方审核”。第二方审核是由组织的相关方（如顾客）或由其他人员以相关方的名义进行的审核。第三方审核由是外部独立的审核组织（如经认可的认证机构）进行的审核。

⑤当不同审核的对象（如质量管理体系和环境管理体系）被一起审核时，称为“多体系（结合）审核”。由两个或两个以上的审核组织合作共同对同一个受审核方进行的审核，称为“联合审核”。

2. 审核准则

一组方针、程序或要求。

注：审核准则是用作与审核证据进行比较的依据。

理解要点：

①审核准则的作用：作为判断审核证据符合性的依据。

②审核准则可以是适用的方针、程序、标准、法律法规、管理体系要求、合同要求或行业规范等质量手册、程序、计划等。审核准则通常包括以下几个方面：

a. 管理体系标准。管理体系标准就是组织选用的质量管理体系标准（GB/T 19001—2008）或（和）食品安全管理体系（GB/T 22000—2006）等。

b. 管理体系文件。管理体系文件包括管理手册、程序文件及其他支持性文件。管理手册和程序文件是组织根据《管理体系要求》标准的要求编制的。它对组织内部管理体系的实施提供强制性指令和具体运行指导，一经正式发布就是组织的内部管理法规，因此，管理手册和程序文件及其他相关的管理文件是内部审核准则的主体部分。质量目标、作业文件、生产或工作计划、作业指导书等是构成管理体系并维持管理体系运行的重要补充文件，因而也是审核准则的重要组成部分。

c. 适用于组织的法律、法规和其他要求。管理体系标准强调对法律、法规遵守的承诺，因此适用于组织的法律、法规和其他要求也必须作为审核准则的主要组成部分，因为它在管理上占有十分重要的地位，是组织从事生产经营所处的大环境。当一个组织的活动、产品或服务涉及其他国家和地区时，组织的活动、产品或服务接受其所在地的法律、法规的约束。

③不同类型或不同目的的审核，其审核准则不尽相同。例如，以认证注册为目的的第三方审核，其审核准则主要是管理体系要求、适用的法律法规和受审核方的管理体系文件等；以选择合格供方为目的的第二方审核，其审核准则主要是合同要求及相关的法律法规和管理体系文件；以评价其自身管理体系运行状况为目的的第一方审核，其审核准则主要是组织的质量方针、程序及适用的法律、法规要求和管理体系要求等。

3. 审核证据

与审核准则有关的并且能够证实的记录、事实陈述或其他信息。

理解要点：

①审核证据是与审核准则有关的能够证实的记录、事实陈述或其他信息。在审核过程中，内部审核员可以通过查阅文件和记录、听取有关责任人员的口头陈述、现场观察、实际测定等

方式来获得所需要的信息。作为审核证据的信息应该是与审核准则有关的、真实的、客观存在的。但在审核过程中，内部审核员不一定，也没必要对获得的信息进行逐一的证实，但在需要时这些信息应该是能够被证实的。不能证实的信息不能作为审核证据。

②审核证据应该与审核准则有关。例如，在进行质量管理体系的第三方审核时，其审核准则应包括质量管理体系要求，但不应包括环境管理体系要求，因此，环境管理体系方面的信息不应作为质量管理体系第三方审核的审核证据。

4. 审核发现

将收集的审核证据对照审核准则进行评价的结果。

注：审核发现能表明符合或不符合审核准则，或指出改进的机会。

理解要点：

①审核发现是内部审核员在审核过程中将所收集到的与审核准则有关的并且能够证实的记录、事实陈述或其他信息对照审核准则进行评价的结果。

②审核发现所评价的对象是收集的审核证据，评价的依据是审核准则，评价的结果可能是符合审核准则的，也可能是不符合审核准则的。当评价的目的是为了发现过程或活动中的改进需求时，审核发现能够指出改进的机会。

5. 审核方案

针对特定时间段所策划并具有特定目的一组（一次或多次）审核。

注：审核方案包括策划、组织和实施审核所有必要的活动。

理解要点：

①审核方案是一组具有共同特点的审核及其相关活动（如审核策划、组织和实施审核）的集合，不应把审核方案简单地理解为一个文件。

②审核方案包括“特定时间段”内需要实施的具有“特定目的”的一组审核。“特定时间段”可以根据不同组织的不同特点和需要来确定，例如，某组织的审核方案包括该组织在某一个年度内需要实施的多次内部审核。由于在特定时间段内需要实施的一组审核可以有不同目的，因此，一个审核方案需要考虑这一组审核的总体目的，例如，某组织可以针对一个年度内需要实施的以选择、评价供方为目的的第二方审核建立一个审核方案。

③审核方案是“策划”的结果，“策划”时应考虑包括策划、组织和实施审核所必要的所有活动，因此，审核方案应包括与审核有关的诸多活动及这些活动的安排，这些活动及活动的安排可以形成文件，也可不形成文件，不能简单地将审核方案理解为一个文件。

6. 审核计划

对一次审核活动和安排的描述。

理解要点：

①审核计划描述的是具体的审核活动及活动的安排。审核计划是对具体的审核活动进行策划后形成的结果之一，通常应形成文件。

②审核计划内容的详略程度与具体审核的范围和复杂程度有关。

③审核计划的内容通常包括审核目的、审核准则、审核范围、审核组成员以及审核活动安排等。

审核计划和审核方案的区别见表4-1。

表 4-1　审核计划和审核方案的区别

项目	审核计划	审核方案
定义	对审核活动和安排的描述	针对特定时间段所策划并具有特定目的的一组(一次或多次)审核
审核目标	审核活动的具体目标,是审核方案目标的一部分	一项审核方案可涉及多次审核活动的目标(不同审核也有不同的目标)
内容范围	具体审核的活动和安排	特定时间段内具有特定目的的一组审核(包括策划、组织和实施审核所必要的所有活动)。审核方案中包括对审核计划的制订和实施的管理,还包括为实施一次具体审核提供资源所必要的所有活动和安排
性质	文件	一组具有共同特点的审核及其相关活动的集合
编制/建立者	审核组长	审核方案的管理人员建立
关系	计划的编制、批准、实施应符合方案的规定	方案包括对计划的制订与实施的有关要求

二、管理体系审核的类型

通常根据审核方将审核分为 3 种类型:第一方审核、第二方审核和第三方审核。

1. 第一方审核

第一方审核又称为内部审核,由组织(企业或加工厂)或以组织的名义,对自身的产品、过程、管理体系进行的审核。审核员通常是本组织内的,也可聘请外部人员。通过内部审核、综合评价过程及其结果,对审核中发现的不符合项采取纠正或改进措施,同时也能为组织的自我符合声明奠定基础。进行第一方审核的目的在于:

①满足管理体系的要求,如判断是否符合 GMP、SSOP、HACCP 要求;

②内部管理的重要工具,如可促进 HACCP 系统的完善与保持;

③在外部审核前纠正不符合项;

④推动内部管理的改进。

2. 第二方审核

第二方审核由与组织(企业)利益相关的一方(如顾客),或由其他人以他们的名义进行的审核。在市场经济中,供方总是不断寻求新的市场和顾客,顾客在众多可选择的供方中要挑选合格的供方,往往就要对新的潜在供方进行审核,以此作为最终采购决定的依据。这种审核由顾客派出审核人员或委托外部代理机构对供方的管理体系进行审核评定。对供方来说这是第二方审核。

第二方审核的标准,通常由顾客根据自身需要制定或提出。目前,国内外一些顾客委托代理机构对供方质量和安全保证能力进行审核、评定,这样做,既可保证审核的客观性、公正性,也可弥补自身审核力量不足,解决不能及时选择合格供方的问题。进行第二方审核的目的包括:

①满足管理体系的要求;

②选择、评定合格供方;

③为改进供方的管理体系提供帮助;

④加深双方对质量和安全要求的理解。

3.第三方审核

第三方是指独立于第一方(组织)和第二方(顾客)之外的一方,它与第一方和第二方既无行政上的隶属关系,也无经济上的利害关系。由第三方具有一定资格并经一定程序认可的审核机构派出审核人员对组织的管理体系进行审核。第三方审核由外部独立的机构进行,需要给审核机构付费。审核机构将按照供方的产品或管理体系进行审核。审核的结果若符合标准要求,组织将会获得合格证明并被登记注册。这就表明在审核的有效期内,供方的产品或体系具有审核范围规定的能力。此外,第三方审核机构还将在国际或国内发布公告,宣布被登记注册的组织的名称。这样顾客将把被注册的组织看成是合格的供方,一般情况下,无需再对注册组织进行审核。在个别情况下,只需对顾客特殊要求的内容进行评价即可。第三方的审核是为了确保审核的公正性,是认证的重要前提。进行第三方审核的目的通常包括:

①通过体系认证,获准注册;

②减少社会重复审核和不必要的开支,一旦大量完整的“供求链”建立起来时,第三方审核将是值得的;

③有利于顾客选择合格供方,并利用注册获得供方的某些保证;

④有利于组织提高市场竞争力和信誉,并利用注册作为特色进行市场推销;

⑤促进组织目标的实现和内部管理的改善,而且这种效应将带动整个市场“供求链”的完善。

通常将“第二方”或“第三方”审核称为外部审核。上述3种审核的区别总结于表4-2。

表4-2 三种审核方审核的区别

审核方 项目	第一方审核	第二方审核	第三方审核
审核类型	内部审核	顾客对供方审核	独立的第三方对组织体系审核
执行者	组织内部人员或聘请外部人员	顾客自己或委托他人代表顾客	第三方认证机构派出审核员
审核目的	推进内部改进	选择、评定或控制供方	认证注册
审核准则(依据)	适用的法律、法规及标准或顾客指定的标准,组织质量管理体系文件,顾客投诉	顾客指定的产品标准和质量管理体系标准,适用的法律法规	组织适用的法律法规和标准,组织管理本系文件,顾客投诉
审核范围	可扩展到内部所有相关部门	限于顾客关心的标准及要求	限于申请的产品
审核时间	审核时间较充裕、灵活	审核时间较少	审核时间较少,按计划执行
纠正措施	审核时可以探讨、研究制定纠正措施	审核时可提出纠正措施	审核时通常不提供纠正措施建议
审核员	内审员注册资格不是必不可少	通常由顾客、审核员及主管人员担任,对注册资格无要求	必须取得注册审核员资格

三、管理体系审核的原则

审核的特征在于其遵循若干原则。这些原则使审核活动成为支持管理方针和评价控制的有效性与可靠性的一种方法，并为组织提供可以改进其绩效的信息。遵循这些原则是获得相应的适宜而充分的审核结论的前提，也是审核员独立工作时，在相似的情况下得出相似结论的前提。GB/T 19011 标准提出了 5 项审核原则，其中 3 项是与审核员有关的原则，2 项是与审核有关的原则。

1.与审核员有关的原则

(1)道德行为——职业的基础

“诚信、正直、保守秘密和谨慎”对审核而言，是最基本的要求，也是审核员的职业道德。

“诚信”即诚实、守信用。审核员应言行一致，能够履行承诺。

“正直”即公正、率直。遵守审核的采信原则，是保证审核客观公正的基础，同时也是树立良好的审核员形象，实现与受审核方良好沟通的前提。

“保守秘密”是审核员的基本守则。一方面，在审核过程中，审核员会接触到受审核方在生产、管理、流通等方面的商业秘密，对此应严格遵守保密承诺，未经受审核方允许，决不向任何第三方透露，以维护受审核方的合法权益。另一方面，审核是一项授权的活动，审核授权可来自管理者的决策、合同要求、审核委托方或法律要求。审核授权须以信任为基础，在审核期间，审核方应对所获得的有关受审核方的文件内容和信息予以保密。

“谨慎”即本着严谨求实的态度实施审核工作。审核是基于抽样进行的，具有一定的风险和不确定性，同时审核员的知识和经验存在一定的局限性，因此审核员要树立严谨的职业态度，在充分收集审核证据和实施的基础上，综合评价得出审核结论。

(2)公正表达——真实、准确地报告的义务

审核员在审核时，须遵守客观性原则，要求必须以客观事实为依据来判定组织管理体系的总体水平。没有客观事实、客观证据的任何信息都不能作为审核结论的依据，客观证据不充分或未经验证的也不能作为审核判断的证据。同时要注意核查客观证据的真实性，排除其不真实的信息成分。

(3)职业素养——在审核中勤奋并具有判断力

审核员应勤奋、不断进取、努力学习并不断理解新的知识，在审核中不应局限于已有的经验和知识，应以发展和变化的眼光和态度看待事物的发展，并做出客观的判断。审核员应具有很强的判断能力，应对大量的审核信息进行有效的识别和分析，做出正确而客观的判断。

2.与审核有关的原则

(1)独立性

保持“独立性”是实现审核的公正性和审核结论的客观性的基础。这一原则要求实施审核活动的审核员应独立于受审核的活动，与审核的活动无直接责任关系，避免感情用事和个人偏见的影响，没有利益上的冲突。审核员在审核过程中应保持客观、公正的心态，不能主观臆断、妄自猜测，从而保证审核发现和结论仅建立在审核证据的基础上。

(2)基于证据的方法

在一个系统的审核过程中，“基于证据的方法”是得出可信的和可重现的审核结论的合理方法。审核证据应是客观存在的、可证实的。由于审核是在有限的时间内并在有限的资源条

件下进行的，因此审核是一个抽样检查的过程，在审核中获得的审核证据也是建立在可获得的信息样本的基础上。然而抽样是具有一定的局限和风险的，因此抽样的合理性是影响审核结论的可信性的重要因素。

四、管理体系审核的特点

管理体系审核已形成了一套完整而成熟的通行做法，是具有高度专业化和职业化的活动。概括而言，管理体系审核的特点可以体现在以下3个方面。

(1)被审核的管理体系必须是正规的

为了使管理体系有效运行，重要的是按管理体系标准的要求，形成管理体系文件，管理体系必须以正规化、规范化为基础，而正规化、规范化则必须文件化。只有建立文件化的管理体系，管理体系才能有效运行，才能沟通意图、统一行动，才有比较和评价的可能，从而具备管理体系审核的必要条件。正规的管理体系应满足下列基本要求：

①管理体系文件应包括方针和目标，手册，标准要求形成文件的程序，组织为确保其过程的有效策划，运行和控制所需的文件，标准要求的记录。

②管理体系必须文件化到能够确保控制所需的程度。

③每个组织只能有唯一的文件化的管理体系。

④管理体系文件既要分层次又要相互协调和衔接。

⑤管理体系文件必须符合文件控制的要求。

(2)管理体系审核必须是一种正式、有序的活动

管理体系审核的"正式、有序"性，主要体现在：

①无论是外部审核还是内部审核，都需经过相关的管理者/委托方授权和批准，并符合合同或法律法规要求才能进行。

②管理体系审核有规范的程序和方法。从审核的策划和准备到审核的实施到纠正措施的跟踪验证都有规范的程序和做法。

③审核工作必须由经过培训且经资格认可的人员进行。不管是外部审核还是内部审核，审核人员都需经过正规的培训并取得相应的资格才能进行审核工作。

④审核必须形成书面的文件。审核计划、检查表、审核记录、问题报告、不符合项。审核报告等都要形成书面文件。

(3)管理体系审核必须具有系统性和独立性并形成文件

审核的客观性、独立性和系统性是开展审核的3个核心原则。客观性是指审核员要以充分确凿的证据为基础，公正、客观地评价审核对象，不能偏见、主观地给出审核结论。独立性是指审核员要与被审核的领域无直接责任关系。在外部审核中.审核员应与受审核方无任何利益关系。在内部审核中，一般来说，本部门人员不能审核本部门。系统性是指审核员要按规定的程序全面地审核和评价与审核对象有关的各项活动和结果。

(4)管理体系审核是一个抽样的过程

由于时间和人员的限制以及体系运行的连续性，审核工作要在规定的时间内完成对体系各个方面的审核工作，只能采取抽样检查的方法。抽样应做到随机抽样，要有代表性，能真实地反映受审核方食品安全管理体系的实际状况。部门和体系要素不能抽样。

五、管理体系审核的方式和频次

审核在其组织形式上一般有集中式审核和滚动式审核两种方式。集中式审核类似于认证审核，就是在确定时间内(一般为 2～15 d)一次性集中审核完管理体系覆盖的所有区域和(过程)要素。滚动式审核是指按照一定的时间间隔(月或季)分期对若干部门或(过程)要素进行一次审核，逐期开展，在一个生产经营周期(通常为年)内把所有部门、所有(过程)要素都覆盖一次。滚动式审核的优点在于可以扩大抽样，尽可能充分地发现组织管理体系运行的薄弱环节。

从审核的计划性方面考虑，内部审核在形态上又可分为例行的常规审核和特殊情况下的追加审核两类。常规审核按预先编制的年度计划进行，往往是定期对一个或几个部门或过程进行审核，通常一个生产经营周期(一般为一年)应覆盖所有部门和所有过程。

审核频次的确定应视管理体系的具体情况而定，在管理体系建立和运行初期一般应安排多一些，以保障和强化管理体系的运行。管理体系运行平稳后，可适当降低审核频次，保持到正常所需的水平(每年 1～2 次)。组织内各部门和单位进行审核的频次可依据其承担管理体系职能的多少和重要程度(如在管理体系中的作用、目标的分解情况)、业务或过程的复杂程度、负责区域的大小等来决定，还可参考以往各次审核中发现问题的数量和严重性等来加以调整。在以下几种特殊情况下往往需要追加审核。

①发生了严重的质量问题或相关方有严重抱怨时。

②组织的领导层、隶属关系、内部机构、承诺、质量方针、质量目标、产品、材料、工艺及现场等有较大改变时。

③外部审核前。

④获证后，证书即将到期又希望继续保有认证资格时。

内部审核的频次应根据组织内部的实际情况，由管理体系维护部门提出具体计划并报请管理者代表批准后实施，必要时应征得最高管理者同意。

六、管理体系审核步骤

(一)质量管理体系审核的两个阶段

- 质量管理体系文件审核

——评价受审核方 QMS 文件是否满足审核目的、范围和审核准则要求，以确定能否进行现场审核。

——判断 QMS 的各过程是否予以识别并适当表述，过程职责是否予以分配。

——通过 QMS 文件了解受审核方 QMS 情况，以便进行审核准备。

- 现场审核

——审核受审核方的现场运作是否符合特定要求(合同、QMS 文件、QMS 标准等)。

(二)内部审核(第一方审核)的步骤

- 内部审核方案

按内部审核程序规定要求进行、其内容包括：

——制定年度审核方案。

——确定审核范围。
——确定审核频次。
——明确各次审核目的。
● 审核准备
——组成审核组、分配审核任务。
——编制审核计划，审核员按分工各自编制检查表。
——准备审核工作文件（管理体系标准、管理体系文件、适用法律、法规、产品标准等）。
● 审核实施
——首次会议。
——现场审核（收集审核证据、得出审核发现、作出公正判断）。
——审核组会议。
——末次会议。
● 审核报告
——编制审核报告。
——报告分发、存档。
● 跟踪验证
——向受审核方提出纠正、纠正措施要求。
——受审核方制订并实施纠正措施。
——验证纠正措施实施有效性并记录。

（三）外部审核的步骤

● 审核提出
——申请与受理（确定审核范围）。
——组成审核组。
——文件初审。
● 审核准备
——编制审核计划。
——编制审核文件（检查表、记录表格等）。
● 审核实施
——首次会议。
——现场审核（收集审核证据、形成审核发现、作出公正判断）。
——审核组会议（交流、沟通与汇总）。
——末次会议。
● 审核报告
——编制审核报告。
——报告的分发控制。
● 跟踪验证
——向受审核方提交不合格报告，并提出纠正措施要求。
——受审核方签字认可不合格事实，并提出纠正措施。
——审核人员评价、认可纠正措施。

——受审核方实施和完成纠正措施。

——对纠正措施完成和实施效果进行验证。

——记录并提出结论。

- 监督审核和复评

——监督审核：

认证机构在证书有效期内对获证组织进行定期或不定期的复审，旨在验证获证组织的管理体系是否持续符合规定的认证标准并有效运行，以确认其能否继续持有和使用认证证书和认证标志的资格。

——复评：

认证证书有效期届满后由认证机构对获证组织的管理体系进行与初审类似的全面评审，旨在验证其管理体系整体的符合性和持续的有效性，从而决定是否延长获证组织证书的有效期。

任务 4-2　审核的启动与准备

◈学习目标

1. 了解审核的启动与准备阶段主要的活动；
2. 熟悉审核组长和审核组成员在审核中的职责和任务；
3. 熟悉文件评审目的和对象；
4. 掌握审核路线及编制审核计划时应考虑和注意的事项；
5. 了解检查表的作用，掌握检查表的编制与使用。

组织在实施每一次内部审核时均应重视审核启动和准备阶段的活动，这些活动是成功完成一次内部审核的基础。审核启动和准备阶段的活动主要包括：

- 审核要求（目的、范围和准则）的确定
- 审核可行性的确定（可适当简化）
- 指定审核组长，组成审核组
- 与受审核方建立初步联系（可适当简化）
- 文件评审
- 制订审核计划
- 现场审核前审核组内部沟通和工作分配
- 准备审核工作文件

一、审核要求（目的、范围和准则）的确定

1. 确定审核目的

内部审核是组织自我发现问题、自我完善和自我实施改进的重要机制，是组织评价管理体系运行的符合性、有效性并识别改进的区域的有效手段。组织在其管理体系运行时期或不同情况下，内部审核可能会基于不同的审核目的，包括：

①确定管理体系或其一部分与审核准则的符合程度。

②评价管理体系满足法律法规和合同要求的能力。

③评价管理体系实现规定目标的有效性。

④识别管理体系潜在的改进方面。

组织在进行内部审核前都应明确具体的审核目的，审核目的决定了每一次内部审核要完成的任务。然后按照审核目的实施审核。通常情况下，组织实施的每一次内部审核会包括以上4种审核目的中的一种或多种。例如，组织按其策划的安排进行的常规内部审核，其审核目的通常会包括以上4种目的。又如，如果组织的某顾客对其质量管理体系提出了要求，组织针对这种特殊情况进行的内部审核，其审核目的通常是评价管理体系满足顾客的特定要求(合同要求)的能力。

2.确定审核范围

审核范围是指审核的内容和界限，通常包括实际位置、组织单元、活动和过程及所覆盖的时期。审核范围与审核的目的、组织的规模、性质、产品、活动和过程的特点等多方面的因素有关。由于内部审核是组织对其自己建立、实施的质量管理体系进行的审核，其质量管理体系通常应覆盖与组织提供的产品有关的全部过程、部门/场所。因此，无论是采取集中式还是滚动式审核方式进行内部审核，在一个完整的审核周期内，审核范围通常应覆盖与组织提供的产品有关的全部管理体系过程(以组织的管理体系手册中所描述的过程为准)、部门/场所。在特殊情况下追加进行的内部审核，其审核范围可以只包括与该特殊情况有关的产品、过程、部门/场所。

审核范围决定了审核的内容、部门/场所和工作量以及审核组成员所需具备的能力，是组成审核组、制订审核计划和实施审核准备的依据。因此，组织在确定审核范围通常应考虑以下方面的因素。

①所依据的质量管理体系标准和/或其他要求。通常所依据的质量管理体系标准是GB/T 19001—2008标准，除此之外，还需考虑组织需遵守或满足的其他标准或要求，包括与顾客有关的要求。

②与产品有关的适用的法律法规。与产品有关的适用的法律法规要求是组织进行内部审核的审核准则之一。因此，内部审核时应将与产品有关的法律法规的遵守和满足情况纳入审核的范围。

③质量管理体系所覆盖的产品。每一次内部审核可以针对组织提供的全部或部分产品所涉及的质量管理体系，这取决于组织的质量管理体系所覆盖的产品范围和不同的审核目的。

④组织的质量管理体系所需的过程及其删减。在一个完整的审核周期内，与组织的质量管理体系所覆盖的产品有关的所有质量管理体系过程均应纳入审核范围。但是，如果由于其产品的特点而需要删减某些质量管理体系过程时，则被删减的过程可不纳入审核范围。

⑤组织单元的设置及实际位置的分布情况。通常情况下，与组织的质量管理体系所覆盖的产品和过程有关的、不同性质和特点的组织单元，诸如职能部门、车间、仓库、项目部、零售网点等和实际位置，诸如固定的、临时的、流动的均应包括在审核范围内。

⑥审核所覆盖的时期。“覆盖的时期”是指受审核的质量管理体系实施或运行的时间段。例如，组织的第一次内部审核所覆盖的时期通常是指从质量管理体系正式实施(如质量手册中确定的质量管理体系的实施日期)至第一次内部审核之间的时间段。又如，某组织每年进行一

次内部审核,其每次内部审核所覆盖的时期是指上次内部审核到此次内部审核之间的时间段。

3. 确定审核准则

审核准则是指一组方针、程序或要求,是审核的依据,是评价质量管理体系符合性和有效性的准绳。概括而言,内部审核的主要审核准则通常可以包括以下内容。

①组织建立、实施管理体系依据的标准(如 GB/T 19001—2008 标准等)。

②组织现行有效的管理体系文件。

③适用于组织的产品和过程的有关法律法规。

④合同的规定,包括与相关方(如顾客)签订的合同中规定的对组织管理体系的要求基于不同的审核目的和审核范围。

审核目的应当由审核委托方,即组织审核方案管理人员确定。审核范围和准则应当由审核委托方和审核组长根据审核方案程序确定。审核目的、范围和准则的任何变化应当征得原各方同意。针对外部审核而言,当实施结合审核时,重要的是审核组长确保审核目的、范围和准则适合于结合审核的性质。由于实施每次内部审核的审核准则可能不尽相同,因此,组织在每一次内部审核时,都应根据本次审核的目的和范围来确定本次审核的准则。

二、审核可行性的确定(可简化)

在正式组成审核组之前,为了确保审核能够得以实施,组织应确定审核的可行性。审核的可行性通常由负责管理审核方案的人员或指定的审核组长来确定。如果内部审核时需要确定审核的可行性,应同时考虑诸如下列因素的可获得性:

①策划审核所需的充分和适当的信息,包括质量管理体系运行时间和总体状况、受审核部门相关的文件、适用的标准、法律法规等。

②受审核部门或人员是否能够给以充分的合作。作为受审核方需要理解审核的程序和相关的要求,并为审核的实施做出充分的安排,提供审核所需的支持和配合,提供文件评审所需的质量管理体系文件等。如何受审核方不能够给予积极的配合,则审核将无法获得良好的效果。

③充分的时间和资源。组织的管理者应为内部审核的准备和实施安排充分的时间和配备充分的资源。如果经过确认,发现还不具备审核的可行性,负责管理审核方案的人员或审核组长应向最高管理者或管理者代表提出建议,包括诸如推迟审核时间、变更审核目的、调整审核范围等,并与受审核部门进行协商。

三、指定审核组长,组成审核组

在实施内部审核前,组织负责管理审核方案的人员应为每一次内部审核指派审核组长,并在充分考虑审核目的和审核范围等诸多因素的基础上组成审核组,以确保按照审核方案的要求进行内部审核,完成审核任务。如果审核组只需一名审核员,则审核由审核组长独立完成。

1. 指定审核组长

组织负责内部审核或管理审核方案的人员(如管理者代表)应为每一次内部审核指派审核组长,审核组长对审核所有阶段的工作负责。

(1)选择审核组长应该考虑的因素

①资质:通常是经组织授权的经过培训的内部审核员。

②专业能力:熟悉组织的管理体系运作过程,了解拟审核的过程、部门和区域的情况。

③审核经验:与其他审核员相比,具有较多的审核经验。

④组织能力:具备组织管理协调整个审核工作的能力。

(2)审核组长的任务和职责

①对审核进行策划并在审核中有效地利用资源(包括编制审核计划、分配审核工作等)。

②组织和指导审核组成员。

③主持首、末次会议,并组织审核组内部沟通。

④控制和协调审核活动(包括防止和解决审核过程中发生的问题和冲突)。

⑤代表审核组与受审核方(部门)和审核委托方(如最高管理者、管理者代表)进行沟通。

⑥组织审核组评审审核发现并得出审核结论。

⑦编制和完成审核报告。

⑧履行和完成审核员承担的任务和职责。

2.组成审核组

审核组是指"实施审核的一名或多名审核员,需要时,由技术专家提供支持"。审核员是指"有能力实施审核的人员"。技术专家是指"向审核组提供特定知识或技术的人员"。

(1)审核组成员的任务和职责

作为审核组成员,审核员应能够独立实施审核任务,并履行以下职责和权限:

①有效地策划分配的审核活动(如编制检查表等)。

②参与审核过程中的沟通及首、末次会议。

③有效地完成分配的审核任务(包括收集审核证据、报告审核发现等)。

④参与审核发现的评审和审核结论的准备。

⑤配合并支持审核组长和其他审核员的工作。

⑥当审核委托方(如最高管理者或管理者代表)要求时,实施审核后续活动。

作为管理审核方案的人员为了保证审核组的整体能力,在进行审核组的确定过程应当包括下列步骤。

①识别为达到审核目的所需的知识和技能。

②选择审核组成员以使审核组具备所有必要的知识和技能。

若审核组中的审核员没有完全具备审核所需的知识和技能,可通过技术专家予以满足。技术专家应当在审核员的指导下进行工作。

审核组可以包括实习审核员,但实习审核员不应当在没有指导或帮助的情况下进行审核。

在实施审核活动时,审核委托方(组织的最高管理者或管理审核方案的人员,下同)和受审核方均可依据合理的理由申请更换审核组的具体成员。合理的理由包括利益冲突和以前缺乏职业道德的行为等。这些理由应当与审核组长和管理审核方案的人员沟通,在决定更换审核组成员之前,他们应当与审核委托方和受审核方一起解决有关问题。

(2)组成审核组需要考虑的因素

①审核目的、范围、准则以及预计的审核时间。在选择审核组成员时,通常应选择理解审核准则并熟悉审核范围内过程和活动的人员,这样才能确保实现审核的目的。在审核时间相对比较紧张的情况时,通常审核组的人员会相对多一些或审核员的能力强一些,以确保满足完成审核任务的需要。

②是否结合审核或联合审核。在很多情况下,一些较大型组织可能由不同的部门负责不

同的管理体系活动。是否结合审核或联合审核,负责不同管理体系的管理审核方案的人员应进行充分的协商和协调来确定适宜的审核人员。

③为达到审核目的,审核组所需的整体能力。审核组的成员应具备必要的审核能力和专业能力。内部审核员通常应是经过培训的掌握审核知识和技巧的人员,同时,这些人员应熟悉拟审核的过程、部门和区域的专业知识。

④适用时,法律法规、合同和认证认可的要求。作为审核组成员应熟悉与被审核方产品和活动有关的法律法规、合同以及认证规范的要求。

⑤确保审核组独立于受审核的活动并避免利益冲突。审核组的组成应确保审核结果的客观和公正,审核员不应审核自己的工作。审核组成员应能够被受审核部门所接受。如果受审核部门认为审核组的成员与本部门有冲突,会影响审核结果的客观公正,可以提出更换审核组成员,负责组成审核组的人员应充分考虑受审核部门的意见。

⑥审核组成员与受审核方的有效协作能力以及审核组成员之间共同工作的能力。审核组成员之间应能够团结合作,相互协调配合。审核组成员应尊重受审核方,与受审核方建立融洽的审核关系,以得到受审核方的支持和配合。

⑦审核所用语言以及对受审核方社会和文化特点的理解,这些方面可以通过审核员自身的技能或技术专家的支持予以解决。

四、与受审核方建立初步联系(可适当简化)

审核方案管理人员或审核组长应就与审核有关的事宜与受审核部门建立初步联系。对于内部审核而言,该过程可以简化。

与受审核方就审核的事宜建立初步联系可以是正式的(如下达书面的文件等)或非正式的(如电话口头沟通等),但应当由负责管理审核方案的人员或审核组长进行。通过建立初步联系达到如下目的:

①与受审核方的代表建立沟通渠道,以便及时与沟通有关的审核信息。

②确认实施审核的权限,包括审核组收集审核证据时需要查阅的文件和记录,进入和观察的现场、活动和过程,以及与有关人员的面谈沟通等。

③提供有关建议的时间安排和审核组组成的信息,征求受审核方的意见和建议,以便确定审核的安排。

五、文件评审

在现场审核前应当评审受审核方的文件,以确定文件所述的体系与审核准则的符合性。文件可包括管理体系的相关文件和记录及以前的审核报告。评审应当考虑组织的规模、性质和复杂程度以及审核的目的和范围。在有些情况下,如果不影响审核实施的有效性,文件评审可以推迟至现场审核开始。在其他情况下,为获得对可获得信息的适当了解,可以进行现场初访。但作为内部审核员通常参与了组织的管理体系的建立和完善活动,对组织的文件化管理体系比较熟悉,因此,可能不需要一个专门的文件评审过程,这应该结合组织的具体情况来决定。内部审核员在接到审核任务后,为了取得较好的审核效果,应收集并审阅与拟审核的过程、部门和区域的控制方法、运作方式等有关的管理体系文件。一方面检查这些文件是否符合有关的管理体系标准、法律法规及合同的要求;另一方面通过阅读文件熟悉有关过程、部门和区域的特点和运行、控制方法，为编制检查表做准备。在进行现场审核前，内部审核员重点收集的文件可以包括以下内容：

①与受审核过程、部门和区域有关的程序文件、作业指导书。

②对整个组织或多个部门都通用的文件（如管理手册、文件控制程序、记录控制程序等）。

③重要的外来文件（如管理体系标准、有关法律、法规、规范等）。

除上述文件外，审核组成员还可以对一些重要的记录进行预先审阅，如最近几次的内部审核和外部审核的报告、不符合报告及其纠正措施的实施记录等。

内部审核员在进行文件审核过程中，如果发现文件不适用、不充分，应加以记录，并提交给审核组长，由审核组长通知审核委托方和负责管理审核方案的人员以及受审核方。应当决定审核是否继续进行或暂停直至有关文件的问题得到解决。

六、编制审核计划

审核计划是对具体审核的审核活动和安排的描述。在审核准备阶段，审核组长应当编制一份审核计划，为审核委托方、审核组和受审核方之间就审核的实施达成一致提供依据。对审核组而言，审核计划明确了审核的具体内容和要求，规定了审核组成员的具体审核任务和工作量，为达到较好的审核效果提供了依据。对受审核方而言，审核计划可以使其了解审核活动的内容和安排，以便提前做好有关的准备。审核计划中确定了审核路线、现场审核的人员、审核活动和审核时间安排。

审核组长在编制审核计划时应确保审核计划便于审核活动的日程安排与协调，以提高审核工作效率。在现场审核前，审核计划应得到授权人员（如管理者代表）的批准，并提交给受审核方（部门）确认，如果受审核方（部门）提出异议，可以对审核计划进行适当调整和修改。

审核计划的详细程度应当反映审核的范围和复杂程度。例如，对于初次审核和监督审核以及内部和外部审核，内容的详细程度可以有所不同。审核计划应当有充分的灵活性，以允许更改，例如，随着现场审核活动的进展，审核范围的更改可能是必要的。

1. 确定审核路线

编制审核计划时要考虑审核路线。审核路线是指总体上如何进行审核的方式，通常有按过程审核、按部门审核、顺向追踪、逆向追溯4种。编制审核计划时，首先应确定的是按过程审核，还是按部门审核，在此基础上，在考虑审核活动的审核顺序及其逻辑性时，再考虑是顺向追踪审核，还是逆向追溯审核。

①按过程审核。一个组织的所有活动都是通过过程来完成的。一个过程的输出可能是另外一个或几个过程的输入。因此。如果按照过程审核的模式进行审核，内部审核员应首先熟悉被审核区域的过程的结构和过程之间的关系，确定过程的顺序，然后实施过程审核。由于一个过程往往会涉及多个部门，在审核过程中可能会出现重复往返的情况，审核效率较低。

②按部门审核。一个部门可能涉及多个过程。因此，一个部门可能接受来自若干个部门的输入，然后将活动的结果输出给其他部门或顾客。这种审核效率较高，但容易发生重复或疏漏的现象，这也对审核组的内部沟通和配合提出较高的要求。

③顺向追踪。顺向追踪是从事物发展的始端追踪到事物发展的末端顺序进行的审核方式。如从文件内容查到实施情况，按生产或服务实施过程的先后顺序进行审核，从确定与产品有关的要求查到产品交付后活动的控制等。顺向追踪可以系统地了解质量管理体系实施的整

个过程，查证其过程间的接口及其协调性，但耗时较长。例如，对“文件控制”过程进行审核时，审核员可以先到文件的综合管理部门查阅文件的总目录或清单，记录文件的编号、名称、最新版次、编制部门、发送到的使用部门等信息，然后到使用部门去核查在使用现场是否有有效版本，作废版本是否已从现场撤走，文件中的修改是否符合规定等。

④逆向追溯。逆向追溯是从事物发展的末端追溯到事物发展的始端顺序进行的审核方式。如从实施情况查到文件规定，从交付后活动的控制查到确定与产品有关的要求，从过程的结果查到过程的策划等。这种方式有较强的针对性，切实具体，但在问题复杂且审核时间有限时，不易达到预期的审核目的。例如，在对“监视和测量装置的控制”进行审核时，审核员可以先在各车间或使用监视和测量装置的其他现场调查，选择一批监视和测量装置作为样本，再到监视和测量装置的主管部门去了解这些监视和测量装置的校准/检定及管理情况。

2.编制审核计划时应考虑和注意的事项

①按过程审核路线进行审核应在审核计划中写明过程涉及的主要职能部门或场所。

②按部门审核路线进行审核应在审核计划中写明该部门需审核的主要过程（相应的管理体系标准条款）。

③编制审核计划时应充分利用与受审核方初步联系、文件评审时所得到的信息。

④审核计划中的审核路线和审核思路应尽量按过程方法展开。

⑤审核计划中不应遗漏审核范围内的部门和过程。

⑥针对不同过程或部门的特点和重要性安排适当的审核时间。通常，对管理体系及其产品影响较大的重要过程或关键过程会安排较长的审核时间；承担的管理体系职责较多且较重要的部门/场所会安排较长的审核时间。

⑦对审核组成员分工时，应注意审核员的专业能力，通常应安排熟悉受审核方的过程和活动特点的审核员。

⑧审核计划应经受审核方的确认，包括首次会议上的确认。审核计划在实施过程中可以具有一定灵活性，这种灵活性体现在现场审核活动中随着审核活动的进展，可以根据具体情况对审核计划进行适当的调整和修改。

3.审核计划的内容

审核计划内容的详略程度应能够反映审核的范围和复杂程度。审核计划的内容应当包括以下内容：

①审核目的。

②审核准则和引用文件。

③审核范围，包括确定受审核的组织单元和职能的单元及过程。

④现场审核活动的起止安排。

⑤审核组成员。

⑥现场审核活动的日程安排。

适当时，审核计划还应当包括以下内容。

⑦确定受审核方的代表。

⑧当审核工作和审核报告所用语言与审核员和（或）受审核方的语言不同时，审核工作和审核报告所用的语言。

⑨审核报告的主题。

⑩后勤安排(交通、现场设施等)。

⑪保密事宜。

⑫审核后续活动。

【案例 4-1 ＊＊＊公司质量管理体系内部审核计划】

审核目的	验证公司质量管理体系是否符合 GB/T 19001—2008 标准的要求，验证器是否有效运行，是否具备申请 GB/T 19001—2008 认证的条件
审核性质	☑常规审核 □追加审核
审核范围	1. ISO 9001:2008 标准和产品强制性认证的要求的所有过程。 2. 本企业所有与质量管理体系有关的场所和部门
审核依据	GB/T 19001—2008、公司现行有效的质量管理手册和程序文件、相关的法律法规及其他要求
审核时间	2011 年 5 月 14 日至 2011 年 5 月 15 日
审核组成员	姓名 性别 职责 所在部门 人员代码 李＊＊ 男 组长 办公室 A 张＊＊ 男 组员 质检部 B 陈＊＊ 女 组员 技术部 C 曹＊＊ 男 组员 生产部 D

审核工作具体时间安排

日期	时间	受审核部门/审核条款	内审员	日期	时间	受审核部门/审核条款	内审员
5 月 14 日	8:00—8:30	首次会议	ABCD	5 月 14 日			
	8:30—11:30	技术部：4.2.3/4.2.4/7.1/7.3/7.5.2/8.4	AD		8:30—11:30	办公室：4.2/5.4/5.5.1/5.5.3/5.6/6.2/8.2.2/8.5	BC
	13:30—16:30	生产部(包括车间)：5.7/6.3/6.4/7.2/7.6.4/7.6/5/7.9/7.10.3	BC		13:30—16:30	供应部与材料仓库：5.6/7.2/7.6.4/7.6.5/7.9	AD
	16:30—17:30	审核组内部沟通	ABCD				
5 月 15 日	8:00—11:00	生产部(包括车间)(续)：5.7/6.3/6.4/7.2/7.6.4/7.6/5/7.9/7.10.3	AD	5 月 15 日	8:00—11:00	销售部和成品仓库：5.6/7.2/7.9/7.10.4	BC
	13:30—15:00	最高管理层(HACCP 组长)：4.1/4.2.1/5.1/5.2/5.3/5.4/5.5/5.6/5.7/5.8/6.1/7.10.4/8.1/8.5	AB		13:30—16:00	质检部(含计量室)：5.6/7.2/7.6.4/7.6.5/7.8/7.9/7.10.3/8.3	CD
	16:00—17:00	审核组内部沟通	ABCD				
	17:30—18:00	末次会议	ABCD				

备注：5.2/5.4/5.6/8.5 等条款在各部门审核时均会不同程度地涉及

编制人： 批准人： 批准日期：

【案例 4-2　＊＊＊公司食品安全管理体系内部审核计划】

审核目的	验证公司食品安全管理体系是否符合 GB/T 22000—2006 标准的要求，验证其是否有效运行，是否具备申请 GB/T 22000—2006 认证的条件。
审核性质	☑常规审核　☐追加审核
审核范围	1. ISO 22000:2005 标准和产品强制性认证的要求的所有过程 2. 本企业所有与食品安全管理体系有关的场所和部门
审核依据	GB/T 22000—2006、公司现行有效的食品安全管理手册和程序文件、相关的法律法规及其他要求
审核时间	2011 年 2 月 17 日至 2011 年 2 月 18 日

审核组成员	姓名	性别	职责	所在部门	人员代码
	李＊＊	男	组长	办公室	A
	张＊＊	男	组员	质检部	B
	陈＊＊	女	组员	技术部	C
	曹＊＊	男	组员	生产部	D

审核工作具体时间安排

日期	时间	受审核部门/审核条款	内审员	日期	时间	受审核部门/审核条款	内审员
5 月 27 日	8:00—8:30	首次会议	ABCD	2 月 17 日			
	8:30—11:30	HACCP 小组:5.4/5.6/5.7/7.1/7.2/7.3/7.4/7.5/7.6/7.7/7.8/7.9/7.10/8.2/8.4/8.5.2	AD		8:30—11:30	办公室:4.2/5.6/6.2/7.2	BC
	13:30—16:30	生产部:6.3/6.4/7.1/7.5.1/7.5.2/8.2.3/8.2.4/8.3	BC		13:30—16:30	供应部与材料仓库:7.4/7.5.3/7.5.5/8.3/8.4	AD
	16:30—17:30	审核组内部沟通	ABCD				
5 月 15 日	8:00—11:00	加工车间:6.3/6.4/7.5.1/7.5.3/7.5.5/8.2.4/8.3	AD	5 月 15 日	8:00—11:00	销售部和成品仓库:7.2/7.5.3/7.5.4/7.5.5/8.2.1/8.3/8.4/7.5.1f	BC
	13:30—15:00	最高管理层（管理者代表）:1.2/4.1/4.2.2/5/6.1/8.1/8.2.2/8.5.1 机修车间:6.3	AB		13:30—16:00	质检部（含计量室）:6.2/6.4/7.4.3/7.5.4/7.6/8.2.4/8.3/8.4/8.5	CD
	16:00—17:00	审核组内部沟通	ABCD				
	17:30—18:00	末次会议	ABCD				

备注:5.4.1/5.5.1/5.5.3/8.2.3/8.5 等条款在各部门审核时均会不同程度地涉及

编制人:　　　　批准人:　　　　批准日期:

七、现场审核前审核组内部沟通和工作分配

在进行现场审核前，审核组长应当与审核组协商，将具体的过程、职能、场所、区域或活动的审核职责分配给审核组每位成员，可包括以下内容：

①向审核组其他成员介绍受审核部门的基本概况，并说明审核中需注意的事宜。

②说明审核计划的安排，并与审核组其他成员协商，将具体的过程和部门的审核任务分配给审核组的每位审核员。

审核组工作的分配应当考虑审核员的独立性和能力的需要、资源的有效利用以及审核员、实习审核员和技术专家的不同作用和职责，尽量避免安排不同的审核员在同一时间审核同一对象，尽量将关联性较强的或具有相似性的审核任务分配给同一审核员，审核组成员的工作量应相对比较均衡，并提醒审核组成员合理利用审核时间。在现场审核中，为确保实现审核目的，可随着审核的进展调整所分配的工作。

八、准备审核工作文件，编制检查表

审核组成员应当评审与其所承担的审核工作有关的信息，并准备必要的工作文件，用于审核过程的参考和记录。这些工作文件可以包括：

——检查表和审核抽样计划；

——记录信息（例如支持性证据，审核发现和会议的记录）的表格。

检查表和表格的使用不应当限制审核活动的内容，审核活动的内容可随着审核中收集信息的结果而发生变化。工作文件，包括其使用后形成的记录，应至少保存到审核结束，并严格遵守保密承诺。因此，审核组成员在任何时候都应当妥善保管涉及保密或知识产权信息的工作文件。

检查表的编制是审核员必须掌握的一项基本功，也是一项技术性较强的工作。编制一份指导性较好的检查表，对审核员的审核工作是很有帮助的。在编制检查表之前，审核员应认真阅读受审核方的质量管理体系文件，了解受审核部门所从事活动及关键（主要）过程和质量管理体系文件对该部门的要求，了解该部门可能存在的危害与影响因素、涉及的材料和产品，了解可能涉及的法律、法规和要求。在具体的一次审核中，审核工作可以按部门进行（按部门审核），也可以按条款进行（按过程审核），检查表的编制方法或步骤也因审核的具体方式的不同而不同。检查表的编制，主要是根据审核准则或受审核方的文件，列出“审核要点”，确定“审核方法”。

1. 检查表的内容

检查表是审核员进行审核的重要工具，也是审核的重要原始资料之一，检查表是审核员的重要智力产品。检查表格式通常由审核组根据需要自行确定，其内容通常包括以下几个方面：

①受审核部门、审核时间、审核员。

②审核主题事项或要点，依据标准或文件，结合受审核方的实际列出要审核的事项，主要解决“查什么”的问题，也简称“查点”。

③文件或标准的条款号。

④审核的方法，列出审核的步骤和具体方法，主要解决“从哪儿查”和“怎么查”的问题，关键是检查的切入点和途径。

⑤审核的记录，供现场审核时记录审核发现。

2.检查表的作用

①使审核员保持明确的审核目标。现场审核中会出现各种各样的问题或非预期的场景，这些会影响审核员的注意力，很容易偏离审核方向。借助检查表，审核员可以保持清醒的思维，自始至终地抓住审核的主题事项或审核方向。

②明确与审核目标有关的样本。审核采用的主要方法是抽样检查。抽什么样本、抽取各种样本数量的多少、如何抽样等问题都要通过编写检查表解决，而且这一切都要为审核目的服务。

③确保审核工作的系统和完整。在审核组内，审核组成员所承担的审核任务各有分工，只有组合起来才构成质量管理系统和完整的审核。审核组长正是通过对检查表的审查，来把握审核的总体情况。现场审核时，审核员主要依据检查表进行审核，这样能避免审核内容的遗漏，从而确保审核工作的系统性和完整性。

④保持审核的节奏和连续性。现场审核是一项高节奏而紧张的活动，由于审核的时间有限，不允许在某个问题上或某个区域逗留时间过长，依据检查表的安排，审核员可以控制时间、掌握节奏，防止现场审核出现停滞、跳跃等情况，保证审核的正常节奏和连续性。

⑤确保审核的规范化。依据检查表提出问题，易于使审核保持连续和系统，也使所提出的问题有的放矢，且使受审核方感到审核员的审核有针对性和有充分的准备，减少审核工作的随意性和盲目性，体现出审核工作的专业性和规范性。

⑥作为重要的审核资料。检查表中一般都设有"检查结果记录"栏，以供审核员现场审核时记录有关审核发现的事实。通过检查表可以反映审核员审核的内容、查实的证据；审核组在进行总结分析时，也可借助审核组成员的检查表来进一步判断现场审核的全面性和合理性。同审核报告一样，使用过的检查表也应是审核方面的重要原始资料。

3.检查表的编制步骤

按部门审核时，检查表的编制步骤为如下：

①了解受审核部门的职能、活动范围、作业性质和特点。

②确定受审核部门应执行的质量管理体系文件及其他审核准则，全面收集这些审核准则并详细审阅。

③结合审核准则及受审核方实际列出需审核的主题事项。

④针对主题事项确定相应的审核方法、抽样方案、检查切入点或途径。

⑤拟定各主题事项审核所需的时间并按照审核的总体时间安排加以调整。

按过程审核时，检查表的编制步骤如下所述：

①了解所审核的过程可能涉及的部门或区域，特别要明确该过程所包括的主要事项的代表性区域。

②明确与该过程相关的质量管理体系文件及其他审核准则，收集这些审核准则并仔细审阅。

③确定应审核的区域或单位，并拟定先后顺序。

④拟定每个受审单位的主要审核事项，并有针对性地确定相应的审核方法、抽样方案、检查的切入点或途径。

⑤拟定各受审单位所需的审核时间并按照审核的总体时间安排加以调整。

审核员在编写检查表过程中应对应审核要点列出审核的具体方法，包括切入点、抽样方案和抽样数量等。在现场审核过程中，审核员可能使用的审核方法有查阅文件和记录、提问和交谈、现场观察及示范操作等，这些应在编写检查表时结合审核主题事项作出具体描述。

内部审核员在编制检查表过程中应关注以下几个问题：

——“查什么”，明确检查的主题事项；

——“去哪查”，列明去哪个部门、哪个区域检查(切入点之一)；

——“找谁查”，明确要找什么人来回答问题或交谈(切入点之二)；

——“怎么查”，列出检查的具体地点、路径和需审查的文件、资料、记录等证据，包括现场的观察、示范操作或测试等。以上是编制检查表的4个要点，即“查什么、去哪查、找谁查、怎么查”。

4.抽样

抽样是审核的基本方法，审核是一个抽样调查的过程，因此，审核员在编制检查表时就需要策划抽样计划。由于审核时间的限制，审核员通常不可能检查到审核范围内的所有活动、操作、过程、文件或记录和人员，而只能通过选取适当的、足够的样本来证实相应的审核对象是否符合要求，所以抽样时具有一定局限性的，通过抽样发现了不符合并不能表示整个管理体系都不符合，在样本中没有发现不符合也并不能说完全不存在问题，这也说明抽样是具有一定风险性的。为了降低抽样的局限和风险，就要求审核员应该通过精心地策划，选定适当的信息源，并抽取具有代表性的、足够的样本，以保证审核的系统性和完整性。

审核员在编制检查表时，通常审核的对象和总体是比较明确的，但是总体量的多少却不能确定，只能估算。因此，在检查表中策划的抽样量通常也是估算的结果，一般不会十分确定，例如“抽取3～7份文件查其批准的证据”。只有到现场时，审核员才能知道审核对象的实际情况和总体量的多少，才能确定具体的样本和抽样量的多少，并采用随机抽样的方法，抽取足够数量的具有代表性的样本。

所谓“随机抽样”是指在一个母体中的所有子样被抽取的概率是相同的抽样。要做到随机抽样，使抽取的样本具有代表性并保证足够的样本量，在策划抽样计划和现场审核抽样时应注意以下几个方面的问题：

①明确抽样的对象和总体。抽样的对象和总体通常是由审核内容决定的，如果审核内容是“文件控制情况”，则抽样的对象和总体是与管理体系文件控制有关的所有文件、人员和控制活动以及文件控制的有关程序和记录。

②保证抽取足够数量的样本。抽取足够数量的样本是降低抽样风险的重要保证，抽取的样本太少或太多都是不合适的。在实际审核中，通常抽取的样本量在3～12个。针对一个具体的审核对象的抽样量而言，其样本量的多少通常与该审核对象的总体量的多少有直接关系，一般情况下，总体量多的抽取的样本量就会相对多一些；另外，样本量的多少还受到审核时间的影响，审核时间充分则抽取的样本量可能较多。

在现场审核中，审核员通常会依据检查表中策划的抽样计划进行抽样。如果经抽样发现不符合时，为了减少审核的风险，可以需要考虑适当增加抽样量，以确认所发现的不符合是偶然的个别问题，还是系统性问题。

③做到分层抽样。在策划抽样计划时，应充分考虑到受审核方管理体系不同层面上产生的信息，因此，审核员可以按产品、活动、设备、生产线、岗位、时间或记录等进行分层抽样。例

如,检查产品的监视和测量时,应考虑分层抽取不同产品在不同阶段的监视和测量的证据。

④抽样的样本量应适度均衡。在策划和实际抽样过程中,虽然可以针对具有不同重要性的部门或过程抽取不同数量的样本,但应避免在一个部门或过程中抽样过多,而另一个部门或过程抽样过少,应保持抽样量的相对均衡。

【案例 4-3　＊＊＊公司质量管理体系内审检查表(生产部)】

<table>
<tr><td>受审核部门</td><td>生 产 部</td><td>编制日期</td><td colspan="3">2011 年 7 月 8 日</td></tr>
<tr><td>质量体系标准</td><td>ISO 9001:2008</td><td>依据体系文件</td><td>1. 质量管理体系文件
2. 法律法规/顾客要求
3. ISO 9001:2008 标准</td><td>审核员</td><td></td></tr>
<tr><td>审核条款</td><td colspan="5">4. 质量管理体系/5. 管理职责/6. 资源管理/7.5 生产和服务提供/8.2 监视和测量/8.3 不合格品控制/8.4 数据分析</td></tr>
</table>

9001 条款	涉及文件条款	审核项目及要求	审核方法	审核记录
5.5.1 权限与职责		部门主管和各岗位员工是否清楚自己的职责和权限?	查阅部门职务说明书,并当场询问 1～2 位员工是否了解自己岗位职责	
5.4.1 质量目标		部门是否制定了部门质量目标?实现情况怎样?	询问部门质量目标是什么,并提供部门目标达成情况书面文件	
7.5.3 标识和可追溯性		车间的半成品、成品标识是否符合规定的要求方法?	询问并查看放置现场	
7.5.3 标识和可追溯性		车间是否划分半成品、成品堆放区域?堆放是否符合要求?	现场查看	
4.2.3 文件控制		生产过程是否形成程序文件?有哪些控制内容?	询问并查看程序文件	
7.5.1 生产和服务提供过程的控制	《生产控制程序》	生产过程中是否持有产品图纸、工艺文件?图纸修改是否符合程序要求?	了解工作流程,抽查其中 1～2 个环节的作业指导书工艺文件	
		关键工序如何控制?	现场查看 1～2 位操作者观察其操作过程是否按操作规程进行	
		操作工生产自检是否落实,并符合要求?	现场查看 1～2 个操作工作业情况	
		生产是否按计划进行?计划安排能否满足交付日期?	查看 1～2 个产品的生产计划实际的记录	
6.3 基础设施		设备管理有无具体规定?台账与档案是否齐全对应?	查看管理制度,与负责人交谈了解对设备的管理方法; 抽查反应釜锅炉等设备的点栓保养情况; 查看设备检修计划与实施情况	

	《设备管理制度》	是否制订设备检修计划？ 检修是否按计划实施？ 是否按要求进行设备的日常点检润滑保养？ 设备状态标识是否齐全、正确、清晰？	询问并查看记录 现场查看3～5件设备	
		设备管理文件是否齐全？ 设备储存环境是否适宜？ 设备标识与摆放是否符合要求？	询问并现场查看	
6.4 工作环境		车间班组生产环境、文明程度是否适宜？	与负责人交谈、了解工作环境对产品的影响 检查现场管理情况	
8.3 不合格品控制		是否按程序要求对不合格品进行评审、处置？不合格品的标识和隔离是否符合要求？	询问并现场查看并查看相关记录资料	
7.5.5 产品防护		工人搬运、包装作业是否符合规定要求？发生意外如何处理？	交谈了解工序产品的防护重点，并现场核实产品生产过程中的防护，包装运输和贮存是否符合要求	
4.2.4 质量记录		公司质量记录保管是否符合要求？记录内容是否完整、清晰？	询问记录保存情况 检查使用的记录表格是否编造编号	
8.5 持续改进		是否接受过内部质量体系审核？内审中提出的不符合项是否制定了纠正（预防）措施并落实整改？	询问并查看相关记录	
				审核员/日期

⑤审核员亲自抽样。在现场审核中，审核员应坚持亲自选取样本，而不让受审核方“随意”挑选几个样本供审核员检查。

⑥审核员应相信抽取的样本。虽然抽样调查的方式存在一定的风险性，但是，审核员仍应对抽取的样本及抽样调查的结果有信心。有的审核员按选定的样本调查后，没有发现不符合，就对样本产生怀疑，认为样本选的不对或数量太少，于是一次又一次地扩大样本的数量，直到发现不符合，这是一种不正确的态度。审核寻找的是审核证据，而不是不符合项，如果抽到的符合有效的证据，就应相信调查的结果是符合有效的，如果抽到的是不符合或失效的证据，就可以认为是一项不符合，这才是正确的态度。

5.编制和运用检查表的注意事项

(1)主题事项无遗漏

编制检查表要周密考虑,既要考虑受审核部门所涉及的有关过程,也要考虑过程之间的逻辑关系。另外,还要考虑法律、法规及其他要求。

(2)保证审核准则的严肃性

检查表中提出的审核内容应以所选用的质量管理体系标准、相关法律和法规要求和受审核方的质量管理体系文件的规定为依据,而不能以审核员自己的观点或要求作为审核准则。

(3)科学合理地选择样本

编制检查表和使用检查表时,要坚持"宏观上的全面考察与抽样仔细核实相结合"的原则,抽样应抓住重点,具有代表性。样本的数量通常应控制在2～12个。

(4)突出特点,保证深度

应根据审核任务或具体审核安排编制,针对不同的审核任务和受审单位分别进行编制。由于具体审核任务的不同或侧重点的差异,针对同一过程或同一部门的审核,编制检查表时在深度和广度上应体现出不同的审核要求。

(5)保证主线,灵活应用

在现场审核中,应保持审核的主线,对检查表编制的内容都要查到。同时,根据审核现场的具体情况可以对检查表的内容进行调整和补充,即根据实际形成有效的审核追踪,灵活运用检查表,不要逐条照本宣科。

此外,编制检查表时,审核组长负责对检查表进行审查,以保证审核的完整性。检查表是审核员的工作文件,应妥善保管,不应提交给受审核方。

需要说明的是,质量管理体系标准虽未对有关检查表的内容做任何规定,但在审核中编制和应用检查表是众多审核人员长期经验的结晶,是保证审核准备、审核过程和审核结果等质量的有力武器,是审核员必须掌握的基本技能,对初次参与审核或审核经历不太丰富的审核员来讲就尤为重要了。

实训4-1 管理体系内审计划的编写

一、实训目的

通过实训教学,使学生能够熟练地编写内审计划。

二、实训原理

管理体系内审计划就是安排管理体系审核日程和审核人员分工等内容的文件,审核计划编制的合理性直接影响后续现场审核的效率。在编制审核计划时要考虑采用什么样的审核路线。

三、实训步骤

①复习内审计划编写的理论知识。

②对全班同学按5人一小组进行分组,每组给定一个管理体系(质量或食品安全)手册和管理体系内审计划案例,下达内审计划编写任务。

③指导学生按照下表填写管理体系内部审核计划。

管理体系内部审核计划

组别：_______ 组员：______________ 组长：_______ 时间：__________

审核目的	
审核性质	□常规审核 □追加审核
审核范围	
审核依据	
审核时间	
审核组成员	姓名 性别 职责 所在部门 人员代码

审核工作具体时间安排

日期	时间	受审核部门/审核条款	内审员

编制人： 批准人： 批准日期：

④各小组派代表分组对各组审核计划进行交流，交流过程中，其他学生可以质疑。

⑤老师对各组编写的内部审核计划进行点评，并以下表评分标准进行评分。

组别	学生姓名	计划制订的合理性(30分)	汇报交流的逻辑性(30分)	回答质疑的准确性(30分)	其他(10分)	总分

实训4-2 内审检查表的编写

一、实训目的

通过实训教学，使高职学生能够熟练地编写内审检查表。

二、实训原理

根据质量管理体系(GB/T 19001—2008)和食品安全管理体系(GB/T 22000—2006)标准的要素要求，编写内审检查表。

三、实训步骤

①复习内审检查表编写的理论知识。

②对全班同学按5人一小组进行分组，给定管理体系（质量或食品安全）手册和管理体系内审检查表案例，每组编写不同部门的内审检查表。

③指导学生按照下表填写管理体系内部审核检查表。

管理体系内部审核检查表

组别：________ 组员：________________ 组长：________ 时间：________

受审核部门		编制日期		
质量体系标准	ISO 9001:2008	依据体系文件		审核员
审核条款				
管理体系条款	涉及文件条款	审核项目及要求	审核方法	审核记录

④各小组派代表分组对各组审核计划进行交流，交流过程中，其他学生可以质疑。

⑤老师对各组编写的内部审核计划进行点评，并以下表评分标准进行评分。

组别	学生姓名	计划制订的合理性（30分）	汇报交流的逻辑性（30分）	回答质疑的准确性（30分）	其他（10分）	总分

任务4-3 现场审核活动的实施

◈学习目标

1. 了解现场审核阶段的主要活动；
2. 熟悉首、末次会议的内容；
3. 掌握现场审核的技巧，通过现场审核获得审核证据后对照审核准则获得审核发现；
4. 掌握不符合报告的编制；
5. 掌握审核报告的编写。

审核组在完成全部审核准备工作以后，就可以按审核计划的安排实施现场审核，现场审核的活动主要包括：

- 召开首次会议

- 现场审核，收集和验证信息，获得审核证据
- 形成审核发现
- 准备并形成审核结论
- 审核过程中的沟通
- 召开末次会议
- 审核报告的编制

一、首次会议

首次会议是现场审核活动的序幕，标志着现场审核活动的正式开始。首次会议在正式实施现场审核前召开。通常，审核组全体成员和受审核的职能部门或过程的负责人及最高管理者、管理者代表参加首次会议。审核组成员应以恰当的言谈举止开始审核活动。

1. 首次会议的目的

审核组在完成了全部准备工作以后，就可按预先约定的日期和时间到受审核方实施现场审核。在进行现场审核之前，审核组长主持召开由受审核方管理层，或者（适当时）与受审核的职能或过程的负责人参加的首次会议，其主要目的如下：

①确认审核计划。

②简要介绍审核活动如何实施。

③确认沟通渠道。

④向受审方提供询问的机会。

2. 首次会议的内容

通常情况下，首次会议应当包括以下内容：

①介绍与会者，包括概述其职责。

②确认审核目的、范围和准则。

③与受审核方确认审核日程以及相关的其他安排，例如末次会议的日期和时间，审核组和受审核方管理层之间的中间会议以及任何新的变动。

④实施审核所用的方法和程序，包括告知受审核方审核证据只是基于可获得的信息样本，因此，在审核中存在不确定因素。

⑤确认审核组和受审核方之间的正式沟通渠道。

⑥确认审核所使用的语言。

⑦确认在审核中将及时向受审核方通报审核进展情况。

⑧确认已具备审核组所需的资源和设施。

⑨确认有关保密事宜。

⑩确认审核组工作时的安全事项、应急和安全程序。

⑪确认向导的安排、作用和身份。

⑫报告的方法，包括不符合的分级。

⑬有关审核可能被终止的条件的信息。

⑭对于审核的实施或结论的申诉系统的信息。首次会议是外部审核必需的一项重大且正式的活动，对于内部审核可具体、灵活对待。

上述14条是审核组长应在首次会议上发言的主要内容。对于特大型或分散型企业而言，

在每次集中审核前召开具备上述全部内容的首次会议是适用的，甚至是必需的；对于一般企业来说，内部审核的首次会议无论在名称、内容和召开形式上都可适当简化或变化，非集中性审核或规模较小的组织在集中性审核时可以召开一次简单的沟通会。首次会议有审核组长主持，会议应按审核计划中约定的时间按时召开，首次会议应简短、明了，一般 30 min 左右。通常，与会人员需签到，审核组保留签到和会议记录。

组织的最高管理者或其代表在首次会议上对审核做出动员和要求通常更有利于审核工作的开展，也更能发挥内部审核对质量管理体系的监控作用和改进作用，但应该控制其发言的时间。

二、收集和验证信息，获得审核证据

首次会议结束后，审核组成员即开始进行现场审核。在进行现场审核过程中，内部审核员依据事先准备好的检查表，采用抽样检查的方法，收集并验证与审核目的、范围和准则有关的信息，从而获得审核证据。审核组只有在充分收集与审核目的、审核范围和审核准则有关的信息的基础上，才可能得到正确的审核结论。因此，在现场审核过程中运用适宜的审核方法收集并验证信息，获得能够证实的审核证据是成功审核的关键。在这个过程中，审核员的个人素质和审核技能可以得到充分发挥并将对审核结果起到重要作用。从收集信息到得出审核结论的过程为：

信息源→通过适当抽样收集和验证信息→审核证据→对照审核准则进行评价→审核发现→评审→审核结论。

1. 确定信息源

在现场审核过程中，内部审核员应根据所承担的审核任务的范围和复杂程度确定充分适宜的信息源，通过适当的抽样收集与审核目的、范围和准则有关的信息，包括与职能、活动和过程间接口有关的信息，并对这些信息进行验证，从而获得审核证据。只有能够证实的信息才能作为审核证据。所选择的信息源可以根据不同的审核范围和复杂程度而不同。适用时，信息源可包括以下内容：

①与员工及其他人员的面谈。

②对活动、周围工作环境和条件的观察。

③文件。例如方针、目标、计划、程序、标准、作业指导书、执照和许可证、规范、图样、合同和订单。

④记录。例如检验记录、会议纪要、审核报告、方案监视的记录和测量结果。

⑤数据的汇总、分析和绩效指标。

⑥受审核方抽样方案的信息，抽样和测量过程控制程序的信息。

⑦其他方面的报告。例如顾客反馈、来自外部和供方等级的相关信息。

⑧其他方面的信息源。例如计算机数据库和网站。

2. 信息收集方法

在现场审核过程中，内部审核人员主要通过面谈、对活动的观察以及文件评审的方式收集与审核目的、审核范围和审核准则有关的信息，其具体收集信息的方法如下所述。

(1)科学地选择样本

审核最基本的方法是抽样。虽然审核员在编制检查表时已确定了抽样方案，但在现场审核过程中还存在扩大样本、调整抽样、补充抽样等大量工作，现场选择样本时应考虑到部门存在问题的复杂性，并根据具体情况从样本总量中抽取足够数量的具有代表性的样本，以获得审核所需的信息和证据。一般来讲，一个组织的质量目标的完成情况和重大质量计划和改进情况在审核中都应涉及。在对文件、数据、资料、记录和过程等抽样时要体现随机性。同时选取样本时要充分考虑其代表性，能真实反映受审核方的活动实际和特点。

(2)充分利用检查表

在准备阶段，审核员已经付出很多精力编制检查表，并且在编制检查表的过程中已经审阅了质量管理体系文件，检查表也已经有了较强的针对性。因此，审核员在审核时应充分利用检查表，不要轻易偏离检查表。当然也要注意不能过分依赖检查表，检查表往往只给出一个思路，真正找出质量管理体系运行好坏的证据还需要善于捕捉疑点问题并灵活追踪。

(3)面谈

面谈是收集信息的一个重要手段，在审核过程中，审核员应当在条件许可并以适合于被面谈人的方式进行。在与被审核方人员进行面谈过程中，内部审核员应善于提问和交谈，在按检查表设定的问题进行提问时，应组织得自然、和谐，切忌生硬刻板。在这方面内部审核员的耐心、礼貌和保持微笑有助于克服受审核方部门代表的畏惧和胆怯心理。审核员可以就同一问题提问不同人员，或与被提问者作简要交谈，获得客观的答案，或弄清答案不一致的原因。同时，审核人员要注意倾听谈话对象的回答，并做出适当的反应。首先必须对回答表现出兴趣，保持视线接触，用适当的口头认可的话语，如："啊，是的"、"我明白了"等来表明自己的理解。谈话时应注意观察回答者的表情。当受审核方误解了问题或答非所问时，审核员应客气地加以引导，而不是粗暴打断。在进行面谈过程中，审核员应当考虑以下因素：

①面谈人员应当来自审核范围内实施活动或任务的适当的层次和职能的人员。如审核员在审核产品的最终检验过程时，其面谈的对象应选择实施或负责最终检验活动的检验人员。

②面谈应当在被面谈人正常工作时间和(可行时)正常工作地点进行。

③在面谈前和面谈过程中应当努力使被面谈人放松。

④面谈前，审核员应向对方解释面谈和作记录的原因。

⑤面谈可通过请对方描述其工作开始。如与部门负责人面谈时，可以先请其介绍该部门的主要工作职能和工作流程等。

⑥审核员应根据不同情况，灵活地运用不同的提问方法(如封闭式提问、开放式提问、澄清式提问等)，以获取所需的信息，但应当避免提出有倾向性答案的问题(如引导性提问)，以免误导对方。

⑦在面谈结束前，审核员应当与对方总结和评审面谈的结果。

⑧面谈结束时，审核员应当感谢对方的参与和合作。

(4)对活动的观察

观察是获取信息的重要渠道，有些信息只有通过观察才易于获取。在审核过程中，审核员要仔细观察现场设备、设施和质量活动的运行状况，通过对不同过程的不同特点，采取观察的方法来获取有益的信息。例如观察审核现场的环境、设备状态、产品标识、过程和活动的实施运行状况、面谈人员的神态以及现场人员的工作状态等。

(5)查阅文件和记录

在审核过程中，查阅文件和记录也是审核员获取信息最常用的方法。审核员会针对审核对象的特点，评审与受审核活动有关的文件和记录，以获得受审核方对相关活动和过程的具体职责、要求、实施和控制方法和结果等方面的信息。在对文件和记录进行评审过程中，审核员应注意以下几点：

①所查阅评审的文件和记录应与受审核的活动和过程直接相关。

②在明确了与审核对象有关的文件和记录的总量后，审核员可以根据需要，运用抽样技巧抽取足够数量的样本文件和记录，而没有必要查阅每一份文件和记录。

③查阅文件时应关注文件的有效性及其内容的充分性和适宜性，关注文件中对具体活动和过程的职责划分、接口关系、具体要求、实施和控制的方法和程序以及记录的要求等方面的信息。

④查阅记录时应关注记录内容的完整性和真实性，以及与相关文件规定的一致性。

(6)需要时，进行测量

在有些情况下，审核员还可以通过实际测量来获取有关的信息。例如，可以抽取生产现场中某一关键零部件，运用适宜的方法测量该零部件的尺寸。实际测量方法的运用对审核员的有关专业技能有要求。

(7)辨别关键过程

任何一个组织都是由过程以及过程网络组成的。不同的过程对质量管理体系实现质量方针和质量目标的有效性和持续提供满足要求的产品的能力有着不同的影响，因此，审核员应通过审核准备、查阅文件、观察和验证等活动，来辨别影响产品质量和质量管理体系有效运行的关键过程。

(8)辨别主要因素

审核员应能辨别影响过程能力的主要因素，并掌握评定这些因素是否处于受控状况的方法。一般来说，影响过程能力的因素有人、机、料、法、环、测等，但是对某一具体过程而言，这些因素有不同的影响，必须辨别其中影响过程能力的主要因素。

(9)及时进行审核组内部沟通

现场审核活动往往需要分组进行，通常一人一组或两人一组，因而每位审核员所接触的只是组织质量管理体系的一部分，因此每位审核员不仅要关注与本人承担的审核任务有关的信息及其对质量管理体系的影响，还应特别关注各过程之间的相互作用和关系，分析其他审核员所获信息与本人所获信息之间的相互影响、因果关系、共性问题等，以便对质量管理体系的建立、实施、保持和改进等方面作出全面而综合评价。也正是基于这方面的因素，在现场审核活动中，不同小组的审核员应及时进行沟通，交流审核中所获得的信息，并在需要时相互协助证实有关的信息。

(10)发现疑点或不符合迹象时，应追根溯源

疑点和不符合往往比较复杂，不能单从表面现象判定，要从多方面取证。比如，某个操作者未按作业指导书操作，但原因可能出于操作者未经过培训。经培训合格，也可能操作者无法见到作业指导书等(进一步追究可把不符合项开具得更为准确，使受审核方能有的放矢地采取纠正和预防措施)。问题、疑点、不符合真正出在哪个环节还需做更进一步的调查，以准确判定体系上的不符合，这样也有利于解决问题。善于捕捉疑点，及时有效追踪是审核员在审核过程中应该掌握的审核技巧。

现场审核时，对于发现的疑点或问题及时有效地追踪是重要且必需的。审核人员必须善

于比较、追踪不同来源所获取的对同一问题的信息，从差别中判断运行状况；善于追踪记录与文件、记录与现状的符合情况，并做出结论；善于追踪质量管理体系某一组成部分的来龙去脉，发现问题，获取客观证据。

现场审核时，能根据实际情况在极短时间内形成清楚、准确的追踪检查路径是相当不容易的，对审核人员自身的逻辑素质、审核准则的熟悉程度、思路的灵活与敏捷等都提出了很高的要求。内部审核员应该具备体系标准知识、相关法规知识，这在现场审核中也是十分重要的。如果审核员不了解某些知识，在现场审核中就不易发现疑点或问题、难以判定是否符合法律法规，也就难以获得应有的审核结果。

(11)与受审核方共同确认事实

当发现不符合时，审核方应尽量征得受审核方的认可，并使受审核方能较为主动地采取纠正或预防措施。如果受审核方确实有真实的客观证据能够推翻某个不符合项，应撤销该项不符合。在其他情况下，当有争执时，审核方则应尽量耐心说服受审核方，并强调审核是针对事(体系)，不对人。

3.面谈时的提问技巧

面谈和提问是审核员在现场审核过程中经常采用的审核方法。不同的问题、不同的场景和不同的提问目的需运用各种不同的提问技巧。提问技巧又往往影响着审核的效果。一般来说，提问有3种基本类型：开放型、封闭型和澄清型。审核人员可根据审核实际需要，灵活运用。

(1)开放型提问

开放型提问是指需要通过说明、解释来展示答案的提问方法。通常可采用5W1H(Why，What，Who，Where，When，How)之类提问方式。它可引导出比“是”或“不”更多的信息，因而需要更多的回答时间。故采用这种提问时需要控制时间，否则会影响审核计划的完成。开放型提问应根据不同类型的问题进行提问，归纳起来有如下几种具体方式：

①主题式问题。提出问题时针对某一明确的主题。例如：“你单位(或部门)在质量管理体系中都承担哪些职责？”“在作业过程中，需使用哪些设备？”“这项作业中对工作环境有哪些要求？”……

②扩展性问题。扩展性问题能拓宽谈话而造成一种全身心投入的氛围，它表现出审核人员对受审核方所谈到的话题感兴趣，从而使受审核方受到鼓舞，就会把话题继续下去。例如：“接到这个通知后，你是怎么做的？”“确定的这些措施是怎样实施的？”……

③讨论式问题。以讨论的方式有助于使受审核方摆脱公式化的束缚，说出个人的思路、见解和感觉。

④调查式提问。审核员应少说多听，不适合说出自己的观点和认识时，可以以调查的方式提问。例如：“对于这一问题，你们以前是如何控制的，效果怎么样？”“你是怎么看待这个问题的？”……会使受审核方减少思想负担，使交谈气氛轻松自然。

⑤重复性提问。为了在短时间内得到明确的答案或证实问题，可针对特定事项重复提问。比如当受审核方说：“我认为不需要按程序文件规定那样死板地做”时，审核员问：“你确实认为不需要该文件的这项规定吗？”这样会比较简洁地达到审核意图。

⑥假设性提问。事先可假定一种非正常状态，通过回答了解受审核方对质量管理体系运行过程中出现应急事件的处理能力。例如：“如果停电、停水了该怎么办？”“如果消防栓一时打

不开该怎么处理?”……

⑦验证性提问。受审核方口头上介绍了质量管理体系的运作状况,审核员可要求其拿出证据,即“检测结果合格吗?请出示检测记录”或“昨天中午你们接到什么样的通知?”……

除以上提问方式外,审核员在审核现场时还应充分利用其他形式或方式来维持审核。例如,用形体语言表示的无声问题或信息,如惊讶、点头、摇头、耸肩及各种手势等,都可以引起对方的回应,从而保持审核的氛围和连续性。

(2)封闭型提问

封闭型提问是指询问的话题对方用简单的“是”或“否”就可以回答的提问,这种提问获取的信息量较小。在个别情况下,需要对方在较短时间内表明态度或认可时可适当使用此种类型的提问。

(3)澄清型提问

澄清型提问可以用以获取专门的信息,并节约时间将开放型和封闭型提问结合起来,带有主观导向的含义,用以获得一个快速回答或审核员希望支持正确答案时使用的提问类型。例如“在此种情况下,你们就直接按照纠正措施计划第三号方案实施了,并事后做了方面汇报……”这种提问使用比较少,需要审核员有高度的预见能力和谈话驾驭水平。

4.验证信息,获得和记录审核证据

审核证据是与审核准则有关的能够证实的记录、事实陈述或其他信息。在审核过程中,审核员通过运用适宜的方法和技巧收集到的信息很多,但这些信息中只有能够证实的信息才能成为审核证据。当然,在实际审核中不要求也没必要对获得的信息进行逐一证实,但在需要时这些信息应该是能够被证实的,以确保作为审核证据的信息是真实的、客观存在的。道听途说、假设、主观臆断、猜测等不能证实的信息不能作为审核证据。

(1)验证信息,获得审核证据

为获得审核证据,审核员在需要时应对收集的信息进行验证,验证信息的方法通常可包括以下几点:

①对照文件规定,现场观察相关活动和过程的实际操作,以证实实际操作与文件规定的一致性。

②对照文件规定,核查相应的记录,以证实记录中体现的某项活动和过程的结果与文件要求的符合性,以及记录中提供的信息内容与文件规定的一致性。

③通过对活动和过程的观察来证实面谈或查阅记录时所获得信息的准确性和真实性。

④通过必要的实际测量来证实活动和过程的结果或记录的符合性、有效性和真实性。

⑤其他适用的证实方法,例如,对比分析来自不同职能和层次的对同一活动或过程的信息,以验证信息的真实性等。

(2)记录审核证据

审核员应将获得的审核证据进行记录,记录时应注意以下几个方面:

①记录的内容可包括:审核取证的时间、地点、面谈的对象、主题事件、主要过程和活动实施概要、观察到的事实、凭证材料、涉及的文件、记录、标识等。

②记录的审核证据应全面反映审核的情况。不应只记录有问题的信息,也应该记录审核中能够证实受审核方管理体系符合要求和有效运行的信息,特别是主要过程和关键活动的符合性和有效性信息,并能为审核报告中相应的评价和结论依据。

③对于审核中发现有问题的有关信息，审核员应确定所记录的反映不符合事实的主要情节清楚，包括实现可追溯的必要信息，如时间、地点、面谈的对象、涉及的文件、记录、标识等，是否需要记录具体数据，由审核员根据不符合事实的性质决定。

④记录的信息应清楚、准确、具体、具有重查性，只有完整、准确的信息才能作为做出正确判断的依据。

5.信息收集和验证过程中需要注意的事项

为了在有限的时间内有效地完成审核任务，审核组长在现场审核活动中需要注意以下事项。

(1)控制审核进度

实施审核计划时，应适当控制进度，既不能敷衍了事，快马加鞭，也不能故意拖延，影响计划的实施。

(2)保持审核计划

审核计划是事先确定的，除特殊情况外，一般不应轻易改变。随意增减或变换审核人员、部门和时间都是不恰当的。

(3)控制审核气氛

从首次会议到现场审核结束，审核组长都应保证审核在和谐与合作的气氛下进行，避免产生对抗气氛和争执。在审核过程中，审核员应尊重受审核方，正确对待受审核方的各种态度，始终保持耐心和礼貌，不介入受审核方的内部争论，态度诚恳，实事求是，努力保持审核的客观性和公正性。

(4)维护审核纪律

对于审核组成员的任何违反纪律的行为或倾向，审核组长必须加以制止或约束。

(5)确保审核的客观性

审核组长应提醒组员时刻保持客观态度，不要把主观猜测和臆断作为审核证据。在审核过程中，审核员不应以自己的想法和经验作为审核准则，不应将自己的想法强加给受审核方，而应以标准、适用的法律法规、质量管理体系文件等作为审核准则，重视控制效果，避免主观武断、搞形式主义。

(6)恪守职业素养

"谨慎"是审核员从事审核工作的重要职业素养。在现场审核中，任何情况下都要谦虚、谨慎，尊重受审核方，对未搞清楚的问题不要轻易下结论。审核员在现场审核时也可能会受到来自受审核方人员的各种干扰(这一点在内部审核中更为突出)，如有的人态度冷淡，不重视审核；有的人对审核有怨气；有的人有意或无意地转移审核员视线等。

审核员在整个审核过程中始终都应保持冷静、耐心和礼貌，尽量避免与受审核方发生争执。当然，对于故意拖延或变相拒绝审核的部门可立即终止审核并报告管理者代表或最高管理者。

(7)稳妥做出审核结论

在做出审核结论之前，审核组应该进行认真反复的讨论，保证审核结论的公平和客观。审核结果的客观性和公正性是审核的灵魂。

(8)注意审核过程安全

管理体系审核可能涉及审核员人身安全。审核员在这方面应注意以下几点：

①如现场有安全程序,到现场之前应阅读,并遵照执行。

②如合适,在许可下方可操作设备和设施。

③现场审核应有熟悉现场和工艺的人员陪同,不要独自行动。

④未弄清安全通道前不便进入重大危险区域。

⑤不要用碰、闻、尝的方式检查未知物料。

⑥如遇事故,马上报告。

总而言之,在现场审核中,审核员一定要头脑清醒,严格执行审核计划、全面检查检查表中列出的主题事项、把握好审核进度和审核氛围,把可能造成管理混乱、影响质量管理体系运行、有可能造成重大影响的问题抓住并及时准确追踪。现场审核不但要注意收集不符合的证据,也要注意收集和记录质量管理体系有效运行的证据。

三、形成审核发现

审核发现是指将收集的审核证据对照审核准则进行评价的结果。审核发现能表明符合或不符合审核准则,或指出改进的机会。因此,审核发现能表明符合或不符合审核准则,它既可以是正面的,也可以是负面的。

1.评审和汇总审核发现

审核组应当根据需要在审核的适当阶段(如每天审核结束后和/或全部审核活动完成后)共同评审审核发现。通常情况下,每天现场审核活动结束后,审核组会针对当天的审核情况进行内部沟通,评价当天审核中所收集的审核证据。当全部现场审核活动完成后,审核组会对照审核准则对收集到的审核证据进行全面的、总结性的汇总、比较、分析和评价,以确定审核发现。评价和汇总审核发现通常可采取以下方法:

①审核组成员按照审核计划的审核任务的分工,分别介绍说明其审核工作范围内所涉及的过程、活动、部门/场所/现场等方面的审核情况、收集到的有关信息和证据以及初步判定的符合和不符合的审核发现。

②审核组成员之间沟通需要相互印证的信息和证据,并就审核中的疑点和分歧进行讨论,包括可能需要进行验证或跟踪的问题。

③将每位审核组成员各自获得的信息和审核证据进行汇总和分析,特别是来自不同审核员的在不同职能和层次上收集的对同一审核对象,如文件控制、质量目标、内部沟通等同一质量管理体系过程的信息和证据进行汇总、沟通和分析,以共同确定审核发现(包括符合的和不符合的)。

审核组确定的审核发现应形成记录,这些信息是审核记录的重要组成部分。这些记录的内容通常可包括:审核覆盖的区域/场所或过程、审核的路线、具体的审核发现(包括符合和不符合的审核发现及其支持性审核证据)等。

2.符合审核准则的审核发现

审核组在评审审核发现的过程中,应对符合审核准则的审核发现进行汇总分析,这些审核发现反映了组织管理体系运行的符合性和有效性。为审核组对管理体系进行总体评价时提供了正面的信息,也为审核组作出适宜的审核结论提供依据。

3.不符合审核准则的审核发现

审核组在评审审核发现的过程中,对不符合审核准则的审核发现也要进行汇总分析。审核组通常会将不符合审核准则的审核发现确定为不符合项,并根据不符合项的性质对其进行分类。在审核过程中,审核员针对不符合审核准则的审核发现,通常可以采用"不符合报告"的形式进行记录,记录中应包括该不符合项的支持性的审核证据。在审核过程中,经评价不符合审核准则的审核发现,可以确定为不符合项。通常,在以下 3 种情况下可以形成不符合项:

①管理体系文件不符合管理体系标准、适用的法律法规或合同的要求,即文件规定不符合标准。这种不符合项通常称为"体系性不符合"。例如,组织编制的某一管理体系文件对标准的某一要求未做描述,或对标准的要求理解有误,导致文件的规定出现不满足标准的要求。

②管理体系的实施现状未按管理体系标准、体系文件或适用的法律法规或合同的要求执行,即实施现状不符合文件规定。这种不符合项通常可称为"实施性不符合"。例如,审核中发现某一岗位工人未按规定要求操作,或文件未发放到使用场所。

③管理体系的运行结果未达到预定的目标,即实施效果未达到预定目标。这种不符合项通常可称为"效果性不符合"。例如,产品出现较多不合格,顾客投诉较多,虽然采取了一些措施,但类似问题还在不断发生。

4.不符合性质的判定

根据审核证据与审核准则相偏离的严重程度,以及不及时采取措施可能引致后果的严重性,可将不符合分为严重不符合、一般(轻微)不符合和观察项。出现下列情况之一,原则上可构成严重不符合:

①管理体系出现系统性失效。如某一过程、某一关键过程重复出现失效现象,又未能采取有效的纠正措施加以消除,形成系统性失效。也简称为"过程普遍性失效"。

②管理体系运行区域性失效。如某一部门或场所的全面失效现象,或者各层次、各部门出现失效。也简称为"区域普遍性失效"。

③造成严重的后果,或存在潜在严重后果的不符合或存在顾客重大投诉。

④组织违反法律、法规或其他要求的行为较严重。

⑤反复出现的一般不符合项长期没有得到有效纠正或预防。

出现下列情况之一,原则上可构成一般不符合。

①对满足质量管理体系过程或质量管理体系文件的要求而言,是个别的、偶然的、孤立的、性质轻微的不符合。

②对保证所审核范围的质量管理体系而言,是次要的问题。

出现下述情况,原则上可作为观察项提出。所谓的观察项是指系统或程序有潜在的不恰当,以及具有潜在的风险的事项。这些事项有变成不符合的趋势,只是审核人员掌握的证据暂时不足。这类问题可作为观察项处理,可以用书面或口头的形式向受审核方提出。观察项与疑点的区别就在于一个是现场审核结束后,一个是现场审核过程中。

对于观察项,一般不要求受审核方提出限期整改方案,也不十分强调跟踪验证,只要求对方引起注意,对可能的风险有所准备并加以预防和纠正。此外,审核中可能还要发现一些质量管理体系建立及运行中存在的不足或问题,这些问题一般不宜于以不符合的性质处理,但其常常对质量管理体系运行产生更大影响,内部审核后通常要对其一并采取纠正或预防措施。

5.不符合报告

不符合报告是记录不符合审核准则的审核发现的一种常用的方法。编写不符合报告,是审核员必须掌握的基本技能。不符合报告的内容通常包括以下几点:

①受审核的部门或不符合发生的地点。

②受审核部门负责人。

③审核员。

④审核日期。

⑤不符合事实的描述，即不符合项的支持性审核证据。

⑥不符合的审核准则(如标准、文件等)的名称和条款。

⑦不符合项的性质。

⑧审核员签字、审核组长认可签字和受审核部门代表确认签字。

⑨适用时，不符合报告的内容还可包括：

a. 不符合项的原因分析。

b. 纠正措施计划及预计完成日期。

c. 纠正措施实施情况的说明。

d. 纠正措施的完成情况及验证记录。

6. 不符合报告编写的要求

对于一个审核员来说，如何编写不符合报告是审核员必须掌握的基本技能。审核员在编写不符合报告时应遵循以下方面的要求：

①不符合事实的描述应准确具体，不要遗漏任何有益信息，具有可重查性和可追溯性。

②观点和结论从不符合事实的描述中自然流露，不要只写结论不写事实，不应带有评论性意见。

③文字表述力求简明精炼，尽可能使用行业或专业术语。

④不符合审核准则的条款判断应准确，如果判断得不准确，会导致纠正措施的方向发生偏差。

⑤不符合项的性质应能客观地反映不符合项的实际情况。

7. 不符合项事实的确认

审核员根据审核组共同评价的结果，针对不符合审核准则的审核发现编写不符合报告。在现场审核活动结束前，审核组通常会以不符合报告的形式将所确定的不符合项提交给受审核部门的代表进行确认。一方面是确认不符合事实(即支持不符合项的审核证据)的准确性，另一方面可以使有关人员理解不符合所反映的问题以及有关审核准则的要求，促进采取纠正措施来解决和消除不符合的原因。这种方法体现了审核的公正、透明和规范，也考验了审核员的工作质量，只要不符合事实中有任何虚假失实之处，受审核部门及有关人员都有理由拒绝签字确认，这有助于提高审核员的素质，养成一丝不苟的科学态度和工作作风。

如果由于受审核部门或人员的误解或不理解而不确认不符合事实时，审核组应耐心地作出解释，说明需要受审核方确认的只是不符合事实，需要时，审核组应向对提供或展示有关的审核证据，以证实审核组提出的不符合项是建立在充分的证据基础上的。如果受审核部门提出了补充证据，证明审核组提出的不符合事实有误或证据不准确时，审核组应进行必要的补充调查核实，如经核实确属不符合事实有误或不准确，审核组应勇于修正错误，修改不符合事实的内容或撤销该不符合项；同时，审核组也应查明补充证据为什么没有在现场审核时提供的原因。

如果对于某一有分歧的不符合项，经过审核组和受审核方的沟通还是不能得到解决，审核组应记录未解决的分歧，必要时应向管理者代表或最高管理者说明有关情况，请其进行仲裁。

【案例4-4　不符合报告】

受审核部门	技术部	部门负责人	李＊＊
审核员	张＊＊	审核日期	2011年3月15日

不符合事实描述

新产品WP-667空调器在样机试验后的设计评审报告(编号为SP0004,2010年9月16日发布)中有三项指标未满足设计输入要求(噪声过大,制冷时间过长,耗电量过大),评审结论为"修改设计,再做一台样机测试"。但设计科在未修改设计的情况下就通知生产车间按原样机图纸小批量生产10台。

不符合　标　准:GB/T 19001-2008中7.3.4　设计和开发评审

受审核方文件:QP121产品设计与开发控制程序(A/1)4.6.5和4.6.6

不符合性质　□体系性不符合　☑实施性不符合　□效果性不符合

审核员:张＊＊　审核组长:王＊＊　受审核方代表:李＊＊

日期:2011年3月17日　日期:2011年3月17日　日期:2011年3月17日

原因分析	纠正措施计划
"产品设计和开发控制程序"中未对新产品小批量试生产的条件和审批权限做出明确规定	1.已开始投产的10台WP-667型空调器全部停止生产,可用元器件拆下经检验后回库。 2.设计科修改设计计划,根据SP0004号评审报告结论修改设计,批准后再试制一台测试。 3.修改产品设计和开发控制程序,增加新产品小批量试生产的条件和未经评审组长会签的图纸不能用作小批试生产的规定。 4.以上各措施应在4月1日前完成。 受审核方代表:李＊＊　2011年3月18日

纠正措施完成情况

1.已开始投产的10台WP 667型空调器已于3月18日全部停止生产,已领出或已装入压缩机的元器件经检验后已于2月20日送回原材料库。

2.设计计划已于3月22日完成修改,由技术部部长签发。

3.QP121(A/1)程序已进行了修改,修改后的QP121(A/2)程序已于3月24日由办公室发布。

受审核方代表:李＊＊　2011年3月26日

纠正措施的验证

经验证,原因分析准确,已按计划实施了纠正措施(有关证明材料详见附件),所采取的纠正措施有效。

审核员:张＊＊ 2011年4月1日　审核组长:王＊＊ 2011年4月1日

四、准备和形成审核结论

1.准备审核结论

在召开末次会议之前,审核组内部应就审核发现进行充分的沟通。在沟通过程中,审核组应围绕着审核目的,对现场审核中所确定的审核发现及其他适当信息进行评审,并在此基础上对质量管理体系的符合性和有效性进行总体评价,准备并形成审核结论。

(1)汇总分析不符合审核准则的审核发现

对于确定为不符合项的审核发现,通常情况下,审核组对审核发现进行汇总、分析、统计,包括不符合项的数量和不符合项性质情况的统计,并绘制成不符合项分布表(表4-3)。从不符合项分布表上可直观反映出不符合项在各过程和各部门的分布情况。

表 4-3　质量管理体系不符合项分布表

过程	办公室	采购部	生产部	检验科	品控部	销售部	合计
4.2.3	▲1		★1		★1		▲1;★2
4.2.4				★1		★1	★2
6.2.2	★1						★1
7.2.2		★1					★1
7.2.3		★1					★1
7.3			★2				★2
7.4		▲1;★1					▲1;★1
7.5.1			★2				★2
7.5.3			★1				★1
7.5.5		★1					★1
8.2.1		★1					★1
8.2.4				★2	★1		★3
8.3		●1				★1	●1;★1
8.4				★1			★1
8.5.2			●1				●1
合计	▲1;★1	★5;▲1;●1	★6;●1	★5	★2	★2	▲2;★20;●2
	共 25 项不符合,其中:体系性不符合 2 项,实施性不符合 20 项,效果性不符合 2 项						
备注	▲:体系性不符合		★:实施性不符合		●:效果性不符合		

审核组应根据不符合项的分布情况、数量、类型以及实际情况分析其对质量管理体系整体符合性和有效性的影响,分析质量管理体系的哪些过程和部门的运行是有效的,哪些过程和部门是重点改进的对象。

从表 4-3 中可知,共发现 24 项不符合,其中 2 项是体系性不合格,20 项是实施性不合格,2 项是效果性不合格。从不合格分布的部门来看,采购部和生产部的不合格最多,共 7 项不合格,其次是检验科 5 项。从不符合项分布的过程来看,"产品的监视和测量"和"文件控制"过程最多,分别有 3 项不符合,其次是"记录控制"、"设计和开发"、"采购"、"生产和服务提供的控制"、"不合格品控制"等过程,分别有 2 项不符合。

从这些不合格项及其分布对管理体系符合性和有效性的影响情况分析来看:出现 2 项体系性不符合,表明组织的管理体系文件总体上基本符合审核准则,但尚存在不符合标准和法律法规的想象;出现 20 项实施性不符合,表明员工违规操作的情况较为严重,说明员工按章执行的质量意识和能力还有待进一步提高,需要提高培训和监督管理的力度;出现 2 项效果性不符合,表明在不合格品控制和纠正措施方面的控制和管理力度还有待加强。"产品的监视和测量"、"文件控制"、"记录控制"、"设计和开发"等过程以及采购部、生产部的实施状况及工作效果会直接影响产品质量的符合性和顾客满意程度,是关系到管理体系有效运行的重要过程和部门,这些过程和部门出现较多的不合格项对整个管理体系的有效运行影响较大。通过以上分析,对一个组织的质量管理体系的薄弱环节就有了较为充分和全面的认识。其他管理体系可以参考上述模式进行分析,对于分析结果可以用于改进和审核策划。

(2)动态比较分析

将这次内部审核的结果与上次审核结果进行动态比较,可以判断组织管理体系改进或进步的情况,以及是否达到了语气的管理目标。这种比较的方法很多,可以对比两次审核的审核发现和结果,如将此次内部审核时提出的不符合项的数量、类型和分布情况与上次内部审核的情况进行比较,看上次没有发现不符合的过程和活动是否得到有效保持,上次出此案的不符合在此次内部审核中是否重新出现,哪些过程和部门较上次内部审核有所提高和改进,哪些过程和部门出现了更多的问题。

(3)汇总分析符合审核准则的审核发现,总结管理体系的优势和优点

内部审核中获得的多数审核发现都是符合审核准则的,这些都体现了组织管理体系符合和有效的方面。审核组在进行管理体系评价时,应汇总分析符合审核准则的审核发现,并结合动态分析的结果,总结管理体系的优势和优点,对符合且有效的管理体系过程、部门和活动应予以肯定。通过总结组织管理体系的优势和优点,来体现组织实施、保持、改进管理体系所取得的成果,同时也起到推广好的经验和措施的作用。

2.形成审核结论

(1)管理体系符合性和有效性评价

审核组在汇总分析所有审核发现的基础上,应对管理体系的符合性和有效性作出总体评价。通常可以从以下3个方面做出评价:

①管理体系文件与审核准则的符合程度。审核组应综合考虑审核中的所有审核发现和动态比较的结果,评价管理体系文件与审核准则的符合程度,评价文件的内容是否能够结合组织及其产品和过程的特点并具有指导性和可操作性。

②管理体系的实施状况及其有效程度。管理体系运行有效程度的评价主要包括以下几个方面:

a.管理者和员工的质量意识。重点评价高层管理者和员工是否认识到实施、保持和改进质量管理体系的重要性,是否具有以顾客为关注焦点、领导作用和全员参与的意识,并积极参与质量管理体系的策划、实施、保持和改进活动等。

b.质量方针和质量目标的适宜性和实现情况。主要评价制定的质量方针和质量目标是否适宜组织的现状和发展前景,是否能体现组织的管理、产品的特点和顾客的期望;质量目标的实现程度,质量管理体系的实施和改进是否具备实现质量方针和质量目标的能力等。

c.主要过程和关键活动达到预期结果的情况。评价质量管理体系中的主要过程和关键活动的策划、实施、监测、改进情况,综合评价这些过程和活动是否得到有效控制,是否能起到促进质量管理体系有效运行和提高产品质量、增强顾客满意的作用,是否能为实现组织的质量目标起到促进作用等。

d.资源状况及其满足要求的能力。主要评价现有的资源状况是否适宜和充分,是否能对质量管理体系有效运行和产品质量符合性方面起到基础的支持性作用。

e.产品质量符合要求的程度和稳定性,内、外部失效的情况。主要评价产品质量是否持续保持稳定和提高的趋势,产品的合格率高低和质量指标的实现及符合有关法律、法规的情况。评价产品实现过程中造成的内部失效的情况(如不符合品率高低及其分布等)。评价外部失效的情况(如顾客投诉、索赔以及产品的退、换、修等)。评价国家、行业或地方对产品质量监督检查结果及组织信誉情况等。

f.顾客满意程度。主要依据顾客对产品质量的反馈信息，评价顾客对产品质量的满意程度及其变化趋势，这体现在组织的履约能力、顾客投诉与索赔、由产品质量所获得的荣誉、产品的市场占有份额等方面。

③质量管理体系持续改进机制。通过内部审核、管理评审、纠正与预防措施以及运用数据分析决策改进等活动的实施情况及效果，评价组织建立的自我发现问题和改进机制是否发挥作用，是否能促进质量管理体系自我完善和持续改进。

(2)审核结论

审核结论是审核组在对质量管理体系的符合性和有效性进行综合评价的基础上，结合当次审核的审核目的，作出的最终审核结果。不同审核目的的内部审核，其审核结论可能是不完全相同的。审核结论可陈述诸如以下内容：

①管理体系与审核准则的符合程度。

②管理体系的有效实施、保持和改进。

③管理评审过程确保管理体系持续的适宜性、充分性、有效性和改进方面的能力。

五、审核过程中的沟通

审核组应根据审核范围和复杂程度，对审核过程中审核组内部沟通和与受审核方沟通做出必要的安排，并在审核过程中及时而有效地进行沟通，以确保审核顺利有序地进行。

审核过程中的沟通可以采用会议或其他适宜的方式，如每天现场审核结束后召开沟通、全部现场审核活动结束后的沟通、与受审核方代表口头沟通等。

1.审核组内部沟通的内容

①审核活动的进展和审核计划的执行及完成情况，以及是否需要调整审核计划或重新分派审核组成员的工作。

②审核组成员从不同渠道收集的信息，以及审核中需要不同审核员之间相互协调补充印证的信息或需要进一步跟踪验证的信息。

③审核过程中出现的不利于审核的异常情况。

④解释并澄清审核员之间存在的异义，解决审核组成员之间的分歧。

⑤对收集的信息进行汇总、分析，以确定审核证据和形成审核发现。

⑥评价受审核的管理体系的有效性，做出审核结论，并达成共识。

⑦需要时，沟通审核后续活动的安排。

2.审核组与受审核方沟通的内容

①审核计划的实施情况和审核活动的进展，包括审核过程中发现的异常情况。

②需要受审核方提供进一步配合和支持的活动。

③对可能调整的审核活动安排(包括审核计划和审核组成员任务分工的变化)进行沟通和协商。

④当审核组收集的证据显示有可能发生紧急的和重大的质量风险时，应及时与受审核方沟通。

⑤简要介绍审核的整体情况，说明审核发现，就受审核方存在的异义进行沟通和澄清，解决双方的分歧达成共识。

⑥通报审核组对管理体系有效性的评价及做出的审核结论。

⑦需要时，沟通审核后续活动的安排。

六、末次会议

在结束现场审核即收集证据及做出审核发现，并编制完成审核报告之后，审核组长应主持召开由最高管理者、受审部门的负责人以及审核组成员共同参加的末次会议，通报审核发现和宣布审核结论，强调对发现问题的正确认识，提出纠正和预防要求，以维护质量管理体系的有效运行。

1. 末次会议的目的

①向最高管理层和受审核部门负责人介绍审核情况。

②宣布审核结果和审核结论。

③提出纠正措施及跟踪验证要求。

④宣布现场审核的结束。

2. 末次会议的程序和内容

(1)主持并致谢

审核组长主持末次会议，代表审核组对受审核方在审核中的配合和支持使审核顺利完成表示感谢。

(2)重申审核目的、审核范围和审核准则

审核组长在末次会议上重申审核的目的、准则和范围是十分必要的。因为尽管审核计划上和首次会议时均说明了审核的目的、准则和范围，但参加末次会议的人员未必都了解这些信息，通过重申这些信息向受审核方及其他与会人员表明，审核组的审核过程始终是遵循审核的目的、准则和约定的审核范围实施的。

(3)提出审核发现

审核组长对管理体系实施的有效性做出基本评价，提出审核发现(包括符合的和不符合的)，宣读不符合报告，并提醒受审核方准确理解不符合事实，确保受审核方对不符合项的正确认识。充分肯定组织管理体系运行的优势，指出管理体系运行的薄弱环节和不符合的要点。

(4)宣布审核结论

审核组长应依据汇总分析的结果，对组织的质量管理体系的符合性和有效性进行评价，宣布审核的结论性意见。

(5)说明可能降低审核结论可信程度的情况

由于审核是抽样检查的过程，且在审核中可能会出现一些异常或特殊情况，这些都有可能降低审核结论的可信程度，必要时，审核组长应对这些情况作出说明。例如，说明审核是一种抽样检查的活动，存在一定的局限性和风险性，在审核中发现不合格项的部门/过程未必是出现问题的唯一部门/过程，没有发现不合格项的部门/过程未必不存在问题，审核组对抽取的样本负责，这需要受审核部门举一反三，不断改进质量管理体系的有效性。审核组长还应说明，尽管这种抽样对审核存在一定风险，但审核组在审核过程中尽量做到了抽样的代表性，从而使审核结论公正、客观和准确。

(6)澄清

审核组和受审核方应当就有关审核发现和结论的不同意见进行讨论，并尽可能予以解决。应让受审核方有机会对于不符合项提出意见，包括某些措词修正。审核组在可能的情况下应表现出一定灵活性，考虑意见的接受。如果未能解决，应当记录所有的意见。

(7)纠正和预防措施要求

审核组长应提出对纠正和预防措施的要求，包括纠正和预防措施的制订、完成期限、追踪验证等的要求。

(8)领导表态

在末次会议上，组织的最高或主要领导可就审核结论和纠正措施要求作简短表态，适当说明组织对待管理体系的要求和设想。

参加末次会议的人员应当包括受审核方，也可包括审核委托方和其他方。当末次会议所有议程完成，受审核方没有任何异议时，审核组长可宣布末次会议结束。末次会议应当是正式的并保持记录，包括出席人员的记录。在许多情况下，如在小型组织的内部审核中，末次会议可以只包括沟通审核发现和结论。

七、审核报告的编制

审核报告是审核组结束现场审核工作后必须编制的一份文件，应由审核组长编写。审核组长对审核报告的准确性与完整性负责。审核报告涉及的项目应为审核计划中所决定的，编写过程中如欲对此有所变动，应取得有关各方的一致同意。审核报告通常由组织的管理者代表审批后，并根据具体需要分发给相关受审核部门。

审核报告的格式没有统一的规定和要求，各组织通常会根据需要设计适用的格式。审核报告的内容应完整、准确、简明和清晰，审核报告的内容通常可以包括或引用以下几个方面的内容：

①审核目的。

②审核范围，尤其是应当明确受审核的组织单元和职能的单元或过程以及审核所覆盖的时期。

③明确审核委托方。

④明确审核组长和成员。

⑤现场审核活动实施的日期和地点。

⑥审核准则。

⑦审核发现。

⑧审核结论。

适当时，审核报告可包括或引用以下内容：

⑨审核计划。

⑩受审核方代表名单。

⑪审核过程综述，包括所遇到的降低审核结论可靠性的不确定因素和(或)障碍。

⑫确认在审核范围内，已按审核计划达到审核目的。

⑬尽管在审核范围内，但没有覆盖到的区域。

⑭审核组和受审核方之间没有解决的分歧意见。

⑮如果审核目的有规定，对改进的建议。

⑯商定的审核后续活动计划(如果有)。

⑰关于内容保密的声明。

⑱审核报告的分发清单。

【案例 4-5　＊＊＊公司质量管理体系内部审核报告】

审核目的：评价本组织的质量管理体系的符合性、有效性，考核方针、目标的实现程度，找出质量管理体系的薄弱环节和改进的机会。

审核范围：本组织 QMS 覆盖的所有部门、所有场所、过程及所有产品。

审核依据：ISO 9001:2008、ISO 22000:2005 适用的法律法规、本组织的质量管理体系文件。

受审核部门：管理者代表、质量部、生产运营部、物流部、设备部、行政部、采购部。

审核组长：蓝＊＊、孙＊＊。

审核成员：欧＊＊、夏＊＊、王＊＊、程＊＊、孙＊＊、王＊＊、黄＊＊、相＊＊、刘＊＊、邱＊＊。

审核日期：2012 年 6 月 14 日。

一、审核过程综述

1. 本次审核共分 2 个小组对本组织所有部门(场所)、所有过程和所有产品进行了为期一天的审核。审核采取抽样的方式进行，审核组分类对文件性、记录性、实施性的执行进行抽样检查，共发现 14 个不符合项。抽样审核的结果表明，本组织的质量管理体系基本得到了正常的实施。

2. 主要优缺点：组织在资源配置、产品实现过程的控制、销售、纠正措施及持续改进等方面，取得了较好的效果，没有发现不符合项。组织在第三层次文件的适宜性方面、控制、现场管理与标准方面还存在薄弱环节，出现不符合应注意改进。

二、不合格项统计与分析

本次审核共发现不符合项 14 个，均为一般不符合，主要分布在质量部、生产部、物流部、采购部等部门，具体情况见不符合项分布如下：

1. 质量部

(1)钙片原料的菠菜粉关键限值没有每批检验结果，供应商厂家报告也没有该项目监测数据，第三方检测报告中也无该项目数据。

(2)有召回程序，并在 2012 年 5 月 15 日进行了召回演习，记录中胶囊壳总数量与生产实际使用量没有进行核算。

(3)国际供应链部没有发放文件记录，没有外来文件清单。

(4)质量目标的统计使得原始数据缺失。

(5)检查益生菌胶囊 HACCP 计划书的确认记录，关键限值热封温度的依据工艺验证文件，没有查到该参数的确认。

(6)供应商审核资料中缺失苏州胶囊有限公司和二龙贸易有限公司的现场审核表和调查表。

2. 生产部

(1)猪肝粉中间产品为放置在制定中间站。

(2)应急准备与响应预案的突然停电预案，未进行演习。

3. 物流部

(1)温、湿度记录上、下午没有分开登记。

(2)现场操作记录未及时填写。

4. 行政人事部

(1)抽检 QA 人员罗国立的健康证文件发现已过期。

(2)年度培训计划中缺失食品安全。

5. 采购部

(1)原、辅料质量标准未作为采购合同附件。

(2)青岛乔瑟和二龙贸易公司缺少季度评审表。

三、对管理体系的评价(包括文件化体系与标准的符合程度、实施效果、发现和改进体系运行的机制及措施等)

本组织于2012年6月14日分2个小组对组织的质量管理体系进行了一次全面的内审。现将质量管理体系有效性做出如下评价意见:

本组织自2012年2月1日贯彻ISO 9001和ISO 22000的质量管理体系文件,基本符合ISO 19001—2008和ISO 22000—2005的规定。过程的识别充分合理,体系无删减,对确定的过程控制规定明确、可行;质量方针和质量目标明确,与本企业的实际适宜;质量管理体系文件结构合理,控制明确,具有可操作性,能满足本企业对质量管理体系实施和控制的需要,部分文件的执行过程环节稍显薄弱,操作性文件还有少数内容规定的不便于操作,还需进一步修改完善。

质量管理体系文件基本得到充分实施。通过本次现场抽样调查,发现14个一般不符合项。自质量管理体系文件实施以来,这次是首次内审,希望通过本次内审和接下来的管理评审来保证质量管理体系的实施。

质量管理体系的实施基本达到预期的效果。1月以来产品一次交检合格率达到100%,实现产品质量平稳;所有产品均获得国家指定部门检验合格;材料消耗比去年同期也有下降;销售在目前也得到长足的进步;员工的质量意识得到了普遍提高,领导起到积极的推进和带头作用;质量目标正在实现之中,具备在2012年度基本完成的既定目标。

组织质量管理体系的自我完善和自我改进的机制基本建立并得到实施。内审、管理评审、纠正和预防措施已在企业正常实施,体系实现了持续的改进。

总之,我们的质量管理体系的运行已收到了良好的效果,但从本次审核的情况分析,在文件的可操作性、供应商的管理制度的执行力度等方面还存在一些薄弱环节,还需进一步改善。

建议组织对供应管理人员进一步加强培训;适当充实一些技术人才,加强人员对制度的执行力度。

四、审核结论

本组织的质量管理体系运行基本符合质量管理体系标准和文件要求,方针目标正在实现当中。体系运行期间无顾客投诉。基本满足ISO 9001及ISO 22000要求。

五、纠正措施要求

要求各部门于15日内完成纠正措施并向审核组长提交书面的不符合项报告,审核组将采取书面与现场相结合的方式予以验证。

六、审核报告分发对象

各部门。

七、审核组人员签字

八、管理者代表审批

日期:2012年6月15日

实训4-3　内部审核首、末次会议的模拟训练

一、实训目的

通过实训教学,使学生能够熟练地掌握内部审核首、末次会议的程序。

二、实训原理

内部审核的首、末次会议是进行现场审核之前和之后的一次重要的会议。首次会议是内审组与受审核方建立联系，对审核过程的安排进行信息交流，目的是阐明审核的目的和范围，确认审核计划。末次会议是内审组向受审核方宣布审核结论，并对不符合项提出纠正措施等。

让学生模拟"首、末次会议"的完整情景，通过学生自己的表演和讨论，掌握内部审核首、末次会议的程序和内容，使学生学会主持内审的首、末次会议。

三、实训步骤

①复习内部审核首、末次会议的有关内容、注意事项等。

②指导学生编写首、末次会议的程序。

③将学生分组，在课堂上让学生扮演"首、末次会议"中不同的角色，表现"首、末次会议"的完整情景。

④角色扮演结束后，组织其他学生讨论首、末次会议的程序是怎样的？如何控制时间？如何清晰地表达审核计划和审核结论？如何与受审核方沟通确定审核计划？如何使受审核方接受不符合报告，并提出纠正措施？

⑤老师对各组首末次会议角色扮演和讨论进行点评，并以下表评分标准进行评分。

组别	学生姓名	表达的准确性（30分）	交流的逻辑性（30分）	回答的准确性（30分）	其他（10分）	总分

实训4-4 现场审核的模拟训练

一、实训目的

通过实训教学，使高职学生能够熟练地掌握内部审核中现场审核的内容和技巧。

二、实训原理

现场审核是内部审核成败的关键。让学生模拟"现场审核"的情景，通过学生自己的表演和讨论，掌握现场审核的程序和内容，使学生能够掌握现场审核的节奏。

三、实训步骤

①复习现场审核的有关内容、注意事项等。

②将学生按照管理手册中的部门进行分组，指导各组学生选择不同部门进行检查表的编写。

③分组让学生扮演"现场审核"中不同的角色，按编写的检查表进行现场审核的角色扮演，模拟现场审核的全过程。

④角色扮演结束后，组织其他学生讨论现场审核的程序是怎样的？如何控制时间？如何清晰地表达？

⑤教师对学生的表演和讨论进行点评，并以下表评分标准进行评分。

组别	学生姓名	表达的准确性（30分）	交流的逻辑性（30分）	回答的准确性（30分）	其他（10分）	总分

实训 4-5　内审报告的编写

一、实训目的

通过实训教学，使高职学生能够熟练地编写内审报告。

二、实训原理

根据内审报告的内容和要求，将现场审核的审核结果和不符合项的纠正措施，以及内审跟踪计划表达出来。

三、实训步骤

①复习内审报告的编写要点。

②按照实训 4-1 的审核结论，各组编写管理体系审核报告，将审核报告内容填入下表。指导学生将判定结果填入下表。

管理体系内部审核报告

审核目的	
审核范围	
审核依据	
受审核部门	
审核组长	
审核组成员	
审核日期	

一、审核过程综述

二、不合格项统计与分析

三、对管理体系的评价

四、审核结论

五、纠正措施要求

六、审核报告发放对象

七、审核人员签字

八、管理者代表审批

日期： 年 月 日

③各组对自己组编写的内审报告进行交流、讨论，在交流、讨论过程中，其他组学生可以质疑。

④教师对学生的实训结果进行点评，并以下表评分标准进行评分。

组别	学生姓名	分析的准确性（30分）	交流的逻辑性（30分）	回答质疑的准确性（30分）	其他（10分）	总分

任务4-4 审核后续活动的实施

学习目标

1. 熟悉审核后续活动的内容；
2. 了解审核后续活动的目的和重要性；
3. 掌握审核后续活动的程序。

一、审核后续活动与审核的关系

审核后续活动是在审核计划约定的前提下，针对审核组提出的不符合项或潜在的不符合项或识别的其他改进需求而采取的活动。但是，如果审核组未提出这些问题，就无需实施审核后续活动。由于此类措施通常由受审核方确定并在商定的期限内实施，因此审核后续活动通常不视为审核的一部分。

在内部审核中，如果审核组提出了不符合项或潜在不符合或识别的其他改进需求，则需要实施审核后续活动。审核后续活动通常包括：

①受审核部门确定和实施纠正、预防或改进措施，报告实施纠正、预防或改进措施的状态。

②审核组对纠正措施的实施情况及其有效性进行验证、判断和记录。

对纠正措施的验证可以是随后审核活动的一部分。例如，这一次内部审核中提出的某些不符合项的纠正措施的验证可以在下一次内部审核时进行，作为下一次内部审核活动的一部分。

二、审核后续活动的目的和重要性

在内部审核中，实施纠正措施并对其进行验证具有特别重要的意义。这是由内部审核的目的决定的。内部审核的目的重点在于发现管理体系的问题，查出原因，采取改进措施加以消除，以免再次发生类似不符合，使管理体系得到不断改进。

内部审核既然如此重视纠正措施，因此内部审核在现场审核完成以及审核报告发布后，审核组和管理者代表仍要花许多精力促进纠正措施的有效实施，其目的和重要性体现在以下几个方面。

①可以促使受审核部门对已发生的不符合项进行清理和总结，防止管理体系的正常实施运行受到影响。

②可以监控受审核部门对现存不符合项采取改进措施，防止问题的滋生和蔓延或进一步扩大，造成更大的不良后果。

③可以督促受审核部门认真分析不符合项的原因，防止类似不符合再发生，改进和提高管理体系运行的有效性。

三、审核后续活动的程序

在审核后续活动的实施过程中，受审核方(部门)和审核组发挥着不同的作用，承担着不同的职责，双方应密切合作，协同配合。通常，审核后续活动的程序和方式包括以下几个方面。

1. 提出纠正措施要求

审核组在末次会议提出审核发现过程中，针对不符合审核准则的审核发现，向受审核方通过不符合报告的方式提出了纠正或预防措施的需求。在要求受审核部门负责人确认不符合事实的基础上，进一步要求他们调查分析造成不符合项的原因，有的放矢地提出纠正措施建议，包括完成纠正或预防措施计划的预计期限。如果受审核方坚持不同意对不符合的判定，也不肯提出纠正措施建议，可以提请管理者代表和最高管理者进行仲裁。纠正和预防措施的完成期限规定如下：

①严重不符合项一般在3个月内完成，其中由相当数量同类性质的轻微不符合形成的严重不符合项完成时间可再短些。

②一般不符合项在1个月内完成。

③性质非常轻的轻微不符合项可在现场审核期间由受审核方立即完成整改，审核员及时进行纠正和预防措施跟踪验证。如确已完成，应在不符合项报告中注明。

以上是不符合项完成期限的一般要求，在实际中，可依具体问题和具体情况区别对待。但一定要掌握一个原则：以取得实效为根本，时间可适度放宽，但需防止无节制地延长。

内部审核和外部审核稍有不同的一点是关于审核员能否对纠正措施提出建议。外部审核员对纠正措施是不能提供任何建议的，否则就有“咨询”之嫌；但内部审核却稍有不同。内审员与受审核部门负责人在同一组织，如果连商量的余地都没有是不近人情的。所以当内审员提出不符合项时，受审核部门的负责人首先要对不符合事实加以确认，其次是与审核员讨论纠正措施的方向。这时内审员就纠正措施的方向提出建议是可以的，有的组织甚至认为内审员应积极参加纠正措施建议的讨论，但内审员通常不应代替受审核部门具体制定纠正措施，更不能承担纠正措施实施后果不良的责任。有的内审员提出几个方向性建议供受审核方参考选择。

2.评审不合格

受审核部门的负责人组织与不符合项有关人员，需要时，可包括与不符合项有关的其他部门的人员，对审核组提出的不符合项进行评审，分析并确定导致产生不符合项的原因，针对不符合项的原因，充分考虑该不符合已造成的影响或潜在的影响，制定可以消除不符合原因的切实可行的纠正措施建议。

3.纠正措施建议的批准

受审核部门提出的纠正措施的建议应经审核组认可。认可的目的主要在于审查纠正措施的建议是否针对不符合的原因，拟采取的纠正措施是否具有可行性和有效性。内部审核员对纠正措施建议的认可可以在参与讨论纠正措施建议时进行。经过审核员认可的纠正措施建议通常需要经过管理者代表批准，尤其是涉及整个组织的纠正措施或是牵涉到几个部门的纠正措施，管理者代表可能需要加以协调甚至还要请示最高管理者决定。

4.实施纠正措施，并记录纠正措施的实施结果

受审核部门和/或与纠正措施计划有关的责任部门按照批准后的纠正措施计划逐项实施纠正措施。纠正措施通常包括针对不符合项现象进行的纠正和针对不符合原因而采取的纠正措施。在实施纠正措施的过程中，如发生特殊情况而不能按期完成纠正措施时，受审核部门应向审核组和/或管理者代表说明原因，请求延期。如在实施中发生困难，非一个部门自身力量能够解决，则应向管理者代表提出，请管理者代表和/或最高管理者协调解决。如果在实施纠正措施的过程中，几个有关部门之间有争执而难以解决时，也应提请管理者代表协调或最高管理者仲裁。受审核部门和/或相关部门应将纠正措施的实施情况及其结果进行记录，作为实施纠正措施的证据。

5.评审所采取的纠正措施的有效性，提交实施结果的证据

受审核部门在完成纠正措施后，应对所采取的纠正措施的有效性进行评审，如果经受审核部门自我评审后认为纠正措施达到了效果，可以向审核组提交纠正措施实施结果的证据，以供审核组验证。如果经评审发现所采取的纠正措施未达到效果，则受审核部门还应重新调查原因，制定并实施更为有效的纠正措施。

6.对纠正措施完成情况进行跟踪验证，评价其有效性，并报告验证结果

审核组应对受审核部门采取的纠正措施的实施情况和有效性进行跟踪。审核组接受到受审核部门完成纠正措施并提交的实施证据后，应对纠正措施完成情况及其有效性进行验证。

审核员验证并认为纠正措施确已完成并达到预期效果后，出具验证有效的意见，这项不符合项就关闭了。如果经审核员验证发现未完成纠正措施或未达到预期的效果，则应提请受审核部门继续完成或重新采取更为有效的纠正措施。

审核组可在全部或对绝大多数不符合验证完成后写出本次审核的总结报告，全面报告纠正和预防措施跟踪和验证情况。总结报告应同审核报告一并归档保管。

四、验证纠正措施的方式和内容

纠正措施的验证可以采用多种方式，如对受审核部门提交的纠正措施完成情况的报告及

相关证据的书面材料进行验证；再次到审核部门进行现场验证等。审核员（组）对纠正措施的验证，无论采用何种方式，均需重点关注以下内容：

（1）原因分析方面

受审核部门针对不符合项进行的原因分析是否正确，是否确切地找到问题的根源，而非避重就轻或浮于表面。

（2）纠正措施计划的制订方面

针对不符合的原因所制订的纠正措施计划是否具备可行性和有效性，包括：

①制定的纠正措施是否与不符合的严重性及其影响程度相适应。

②制定的纠正措施是否可以防患于未然，是否能举一反三，避免同类问题再次发生。

③是否明确了纠正措施的实施/完成时间。

（3）纠正措施的实施情况及其效果方面

①纠正措施计划中的各项措施是否全部完成，实施情况是否有记录可查。例如，如果由于纠正措施引起了相应的管理体系文件的修改，应请受审核方提供修改后的文件及其相关的记录，验证其修改内容是否充分、适用，该文件是否按照文件控制规定实施了相应的修改、批准、发放等手续，修改后的文件是否已被执行。

②纠正措施计划是否按规定的日期完成。

③完成后的效果如何，是否有效地控制了类似不符合项的再次发生。

有些纠正措施的效果可以通过对受审核部门提供的实施证据进行评价后，判断这些措施是否能够达到防止类似不符合再次发生的效果。但是，有些纠正措施的效果仅通过对实施证据进行评价，是难以完全判断其实际有效性的，这种情况下，可以进行现场验证或提请在下一次内部审核时对其有效性进行进一步验证。

经审核员（组）验证后，认为不符合项的纠正措施确已按规定实施并有效，且有充分的证实证据，就可以做出验证有效的结论以关闭不符合项。

复习题

1. 简述审核、审核证据、审核准则、审核发现的概念。
2. 审核计划与审核方案的区别在哪里？
3. 审核的类型有哪些？各自的目的是什么？
4. 管理体系审核的准则一般包括哪些？
5. 审核组长和审核员的职责有哪些？
6. 审核路线有哪几种？其特点如何？
7. 检查表的编制步骤有哪些？
8. 首次会议的内容包括什么？
9. 信息的收集方法有哪些？
10. 不符合有哪几种？对管理体系有何影响？
11. 末次会议的程序和内容是什么？
12. 审核后续活动的程序包括哪些？

项目5　食品质量安全制度的建立与实施

在新中国成立后的一个相当长的时期内，受计划经济体制的束缚，我国食品供给短缺，各级政府把工作的重心一直放在保障供给上，食品安全还不可能被提上政府的议事日程。改革开放后，随着生产能力的提高和人民物质生活的极大丰富，食品逐步呈现局部的阶段性和结构性过剩，直接关系广大民众的食品安全问题开始成为社会各界广泛关注的焦点。国内外形势的迅速发展，使加强食品质量安全制度建设的要求十分迫切，建立食品生产许可制度和食品可追溯系统已成为必然，实施食品召回制度也刻不容缓。

任务5-1　食品生产许可制度(QS)的建立与实施

◉**学习目标**

1. 了解食品生产许可制度建立的背景和意义；
2. 掌握食品生产许可证申办程序；
3. 掌握QS标志使用规则。

一、食品生产许可证制度简介

2002年5月国家质量监督检验检疫总局下发的《关于进一步加强食品质量安全监督管理工作的通知》提出"食品生产企业必须具备保证产品质量的必备条件，获得食品质量安全生产许可证后，方可生产加工食品"，"其生产加工的食品经出厂检验合格的，在出厂销售之前，必须在最小销售单元的食品包装上标注食品质量安全生产许可证编号并加印或者加贴食品质量安全市场准入标志"，这一规定标志着中国开始正式实施食品质量安全市场准入制度。

市场准入，一般是指货物、劳务与资本进入市场的程度的许可。产品的市场准入，一般是指市场的主体(产品的生产者与销售者)和客体(产品)进入市场程度的许可。食品质量安全市场准入制度就是为保证食品的质量安全，具备规定条件的生产者才允许进行生产经营活动、具备规定条件的食品才允许生产销售的监管制度。它是一种政府行为，是一项行政许可制度，在根本上保证了食品的质量。

食品质量安全市场准入制度又称食品生产许可证制度(QS认证制度)。

2012年6月23日，国务院印发了《国务院关于加强食品安全工作的决定》(国发〔2012〕20号)，其中明确要求严格实施食品生产经营许可制度，对食品生产经营新业态要依法及时纳入许可管理。不能持续达到食品安全条件、整改后仍不符合要求的生产经营单位，依法撤销其相关许可。

1. QS 认证的背景和意义

(1)QS 认证的背景

食品是一种特殊商品,它最直接地关系到每一个消费者的身体健康和生命安全。我国食品工业的生产技术水平总体上同国际先进水平还有较大差距。许多食品生产加工企业规模很小,加工设备简陋,食品生产工艺水平较低,环境条件很差,技术力量薄弱,质量意识淡薄;很多企业管理混乱,不按标准组织生产;生产企业不具备产品检验能力,或产品抽样合格率不高,假冒伪劣产品屡禁不止,难以保证食品的质量安全。因食品质量安全问题造成的中毒及伤亡事故屡有发生,已经严重影响到人民群众的安全和健康。

为减少食品安全事故发生,并将食品安全隐患挡驾在市场之外,强制实施食品生产许可证制度,是一项强有力的保障措施。实施这一措施的目的,就是使凡进入市场销售的食品都要达到安全这一水准要求。实行食品生产许可证制度,是从我国的实际情况出发,为保证食品的质量安全所采取的一项重要措施。

(2)QS 认证的意义

食品生产许可证制度通过设定限制性条件来阻挡不安全的食品自由地流入市场,将食品安全隐患与消费者隔断,以致使它不会给人们的健康乃至生命带来威胁或伤害。

①切实从源头开始加强食品质量安全的监督管理,规范食品企业生产加工过程,提高我国食品质量安全水平。

②保障人类身体健康与安全,维护消费者利益,从生产条件上保证了企业能生产出符合质量安全要求的产品。

③便于消费者的识别与监督。

④有利于促进食品生产企业提高对食品质量安全的责任感。

⑤实行 QS 认证制度是强化食品生产法制管理的需要。

⑥实行 QS 认证制度是适应改革开放,创造良好经济运行环境的需要。

2. QS 认证制度的内容

QS 认证制度密切结合我国食品生产加工企业实际状况,并借鉴了目前国际上比较通行的食品质量安全监管模式的有益思想,是一项符合国情并与国际接轨的食品质量安全管理体系。QS 认证制度的核心内容主要包括以下 3 个方面:

①对食品生产加工企业实行生产许可证管理。实行生产许可证管理是指对食品生产加工企业的环境条件、生产设备、加工工艺过程、执行产品标准、人员资质、检测能力、质量管理制度和包装要求等条件进行审查。对符合条件的企业,颁发企业食品生产许可证,允许其从事食品生产加工。

②对食品出厂实行强制检验。生产食品的企业对其产品必须自检,检验合格方可出厂,质监部门对获证企业产品实行定期监督检验,对检验不合格的产品实行加严检验。承担食品检验工作的检验机构,必须具备法定资格和条件,经省级以上(含省级)质量技术监督部门审查核准,由国家质检总局统一公布承担食品检验工作的检验机构名录。

③实施生产许可证标志制度。获得食品生产许可证的企业,其生产加工的食品经出厂检验合格的,在出厂销售之前,必须在最小销售单元的食品包装上标注由国家统一制定的食品企业生产许可证编号并加印或者加贴 QS 标志。

3. QS认证的三项基本原则

为保证QS认证的顺利实施，国家质检总局制定了QS认证的三项基本原则。

①坚持事先保证和事后监督相结合的原则。为确保食品质量安全，必须从保证食品质量的生产必备条件抓起，因此要实行生产许可制度，对企业生产条件进行审查，不具备基本条件的不发生产许可证，不准进行生产。但只把住这一关还不能保证进入市场的都是合格产品，还需要有一系列的事后监督措施，包括实行强制检验制度、合格产品标识制度、许可证年审制度以及日常的监督检查，对违反规定的还要依法处罚。概括地说，要保证食品质量安全，事先保证和事后监督缺一不可，二者要有机结合。

②实行分类管理、分步实施的原则。食品的种类繁多，对人身安全的危害程度不同，同时对所有食品都采用一种模式管理，是不科学的，不必要的，还会降低行政效率。因此，有必要按照食品的安全要求程度、生产量的大小、与老百姓生活相关程度，以及目前存在问题的严重程度，分出轻重缓急，实行分类分级管理，由国家质检总局分批确定并公布实施食品生产许可证制度的产品目录，逐步加以推进。

③实行国家质检总局统一领导，各地具体实施的组织管理原则。鉴于我国食品生产企业量大面广，规模相差悬殊，以及各地质量技术监督部门装备、能力水平参差不齐的实际状况，推行食品生产许可证制度采取国家统一管理，省局统一组织的管理模式。国家质检总局负责组织、指导、监督全国食品生产许可制度的实施；省级质量技术监督部门按照国家质检总局的有关规定，负责组织实施本行政区域内的食品质量安全监督管理工作；市(地)级和县级质量技术监督部门主要承担具体的实施工作。

4. 适用范围和申办程序

(1)适用范围

QS认证制度的适用范围是：

适用于对申请人生产许可规定条件的审查工作，包括审核资料、核查现场和检验食品。

不适用于进出口食品(进出口食品按照国家有关进出口商品监督管理规定办理)。

(2)食品种类

我国对国家标准中规定的28类525种食品全面实施市场准入制度管理，不进行QS认证制度认证的企业生产的食品不准上市。实行QS认证的28大类食品目录如下：

第一批食品5类，包括小麦粉、大米、食用植物油、酱油、食醋；

第二批食品10类，包括肉制品、乳制品、方便食品、冷冻饮品、速冻米面食品、膨化食品、调味品、饮料、饼干、罐头；

第三批食品13类，包括糖果制品、茶叶、蛋制品、可可制品、焙炒咖啡、葡萄酒及果酒、啤酒、黄酒、酱腌菜、蜜饯、水产加工品、淀粉及淀粉制品、炒货制品。

(3)许可证申办程序

《食品生产许可审查通则(2010年版)》规定食品生产许可证申办流程如下：

申请→受理→审查→审批证书→申请检验→抽样→检验→审批证书附页。

①企业按照有关规定，到企业所在地市(地)级或省级质量技术监督部门领取申请书。

②企业填写申请书，并按照实施细则要求准备相关的材料。

③携带申请书等材料向企业所在地质量技术监督部门申报。

④质量技术监督部门应在5日内受理申请，受理后组织书面材料审查、现场审查。申请资

料审核和现场核查结论符合规定条件要求的，许可机关应当向申请人送达准予生产许可决定书和食品生产许可证及副本。告知申请人批量食品抽样基数、检验项目等食品审查细则规定的事项。

⑤生产许可抽样检验。

⑥发放审批证书附页或注销证书。食品检验合格后，许可机关发放《食品生产许可证》附页。检验结果不合格的，申请人可以在15日内向许可机关提出生产许可复检申请，发证检验全部为不合格的，依法办理证书注销手续。

二、食品生产许可证的申请

食品生产加工企业凡具有营业执照的，必须单独申请食品生产许可证。隶属于集团公司和经济联合体并有营业执照的分公司或生产厂点，必须独立申请食品生产许可证；没有营业执照的分公司、生产厂点可以由集团公司统一申请食品生产许可证，但是其所有的生产厂点必须在申请书上注明。

1.申请人应具备的条件

①取得国家工商行政管理部门或有关机构注册登记的法人资格（或其组成部分）。

②已取得相关法规规定的行政许可文件（适用时）。

③生产、加工的产品或提供的服务符合中华人民共和国相关法律、法规、安全卫生标准和有关规范的要求。

④已按以上基本认证依据和相关专项技术要求，建立和实施了文件化的食品安全管理体系，一般情况下体系需有效运行3个月以上。

2.申请表的编制

(1)封面

申请食品品种类别及申证单元：依据细则规定格式填写，如饮料[瓶（桶）装饮用水类（其他饮用水）]。

申请人名称：保证与企业提供的预先核准通知书或营业执照企业名称完全一致。

生产场所地址：填写申请企业的实际生产场地的具体详细地址，如**工业园**路**号；多个生产地址分别列明。

联系人：填写企业负责办理食品生产许可证工作的人员姓名。

申请日期：填写企业的实际申请时间，用大写数字填写。

首次申请、延续换证、变更：根据企业实际情况选择标注。

(2)申请企业基本情况

企业名称、住所、经济类型等：填写企业营业执照上的注册名称、住所、经济类型等。

年总产值、年销售额、年缴税金额、年利润：填写企业上一年度实际完成情况，新投产、实际生产期未满一年的企业，该4项指标可不填写。

(3)申报产品基本情况

产品名称及其品种，由企业对照《食品生产许可证实施细则》的有关规定，按企业实际情况填写。一次申报产品数量多的申请企业可附页。

(4)企业（集团公司、经济联合体）组织结构

集团公司和其所属单位一起申请食品生产许可证的，由集团公司填写与其一起申请的所

属单位的情况。非集团公司企业此表可不填。

其他附表有《企业主要负责人员、工程技术人员一览表》、《企业主要生产设备、设施一览表》等，按要求项目和企业实际情况填写。

3. 申请表中规定需附齐的资料

企业申请食品生产许可证必须提供如下资料：

- 营业执照复印件。
- 组织机构代码证复印件。
- 经备案的企业标准。
- 当地环保部门核发的符合要求的证明文件复印件(环境影响批复及验收报告或环保主管部门出具的证明文件)。
- 产品型式检验报告。
- 产品使用说明书或产品标签。
- 质量生产管理制度：规定各有关部门、人员的质量职责、权限和项目关系，特别是检验部门和人员的职责权限。
- 质量考核办法。
- 清洁生产制度。
- 生产设备清单(包括设备名称、规格型号、数量、生产厂等)。
- 检验仪器、设备清单(包括仪器、设备名称、规格型号、数量、生产厂等)。
- 生产过程中所需的各种规程、作业指导书等工艺文件。
- 工艺文件目录明细表、工艺过程卡、工序卡、作业指导书、检验规程。
- 文件管理制度。
- 采购质量控制制度。
- 采购文件(如采购计划、采购清单、采购合同)。
- 工艺流程图及标注关键控制点。
- 关键控制点的管理办法和操作控制程序。
- 检验管理制度和检验设备计量器具管理制度。
- 不合格品管理办法。
- 销售记录、已售出的不合格品召回制度。
- 退货品管理制度。
- 安全生产制度。

三、食品生产许可证的申请受理和审查程序

1. 申请受理

企业向市(地)级或省级质量技术监督部门递交《食品生产许可证申请书》及有关材料后，质量技术监督部门应当立即检查申请材料是否齐全，齐全的予以接受；材料不全的，应明确告知企业所缺材料，退回企业补充，待补全后再予接受。

2. 审核申请资料

①认证机构应根据认证依据、程序等要求，及时对申请人提交的申请文件和资料进行评审并保存评审记录，以确保：

a. 认证要求规定明确、形成文件并得到理解；

b. 认证机构和申请人之间在理解上的差异得到解决；

c. 对于申请的认证范围、申请人的工作场所和任何特殊要求，认证机构均有能力开展认证服务。

②质量技术监督部门接受企业申请后，应当组织审查组对申请材料进行书面审查。企业书面材料审查符合要求的，发给企业《食品生产许可证受理决定书》；书面审查不符合要求的，通知企业在规定的期限内补正，逾期未补正的，视为撤回申请。表 5-1 是申请材料审核表。

审核申请资料突出要求各项质量安全管理制度是否完备，文本内容是否符合要求，即制度是否齐全合理。必要时审核申请材料可以与现场核查结合进行。

表 5-1 申请材料审核表

序号	内容	审查项目	判定标准	审查方法	审查结论	审查记录
1.1	组织领导	1. 申请人治理结构中至少有一人全面负责质量安全工作	制度规定了该人负责质量安全工作的职能，符合； 制度对质量安全工作负责人规定不清楚，基本符合； 制度未规定质量安全工作负责人，不符合	查看文件	□符合 □基本符合 □不符合	(1)
		2. 申请人应设置相应的质量管理机构或人员，负责质量管理体系的建立、实施和保持工作	申请人有明确的机构或专职人员负责质量管理工作，符合； 有机构和兼职人员负责质量管理工作，基本符合； 无机构和人员负责企业的质量管理工作，不符合	查看文件	□符合 □基本符合 □不符合	(2)
1.2	质量目标	申请人应制定明确的质量安全目标	有明确的质量安全目标，符合； 质量安全目标不明确，基本符合； 无质量安全目标，不符合	查看文件	□符合 □基本符合 □不符合	(3)
1.3	管理职责	1. 申请人制定各有关部门质量安全职责、权限等情况的管理制度	制定了管理制度，并规定各有关部门质量职责、权限，且内容合理，符合； 规定的内容不全面，基本符合； 没制定质量管理制度或制定了部门质量管理制度但内容不合理，不符合	查看文件	□符合 □基本符合 □不符合	(4)
		2. 申请人应当制定对不符合情况的管理办法，对企业出现的各种不符合情况及时进行纠正或采取纠正措施	制定了不符合情况管理办法，符合； 制定了不符合情况管理办法，但内容不合理，基本符合； 未制定不符合情况管理办法，不符合	查看文件	□符合 □基本符合 □不符合	(5)

续表 5-1

序号	内容	审查项目	判定标准	审查方法	审查结论	审查记录
1.4	人员要求	1.申请人应规定生产管理者职责，明确其责任、权利和义务，生产管理者的资格应符合有关规定	明确，符合； 符合资格规定，责任、权利或者义务规定不明确，基本符合； 资格不符合规定，或未明确责任、权利和义务，不符合	查看文件和证件	□符合 □基本符合 □不符合	(6)
		2.申请人应规定质量管理人员的职责，明确其责任、权利和义务。质量管理人员资格应符合有关规定	明确，符合； 符合资格规定，责任、权利或者义务规定不明确，基本符合； 资格不符合规定，或未明确责任、权利和义务，不符合	查看文件和证件	□符合 □基本符合 □不符合	(7)
		3. 申请人应规定技术人员的职责，明确其责任、权利和义务。技术人员资格应符合有关规定	明确，符合； 符合资格规定，责任、权力或者义务规定不明确，基本符合； 资格不符合规定，或未明确责任、权利和义务，不符合	查看文件和证件	□符合 □基本符合 □不符合	(8)
		4. 申请人应规定生产操作人员的职责。明确其责任、权利和义务。生产操作人员资格应符合有关规定	明确，符合； 符合资格规定，责任、权力或者义务规定不明确，基本符合； 资格不符合规定，或未明确责任、权利和义务，不符合	查看文件和证件	□符合 □基本符合 □不符合	(9)
1.5	技术标准	1. 申请人应具备审查细则中规定的现行有效的国家标准、行业标准及地方标准	具有审查细则中规定的产品标准和相关标准，符合； 缺少个别标准，基本符合； 缺少若十个标准，不符合	查看标准	□符合 □基本符合 □不符合	(10)
		2.明示的企业标准应按《食品安全法》的要求，经卫生行政部门备案，纳入受控文件管理	符合要求，符合； 已经过备案，但未纳入受控文件管理，基本符合； 未经过备案，不符合	查看标准 查看证明、标识	□符合 □基本符合 □不符合	(11)
1.6	工艺文件	申请人应具备生产过程中所需的各种产品配方、工艺规程、作业指导书等工艺文件。产品配方中使用食品添加剂规范、合理	企业完全符合规定要求，符合； 部分符合规定要求，基本符合； 不符合规定要求，不符合	查看文件	□符合 □基本符合 □不符合	(12)

续表 5-1

序号	内容	审查项目	判定标准	审查方法	审查结论	审查记录
1.7	采购制度	应制定原辅材料及包装材料的采购管理制度。企业如有外协加工或委托服务项目，也应制定相应的采购管理办法(制度)	有完善的采购管理制度，及外协加工及委托服务的采购管理办法(制度)，符合； 采购管理制度以及外协加工及委托服务的采购管理办法(制度)制定的不够完善，基本符合； 无采购管理制度，以及外协加工及委托服务的采购管理办法(制度)，不符合	查看文件	□符合 □基本符合 □不符合	(13)
1.8	采购文件	应制定主要原辅材料、包装材料的采购文件，如采购计划、采购清单或采购合同等，并根据批准的采购文件进行采购。应具有主要原辅材料产品标准	企业符合规定要求，符合； 部分符合规定要求，基本符合； 不符合规定要求，不符合	查看文件	□符合 □基本符合 □不符合	(14)
1.9	采购验证制度	申请人应制定对采购的原辅材料、包装材料以及外协加工品进行检验或验证的制度。食品标签标识应当符合相关规定	符合要求，符合； 有制度，但有缺陷，基本符合； 无制度，不符合	查看文件	□符合 □基本符合 □ 不符合	(15)
1.10	过程管理	申请人应制定生产过程质量管理制度及相应的考核办法	有生产过程质量管理制度及相应的考核办法，符合； 有生产过程质量管理制度，无相应的考核办法，基本符合； 无生产过程质量管理制度及相应的考核办法，不符合	查看文件	□符合 □基本符合 □ 不符合	(16)
1.11	质量控制	申请人应根据食品质量安全要求确定生产过程中的关键质量控制点，制定关键质量控制点的操作控制程序或作业指导书	关键控制点确定合理并有相应的控制管理规定，控制记录规范，符合； 关键控制点确定不太合理，记录不规范，基本符合； 未明确关键控制点，不能满足生产质量控制要求，不符合	查看文件	□符合 □基本符合 □不符合	(17)

续表5-1

序号	内容	审查项目	判定标准	审查方法	审查结论	审查记录
1.12	产品防护	1.申请人应制定在食品生产加工过程中有效防止食品污染、损坏或变质的制度	符合要求,符合; 制度制定不合理,基本符合; 未制定相关制度,不符合	查看文件	□符合 □基本符合 □不符合	(18)
		2.申请人应制定在食品原料、半成品及成品运输过程中有效防止食品污染、损坏或变质的制度。有冷藏、冷冻运输要求的,申请人必须满足冷链运输要求	符合要求,符合; 制度制定不合理,有冷藏冷冻运输要求且符合的,基本符合; 未制定相关制度,有冷藏冷冻运输要求,但达不到的,不符合	查看文件	□符合 □基本符合 □不符合	(19)
1.13	检验管理	1.申请人应具有独立行使权力的质量检验机构或专(兼)职质量检验人员,并具有相应检验资格和能力	有独立行使权力的检验机构或专(兼)职检验人员,检验人员具有相应检验资格和技术,符合; 检验人员的检验技术存在部分不足,基本符合; 无独立行使权力的检验机构或专(兼)职检验人员或无相应检验资格和技术的检验人员,不符合	查看文件 查看证明 企业自检时核查操作验证	□符合 □基本符合 □不符合	(20)
		2.申请人应制定产品质量检验制度(包括过程检验和出厂检验)以及检测设备管理制度	有产品检验制度和检测设备管理制度,符合; 有制度但内容不全面,基本符合; 无产品检验制度和检测设备管理制度,不符合	查看文件	□符合 □基本符合 □不符合	(21)
		3.无检验项能力的,应当委托有资质的检验机构进行检验	有委托合同,内容合理,符合; 有合同,内容不合理,基本符合; 无委托合同,不符合	查看文件	□符合 □基本符合 □不符合	(22)

3.实施现场核查

对书面材料审查符合要求的企业,认证部门应当成立审查组,依照食品生产许可证审查通则和审查细则对企业生产必备条件和检验能力进行现场审查。核查组一般由2～4人组成。承担企业现场核查任务的核查人员(专家除外)必须经考试取得核查员资格,核查组长必须经省级质量技术监督部门批准，报国家质检总局备案。企业现场核查工作实行组长负责制。

现场核查的内容：核查申请人生产现场实际具备的条件与申请材料的一致性，以及与申请生产的食品相关的卫生规范、条件及审查细则规定要求的合规性。主要核查内容包括核查厂区环境、核查生产车间、核查原辅料及成品库房、核查生产设备设施、核查检验条件、核查工艺流程、核查相关技术人员等方面。生产场所核查表见表5-2。

表5-2 生产场所核查表

序号	内容	审查项目	判定标准	审查方法	审查结论	审查记录
2.1	厂区要求	1.申请人厂区周围应无有害气体、烟尘、粉尘、放射性物质及其他扩散性污染源	无各种污染源，符合； 略有污染，基本符合； 污染较重，不符合	现场查看	□符合 □基本符合 □不符合	(23)
		2.厂区应当清洁、平整、无积水；厂区的道路应用水泥、沥青或砖石等硬质材料铺成	厂区清洁、平整、无积水，道路用硬质材料铺成，符合； 厂区不太清洁、平整，基本符合； 厂区不清洁或有积水或无硬质道路，不符合	现场查看	□符合 □基本符合 □不符合	(24)
		3.生活区、生产区应当相互隔离；生产区内不得饲养家禽、家畜；坑式厕所应距生产区25 m以外	生活区、生产区隔离较远，符合； 生活区、生产区隔离较近，基本符合； 生活区、生产区无隔离或生产区内饲养家禽、家畜或坑式厕所距生产区25 m以内，不符合	现场查看	□符合 □基本符合 □不符合	(25)
		4.厂区内垃圾应密闭式存放，并远离生产区，排污沟渠也应为密闭式，厂区内不得散发出异味，不得有各种杂物堆放	厂区内垃圾、排污沟渠为密闭式，无异味，无各种杂物堆放，符合； 略有不足，基本符合； 达不到要求，不符合	现场查看	□符合 □基本符合 □不符合	(26)
2.2	车间要求	1.生产车间或生产场地应当清洁卫生；应有防蝇、防鼠、防虫等措施和洗手、更衣等设施；生产过程中使用的或产生的各种有害物质应当合理置放与处置	企业达到规定要求，符合； 略微欠缺，基本符合； 达不到规定要求，不符合	现场查看	□符合 □基本符合 □不符合	(27)

续表 5-2

序号	内容	审查项目	判定标准	审查方法	审查结论	审查记录
2.2	车间要求	2.生产车间的高度应符合有关要求;车间地面应用无毒、防滑的硬质材料铺设,无裂缝,排水状况良好;墙壁一般应当使用浅色无毒材料覆涂;房顶应无灰尘;位于洗手、更衣设施外的厕所应为水冲式	企业达到规定要求,符合; 位于洗手、更衣设施外的厕所为水冲式,其他略微欠缺,基本符合; 达不到规定要求,不符合	现场查看	□符合 □基本符合 □不符合	(28)
		3.生产车间的温度、湿度、空气洁净度应满足不同食品的生产加工要求	生产车间的温度、湿度、空气洁净度能满足食品生产加工要求,符合; 略有误差,基本符合; 满足不了食品生产加工要求,不符合	现场查看	□符合 □基本符合 □不符合	(29)
		4.生产工艺布局应当合理,各工序应减少迂回往返,避免交叉污染	生产工艺布局合理,各工序前后衔接,无交叉污染,符合; 生产工艺布局不太合理,略有交叉,基本符合; 生产工艺相互交叉污染,不符合	查看文件 现场查看	□符合 □基本符合 □不符合	(30)
		5.生产车间内光线充足,照度应满足生产加工要求。工作台、敞开式生产线及裸露食品与原料上方的照明设备应有防护装置	生产车间内光线充足,工作台、敞开式生产线及裸露食品与原料上方的照明设备有防护装置,符合; 略有不足,基本符合; 严重不足,不符合	现场查看	□符合 □基本符合 □不符合	(31)
2.3	库房要求	1.库房应当整洁,地面平滑无裂缝,有良好的防潮、防火、防鼠、防虫、防尘等设施。库房内的温度、湿度应符合原辅材料、成品及其他物品的存放要求	企业的库房符合规定,符合; 略有不足,基本符合; 严重不足,不符合	现场查看	□符合 □基本符合 □不符合	(32)

续表 5-2

序号	内容	审查项目	判定标准	审查方法	审查结论	审查记录
2.3	库房要求	2.库房内存放的物品应保存良好，一般应离地、离墙存放，并按先进先出的原则出入库。原辅材料、成品(半成品)及包装材料库房内不得存放有毒、有害及易燃、易爆等物品	库房内存放的物品保存良好，无有毒有害及易燃、易爆物品，符合； 保存一般，无有毒有害及易燃、易爆物品，基本符合； 保存不好，库房内存放有毒、有害及易燃、易爆等物品，不符合	现场查看	□符合 □基本符合 □不符合	(33)
2.4	生产设备	1.申请人必须具有审查细则中规定的必备的生产设备，企业生产设备的性能和精度应能满足食品生产加工的要求	具备审查细则中规定的必备的生产设备，设备的性能和精度能满足食品生产加工的要求，符合； 具备必备的生产设备，但个别设备需要完善，基本符合； 不具备审查细则中规定的必备的生产设备或具备的生产设备的性能和精度不能满足食品生产加工的要求，不符合	现场查看核对设备清单	□符合 □基本符合 □不符合	(34)
		2.直接接触食品及原料的设备、工具和容器，必须用无毒、无害、无异味的材料制成，与食品的接触面应边角圆滑、无焊疤和裂缝	完全符合规定，符合； 直接接触食品及原料的设备、工具和容器的材料符合规定，但与食品的接触面偶有微小焊疤、裂缝等情况，基本符合； 不符合规定，不符合	现场查验查阅材料	□符合 □基本符合 □不符合	(35)
		3.食品生产设施、设备、工具和容器等应加强维护保养，及时进行清洗、消毒。使用的清洗消毒剂应符合国家相关规定	食品生产设施、设备、工具和容器保养良好，使用前后按规定进行清洗、消毒，符合； 食品生产设施、设备、工具和容器的维护保养和清洗、消毒工作存在一些不足，基本符合； 存在严重不足，不符合	现场查验	□符合 □基本符合 □不符合	(36)

续表 5-2

序号	内容	审查项目	判定标准	审查方法	审查结论	审查记录
2.5	检验设备	申请人应具备审查细则中规定的必备的出厂检验设备设施，出厂检验设备设施的性能、准确度应能达到规定的要求。有合格计量检定证书。实验室布局合理，满足相应检验条件。实行委托检验的，应签订合法的委托合同或协议	具有审查细则规定的出厂检验设备，且能满足出厂检验需要，实验室布局合理，满足相应检验条件，符合； 具备必备的出厂检验设备，但比较陈旧或有少许误差，或实验室布局不太合理，基本符合； 不具备审查细则规定的出厂检验设备，或不能满足出厂检验需要，不符合； 实行委托检验的，签订合法的委托合同或协议的，符合； 有委托合同或协议，且规范的，基本符合； 既没有委托合同，也没有委托协议的，不符合	查看设备清单、必要时现场查看证书，查委托合同或协议	□符合 □基本符合 □不符合	(37)

4. 审查判定原则和审查结论

在组长组织下，审查人员应当汇总、合并、讨论资料审核和现场核查情况，确定符合、基本符合和不符合项。当全部 37 个项目的审查结论均为符合的，许可机关依法作出准予食品生产许可决定；当任何一个至八个项目审查结论为基本符合的，申请人应对基本符合项进行整改，整改应在 10 日内完成，申请人认为整改到位的，由当地县局予以审查确认并签字，许可机关作出准予食品生产许可决定；当任何一个项目的审查结论为不符合或者八个以上项目为基本符合、预期未完成整改或整改不到位的，许可机关依法作出不予食品生产许可决定。审查结论判定原则见表 5-3。

表 5-3 审查结论判定原则

核查结论	符合项	基本符合项	不符合项	备注
符合	37	0	0	3 项均满足方可判定
基本符合需整改	≥29	≤8	0	3 项均满足方可判定
不符合	—	>8	≥1	有一项满足即可判定

5. 生产许可抽样检验(发证检验)

资料审核和现场核查结论符合规定条件要求的，许可机关应当向申请人送达《准予生产许可决定书》和食品生产许可证及副本。告知申请人批量食品抽样基数、检验项目等食品审查细则规定的事项。

(1)抽样方法

许可机关接到申请人生产许可检验申请后，审查组织部门及时安排人员按细则规定的抽样方法实施抽样。样品一式两份，并加贴封条，填写抽样单。封存的两份样品由申请人在 7 日内送达公布的生产许可检验机构，一份用于检验，一份用于样品备份。申请人应当充分考虑样品的保质期，确定样品送达时间。检验机构接收样品时应认真检查。对符合规定的，应当接受；对封条不完整、抽样单填写不明确、样品有破损或变质等情况的，应拒绝接收并当场告知申请人，及时通知审查组织部门。

(2)实施检验

检验机构应当在保质期内按检验标准检验样品，并在 10 日内完成检验。检验完成后 2 日内检验机构应当向审查组织部门及申请人递送检验报告。

6. 发放审批证书附页

食品检验合格后，许可机关发放《食品生产许可证》附页。通过发证检验的产品才能在证书附页中明示，企业才能生产销售。检验结果不合格的，申请人可以在 15 日内向许可机关提出生产许可复检申请，发证检验全部为不合格的，依法办理证书注销手续。

四、QS 标志的使用与管理

1. 食品生产许可证标志

企业食品生产许可证标志(图 5-1)以“企业食品生产许可”的拼音“Qi ye shi pin Sheng chan xu ke”的缩写“QS”表示，并标注“生产许可”中文字样。标志主色调为蓝色，字母“Q”与“生产许可”四个中文字样为蓝色，字母“S”为白色。没有 QS 标志的，不得出厂销售。

图 5-1　食品企业生产许可标志

2. 食品生产许可证证书编号信息

《食品生产许可证》编号由英文字母 QS 加 12 位阿拉伯数字组成。其中前 4 位阿拉伯数字为受理机关编号，具体按行政区划代码区分；中间 4 位阿拉伯数字为产品类别编号，由国家质检总局统一规定；后 4 位阿拉伯数字为该产品类别获证企业序号，由发证机关按发证顺序给出。

例如：

广州市某一月饼获证企业编号为：QS 4401 2401 1234

4401 为广州市区划代码。

2401 为糕点(月饼)产品类别编号。

1234 是糕点类别企业序号。

3. 食品生产许可证 QS 标志的使用与管理

(1)标志使用

①实行 QS 标志的作用。企业声明。该企业获得食品生产许可证，该产品经过国家核定，有市场准入资格。

企业证明。这个产品是经过检验合格的产品。

企业承诺。食用该产品出现质量问题，企业承担法律责任。因此，消费者在购买产品的时候只要购买加贴有 QS 标志的产品，就是获得国家认定的放心食品。

加贴(印)QS 标志的食品，在质量保证期内，非消费者使用或者保管不当而出现质量问题的，由生产者、销售者根据各自的义务，依法承担法律责任。

QS 标志的式样和规格由国家质检总局统一规定，各级质量技术监督部门负责对 QS 标志的使用管理，并严格查处非法使用QS标志的行为。

②标志的使用范围：实行食品质量安全市场准入制度的食品；企业已经取得食品生产许可证并在有效期内；食品出厂检验符合食品质量安全基本要求。

③标志的使用规则：国家质量监督检验检疫总局《关于使用企业食品生产许可证标志有关事项的公告》(2010年第34号公告)中指出，企业食品生产许可证标志由食品生产加工企业自行加印(贴)。企业使用企业食品生产许可证标志时，可根据需要按式样比例放大或者缩小，但不得变形、变色。标志由企业免费使用。

(2)标志管理规定如下

①实行食品生产许可证管理的食品出厂必须加印或者加贴QS标志。没有QS标志的食品不得出厂销售。

②取得食品生产许可证的企业，其生产加工的食品，经自行出厂检验或者委托出厂检验合格后，方可加印(贴)QS标志。未经出厂检验或出厂检验不合格的，不得加印或者加贴QS标志。

③QS标志应当加印或者加贴在食品的最小销售包装上。

(3)对认证企业的监督管理

由各级质量技术监督部门对认证企业进行监督检查。主要检查企业是否持续满足保证产品质量的必备条件、是否持续保证食品质量安全，以及QS标志的使用情况等。对食品生产企业的监督管理方式包括日常监督管理、定期监督检查、年度审查和换证审查。

4.关于委托加工实施生产许可证管理的产品标识标注有关问题的通知(国质检[2001]41号)

①有证企业(委托方)委托另一同一种产品有证企业(被委托方)进行生产，委托方负责全部产品销售的，企业可选择以下两种标注方式：

a.产品或其包装上应当标注委托方的名称、地址和被委托方的名称和生产许可证标记、编号；

b.产品或其包装上应当标注委托方的名称、地址以及生产许可证标记、编号。

②无证企业(委托方)委托有所委托产品生产许可证企业(被委托方)进行生产，委托方负责全部产品销售的，产品或其包装上应当标注委托方的名称、地址，以及被委托方名称和生产许可证标记、编号。

③任何企业不允许委托无证企业进行生产许可证制度管理产品的生产，一经发现，按无证产品查处。

④对采用以上标注方式的企业应持委托方和被委托方签署的有效合同及企业的生产许可证到所在省、自治区、直辖市质量技术监督局许可证办公室备案同意后方可标注。省、自治区、直辖市质量技术监督局许可证办公室应将备案情况报全国工业产品生产许可证办公室并及时跟踪和掌握企业变化情况。

实训5-1　食品生产许可认证申请书的编制

一、实训目的

1.掌握QS适用范围和申办程序。

2.结合食品加工企业现状正确填写申请书。

二、实训原理

食品生产许可证申请书由申请 QS 的食品生产加工企业填写，需要注意的是，填写的企业名称应与工商行政管理部门核发的企业营业执照名称一致，企业的生产设备和出厂检验设备一定要符合《审查细则》的规定。食品生产许可证申请书目录 8 项内容：

(1)申请人陈述。

(2)申请人基本条件和申请生产食品情况表。

(3)申请人治理结构。

(4)申请人生产加工场所有关情况。

(5)申请人有权使用的主要生产设备、设施一览表。

(6)申请人有权使用的主要检测仪器、设备一览表。

(7)申请人具有的主要管理人员、技术人员一览表。

(8)申请人各项质量安全管理制度清单及其文本。

三、实训内容

1.讲解食品企业申办食品生产许可证的基本流程和基本条件。

2.结合某一食品企业生产许可证申请书的范本讲解食品生产许可证申请书的基本结构和内容。

3.根据班级人数进行分组，每组成员数量以 3 人为宜，指定 1 人为小组组长。

4.让学生选择某一食品种类，并正确填写该种类食品生产企业的生产许可证申请表。

5.在课堂上组织学生进行汇报和交流。

6.指导教师进行点评，并提出修改意见。

7.根据交流结果和教师的修改意见，对申请书进行进一步修改和完善。

任务 5-2　食品可追溯体系的建立与实施

◈学习目标

1.了解食品可追溯体系建立的背景和意义；

2.了解 EAN·UCC 编码体系和数据载体技术；

3.熟悉食品企业可追溯体系的建立与实施。

一、食品安全可追溯体系概述

可追溯系统最早不是应用在食品上，而是应用在汽车、飞机、航空等领域。20 世纪 80 年代以来，由于疯牛病、口蹄疫等危机的暴发，发达国家的政府和消费者对动物健康、食品安全及食品质量等方面的信息需求不断增加，可追溯性开始用于食品及其他工业部门。近年来我国也越来越关注和重视食品的可追溯体系问题。可追溯性现已被消费者认为是生产安全优质食品的保障，也是提供食品来源和生产条件相关信息的主要途径。

2012 年 6 月 23 日，国务院印发了《国务院关于加强食品安全工作的决定》(国发〔2012〕20 号)，其中明确要求建立健全农产品产地准出、市场准入制度和农产品质量安全追溯体系，加快推进食品安全电子追溯系统建设，建立统一的追溯手段和技术平台，提高追溯体系的便捷性和有效性。

1. 食品可追溯性的定义

在食品追溯制度建设中，“可追溯性”是一个基础性概念，各国和有关国际组织对“可追溯性”的定义尚未形成一致意见。

国际标准化组织ISO(8042:1994)把可追溯性定义为“通过记录的标识追溯某个实体的历史、用途或位置的能力”。这里的实体可以是一项活动、一个产品、一个机构或一个人。对于产品而言，“可追溯性”是指原料或部件的来源、产品的加工历史、产品配送过程中的流通和位置。国际食品法典委员会(CAC)2004年召开大会，就食品安全的“可追溯性”提出了初步的定义。可追溯性/产品追踪是指“能够在生产、加工和流通过程中任何指定阶段追溯食品的能力”。关于这个定义的讨论分为欧洲和美国两大阵营。欧洲主张使用追溯能力；美国主张使用产品追踪。国际食品法典委员会采取了折中方案，将两个词并列在一起。欧盟食品基本法(欧盟委员会178/2002号法规)对其的定义为：“追溯是指在食品生产、加工、销售整个过程中，跟踪和跟随一种食品、饲料或成分到另一种食品或饲料的能力。”美国食品药品管理局(FDA)定义追溯为“通过纸或电子方式记录产品和生产者何时从何处来，以及何时将产品运往何地的能力”。日本农林水产省在《食品追踪系统指导手册》中，将食品追溯系统定义为“能够追踪食品生产、加工、处理、流通及销售整个过程的相关信息”。

上述关于食品可追溯性的定义表述有所不同，但均包含着两个要点：①标识产品；②通过信息记录跟踪了解产品的能力。即包括跟踪(tracking)和追溯(tracing)两个方面。跟踪是指从食品链的上游至下游，跟随一个特定的单元或一批产品运行路径的能力。追溯是指从食品链下游至上游识别一个特定的单元或一批产品来源的能力，即通过记录标识的方法回溯某个实体来历、用途和位置的能力。

2. 食品可追溯体系建立背景和意义

(1)食品可追溯体系建立的背景

食品可追溯体系(food traceability system)是在以欧洲疯牛病危机为代表的食源性恶性事件在全球范围内频繁暴发的背景下，由法国等部分欧盟国家在国际食品法典委员会生物技术食品政府间特别工作组会议上提出的一种旨在加强食品安全信息传递、控制食源性疾病危害和保障消费者利益的信息记录体系。从食品可追溯体系的实际功效而言，可追溯体系是一种基于风险管理的安全保障体系。危害健康的问题发生后，可按照从原料上市至成品最终消费整个过程中各个环节所必须记载的信息，追踪食品流向，召回存在危害的尚未被消费的食品，撤销其上市许可，切断源头，消除危害，减少损失。

引入食品可追溯性的最初动机有两点：一是维护动物健康，二是确保人类安全。将可追溯体系与日常的动物检测程序相配合，可以快速识别危害人类与动物健康的风险，使疾病危害的影响范围最小化，如对动物实行身份证、登记制度，记录健康与患疾历史，区分疫区与非疫区的产地来源等，此方法已经在全球范围内有效地控制了很多动物疾病发生和减少该疾病对人类的危害。动物身份证体系是实现食品可追溯体系建设的基础和雏形。

对于食品生产或加工企业来说，确保产品的卫生安全是头等要务。为此，企业会采取各种具体措施，如建立HACCP体系等来保障产品安全。但是，在当前食品安全令人担忧的形势下，即使企业能够生产安全合格的产品，消费者也仍然会心有疑虑。也就是说，产品是安全的，而消费者却不一定放心。要使消费者放心,最好的办法就是将生产过程中与质量安全有关的信息记录下来,让消费者随时可以查询,给消费者以充分的知情权。食品可追溯体系正是这样一种能够连接生产和消费,让消费者了解符合卫生安全的生产和流通过程,提高消费者放心程度的信息管理系统。

(2)建立实施食品可追溯体系的意义

建立实施食品可追溯体系是保证食品安全的一项重要措施,也是适应国际贸易、提高消费者对食品安全的信心的重要手段。

①适应国际食品贸易与出口。目前,世界上已有20多个国家和地区采用国际物品编码协会推出的EAN·UCC系统,对食品原料的生产、加工、储藏及零售等各个环节上的管理对象进行标识,通过条码和人工可识读方式使其相互链接,实现对食品供应过程的跟踪与追溯。

面对经济全球化、贸易自由化的世界潮流,国与国之间食品和农产品的贸易往来都必须遵循"符合性评鉴程序",其基础除了国际公认的计量基准、品质的标准化、产品的认证之外,还有一条即生产与流通过程的可追溯性。食品安全追溯已经成为食品国际贸易的要点之一,也成为一项新的贸易壁垒。

②维护消费者对所消费食品生产情况的知情权。食品的工业化生产,导致了消费者和食品生产过程在时间与空间上分离,而目前的食品标签不能为消费者提供足够的信息,使人们无法了解它在何处生产、怎样生产以及含有何种类型的添加剂,以及所消费的食品是否来源于转基因原料。随着食品安全问题的日益严重,越来越多的消费者要求了解食品在整个生产链条中的细节信息。食品可追溯体系的建立,既能确保供应链的完整性,又能满足消费者的知情权,还有助于解决虚假商标的问题。

③提高食品安全性监控水平,减少食源性疾病的发生。据统计,世界上每年约有700万人感染食源性疾病,这种现状引起人们对食品安全性的担忧,甚至失去消费信心。食品追溯体系的建立,一方面通过生产者对与产品安全性有关的生产加工信息进行记录、归类和整理,能够促进生产者改进生产工艺,不断提高产品的安全水平;另一方面通过食品追溯链,政府可以更有效地监督和管理食品安全,与向企业派驻监督代表相比,建立该体系只需要对记录和其真实性进行考核即可。此外,溯源性管理能够明确责任方,会使食品生产者产生一种自我激励机制,使其采用更安全的生产方式及对目前存在或潜在的食品风险采取防患于未然的积极态度。这种源于责任的激励可以减少企业发生食品安全风险事故的概率。同时,对整个产业和政府责任的确定也会产生正面效应,使各部门以积极的防御态度解决食品安全问题,减少食源性疾病的发生。

④提高食品安全突发事件的应急处理能力。在食源性疾病暴发时,利用食品追溯性系统工具,能快速反应、追本溯源,有效地控制病源食品的扩散和实现追踪,有效召回有健康风险的产品,减少损失。比如2006年9月13日,一批流入市场的瘦肉精猪肉造成上海9个区336人次市民中毒,依靠追溯系统信息,在半小时左右,就在上海100多个农贸市场的摊位锁定了这一批的猪肉,尚未售出的问题猪肉被迅速从市场召回。

在食品安全问题处理方面,利用可追溯系统能够迅速有效地识别出发生问题的环节或产品加工阶段,明确企业或相关部门的责任,不仅能够减少产品召回的成本,还能够有针对性地对企业实施惩罚措施,避免了其他无辜企业受到牵连,从而可以保证行业的健康有序发展。

⑤防止食品造假和降低食品浪费。利用可追溯体系,进行有效追溯和定期审查,有助于防

止食品中的造假和剽窃行为。可追溯性和相关的质量控制体系，能促进和改善食品流通过程，降低食品的浪费。

⑥是 HACCP 计划的基础条件和前提。在采用危害分析与关键控制点（hazard analysis and critical control point，HACCP）体系对“从农田到餐桌”的全过程进行控制的同时，还应该建立独立的追溯体系或者将追溯体系纳入 HACCP 体系中并形成文件化管理。实现从零售追溯到运输、包装、加工、农场、饲养，甚至到单个动物。追溯体系可以保证能实现“从农田到餐桌”和“从餐桌到农田”的双向查询。通过可追溯体系可实现下列目标：能辨识、追踪到加工厂的生产批次；能查到所有相关的产品加工及质量记录；能辨识出生产中所用原料、辅料、助剂、包装材料的生产批次及供应商；能追查出同批次的产品从下生产线到直接分销链所处的位置和数量（包括取样检测的位置和数量）；能辨认出由某一批次的原料生产的全部成品；能实现对供应商的追溯、对生产过程的产品追溯、对经销链的产品追溯。

虽然可追溯系统不能为产品提供质量保证，实施可追溯的产品质量不一定就没有问题，但一定能促进食品安全。食品安全追溯体系已成为保证人们身体健康，促进食品出口，以及解决食品国际贸易争端的有效方式，也是食品质量安全的重要基础。建立食品可追溯体系是食品管理部门、加工企业和出口企业的一个必然的选择，各国已纷纷投入大量的人力、物力与财力，从各方面加强食品安全追溯体系的建立与完善。

3.食品可追溯系统的应用概况

近年来，一些发达国家不断强化对食品的生产、储存、运输和销售各个环节的控制，强制性实行食品生产和销售情况透明政策，以此来强化可追溯制度的实施。

2002 年 1 月欧盟颁布了欧盟委员会 178/2002 号法规，要求从 2004 年起，在欧盟范围内销售的所有食品都能够进行跟踪与追溯，否则就不允许上市销售。

美国食品药品管理局要求在美国国内和外国从事生产、加工、包装或掌握人群或动物消费的食品部门，于 2003 年 12 月 12 日前必须在 FDA 登记，以便进行食品安全跟踪与追溯。2004 年 5 月美国又公布了《食品安全跟踪条例》，要求所有涉及食品运输、配送和进口的企业要建立并保存相关食品流通的全过程记录。该规定不仅适用于美国食品外贸企业，而且适用于美国国内从事食品生产、包装、运输及进口的企业。

日本早在 2001 年，作为应对疯牛病的重要手段，在政府的推动下，开始在肉牛生产供应体制中全面引入信息可追踪系统。2002 年 6 月，日本农林水产省正式决定，将食品信息和可追溯系统推广到全国的猪肉、肉鸡等肉食产业，牡蛎等水产养殖产业，以及蔬菜产业。此外，日本建立了优良农产品的认证制度，对进入日本的农产品要进行“身份”认证。根据优良农产品认证制度的要求，申请认证的农产品必须正确标明该产品的生产者、产地、收获和上市日期以及使用农药和化肥的名称、用量和日期等，以便消费者判断农产品的安全性。

目前，我国部分大、中城市和生产企业已经开始建立和实施食品追溯体系。2004 年由北京市农业局和河北省农业厅共同承担农业部的“进京蔬菜产品质量追溯制度试点项目”，由河北 6 县市蔬菜试点基地使用统一的包装和产品标签信息码，向北京市新发地和大洋路两个批发市场供货，开始了北京市农产品可追溯系统的试点。2008 年北京奥运会期间，我国把所有进入奥运村的食品都实施了追溯。2004 年 9 月，我国已在全国肉类行业食品安全信用体系建设 61 家试点企业，强制推行食品安全信用码制度。

在上海市，从 2004 年 2 月 8 日起，上海市通过“上海食用农副产品质量安全信息平台”对食用农副产品的生产过程实行监控、条码识别和网络查询等系统管理。农业企业通过“食用农副产品安全信息条形码”给每个产品建立起相应的生产档案。通过信息技术，消费者能够对自己所购买的食用农副产品进行“身份查询”。这套覆盖上海批发零售环节的食品安全流通追溯系统最初只有生猪追溯信息，2008年猪肉流通安全追溯被列入市政府实事项目。2010年蔬菜流通信息追溯体系建设进入实事菜单。上海世博会期间，上海通过建立食品安全信息数据库，配备电子身份证等手段，实现了农产品和加工食品，从农田到餐桌的全程追溯，有效地控制了食品安全。到了2011年实事工程又把建设水产品追溯体系纳入进来，现已在铜川路水产市场和30家标准化菜场开展试点。目前，上海近30万亩的水产养殖场已经全部实施档案渔业管理制度，每条鱼何时投喂，何时收获等信息都会记录在册。在2012年的实事工程中，我们又看到了建设牛肉、粮食追溯系统的内容，而有关部门透露，将来水果、南北货也将纳入追溯体系，而未来这个庞大的食品流通安全追溯体系还将与公共信用档案结合。

二、EAN·UCC编码体系和数据载体技术

(一)EAN·UCC编码体系

EAN·UCC编码与标识体系(EAN:国际编码委员会，UCC:全球代码委员会)广泛用于次级产品标识，这个体系已经延伸至位置与服务标识，并已实际应用于可追溯体系并在追溯性方案指导下得到发展。现有6种标准编码结构构成了EAN·UCC体系。下面将分别阐述这6种结构及其组成。

1. 全球贸易项目代码(GTIN)

GTIN以前作为商品编码法(article number)，而现在用于标识贸易项目。贸易项目可以是任何实体、产品和服务，这些都需要在供应链的任意环节中获取到预先的项目相关数据，包括了产品和不同包装形式下的产品，比如合装包或箱级产品。

GTIN为14位编码法，由此衍生出了4种独特的编码结构。14位编号体系又称为EAN/UCC-14结构模型，用来标识还没有贯穿整个零售环节的贸易项目。这个模式包含第一位的(最左端)指示位(或逻辑变量)和接下来的12位识别编码，最后一位为校验码，由前13位导出，用来检测错误率。第一位指示位可以让用户扩充编码空间，以便标识包装不同但很类似的贸易商品，一般这个位置上的数字9是标识这些不断变化的数值如质量。

(1)EAN/UCC-13条码

无指示位的13位编码的GTIN结构模式被称为EAN/UCC-13条码，它和另外两种截位编号模式用于标识销售点的产品类型。EAN/UCC-13条码由3个部分组成:厂商识别代码，商品项目代码和校验码。厂商识别代码一般包含2～3位的前缀数字，由EAN成员之一通过网络向全球发布每个部门的识别符，每个国家都有特有的编码，例如，50代表英国，00～09代表美国和加拿大，549代表冰岛，93代表澳大利亚，所有编码覆盖了将近100多个国家。编码的厂商代码部分是编码组织或者UCC分配给用户的，这取决于用户与哪一个组织更接近；根据各个用户的编码要求长度可以扩展为7、8甚至9位数。前缀数字和厂商代码组成了厂商识别代码。EAN/UCC-13条码的前12位包括厂商识别代码和商品项目代码。所以，分配给厂商识别代码的位数越多，商品项目代码的位数就越少。商品项目代码由厂商自行编制来区分特定项目或产品。例如：

• 如果厂商识别代码为5012345，还有5位数字为商品项目代码，可以标识100 000种

产品；

·如果厂商识别代码为50123456，则有4位数字为商品项目代码，可以标识10 000种产品；

·如果厂商识别代码为501234567；则有3位数字为商品项目代码，可以标识1 000种产品。

确保所选的商品项目代码是与产品或服务一一对应的完整编号，这是系统用户的职责。校验码是这种编码结构的最后一部分，这位数字是根据一种特定算法（系统软件自动计算）得出的，用来校对代码的错误。

(2)UCC-12条码

UCC-12条码在功能和形式上与EAN/UCC-13条码相似，由UCC厂商识别代码、商品项目代码和校验码组成，主要在美国和加拿大用于销售点的产品类型标识。

(3)EAN/UCC-8条码

EAN/UCC-8条码主要应用于在储商品的标识，由截位前缀、商品项目代码和校验码组成。不同的数字编号在用14位数据法处理时提供了不同的标识方法，0作为首位（左端），在EAN/UCC-13，UCC-12和EAN/UCC-8条码中都适用。GTIN可应用于所有业务交易和支持这一标准的电子化交易(EDI)。

虽然EAN·UCC体系提供了多种标识条码，但是要实现销售点产品的唯一性标识，这些条码还是不够的，其他标识体系也要达到像EAN/UCC的水平。其中，麻省理工学院自动识别中心（MIT Auto-ID Center）正在起草一项计划——制定96比特的产品电子代码(ePC)，争取作为产品识别的标准得到认同与推广，EAN·UCC·Known对这项计划正在考虑之中。

2.系列货运包装箱代码(SSCC)

系列货运包装箱代码由18位数字组成，用来识别货运仓储和运输单位，它比GTIN多出来的数字，可以容纳更多的商品项目代码和补充信息。它的首个数字（左端）是一个扩充数字，有效扩大了系列货运包装箱代码的可储存量，并且按照特定规则在数域里进行数字赋值（即赋予0～9各个数字不同定义）使代码起作用。余下的部分则由EAN·UCC厂商识别代码和校验码组成。

3.全球位置码(GLN)

全球位置码提供了一个精确的位置编码系统，EAN·UCC统一的全球位置码可以识别商业或组织实体，如：

- 法人实体：总公司和子公司以及各个部门，如供货方、顾客、银行、转运商等。
- 功能实体：法人实体内的一个具体部门，如会计部。
- 自然实体：建筑物的一个特殊场地，如仓库、分发室、传达室。

全球位置码给每一个位置都分配一个全球唯一的代码。这些全球位置代码数字是从数据库提取信息的关键，通过它可以得到邮寄地址、区域电话、传真号码、联系人姓名、银行账户信息、供货要求或规定等。

通过电子数据交换系统、当地市场和其他过程信息，全球位置码定义的位置代码应确保信息和货物在贸易双方之间能够有效流通。全球位置码为公司提供了一个位置识别的方法，它具有以下优点：

- 唯一性：结构简单、数据加工和传输简单。

● 多重性：无论商业活动的性质如何，EAN・UCC 编码都可以识别每一区域。

● 国际性：位置代码是全球通用的，而且 EAN・UCC 编码组织的国际网络覆盖近 100 个国家和地区，并提供本地语言的支持。

4. 全球可回收资产标识符(GRAI)

全球可回收资产标识符，用以标识可再利用实体，诸如一些通常用来运输和贮存货物的容器。它的本质结构长度为 14 位数字，包含 EAN・UCC-13 编码，加上序列号，总计达 16 位数字。

5. 全球单独资产标识符(GIAI)

全球单独资产标识符用以标识属于公司财产目录一部分的单个实体。这个编码包含 EAN・UCC 厂商识别代码和不同长度的单个资产参考代码，长度可达 30 位数字之多。

6. 全球服务关系代码(GSRN)

全球服务关系代码用以标识服务关系中的服务接受方，它由 18 位数字编码，由 EAN・UCC 厂商识别代码和服务关系代码组成。它不是用来标识单个法人实体和个人的，而是标识适合数据传输的服务关系和服务活动的。

7. 应用领域

这些编码结构有效地利用于 5 个领域，分别是贸易项目(项目类型)、物流单位、财产、位置和服务关系的鉴定。在构建可追溯体系中每一种编码都有用处，这就需要一个标准，需要通过对 EAN・UCC 的扩展，在供应链和售货终端每一个产品的标识方面更加完善。一串代码通常标于产品标签上，只是人工可读的。为实现深层次的可追溯能力，至少要使代码以可机读形式印于食品标签上，而且这种打印方式成本不高。

(二)数据载体技术

鉴于食品供应链的多样性，为确保可追溯体系的机动灵活性，整个追溯框架不仅要求达到编码和标识的标准，而且要有可标识数据传输技术，一些项目相关技术就具有这方面的作用。另外，这种可鉴别技术可以拓宽其应用领域，并且为工程技术解决食品供应链问题提供创新契机。这些项目相关技术可归纳如下：

● 数据载体技术：包括一维条码、二维条码(多行条码和距阵条码)和复合条码，触摸型和非触摸型的信息磁条，接触记忆和射频识别(RFID)数据载体。

● 定位技术：借助 RFID 和 EANCOM 对 GLN 开发使用，发挥 RFID 实时定位系统(RTLS)和全球定位技术的作用。

● 通信技术：包括无线局域网(WLAN)技术。

● 感官技术：利用感官和遥感勘测技术。

● 安全技术：针对假冒伪劣和包装安全的一系列技术。

目前数据载体技术在实现可追溯体系上是最重要的。最普遍的数据载体技术是线形条码，数据信息被译成一系列宽窄不等的黑色线条和白色空间，以便印在纸张、硬纸板、塑料及其他材料上。线形条码通常用红外照射来识别，也可通过单束激光扫描或者利用红外二极管发射装置和电荷耦合器件(CCD)解调反射光，得到调制响应并解码取得信息。大部分扫描装置是可用的，但都有一个“视线”限制，也就是说条形码必须是可见的，这样才能进行照射和扫描。

在一维条码的基础上发展，出现了二维条码，以多行或矩阵形式存在，如 PDF417 是一个多行条码，一般用来标码运输过程、提货单等。这种二维条码价格低廉，信息容量可达 1 500

种(图 5-2),因此在数据文件应用方面具有很大的前景。在可追溯体系中,二维条码同时作为识别系统和商品辅助信息载体,在供应链过程中可以对标签和产品进行即时追踪,特别当某产品分离出去或与其他产品结合时(如食品中各组分)这种作用尤为明显。运用多种印刷方法使二维条码能很好地标注于各种供应链,例如,运用喷墨技术,二维条码可以印在食品表面,当然前提是使用为大众所接受的安全的油墨,而且食品表面是适于印刷的。

EAN-13　　PDF-417　　矩阵编码 EC200

图 5-2　条形码类型

这些信息载体的一个显著特征是错误控制(错误检测和错误纠正)。一维条码是以人可读形式印刷的,如果电脑不能识别,人们把可读数据输入电脑即可,输入的条码也有检验码,解码错误时可以被检测出。如果出现解码错误或是条码自然损坏,操作人员还可以输入可读文本。然而这对于二维条码显然是不够的,它需要强有力的错误检测和错误纠正系统,允许错误率上升至整个信息容量的特定比例才进行错误识别和纠正,但这也意味着体系中需要更多的错误纠正码。还有一种复合代码也投入使用,是由一维和二维条码结合组成的。

1. EAN · UCC 条形码数据载体和应用标识符

许多条形码数据载体标准都列入 EAN · UCC 体系,用来携带系统编号和识别代码。这种条形码数据载体还能以标准化的方式添加新数据,为支持商品附加信息的处理、加工和创新提供了相当大的灵活性。目前符合 EAN · UCC 标准体系的较为完善的数据载体主要是线形条形码,其组成为:

- EAN · UPC 符号体系包括 UPC-A,UPC-E,EAN-13,EAN-8。这种符号体系是专为零售市场的多方位扫描以及建立扫描标准而设计的,同时也可以用于其他贸易商品。
- 交叉二五符号(ITF)体系——用于贸易商品的识别编码,不适用于零售市场扫描。这种编码尤其适用于直接印刷在起皱的纤维板或类似的材质表面。然而,与 EAN-UCC 标准符号体系不同的是,ITF 尚未具有专用许可证。
- UCC/EAN-128 符号体系是由 128 条码演变而来的,已得到 EAN · UCC 的专门许可,它是一种长度可变具有字母编码的符号体系,为识别及控制商品附带数据提供了相当大的灵活性。这种符号用于供应链中除零售点以外的其他环节以及工业生产领域。

EAN · UCC 符号体系的读取设备在读取条形码时,往往会产生一种符号识别系统用于区分不同的 EAN · UCC 数据结构和其他条形码符号,使之可以字符串的形式输出信息。这种设备对实现数据的自动化处理,尤其是对交易以及 EDI 信息格式化有重要意义。EAN · UCC 体系定义的范围长达 90 多种,2 位、3 位和 4 位应用标识符(AIs),为鉴别和应用提供了一个框架(表 5-4)。AIs 还用于识别物流单元的一些特性,表示为系列货运包装箱代码(SSCC),批量数据、序列号、生产和包装日期信息等。一种数据格式对应于一种应用识别符(AI),

有相应的编码和数字与字母的分配。表示物流单位 SSCC 的 AI 是 00，格式为 $n2+n18$，其中 $n2$ 是 AI 编号，$n18$ 是 SSCC 编号。再举一个例子，代表批号的含字母的 AI(AI=10)，其格式为 $n2+$an..20，其中 $n2$ 是 AI 编号，an..20 为字母数字编号。

AIs 可根据公制和非公制贸易项目，公制和非公制物流参数如质量、长度、面积和体积分类。编号和识别符是运行可追溯体系的主要途径，具有合适存取代码的功能性信息源是开发可追溯体系的必要组成，此外，还需要一个根据加工和通信需求进行信息分块的工具。

表 5-4　EAN · UCC 系统的应用标识符举例

EAN 应用标识符的一部分		
AI	编译数据内容	格式
00	系列货运包装箱代码	$n2$ + $n18$
01	全球贸易项目代码	$n2$ + $n14$
10	批次代码	$n2$ + an..18
13	包装日期(YYMMDD)	$n2$ + $n6$
15	最短保质期(YYMMDD)	$n2$ + $n6$
21	系列代码	$n2$ + an..20
30	变量	$n2$ + n..8
310x	以 kg 计的净重	$n4$ + $n6$
400	顾客订购序列号	$n3$ + an..30
410	EAN. UCC 所使用的“运送到”	$n3$ + n..13
421	邮政区号为 3 位 ISO 代码的国家所使用的“运送到”	$n3$ + $n3$ + an..9
…		

n—数字；an—字母。

近年来，新增的可印刷的 EAN · UCC 数据载体为缩小面积的条码符号(RSS)和复合码，如图 5-3 所示。这些条码符号还没产生预期效果，但大大扩展了可追溯体系中可打印数据载体的应用。RSS(由一组有限的、多层次的、可扩展代码构成)从本质上说是为适应 EAN · UCC 体系而设计成的一种高密度的线性条形码，在很小的脚标处可编码达 14 位。可扩充的 RSS 符号能够容纳更多的数据。复合码由一对线性符号(UPC/EAN，RSS 或 EAN128)组合而成，有时也需链接到二维符号，然后在线性组分上面打印出来。代码的二维组分是 PDF147 或微型 PDF417 符号，根据要求选择 56 位到 2 361 位不等的信息容量。

层排式 RSS-14 编码

二维复合码

图 5-3　缩小面积的 EAN · UCC 数据载体举例

2. 射频识别技术(RFID)

条形码有两个潜在的限制,即可视性要求和固有的数据容量限制。然而,无线电波可以穿透平常使用的包装材料,如纸张、薄纸板、塑料等,与合适的半导体芯片一起,即可形成 RFID 数据载体或"标记",用一台适当的射频载波器和调制解调器即可在标记上读写信息,即使标记没电或电量低时,射频载波器也可以为标记提供电力。

尽管 RF 标记看似比条形码有更多优点,但使用时也存在一些其他的复杂性和限制。首先,RF 标记携带有半导体芯片,制作成本总是高于条形码技术。其次,EAN · UCC 体系是世界通用的编号与识别标准,打个比方,中国用户可以放心扫描英国印刷的 EAN 条码,因为 EAN · UCC 标准同时规定了编号系统和数据载体。然而目前射频识别技术(RFID)使用 5 种频率,但并不是所有频率都通用,每个地区的允许最大功率不同。根据 ISO/IEC18000 的 1～6 条,以及《数据协议——应用接口》(ISO/IEC 15962)和《数据协议——编码规则》(ISO/IEC15962)的规定,ISO/IEC 将对不同标记频率的空中接口标准化。同时随着 ISO/IES 18000 标准系列第六部分的发展会逐步完善电子产品代码的空中接口协议。

很明显,RFID 在许多要求可视性和可读写数据的应用中有着巨大潜能。例如,动物标记标准 ISO 11784/5 规定动物性标记的代码结构和技术概念必须是使用低频 RFID 标记。大多数牲畜使用耳标法,而对牛等反刍动物则在其瘤胃中植入标记。

三、食品企业可追溯体系的建立和实施

1. 建立食品安全可追溯体系必备的信息

①原材料的基本信息。以一般的蔬菜种植为例,必须有如农田的基本信息,耕作者的基本信息,种子的来源,耕作过程中的基本情况如化肥使用、各种病虫害等、采摘情况等。

②生产加工过程中必须有生产者的基本信息、原材料的来源、辅助材料的来源、食品添加剂信息、生产的基本信息。

③运输过程中要有运输者基本信息、班次信息等。目前各国规定牛肉的可追溯,即所有牛肉包装必须具有 8 大主要信息:牛肉所属性别、出生年月、饲养地、屠宰场、加工者、零售商、无疯牛病病变说明。

2. 食品可追溯体系建立(以蔬菜为例)

食品企业建立食品安全可追溯体系需要遵从图 5-4 所示流程,除此之外,还需要供应链参与方就实施食品跟踪与追溯要求达成一致,结成战略联盟。

生鲜农产品供应链由蔬菜、水果的种植者、加工、包装、销售及仓储、运输等环节构成。要实现对生鲜农产品的全过程跟踪,就需要在种植、加工、包装、销售等生鲜农产品供应链各环节进行标志,而且必须采用唯一的标志代码(EAN · UCC 系统)准确记录,建立各个环节信息管理、传递和交换的方案,从而实现各个环节的跟踪和追溯。

水果、蔬菜产品供应链中信息传递过程如图 5-5 所示。

(1)种植者

种植者是蔬菜供应链中采用 EAN · UCC 系统对产品进行编码的第一作业者。为了识读方便,种植者应在标签上标出人工可识读的产品信息,需要在标签上标出的产品信息参照表 5-5。

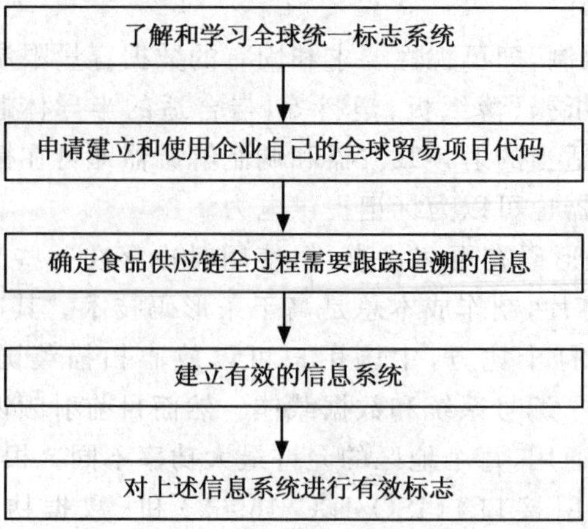

图 5-4　食品安全可追溯体系建立流程图

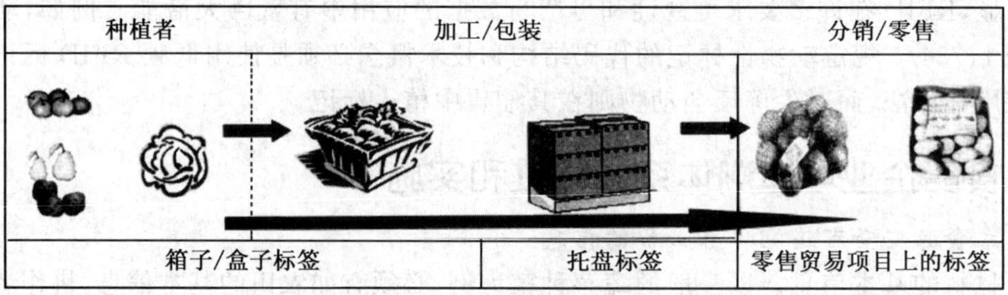

图 5-5　水果、蔬菜产品供应链中的信息传递过程

表 5-5　在卡片/标签上标注的人工可识读数据

产品信息内容	记录
种植者/生产者号码	
产品名称、品种或贸易类型	
等级/分类	
尺寸	
原产国	
净重	
批号	
收货日期(可选项)	
农田代码(可选项)	
包装日期(可选项)	

对于表 5-5 中的可选项是否进行标志由种植者和包装商商议决定。通过标注产品信息，就能结合批号对产品进行追溯。

(2)加工/包装

种植者收获完蔬菜后，就进入了下一个环节——加工或包装环节，在这个环节，根据蔬菜的质量、尺寸、色彩进行分类，并包装成一个物流单元。如果包装工序分为几个阶段完成，则所有与原产地相关的数据以及蔬菜的特性数据必须在各个阶段都可以利用，至少要以可识读的方式出现。

通常情况下，加工者或包装者根据供应链中种植者提供的标签数据，生成自己的产品标签。在这个环节产品标签可分为箱/盒的标签和托盘上的标签两种。

①用于包装箱/包装盒（定量）上的标签。箱/盒的标签通常情况下标注以下内容：批号、收获日期、包装日期、国家标准号码或供货商全球位置码、农田代码（可选项）、原产国代码、规格等。箱/盒的标签示例如图 5-6 所示。箱/盒标签标志的内容可以从以下 3 个方面确保对产品的追溯：

图 5-6 箱/盒标签示例

a. 如果种植者提供的产品是已经装好箱且带有批号的，那么种植者标志与批号相结合可以保证产品的追溯。

b. 如果种植者不能提供带有批号的箱/盒级别的产品，加工者/包装者/进货商（或分销商）可以采用分配托盘代码的方法，作为托盘上每个箱/盒的批号。在这种情况下，假定加工者/包装者/进货商（或分销商）为每个托盘记录所有产品和种植者的相关数据，分配的托盘代码能够保证产品追溯。

c. 也可以通过结合相应的种植者标志、EAN · UCC 系统代码和产品包装日期保证产品的追溯。

此外，也可以将产品大部分的属性数据存放在数据库中，消费者如果感兴趣可以随时查找。标签只填写产品的主要信息，条码只表示 EAN · UCC 系统代码和批号，这样，图 5-6 的形式就简化为图 5-7。

②用于托盘上的标签。托盘标签通常需要标注：物流单元内贸易项目的 EAN · UCC 系统代码、物流单元内贸易项目的数量、托盘化日期、农田代码、净重、毛重、原产国代码。

托盘上的标签标注又可分为包含有相同项目种类（农产品）的托盘标签标注和包含有不同项目种类的托盘标签标注。两种标签标注的项目略有不同。

（3）分销/销售

蔬菜到了分销商或零售商这里即成为最终销售的单元。对于这个单元，必须要有一个用

图 5-7　简化的箱/盒标签示例

商品条形码(EAN-13)表示的 EAN·UCC 系统代码，以便用于 POS 机扫描。商品条形码的数据结构见《商品条码》(GB 12904—2003)。

对于重量不变的产品(每个包装的重量相同)，采用商品条形码即可，如图 5-8 所示。

对于变量的零售单元(每个包装的重量不同)，为了便于 POS 机扫描，可以采用店内码。条码中应包含重量、数量或价格信息，如图 5-9 所示。店内码从左到右的顺序为，前缀码 29，左侧数字 51503 为商品种类代码，4 为价格校验位，接着的数字 0144 表示价格，最后一位是校验码。店内码的编码方式可参见《店内条码》(GB/T 18283—2008)。

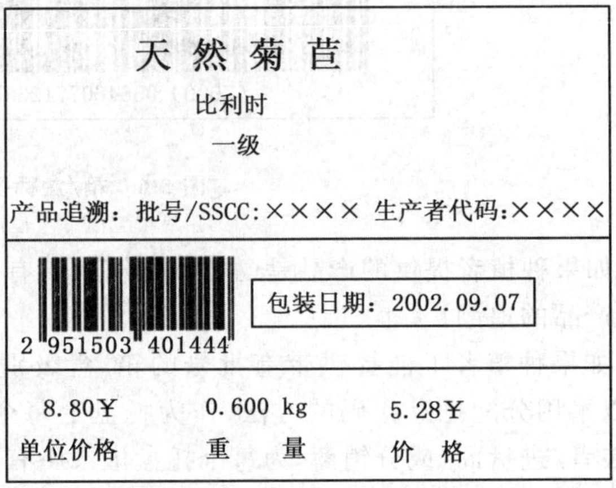

图 5-8　商品条形码零售标签示例　　图 5-9　店内码零售标签示例

【案例 5-1　番茄可追溯信息查询】

2012 年 9 月 25 日上午 10 时，湖北随州的蔬菜批发商小鹏拉着 12 t 番茄赶到江扬农产品批发市场，经过农药残留的快速检测，查验登记产地信息至蔬菜流通服务卡后，小鹏的卡车进入市场，经过市场检测合格后准予销售。很快菜贩戴师傅来买 6 箱西红柿，交易员将两人的服务卡分别插入交易机两端，这样，刚才记录在小鹏卡上的信息就转存到戴师傅卡上。上海市江扬农产品批发市场总经理张永发说："从产地到我们市场的中间环节，全部记录到案了。"戴师傅的车一路向南开到闸北洛平菜场。戴师傅之后做成的每一笔西红柿交易，交易凭条上都会出现一串 20 位的食品安全追溯码。

登录上海市肉类蔬菜流通追溯管理平台(http://data.shian.gov.cn/)，点击追溯码查询，输入这串 20 位的编码，西红柿的产地、批发市场、零售终端信息一目了然。

对于分销/零售这个环节,分销和零售商应以标签的方式标示出以下信息:产品名称、分级/分类、尺寸、原产国、净重、种植者许可号码和/或包装者许可号码、分级者/包装者的批准号码、批号、包装日期(可选项)。

四、我国食品企业建立可追溯体系中存在的主要问题及对策

1.存在的主要问题

目前我国推行和建立食品安全追溯体系取得了一定成效,但是要想在全国全面铺开尚需时间。这与国内各地区、各行业发展不均衡的国情有关。要实现农产品从农田到餐桌的全程监控,保证整个链条不脱节,需要做的工作还有很多。当前存在的问题主要体现在以下几个方面:

(1)我国农产品行业的标准化程度低

实现可追溯性需要按统一的标准来管理生产、加工、包装、存储、运送和销售的各个环节。如果供应链中的某个从业者在管理这些环节时与上下游之间发生不协调或冲突,就会导致食品追溯信息链的中断。在我国未加工或初级加工的农产品行业,大多是小规模经营,标准化程度较低,千家万户的小生产和国际化的大市场之间难以有效对接,是实现农产品可追溯性的最大难点。

(2)农产品可追溯系统多头管理协调困难

农产品可追溯体系的建立需要多个部门密切配合,而我国的食品管理实行的是以分段管理为主,品种管理为辅的模式。同样一个产品不同的环节由不同部门监管。例如,以猪肉为例,猪饲养问题归农业部,猪屠宰问题归商务部,上市又归质检部,进入超市后又有工商卫生部门管理,各自为政。而可追溯系统要求的是"从田间到餐桌"的信息追溯,要求各个环节的紧密衔接和配合,而我国这样的管理体制势必造成不同的主管部门只负责自己分内之事的局面。一旦涉及需要部门协调的问题,就存在很大的障碍,从而增加了全程可追溯体系推行的难度。

(3)我国农产品可追溯系统的管理各自为政,造成管理混乱和资源浪费

我国目前农产品可追溯系统从追溯使用的技术手段来看,相对比较成熟,但是管理上却十分混乱,最大的问题是可追溯系统的不同实施主体各自为政,出现了管理混乱,资源浪费的情况。

我国目前比较有规模的可追溯系统实施者有:以中国物品编码中心为代表在山东实施的蔬菜及肉类产品可追溯系统;以北京市农业局为代表的北京市农产品可追溯系统;上海经委的可追溯系统,以及其他一些省市的可追溯系统。建立可追溯系统实现产品的追溯是我国政府近些年来日益重视的大事,除了给予财政上的支持外,也给予政策等方面的支持。于是在实施可追溯系统的时候,各个部门和地方既有按照国家政策执行的动机,也有很多自己的经济利益考虑,希望通过建立可追溯系统达到不同的经济目的,于是在我国出现了建立可追溯系统中"万马奔腾"的局面,不同的机构,不同的部门各自为政,纷纷研发开发可追溯系统,开发中使用的技术手段,标准都不相同,一定程度上造成重复开发,资源浪费的情况。

(4)我国相关法律法规不够健全,执行力度不够

与发达国家相比,我国与食品安全有关的法律法规远远不够,而已有的法律法规强制力不足。2002年5月24日农业部令第13号发布"动物免疫标识管理办法"规定对猪、牛、羊必须佩戴免疫耳标,建立免疫档案管理制度;国家质检总局2003年启动"中国条码推进工程",国内

的部分蔬菜、牛肉产品开始拥有了属于自己的身份证；2004 年 12 月国家质检总局发布实施了《食品安全管理体系要求》和《食品安全管理体系审核指南》，2006 年 11 月起开始实施《农产品质量安全法》，这些法律法规的颁布对我国食品质量安全管理起到了一定作用。但总体上说，我国相关法律法规仍然很不健全，执行力度不够。

(5)生产者对建立可追溯体系的需求不足

建立可追溯系统必然会增加成本，建立以后短期内可能不会见到效益，企业发展的内在需求不足。另外，企业建立了追溯体系，数据也对外进行公布，怎么让消费者相信该信息是真实的，并愿意支付比普通食品高的价格，这些问题都亟待解决。

(6)政府对质量管理认证等监管不力，影响到可追溯系统的建立

我国有些实施可追溯体系的企业，同时也通过了 HACCP、GMP 等各种质量认证，从调查中可以看出，消费者愿意为建立可追溯系统同时也通过了 ISO 9000、HACCP、GMP 等认证企业生产的产品支付更高的价格。但是我国政府在质量认证体系等方面监管不够，例如，齐齐哈尔第二制药厂出现非常严重的药品安全事故，而该药厂居然通过了 GMP 认证。因此，政府的监管及管理力度不够已经成为非常严重的问题，降低了消费者对各种质量认证的信任度，也影响了消费者对可追溯系统的信任度。

2. 对策与建议

针对上述存在的问题，应重点抓好以下几个方面的工作：

①进一步发展多种产业化经营组织，提高农户的组织化程度。我国农业化生产规模小，农户分散，是我国建立农产品可追溯系统的较大困难之一，如果依靠企业去和散兵作战的农户联系几乎是不可能的。而大力推进农业标准化这样的组织形式，把市场、农户联系在一起，风险利益共担，是解决我国农户分散生产经营规模小的有效手段，也是食品企业实施可追溯系统成功的一个重要方面。

②强化生产全过程监管，加强农产品生产档案记录制度建设，农产品生产企业和农民专业合作经济组织如实记载使用农业投入品的名称、来源、用法、用量和使用、停用的日期，动物疫病、植物病虫草害的发生和防治情况，收获、屠宰或者捕捞的日期等；开展和推广 GAP 试点工作；引导农民按照无公害农产品生产的要求，合理使用化肥、农药、兽药，确保产品安全。

③在目前国情下，我国农产品可追溯系统存在着不同环节不同部门管理的事实，政府应及时协调不同管理部门，进行有关工作的规范化和标准化研究。在我国目前情况下，可追溯系统的工作马上交给一个部门来处理不是很现实。但是需要食品追溯标准化委员会这样的组织，目的就是能够力争规范 ID，追溯内容，追溯关键点，需要追溯和披露的信息都是哪些等。不管是哪个部门主管的可追溯系统，这些基本信息要达成一致，这样才有可能在我国不同的可追溯系统之间进行数据交换，资源共享。否则，不统一规范和标准化的多种系统并存，会降低效率，浪费资源。

从长期看，我国应建立一个统一的机构负责可追溯系统的工作，以解决目前管理体制协调性不够、各部门各自为政的问题。可追溯系统的建立是一个系统工程，需要各环节和各部门的协调和配合，但是我国各部门各自为政的情况已经给可追溯系统的建立带来了很大不便。我国需要一个类似美国 FDA 的组织，能够把可追溯系统的工作从头到尾进行负责管理，统一调配，才能让可追溯系统真正做到全程追溯，否则只能是分段式的可追溯。

④完善各项法律法规，建设服务型政府，进一步完善管理、监察和执法职能。可追溯系统

最终要通过企业来实现，在我国目前国情下，政府提供各种支持包括财力支持都是十分必要的。但从长期来看，政府对可追溯系统的作用更重要的应该是为我国可追溯系统建立各种相关标准，提供相关服务。完善各项法律法规，包括进一步完善政府管理、监察和执法3项职能。

完善农业标准、检验检测、质量认证也是政府要做的重要工作。2008年的“三鹿婴幼儿奶粉”事件，十分清楚地暴露了我国政府在各项食品安全标准、检验检测上的疏漏。很多企业花钱买到认证资质，而在消费者心中，这些质量资质认证代表的是政府信任，消费者才会放心购买，结果却依然出现了制药厂通过GMP认证仍然出现恶性事故的案例。在调查中很多消费者表现出的对政府监管不相信，也与频频发生这样的事件有密切关系。

因此，完善法律法规，让所有生产食品的企业有法可依，有标准可依，并且政府随时对其进行严格的检测、检查，一旦出现质量问题要严厉惩罚，只有这样，才能保护人民财产安全，才能赢得广大人民对政府的信任，才能为可追溯系统的发展和推广创造良好的环境。

⑤加快制定建立农产品质量可追溯制度的相关配套标准。2006年11月1日起实施的《中华人民共和国农产品质量安全法》为我国农产品质量安全事业奠定了重要的法律基础，但其配套的农产品质量安全法律法规体系还不健全，其中加快制定农产品质量可追溯制度的相关配套标准是一项重要的基础工作。

⑥我国实施可追溯企业制定可追溯产品的价格要适当，以符合我国消费者目前的支付能力。

任务5-3　食品召回制度的建立与实施

◆学习目标

1. 了解食品召回制度的起源和国外食品召回制度；
2. 熟悉我国食品召回制度的内容。

食品召回的含义是指食品的生产商、进口商或者经销商在获悉其生产、进口或经销的食品存在可能危及消费者健康安全的缺陷时，依法向政府部门报告，及时通知消费者，并从市场和消费者手中收回问题食品，予以更换、赔偿。其目的在于避免流入市场的缺陷食品对大众的人身安全损害的发生或扩大，以维护消费者的利益。近年，随着我国食品质量事件的频频发生，食品安全被提到一个新的高度而备受关注，伴随“缺陷汽车产品召回制度”在我国的正式确立，“食品召回”渐渐成为政府部门和社会各界关注焦点问题。

一、食品召回制度的起源

产品召回(recall)始于20世纪60年代的美国，由美国律师拉尔夫发起运动，呼吁国会建立汽车安全法案，1966年美国国会通过《国家交通及机动车安全法》，该法规定汽车制造商有义务公开发表汽车召回的信息，必须将车辆存在的安全缺陷或故障通报给用户和国家公路交通安全管理局(NHTSA)并进行免费修理。由此确立了机动车产品召回制度。自美国实行汽车召回制度以来，汽车产品的质量及安全性得以大大提高，交通安全事故得到了有效地遏制，汽车工业也由此得到高速发展。此后，这一制度扩大到包括食品等与大众人身财产安全相关的产品领域。

二、国外食品召回制度

(一)美国

美国食品召回制度是在政府行政部门的主导下进行的。具体而言,负责监管食品召回的是农业部食品安全检疫局(FSIS)、食品药品监督管理局(FDA)。FSIS 主要负责监督肉、禽和蛋类产品质量和缺陷产品的召回,FDA 主要负责 FSIS 管辖以外的产品,即肉、禽和蛋类制品以外食品的召回。美国食品召回的法律依据主要是:《联邦肉产品检验法》(FMIA)、《禽产品检验法》(PPIA)、《食品、药品及化妆品法》(FDCA)以及《消费者产品安全法》(CPSA)。FSIS 和 FDA 是在法律的授权下监管食品市场,召回缺陷食品的。

1. 召回分级

目前,美国 FSIS 和 FDA 依据缺陷食品可能引起的损害将食品召回分为 3 个级别:第一级是最严重的,消费者食用了这类食品将肯定危害身体健康,甚至导致死亡;第二级是危害较轻的,消费者食用后可能不利于身体健康;第三级是一般不会有危害,消费者食用这类食品后不会引起不利于健康的后果。食品召回级别不同,召回的规模、范围也不一样。根据 FSIS 记录,1982—1998 年召回肉类和禽类产品 479 起,涉及数量 5.93 万 t,其中第一级召回占召回次数的 52%,占召回总数量的 64%;第二级召回占召回次数的 40%,占召回总数量的 29%;第三级召回分别占次数和数量的 8%和 7%。召回可以在批发层、用户层(学校、医院、宾馆和饭店)、零售层,也可能在消费者层次。

2. 召回程序

(1)企业报告

食品的生产商、进口商或者经销商在发现其生产、进口或经销的食品存在关系到大众安全的问题时,应在掌握情况的 24 h 内向 FSIS 或 FDA 提交问题报告。如果 FSIS 或 FDA 得到举报或通过诉讼案件等渠道获悉食品质量存在问题,要求企业予以说明,企业也必须提交书面报告乙企业提交报告,并不表示一定召回产品,是否需要召回,由 FSIS 或 FDA 专家委员会根据危害的评估报告来判断。

(2)FSIS 或 FDA 的评估报告

在收到企业的报告后,FSIS 或 FDA 不但要迅速对食品是否存在缺陷以及缺陷等级进行评估,还要根据食品上市的时间长短、进入市场的数量多少、流通的方式以及消费群体等资料,评估造成危害的严重程度。

(3)制订召回计划

FSIS 或 FDA 的评估报告如果认定食品存在缺陷并应当召回,一方面,企业应立即停止该食品的生产、进口或销售,通知零售商从货柜上撤下该食品;另一方面,根据食品的缺陷等级、进入市场的方式、销售的区域以及流通中的数量和已经销售的数量等,制订缺陷食品的召回计划。

(4)实施召回计划

企业制订的缺陷食品召回计划经 FSIS 或 FDA 认可后即可以实施。首先由 FSIS 或 FDA 在自己的网站上或向新闻媒体发布召回新闻稿;然后由企业通过大众媒体向广大消费者、各级经销商公布经 FSIS 或 FDA 审查过的、详细的食品召回公告,最后在 FSIS 或 FDA

的监督下，企业召回缺陷食品，对缺陷食品采取补救措施，或销毁或更换，并同时对消费者进行补偿。

3. 美国召回制度的成功经验

美国在实施食品召回制度的过程中，逐渐积累了一些较好的经验。

(1)由政府职能部门主导实施食品召回

从表面上看，美国食品召回是企业的自愿行为，实质上是在政府职能部门监管下实施的强制行为。食品召回的范围、规模和告知大众的内容，最终都是按照FSIS或FDA要求进行的。消费者利益能得到很好的保护，不能完全归因于消费者保护自己权益的意识强，而是因为美国政府有一套能够帮助弱小消费者的机制。

(2)完善的食品召回法律法规

美国食品召回依据《联邦肉产品检验法》(FMIA)、《禽产品检验法》(PPIA)、《食品、药品及化妆品法》(FDCA)以及《消费者产品安全法》(CPSA)等法律，食品召回有一套严格的分级标准和操作程序。如果企业不与政府部门合作，发现问题有意隐瞒，不仅要承担行政责任，还面临以违反上述法律法规的罪名被起诉而承担刑事责任的风险。

(3)政府和企业食品召回责任的明确化

美国的食品召回制度充分体现了政府对市场经济的管理，但政府的这种管理并不是代替企业决策。在美国，政府不对投入市场前的产品进行鉴定，仅进行形式认证，标准由企业提出，进行规范，产品投入市场之后抽查产品一致性。一旦出现问题、发现隐患，责任完全由企业自身承担，政府有权要求企业进行回收。

(4)政府管理部门完善的检测制度

食品是否存在缺陷？如果存在缺陷，对食品缺陷等级如何认定？这些要求FSIS或FDA迅速作出评估报告，召回计划的审核也要迅速，否则，缺陷食品将增加对消费者的损害，也将引起企业的不满。召回的前提是产品存在缺陷，而指正产品的缺陷则需要必要的技术检测手段和社会认可的检测制度。正是因为FSIS和FDA完善的检测制度和较高的技术检测手段，保证了美国食品召回制度的顺利实施。

(5)完善的食品召回程序

美国在食品召回方面有一套严格的召回程序，确保食品召回制度的严格执行。即先由FSIS或FDA专家委员会根据危害评估报告来确定缺陷级别，而后企业根据评估报告制订经FSIS或FDA认可的实施计划，进行召回。

(6)充分发挥企业在食品召回中的诚信自律

美国食品召回制度鼓励企业诚信自律，如果企业发现食品存在安全缺陷，勇于承认问题，在监管部门还没有下“禁令”时就发出产品召回令，撤回自己的产品，并且在食品召回过程中与FSIS或FDA合作，主动提交问题报告要求召回缺陷食品，一般能得到宽大处理。反之，如果企业不与政府合作，发现问题有意隐瞒，不仅要承担行政责任，还可能承担刑事责任。

(二)澳大利亚、新西兰

1. 法律法规

澳大利亚、新西兰(以下简称澳、新)食品召回由国家、州和地方立法共同管理。澳、新食品召回制度的法律法规主要有:《澳、新食品标准局(FSANZ)法案(1991)》、《贸易实践法案(1974)》以及《澳、新食品工业召回规范(2002年第5版)》。

《(FSANZ 法案(1991)》指出,澳、新食品召回由实施《贸易实践法案(1974)》的部门协调执行,应在国家和地方的要求下,遵照国家和地方法律,实施国家和地方的食品召回行动。《贸易实践法案(1974)》对澳、新食品召回的立法权作了规定,指出国家仅对从事商业和贸易的有关公司有强制召回权;一些州和地区通过食品立法和消费者保护立法拥有强制召回权,而其他州仅能通过其中一条途径拥有此权力;地方政府参议会没有制定食品召回的立法权,但可通过相关部门授予某些权利。

2. 召回体系的构成主体

澳、新食品召回体系的主体由生产者、销售商和消费者三方构成,当需要召回食品时,生产者、销售商都有责任在有关机构的监管下,依据食品召回的法律法规将问题食品从消费者手中召回。

(1)中央机构

澳、新食品召回具体由中央机构负责实施,中央机构充当召回协调员的角色,在食品召回工作中起着关键作用,同时也担当着重要的责任,主要有:

①及时向权限机构和其他受潜在影响的团体传递信息;

②就召回事项与相关政府机构和食品企业保持联系,为召回过程提供建议和帮助;

③进行食品召回的复核;

④保存所有召回相关信息的电子数据库;

⑤向消费者机构和澳、新食品标准局(FSANZ)报告召回的进展。

(2)责任主体

当市场上发现问题食品并且需要进行食品召回时,生产者负有主要责任,应做以下工作:

①保存记录,书写召回计划;

②向召回协调员和当地管理机构通报;

③提供所有相关信息;

④启动召回过程,并进行管理;

⑤向分销者和消费者通报;

⑥报告召回的进展和评价。

3. 召回程序

澳、新食品召回运行由确定食品召回计划、启动食品召回、实施食品召回、召回完成评价等4个环节组成。

(1)制订食品召回计划

任何从事食品批发、生产和进口的食品商都应该有一个书面召回计划,食品召回计划包括:

①主要部门(召回委员会)的职责和关系;

②生产和销售记录;

③召回采取的步骤;

④实施判别/模拟召回。

(2)启动食品召回

生产者(公司),是食品召回的发起人,负责启动食品召回,应该做以下工作:

①召集委员会开会并审查资料,包括撤除的初始操作;

②确认召回的必要性。首先进行风险评估，进一步了解信息，如需召回，再确定召回采取的方式；

③向召回协调员、地方或省级召回协调员提供信息。

(3)实施食品召回

一是确定召回层次，确定是消费者层次召回还是商业层次召回。这一方面取决于分销和产品性质，另一方面应根据卫生机构的讨论来决定。若是消费者层次召回，则应通过媒体广告来通知公众。二是停止产品分销和销售。立即通知分销商停止销售，让消费者停止购买，并且让销售商尽快从消费者手中取回产品等待处理。

(4)食品召回完成评价

食品召回过程完成时，厂商(公司)需要做总结评价工作，具体包括编写召回进展报告，说明召回工作的进度；审查厂商(公司)食品召回的执行程序，具体有召回计划、召回体系、人员培训等；向卫生部提交食品召回总结报告；应重点提出保证食品质量安全，防止再次生产问题食品的措施，实行以预防为主的战略。

三、我国食品召回制度

1.我国食品召回制度的现状

食品召回制度是召回制度的重要组成部分。作为一种国际通行的做法，在商品召回制度成熟的国家，商品召回的程序、监督和赔款等都有明确规定。在我国，最早通过地方性法规建立起产品召回制度的地方是上海。2002年10月28日，上海市第11届人大常委会第44次会议通过的《上海市消费者权益保护条例》，明确规定了产品召回制度，这是我国首次对召回制度立法。从全国来看，我国产品召回制度也是以汽车行业为试点。2004年10月1日生效实施的《缺陷汽车产品召回管理规定》，首次实行了汽车召回制度。确立了汽车召回制度并已取得一定实效，成功地召回了数批数量庞大的缺陷汽车，避免了大量的事故发生，赢得了社会的好评，也用事实证明了该制度存在的价值。我国现行的涉及食品卫生、安全的法律法规对食品召回制度在逐步完善的过程之中。

2006年6月6日，上海市食品药品监督管理局制定出台了《缺陷食品召回管理规定(试行)》，这是我国首部参照发达国家的食品召回制度制定的较为系统的、具有操作性的关于食品召回的规范性文件。该规定于2006年8月1日起实施。

2007年8月31日，国家质检总局发布第98号局令，于当日公布并正式实施《食品召回管理规定》，这是我国首部关于食品召回的部门规章。《食品召回管理规定》是食品召回制度正式开始在我国实行的标志。规定将食品召回分为主动召回和责令召回，主动召回是指食品生产者确认其加工制作的食品存在安全危害，决定实施主动召回的，应及时制定召回计划。规定明确了食品生产者是预防和消除不安全食品的责任主体，应当对其生产加工的不安全食品负责。要求食品生产者必须按照规范程序及时对不安全的食品通过更换、退货、补充或修正消费说明等方式，减少和消除不安全可能导致的危害。食品责令召回是指食品生产者故意隐瞒安全危害问题，不主动实施召回的，因食品生产者的过错造成食品安全危害扩大或再度发生的，以及国家监督抽查发现不符合食品安全标准的食品经调查、评估确认属于不安全食品的，国家质检总局发出通知或公告责令企业召回不安全食品，并发布消费警示。同时，规定根据食品安全危害的程度的评估对食品召回分为3级，其中一级召回针对可能导致难以治疗的健康损伤甚至致死的产品；二级召回针对可能对健康产生可以治疗的暂时影响的产品；三级召回针对不会产生健康威胁、但内容与标识不符的产品。同时，每一级召回都有相应的召回法则。

2007 年 11 月 30 日，广东省和北京市同时分别颁布了《广东省食品安全条例》和《北京市食品安全条例》，这是我国首部较为系统的涉及食品召回的地方性法规。这两个《条例》均于 2008 年 1 月 1 日起实施。

目前，《中华人民共和国食品安全法》对食品的召回制度有了进一步的要求。从生产和经营两个方面确立了不安全食品召回制度。规定国家建立食品召回制度。食品生产者发现其生产的食品不符合食品安全标准，应当立即停止生产，召回已经上市销售的食品，通知相关生产经营者和消费者，并记录召回和通知情况。食品经营者发现其经营的食品不符合食品安全标准，应当立即停止经营，通知相关生产经营者和消费者，并记录停止经营和通知情况。食品生产者认为应当召回的，应当立即召回。食品生产者应当对召回的食品采取补救、无害化处理、销毁等措施，并将食品召回和处理情况向县级以上质量监督部门报告。食品生产经营者未依照本条规定召回或者停止经营不符合食品安全标准的食品的，县级以上质量监督、工商行政管理、食品药品监督管理部门可以责令其召回或者停止经营。

2. 食品召回调整规范的对象

凡进入市场或已向消费者销售的“不安全食品”或“缺陷食品”，都将被纳入实施召回的范围。

国家质检总局 2007 年 8 月 31 日发布的《食品召回管理规定》(第 98 号局令)(简称《规定》)第三条：“本规定所称不安全食品，是指有证据证明对人体健康已经或可能造成危害的食品，包括：①已经诱发食品污染、食源性疾病或对人体健康造成危害甚至死亡的食品；②可能引发食品污染、食源性疾病或对人体健康造成危害的食品；③含有对特定人群可能引发健康危害的成分而在食品标签和说明书上未予以标识，或标识不全、不明确的食品；④有关法律、法规规定的其他不安全食品。”

《规定》所称召回，是指食品生产者按照规定程序，对由其生产原因造成的某一批次或类别的不安全食品，通过换货、退货、补充或修正消费说明等方式，及时消除或减少食品安全危害的活动。

上海市食品药品监督管理局制定的《缺陷食品召回管理规定(试行)》(简称《规定(试行)》)，明确，“缺陷食品”是指，“不符合有关食品卫生规定和标准，或者存在或可能存在健康安全隐患的食品”。下列食品属于缺陷食品：①已经导致或者可能引发食物中毒或其他食源性疾病的食品。②属于《中华人民共和国食品卫生法》第九条规定禁止生产经营的食品。③不符合营养、卫生标准的专供婴幼儿的主、辅食品。④使用的食品添加剂违反有关管理规定的食品。⑤使用的食品容器、包装材料违反有关管理规定的食品。⑥违反保健食品管理规定的食品。⑦违反食品标识管理规定的食品。⑧非法添加药物及非食用化学成分的食品。⑨含有对特定人群有害的物质而在食品标签和说明书上未予以标识的食品。⑩其他存在健康安全隐患的食品。

该《规定(试行)》所称的缺陷食品召回，是指食品生产经营者获悉食品存在缺陷时，以有效的方式及时从市场和消费者手中收回其生产经营的缺陷食品，避免或者减少其所产生健康损害后果的行动。不包括食品生产经营者将已上市但不存在缺陷的食品进行撤回，或者将尚在其控制范围的缺陷食品进行撤回的行动。

3.食品召回的主要内容

食品召回内容主要包括“不安全食品”或“缺陷食品”的界定范围;食品召回的管理体制及实施主体、监管部门;食品安全危害调查和评估;食品召回实施,包括召回分级、召回方式(主动召回、责令召回)、召回结果评估与监督、食品安全信息管理、召回食品后处理及法律责任;以及召回涉及层面等基本要素和召回的实施程序等方面,其要点如下:

(1)生产经营者负责召回

判断“不安全食品”或“缺陷食品”,以不符合有关食品卫生规定和标准或可产生健康安全隐患为原则。食品生产经营者是“不安全食品”和“缺陷食品”召回行动的主体。食品生产经营者对其生产经营的“不安全食品”和“缺陷食品”履行召回义务,负责组织实施缺陷食品的召回,并承担缺陷食品召回、处理过程中发生的费用。

(2)召回在政府监管下进行

“不安全食品”或“缺陷食品”的召回应在政府部门的监管下进行。食品生产经营单位者拟实施的自主召回,应向监管部门报告,并接受政府部门的监管;监管部门对于发现食品生产经营者存在应当主动召回的情形但其未实施的,或者召回未到达预期效果等情形时,应责令食品生产经营者实施召回。食品召回将采用“二级监管”的模式,《规定》明确,由质检总局统一组织、协调全国食品召回的监管工作,监督、指导省级质监部门开展召回工作;省级质监部门根据国家质检部门的工作部署和要求,负责组织本行政区域内食品召回的监管工作,市级质监部门配合省级质监部门实施召回过程的监督管理。

(3)食品召回分级

食品召回的分级,应根据风险分析原则和对食品安全危害程度的评估,并与采取的召回措施相对应,将食品召回分为三级,在三个召回层面上,采取自主(主动)召回、责令召回两种召回方式。并根据召回级别对食品召回的具体行动作出时限要求,以迅速有效地实现召回目的,最大可能地消除食品安全危害。

根据食品安全危害的严重程度,食品召回分为3个级别:

一级召回:是《规定》所指,已经或可能诱发食品污染、食源性疾病等对人体健康造成严重危害甚至死亡的,或者流通范围广、社会影响大的不安全食品的召回。一级召回的食品,是《规定(试行)》所指,食用后已经造成严重健康损害甚至死亡后果,或者有证据表明造成严重健康损害甚至死亡后果的可能性较大的缺陷食品。

二级召回:是《规定》所指,已经或可能引发食品污染、食源性疾病等对人体健康造成危害,危害程度一般或流通范围较小、社会影响较小的不安全食品的召回。二级召回的食品,是《规定(试行)》所指,食用后已经造成或者可能造成暂时的健康损害且这种损害可以康复,或者造成严重健康损害的可能性较小的缺陷食品。

三级召回:是《规定》所指,已经或可能引发食品污染、食源性疾病等对人体健康造成危害,危害程度轻微的,或者属于本规定第三条第(三)项规定的不安全食品的召回。三级召回的食品,是《规定(试行)》所指,食用后一般不会造成明显健康损害后果的缺陷食品。

(4)食品召回的实施

食品监管部门及食品生产经营者根据确定的食品召回级别及市场分布情况,确定召回行动需要延伸的程度。食品召回通常在以下三个层面进行:

①批发层面:指召回延伸程度达到进口商、批发商的召回行动。

②零售层面:指召回延伸程度达到零售商的召回行动。

③消费、使用层面:指召回延伸程度达到消费者或使用该食品的食品生产经营者的召回行动。

食品召回的实施分为以下两种方式:

①自主(主动)召回:食品生产经营者通过自行检查,或者通过销售商、消费者的报告或投诉,或者通过有关监管部门通知等方式,获知其生产经营的食品存在缺陷时,主动实施的食品召回行动。自确认食品属于应当召回的不安全食品之日起,一级召回应当在1日内,二级召回应当在2日内,三级召回应当在3日内,通知有关销售者停止销售,通知消费者停止消费。

②责令召回:经确认有下列情况之一的,国家质检总局应当责令食品生产者召回不安全食品,并可以发布有关食品安全信息和消费警示信息,或采取其他避免危害发生的措施:a)食品生产者故意隐瞒食品安全危害,或者食品生产者应当主动召回而不采取召回行动的;b)由于食品生产者的过错造成食品安全危害扩大或再度发生的;c)国家监督抽查中发现食品生产者生产的食品存在安全隐患,可能对人体健康和生命安全造成损害的。

食品生产者在接到责令召回通知书后,应当立即停止生产和销售不安全食品。食品生产者应当在接到责令召回通知书后,按照"一级召回应当在1日内,二级召回应当在2日内,三级召回应当在3日内,通知有关销售者停止销售,通知消费者停止消费"的规定发出通知。

食品生产者应当同时按照《规定》第二十三条明确的内容制定食品召回报告,并按照"一级召回应在3日内,二级召回应在5日内,三级召回应在7日内,食品生产者通过所在地的市级质监部门向省级质监部门提交食品召回计划"的规定时限,通过所在地的省级质监部门报国家质检总局核准后,立即实施召回;食品召回报告未通过核准的,食品生产者应当修改报告后,按照要求实施召回。

(5)共同实施的召回

在两个或者两个以上食品生产经营者共同实施的食品召回中,各食品生产经营者应就在共同实施的食品召回行动中各方有关职责和各具体事项进行协商,并达成一致。在共同实施的食品召回过程中,负责召回的各食品生产经营者均应当做好缺陷食品的收回工作,不得推诿。食品生产经营者应当按照《规定(试行)》中主动召回或责令召回的程序要求,组织实施缺陷食品的召回,并承担缺陷食品召回、处理过程中发生的费用。

食品监管部门可参加食品生产经营者之间的协商并进行协调。对于经协调仍不能达成一致的,食品监督管理部门可指定其中某一食品生产经营者先行全面负责实施缺陷食品的召回。

(6)召回食品的后处理及信息公布

实施召回的食品应当定点存放,存放场所应当有明显标志。实施召回的单位必须准确记录召回食品的批号和数量。食品生产者应当及时对不安全食品进行无害化处理;根据《中华人民共和国食品卫生法》等有关法律、法规、规章规定应进行销毁的食品,应当及时予以销毁。食品生产者对召回食品的后处理应当有详细的记录,并向所在地的市级质监部门报告,接受市级质监部门监督。食品生产者所在地的省级质监部门应当组织专家委员会对召回总结报告进行审查,对召回效果进行评估,并书面通知食品生产者审查结论;责令召回的,应当上报国家质检总局备案。食品生产者所在地的省级以上质监部门审查认为召回未达到预期效果的,通知食品生产者继续或再次进行食品召回。食品监管部门在其政务信息网站和公告栏上,向社会公布各项召回行动的有关信息。

(7)法律责任

食品生产者在实施食品召回的同时，不免除其依法承担的其他法律责任。根据召回的实施情况，对违法者行政处罚的裁量以是否消除对公众的危害为原则。对缺陷食品实施召回，分别设定了从轻和从重处罚的条件：食品生产经营者实施主动召回，经评估认为达到预期效果的，食品监管部门对其生产经营缺陷食品的违法行为进行行政处罚时，可以依法从轻、减轻或者免除行政处罚。反之，食品监管部门发出召回令后，食品生产经营者拒不执行召回令的，食品监管部门在对其生产经营缺陷食品的违法行为进行行政处罚时，可以依法从重处罚。

复习题

1. QS认证制度的三项主要内容是什么？
2. 根据食品生产许可制度，食品生产加工企业必须具备哪些方面的要求？
3. 简述食品企业QS认证审查的步骤。
4. 如何使用食品企业生产许可证标志？
5. 可追溯体系是依靠什么技术建立的？
6. 三聚氰胺事件发生之后，为什么不能很快实施召回？
7. 可追踪体系在食品安全控制中的作用有哪些？
8. 可追溯体系在实施过程中面临哪些问题？
9. 美国食品召回制度是什么？有哪些成功的经验？
10. 我国食品召回制度的主要内容有哪些？

参考文献

[1] 王蕊,高翔.食品安全与质量管理[M].北京:中国计量出版社,2011.

[2] 臧大存.食品质量与安全.2版[M].北京:中国农业出版社,2010.

[3] 张晓燕.食品安全与质量管理[M].北京:化学工业出版社,2010.

[4] 刘先德.食品安全与质量管理[M].北京:中国林业出版社,2010.

[5] 蔡健,李延辉.食品质量与安全[M].北京:中国计量出版社,2010.

[6] 中国食品工业协会,食品安全师培训管理办公室组织.食品安全政策与标准[M].北京:中国商业出版社,2008.

[7] (英)史密斯(Smith,I),(英)费内斯(Furness,A).食品加工和流通领域的可追溯性[M].钱和等译.北京:中国轻工业出版社,2010.

[8] 朱坚,张晓岚,张东平,等.食品安全与控制导论[M].北京:化学工业出版社,2009.

[9] 夏延斌,钱和.食品加工中的安全控制[M].北京:中国轻工业出版社,2005.

[10] 中国农业科学院研究生院.农产品加工质量安全与 HACCP[M].北京:中国农业科学技术出版社,2008.

[11] 田惠光.食品安全控制关键技术[M].北京:科学出版社,2004.

[12] 季任天,等.食品安全管理体系实施与认证[M].北京:中国计量出版社,2007.

[13] 张玉香.农产品质量安全可追溯制度建设理论与实践[M].北京:中国农业科学技术出版社,2008.

[14] 郭波莉,魏益民,潘家荣.牛肉产地溯源技术研究[M].北京:科学出版社,2008.

[15] 陈红华.我国农产品可追溯系统研究[M]. 北京:中国农业出版社,2009.

[16] 北京国英卓越技术培训中心.2008 年版质量管理体系内审员实用教程[M]. 北京:中国铁道出版社,2009.

[17] 刘长虹,钱和.HACCP 体系内部审核的策划与实施[M].北京:化学工业出版社,2006.

[18] 马长伟,曾名勇.食品工艺学导论[M].北京:中国农业出版社,2005.

[19] 蒋欣茵,等.腌制食品中降解亚硝酸盐的乳酸菌分离与鉴定[J]. 中国酿造,2008(1):13-16.

[20] 杨邦英.酸性食品罐头容器内壁腐蚀机理和防止措施[J]. 食品与发酵工业,2005,31(7):77-80.

[21] 刘雄,陈宗道. 食品质量与安全[M]. 北京:化工工业出版社,2009.

[22] 钟南京,陆启玉,张晓燕. 油炸及焙烤食品中丙烯酰胺含量影响因素的研究进展[J].河南工业大学学报:自然科学版,2006,27(3):88-90.

[23] 史贤明.食品安全与卫生学[M].北京:中国农业出版社,2003.

[24] 李汉帆,朱建如.食品容器及包装材料的安全性[J].中国公共卫生管理,2006,22(2):128-131.

[25] 杨国伟，夏红. 食品质量管理[M]. 北京：化学工业出版社，2008.
[26] 陆兆新. 食品质量管理学[M]. 北京：中国农业出版社，2004.
[27] 包大跃. 食品安全危害与控制[M]. 北京：化学工业出版社，2006.
[28] 全国质量管理和质量保证标准化技术委员会，中国合格评定国家认可委员会，中国认证认可协会. 质量管理体系国家标准理解与实施（2008 年版）[M]. 北京：中国标准出版社，2009.

⑥组织、职责和权限。质量手册应当包括对组织结构的描述。职责、权限及其相互关系可以用组织结构图、流程图和(或)岗位说明书等方式表示。这些文件可直接包括在质量手册中或被质量手册所引用。

⑦引用文件。质量手册应当包括一个引用文件的清单,但这些被引用的文件并不包括在质量手册中。

⑧手册采用的术语和定义。

⑨附录。

组织的有关信息,如名称、地址和联络方法也应当包括在质量手册中。质量手册还可包括诸如组织的业务流程,对组织的背景、历史和规模的简要描述等附加信息。

(二)质量手册章节的结构

对于大、中型组织或有一定规模的中小组织,质量手册的章节原则上按ISO 9001标准所陈述的章节(过程要点)来写,一一对应。这种写法能紧密联系标准要求,做到内容系统全面,有利于理解标准和贯彻实施标准,有利于评价是否满足标准要求,目的明确,规定具体,和标准一一对应,方便查阅使用。对于中小组织,可以根据标准章节的结构,原则上按四大板块过程进行综合陈述。具体章节示例如下:

1.按标准章节条款(过程要点)进行编写

其质量手册的章节内容如下:(注:序号用文件编写的章节编号)

封面

目录

01　前言

02　质量手册批准令

03　组织质量方针和质量目标(也可列入5.3章节中)

1.范围

1.1　总则

1.2　应用

2.规范性引用文件

3.术语和定义

4.质量管理体系

4.1　总要求

4.2　文件要求(其中包括规定对质量手册的控制要求)

5.管理职责

5.1　管理承诺

5.2　以顾客为关注焦点

5.3　质量方针

5.4　策划

5.5　职责、权限与沟通

5.6　管理评审

6.资源管理

6.1　资源的提供

6.2　人力资源
6.3　基础设施
6.4　工作环境
7.产品实现
7.1　产品实现的策划
7.2　与顾客有关的过程
7.3　设计和开发
7.4　采购
7.5　生产和服务提供
7.5.1　生产和服务提供的控制
7.5.2　生产和服务提供过程的确认
7.5.3　标识和可追溯性
7.5.4　顾客财产
7.5.5　产品防护
7.6　监视和测量设备的控制
8.测量、分析和改进
8.1　总则
8.2　监视和测量
8.2.1　顾客满意
8.2.2　内部审核
8.2.3　过程的监视和测量
8.2.4　产品的监视和测量
8.3　不合格品控制
8.4　数据分析
8.5　改进
附录1　程序文件和质量作业文件
附录2　适用质量记录目录清单(管理体系文件)目录清单

2.按标准四大板块过程为主综合地进行编写

其质量手册的章节内容如下：

封面
目录
01　前言
02　质量手册批准令
1　范围(包括应用删减)
2　引规范性引用文件、术语和定义
3　质量方针和质量目标
4　质量管理体系
4.1　总要求
4.2　文件要求